普通高等教育人工智能专业系列教材

机器学习

胡 晓 编著

机 械 工 业 出 版 社

本书系统阐述了机器学习的基本理论、算法和实现。全书共 11 章：第 1 章着重介绍了机器学习的基本知识；第 2 章介绍了样本数据预处理和提取的传统算法（如 PCA 和 LDA），并增加了流形学习和稀疏表征等理论；第 3~8 章系统介绍了传统机器学习算法，如监督学习（贝叶斯、近邻、线性模型、非线性模型和集成学习）和非监督学习（聚类）；第 9、10 章分别介绍了概率图模型和人工神经网络的基本理论；第 11 章着重讲述了强化学习的基本理论和算法。

本书针对理论难点，插入了可视化图，引导读者对理论的理解；每章配有习题，以便指导读者深入地进行学习。每章还配有基于 Python 的实验，便于工程类读者快速将理论转化为实践应用，也方便学术型读者编程实现。

本书既可作为高等院校本科和研究生人工智能、控制工程、信息处理和智能制造等相关专业的课程教材，也可作为信息系统开发和大数据分析人员的技术参考书。

本书配有授课电子课件，需要的教师可登录 www. cmpedu. com 免费注册，审核通过后下载，或联系编辑索取。微信：13146070618。电话：010-88379739。

图书在版编目（CIP）数据

机器学习 / 胡晓编著 . -- 北京 ：机械工业出版社，
2024. 10. --（普通高等教育人工智能专业系列教材）.
ISBN 978-7-111-76493-9

Ⅰ. TP181

中国国家版本馆 CIP 数据核字第 2024YL2936 号

机械工业出版社（北京市百万庄大街 22 号　邮政编码 100037）
策划编辑：郝建伟　　　责任编辑：郝建伟　李　乐
责任校对：王荣庆　张　薇　　　责任印制：李　昂
河北环京美印刷有限公司印刷
2024 年 10 月第 1 版第 1 次印刷
184mm×260mm · 15. 75 印张 · 6 插页 · 390 千字
标准书号：ISBN 978-7-111-76493-9
定价：69. 00 元

电话服务　　　网络服务
客服电话：010-88361066　　　机　工　官　网：www. cmpbook. com
010-88379833　　　机　工　官　博：weibo. com/cmp1952
010-68326294　　　金　书　网：www. golden-book. com
封底无防伪标均为盗版　　　机工教育服务网：www. cmpedu. com

前　言

机器学习已经广泛应用于现代制造业、农业、交通、航空航天和通信等领域，给产业部门生产和管理赋予了智能化，极大地提高了生产力，是新质生产力的基本理论。机器学习在人们日常消费中也得到了广泛应用，改善了人民的生活质量。

目前，大部分国内高等院校相关专业都开设了机器学习或相关课程。国内也涌现了许多相关优秀教材，这些教材大体可分为两类。其中，一类教材理论层次较深，通常要求读者具有一定的数学理论基础，较适合于有数学、计算机或控制工程专业背景的读者；另一类则是注重实践开发，此类教材理论介绍不多，适合于毕业后从事工程开发的普通高校和专科院校的学生。

在国内在读研究生群体中，即便硕士阶段所学专业是计算机、人工智能和控制工程等专业，由于并不具备学习机器学习所需要的相关基础知识，他们可能在学习阶段没有时间补充相关基础知识，这就需要一本层次介于上述两类教材之间的“机器学习”教材。

为适应国内大量普通高等院校学生的需要，编者撰写本书旨在将理论和实践结合，将抽象理论形象化，以便更多读者能够学习并会应用。

本书对理论有一定的推导，并且配有丰富的插图（部分图片彩色印刷，请见书后插页），阅读时不需要较深的数学理论，非数学、计算机或控制工程专业读者也可以选购阅读。书中所介绍的实验都是在 PyCharm 环境下调试运行通过的，建议读者具备一定的 Python 编程基础。

本书提供知识点视频，可通过扫描书中二维码观看视频。本书每章配备一个实验，所有实验由在读研究生张洪涛、姬广毅和朱铭津上机验证并录制视频。书中很多插图由胡沁夏绘制。

本书可作为相关专业本科生或研究生的课程教材，每章后附有习题。建议本科生授课课时 64 学时（包括 16 学时实验），研究生授课课时 32 学时（学生根据研究兴趣选择完成）。

本书得到了广州大学研究生优秀教材资助，诚表感谢！

感谢父母的谆谆教导和培养、妻子的支持和儿子的期望！

本书在编写过程中参考了国内外一些优秀书籍，在此表示诚挚的谢意！

由于时间仓促和编者水平有限，书中难免存在错误和不妥之处，恳请读者谅解并提出宝贵意见。

胡　晓

目 录

第1章 基本知识

机器学习是人工智能发展到一定阶段的产物，最早可以追溯到1949年的赫布理论。

逻辑推理阶段（20世纪50年代到70年代）：通过给机器赋予逻辑推理能力模拟人类智能。我国著名数学家、中国科学院院士吴文俊先生从20世纪70年代开始研究解决几何定理机器证明和数学机械化问题，并在自动推理、符号计算、拓扑学等研究领域取得了一系列杰出成果。

知识工程阶段（20世纪70年代到90年代）：针对具体任务给机器传授足够数量的专业知识，以实现逻辑推理。基于知识库的专家系统在工程应用时面临**知识瓶颈**——由人将知识分析归纳出来后再输入给机器这一过程存在相当大的困难，于是出现了“如何让机器自主学习知识”。世界第一本机器学习领域的期刊*Machine Learning*于1986年创刊，机器学习成为一门独立学科。随后，许多机器学习算法被提出，其中研究最多的是“从样例中学习”，并通过先验信息提升模型能力。

进入21世纪后，由于算力提升、网络升级、算法优化和数据累积等，机器学习进入了数据驱动的**深度学习阶段**。2006年，加拿大多伦多大学教授Geoffrey Hinton和他的学生Ruslan Salakhutdinov在***Science***上发表的学术论文，开启了深度学习的发展浪潮。

机器学习涉及概率论、矩阵论和图论等数学理论，本章从应用角度介绍机器学习的分类、模型评估和模型训练等。本章思维导图为

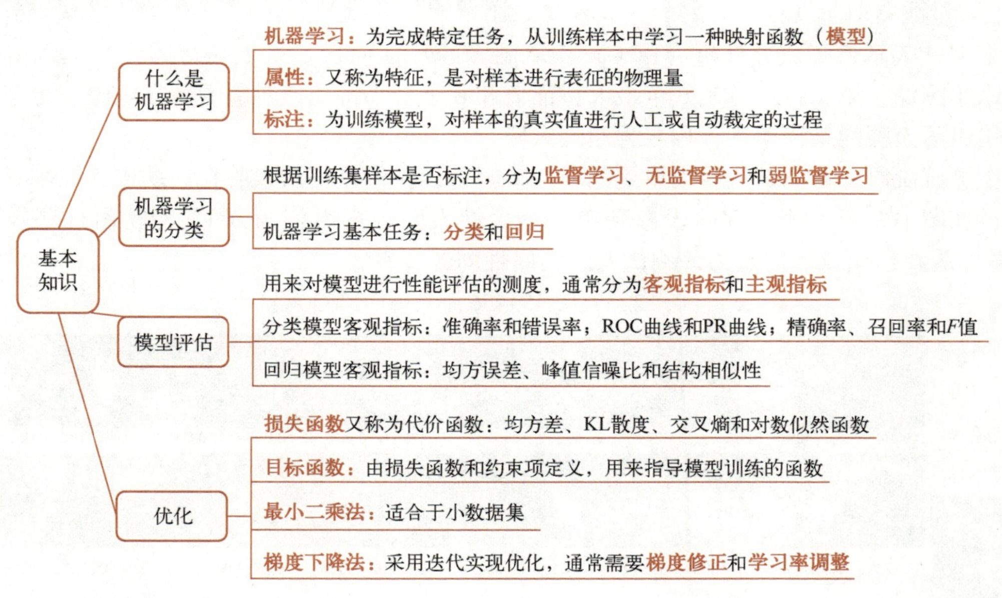

1.1 什么是机器学习

如图 1-1 所示，机器学习（Machine Learning，ML）指：为完成某种任务，给定训练集 $\mathcal{D}$（有时需要验证集 $\mathcal{V}$），在性能测度 $\mathcal{P}$ 指导下，通过学习算法（Learning Algorithm）获得一个映射函数

$$\tilde{y}=f(\boldsymbol{x};\boldsymbol{\theta})\cong y \tag{1.1}$$

近似从输入样本 $\boldsymbol{x}\in\mathcal{X}$ 到其对应标签 $y\in\mathcal{Y}$ 的真实映射

$$y=F(\boldsymbol{x}) \tag{1.2}$$

式中，称 $f(\boldsymbol{x};\boldsymbol{\theta})$ 为模型（Model）；$\boldsymbol{\theta}$ 为模型参数。

训练集$\mathcal{D}$
$\mathcal{P}$ 学习算法
$\boldsymbol{x}$ $f(x;\boldsymbol{\theta})$ $\tilde{y}$

图 1-1　机器学习示意图

1.1.1 属性

由输入样本 $\boldsymbol{x}_n$ 构成的集合称为数据集，即

$$\mathcal{X}=\{\boldsymbol{x}_1,\boldsymbol{x}_2,\cdots,\boldsymbol{x}_n,\cdots,\boldsymbol{x}_N\}\in\mathbf{R}^{d\times N} \tag{1.3}$$

式中，$\boldsymbol{x}_n$ 可以是对数据的原始表征，但通常从原始数据提取其特征值构成特征向量对数据进行表征。本书将特征称为属性（Attribute），特征向量称为属性向量，并用列向量表示，即

$$\boldsymbol{x}=(x_1,x_2,\cdots,x_d)^{\mathrm{T}}\in\mathbf{R}^{d\times 1} \tag{1.4}$$

式中，元素 x_i 为描绘研究对象某种特征的属性值。

例如，研究对象为“人”时，属性可能用“身高、肤色、体重”，而身高的取值范围是 [50,250] cm，肤色则为集合｛黄种人，黑种人，白种人｝。

显然，属性可分为连续和离散两种类型。

1. 连续属性

x_i 的可能取值是连续的，如身高、体重、图像的灰度值等。

图 1-2 表示由主成分分析（PCA）获取图像的特征向量。最上一行图像是训练集中的部分原始图像，第二行图像是 6 个最大特征值和 6 个最小特征值对应的特征人脸，每个特征人脸代表了人脸的某种属性，称之为属性人脸。

在测试阶段，将测试人脸投影到某属性人脸后，获得该测试人脸在该属性人脸轴上的投影值，如图中左下方测试人脸投影到第一个属性人脸的投影值为 0.12232。由这些投影值（也称为系数）构成的向量为该测试人脸的属性向量，有

$$\boldsymbol{x}_i=(0.12232,0.053456,\cdots,-0.006306)^{\mathrm{T}}$$

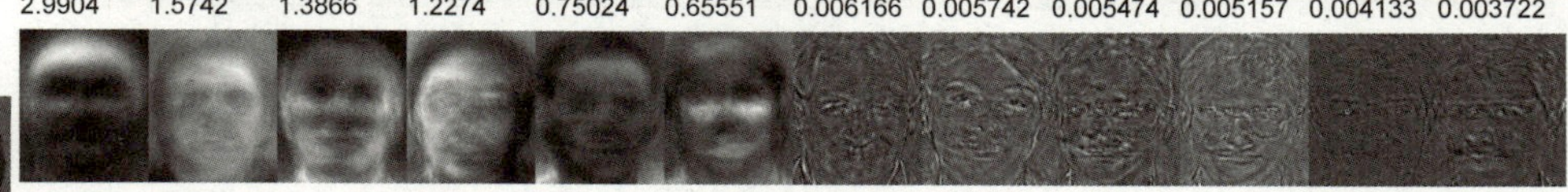

图 1-2　主成分分析特征向量（人脸数据来自 AT&T）

显然，在 PCA 算法中人脸属性对应的属性值是连续实数。每个属性对应属性值的绝对值的大小表示了该属性在此输入图像所占权重，数值越大，权重越大。

图 1-3a 所示的属性集{black，white，blue，brown，gray，⋯，tusks}，每个属性值都是连续实值，其范围为[0.0,1.0]，其数值大小表示具备该属性的相对程度。如当 black 的属性值为 0.0 时表示没有，为 1.0 时表示很 black，为 0.8 时表示没那么 black。

2. 离散属性

x_i的可能取值是有限个数值或无限个可数数值，如肤色。

例 1.1：用二值｛1：高；0：矮｝或三值｛1.0：高；0.5：中等；0.0：低｝描绘人的“身高属性”；用二值｛1：男；0：女｝表示“性别属性”；用{1,2,⋯,120}表示“年龄属性”；等等。图 1-3b 采用二值属性，属性在{0,1}中取值，0 表示无对应属性，1 则表示具有相应属性。zebra（图中最上一行）的属性向量为$(1,1,0,0,0,\cdots,0)^T$表示有 black 和 white，而无 blue、brown、gray 属性。dolphin（图中最下一行）的属性向量为$(0,1,1,0,1,\cdots,0)^T$。再如常见的数字图像，图像空间位置(m,n)代表一个像素（可以理解为位置属性），如果采用 8bit 量化，则每个像素的亮度取值为{0,⋯,255}中的一个整数。

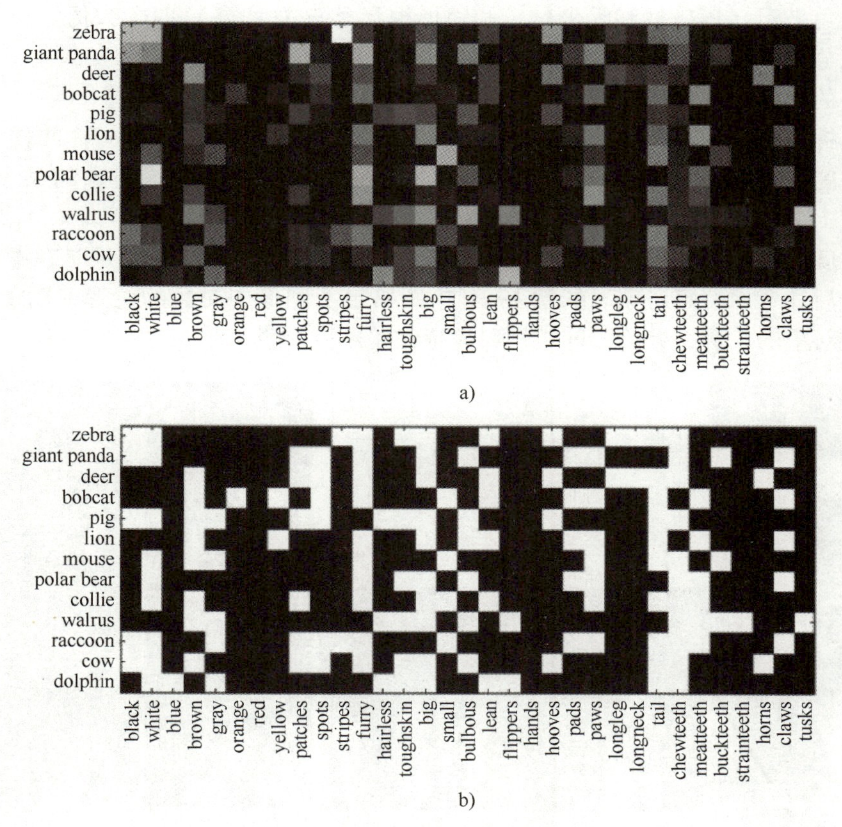

图 1-3　实值属性和二值属性图片来自于文献［1］

此外，属性还分为有序属性和无序属性两种情况。有序属性描绘属性的可能程度，如表情（高兴、悲伤、惊讶、恐惧、愤怒、厌恶），笑（微笑，大笑）。无序属性的属性值通常只定性而不定量，包括表示一些符号或实物名称的标称属性，每个值代表的是具备某种类别、编码或状态。如表示属性是否存在的二值属性。

属性值都是随机的，通常假设样本集获得属性向量是**独立同分布**(iid)。

在计算相似度前往往需要把无序属性变量转换为**哑变量**（Dummy Variable），即量化变量，如用0和1分别量化男性和女性。

1.1.2 标注

给样本配置**标签**（Label）的过程称为**标注**。标签用标量y表示，且

$$y \in \mathcal{Y} \tag{1.5}$$

标注形式由机器学习任务决定。例如，图像分类任务，标签为图像类别；显著性目标检测，标签为目标与背景的二值分割图，称标签为GT（Ground Truth）图。图像标注方式通常采用整幅图像、矩形框、网格标注和实例标注等形式。图1-4展示了图像分类、视频动作识别、视觉跟踪、显著性目标检测和图像分割的标注样图。在图像/视频分类中，通常把图像标注为图的类别，如人名或桌子。在视频分类中，通常把一段视频标注为视频中人物行为类别，如跳远。在视觉跟踪中，常采用矩形框标注方式，即为每帧图提供被跟踪目标所处矩形框的左上角坐标（横坐标和纵坐标）和矩形框尺寸（宽和高）四个数值。在显著性目标检测和图像分割中，则采用像素级的实例标注。

有标签的数据训练集用$\mathcal{D}$表示，$\mathcal{D}=\{(\boldsymbol{x}_n,y_n)\}_{n=1}^N$，$N$表示样本数量。

对样本标注可分为粗粒度（Coarse-grained）和细粒度（Fine-grained）两种：

- **粗粒度**。属类别级标注，仅考虑对象（object）类别，不考虑对象的某个特定实例。如图1-4d右上图仅给出了图像中存在对象名称“人、绵羊和狗”。
- **细粒度**。属实例级标注，需要考虑具体对象的实例，当然，细粒度是在考虑粗粒度的对象类别之后才考虑特定对象。如图1-4d中图给出了图像中对象的位置，图1-4d下图还精确标注了对象的轮廓，并给不同类别对象标注了不同颜色。

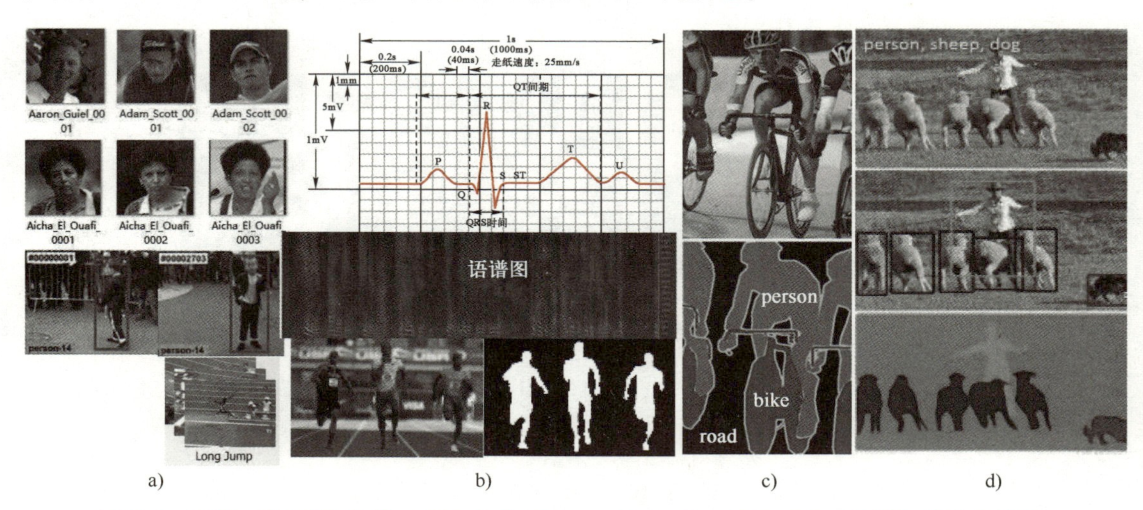

图1-4 图像/视频样本标注（图片来自于Microsoft COCO、DUT-OMRON等数据集或网络）

在语音数据标注中，语音切割是对自然语言中的单词、音节或音素之间的划分边界的过程。可在原始语音信号上，也可在其语谱图上标注。在ECG数据中，需要在心跳级上标注

关键点（如 Q 点、R 点、S 点）位置、主要波（如 P 波、QRS 波、T 波）及它们的起止点，以及 PR 间期等。

1.2　机器学习的分类

不同机器学习任务有不同分类方式，这里仅介绍两种常用分类方式。

1.2.1　监督与无监督学习

机器学习根据训练集样本是否标注，分为**监督学习**、**无监督学习**和**弱监督学习**。这是传统的分类方式，普遍适用各种机器学习型任务。

1. 监督学习

监督学习，通俗讲就是“教师指导学习”。在机器学习之前，训练集中每个样本都根据任务需求进行了标注，提供了标签集。即测试集的输入样本 $\boldsymbol{x} \in \mathcal{X}$ 都有相应的标签 $y \in \mathcal{Y}$，有

$$\mathcal{D} = \{(\boldsymbol{x}_n, y_n)\}_{n=1}^{N} = \{(\boldsymbol{x}_1, y_1), (\boldsymbol{x}_2, y_2), \cdots, (\boldsymbol{x}_N, y_N)\} \tag{1.6}$$

然而，监督学习需要大量有标注准确的训练样本集，而标注很费人力，而且标注也不一定准确。从而出现了弱监督学习和无监督学习。

2. 无监督学习

无监督学习，通俗讲就是“无教师指导学习”，训练集中样本不再有相应的标签，有

$$\mathcal{X} = \{\boldsymbol{x}_n\}_{n=1}^{N} = \{\boldsymbol{x}_1, \boldsymbol{x}_2, \cdots, \boldsymbol{x}_N\} \tag{1.7}$$

目前无监督学习有**聚类**（Clustering）和**自监督学习**（Self-supervised Learning）。前者从数据集中学习到某种属性，然后根据属性的差异，将数据集自动分成不同子集；后者从数据本身信息自动构造伪标签，用伪标签起到代理监督。

3. 弱监督学习

弱监督学习介于监督学习和无监督学习之间。它不需要大量准确标注的训练样本。根据参考文献［2］，弱监督学习分不完全监督、不确切监督和不准确监督三种：

- **不完全监督**。训练集仅有部分样本带标签，其余样本没有被标注。不完全学习算法可细分为主动学习（Active Learning）、半监督学习（Semi-supervised Learning）和迁移学习（Transfer Learning），其中迁移学习是目前最流行的算法。
- **不确切监督**。训练样本只有粗粒度的标签。如仅仅标注整张图像的类别，而不标注图像中各个实体。例如，仅将给定图像标注为肺炎患者的肺部图片，但是图像中肺炎病灶出现在哪个部位并没有标注。
- **不准确监督**。训练集样本的标签并不总是正确的。在标签有噪声的条件下进行学习就是一个典型的不准确学习的情况。利用“众包”模式收集训练数据是不准确监督学习的一个重要的应用场所。很多共享数据集提供标签也不全符合研究任务需求。

读者可以体会到，人类劳动基本上是一种弱监督学习。

与监督学习不同，**强化学习**（Reinforcement Learning，RL）是由环境对智能体（Agent）“试错动作”进行奖惩的一种学习方式，主要应用于信息论、博弈论、自动控制等领域[6]。

1.2.2 分类与回归

尽管机器学习广泛应用于各领域，其任务种类繁多，但是机器学习可归纳为两个基本任务：分类（Classification）和回归（Regression）。

1. 分类

在分类任务中，标签空间是由离散值代表不同类别构成的集合，$\mathcal{Y}=\{1,2,\cdots,C\}$。预测输入数据 $\boldsymbol{x}_n$ 的类别 y_n，也称为模式识别。人脸识别和图像识别属于分类任务。

对于二分类，通常将 $\mathcal{Y}=\{-1,1\}$ 或者 $\{0,1\}$，决策规则为

$$\tilde{y}=\begin{cases}1, & f(\boldsymbol{x};\boldsymbol{\theta})\geqslant Th\\ -1\text{ 或 }0, & f(\boldsymbol{x};\boldsymbol{\theta})<Th\end{cases}\tag{1.8}$$

式中，Th 为决策阈值。

对于多分类，预测值通常通过 Softmax($\boldsymbol{y}$) 函数转化为可能值（或概率），即

$$P(y=c\mid\boldsymbol{x})=\mathrm{Softmax}(\boldsymbol{y})=\frac{\exp(f_c(\boldsymbol{x};\boldsymbol{\theta}))}{\sum_{c=1}^{C}\exp(f_c(\boldsymbol{x};\boldsymbol{\theta}))}\tag{1.9}$$

表示输入样本 $\boldsymbol{x}$ 属于第 c 类的概率。

例 1.2：如图 1-5 所示，一个 $C=10$ 的多分类问题，设输入图像 $\boldsymbol{x}$ 的标签 $y=3$。

10 类的标签向量 $\boldsymbol{y}=(0,0,1,0,0,0,0,0,0,0)^{\mathrm{T}}$，该标签意味着此图属于第三类的概率是 1，属于其他类的概率是 0。

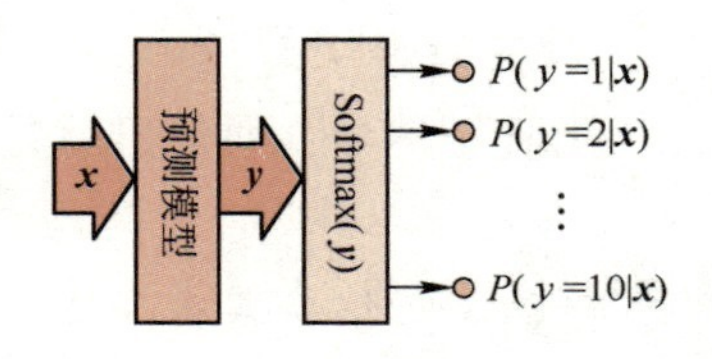

图 1-5　多分类问题

在训练预测模型时，实际输出 $\boldsymbol{y}$ 不会只有 0、1 两个值。经 Softmax($\boldsymbol{y}$) 处理后转化为类似 $(0,0.05,0.75,0.1,0,0,0,0.1,0,0)^{\mathrm{T}}$，然后，再与真实标签联合计算损失函数。

测试时，如果输出 $(0,0.05,0,0.75,0.1,0,0,0,0.1,0)^{\mathrm{T}}$，则该测试图 $\boldsymbol{x}$ 属于第四类的概率为 0.75，这是一次错分。

2. 回归

如果把分类模型的输出离散值转化为概率输出，分类问题变成了回归中的逻辑回归。

在回归任务中，标签空间不再是离散值，而是连续值 $y\in\mathbf{R}$。给定一组观察数据，通过回归学习获得一组回归系数，从而构建一个能预测目标值的模型，即

$$\tilde{\boldsymbol{y}}=\boldsymbol{w}^{\mathrm{T}}\boldsymbol{x}\tag{1.10}$$

如图 1-6 所示，回归貌似拟合，但它们是有区别的：拟合是用一条光滑曲线、曲面或超曲面把空间中一系列点连接起来，如图中红色曲线；而回归是研究一组随机样本 $\boldsymbol{x}$ 和另一组随机样本 $\boldsymbol{y}$ 之间关系的统计分析方法，如图中蓝色直线和绿色曲线。相同之处：回归和拟合都会对输入变量计算一个预测值。

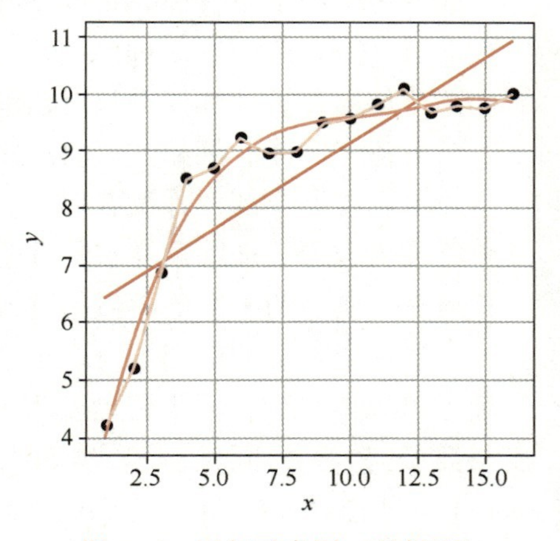

图 1-6　回归示意图（见插页）

图像恢复可理解为回归任务，即通过模型 $f(\boldsymbol{x};\boldsymbol{\theta})$ 将低品质输入图像 $\boldsymbol{x}_m$ 恢复成接近真实图像 y_m 的 $\widetilde{y}_m$。

回归进一步分为线性回归和逻辑回归。

1.3　模型评估

扫码看视频

《论语·述而》：三人行，必有我师焉。择其善者而从之，其不善者而改之。

测度 $\mathcal{P}$ 是对机器学习模型进行性能评估的指标，在训练阶段指导训练模型。

1.3.1　分类模型评估

分类指标可分成对指标（如准确率和错误率、精确率和召回率）、综合指标（如 $F1$）和图形指标（如 ROC 和 PR 曲线等）三大类。这里简单介绍以下分类模型的客观指标。

1. 准确率（Accuracy）和错误率（Error Rate）

设测试集 $\boldsymbol{\mathcal{T}}$ 有 M 个测试样本，则准确率和错误率分别定义为

$$\text{Accuracy}(f(\boldsymbol{x};\boldsymbol{\theta});\boldsymbol{\mathcal{T}}) = \frac{1}{M}\sum_{m=1}^{M} I(\widetilde{y}_m = y_m) \tag{1.11}$$

$$\text{ErrorRate}(f(\boldsymbol{x};\boldsymbol{\theta});\boldsymbol{\mathcal{T}}) = \frac{1}{M}\sum_{m=1}^{M} I(\widetilde{y}_m \neq y_m) \tag{1.12}$$

式中，$I(\widetilde{y}_m = y_m)$ 和 $I(\widetilde{y}_m \neq y_m)$ 分别表示预测值等于和不等于真实值时为 1，否则为 0。

2. 精确率（Precision）、召回率（Recall）和 F 值（F-Measure）

精确率也叫作查准率，指所有预测为类别 c 的样本中为真正 c 类的比例，其表达式为

$$\text{Precision}(f(\boldsymbol{x};\boldsymbol{\theta})) = \frac{\text{TP}_c}{\text{TP}_c + \text{FP}_c} \tag{1.13}$$

式中，TP_c 表示模型对 c 类样本进行准确预测的数量，称为真正例（True Positive，TP）；FP_c 为模型将其他类别样本错误地决策为 c 类样本的数量，称为假正例（False Positive，FP），也称为虚检。对多分类问题，c 可特指 c 类，也可泛指所有类，根据实际需求而定。

召回率也叫作查全率，指所有真实标签为类别 c 的样本中预测正确的比例，其表达式为

$$\text{Recall}(f(\boldsymbol{x};\boldsymbol{\theta})) = \frac{\text{TP}_c}{\text{TP}_c + \text{FN}_c} \tag{1.14}$$

式中，FN_c 为模型错误地将 c 类样本预测为其他类别的数量，称为假负例（False Negative，FN），也称为漏检。

真实标签	预测标签		
	正例(P)	负例(N)	
正例(P)	TP(真正例)	FN(假负例)	→ 召回率
负例(N)	FP(假正例)	TN(真负例)	
	↓ 精确率		

图 1-7　正例、负例、精确率和召回率关系

图 1-7 直观体现了正例、负例、精确率和召回率的关系。精确率和召回率介于 0 和 1 之间，取值越高越好。但是，在某些情况下，两者数值相互矛盾。比如极端情况下，如 $f(\boldsymbol{x};\boldsymbol{\theta})$ 从正负样本各 100 个样本集中，判断出一个样本为正例（真正

例)，那么

$$\text{Precision}(f(\boldsymbol{x};\boldsymbol{\theta}))=100\%$$
$$\text{Recall}(f(\boldsymbol{x};\boldsymbol{\theta}))=0.01$$

如果$f(\boldsymbol{x};\boldsymbol{\theta})$将所有 200 个样本都判断为正例，那么

$$\text{Recall}(f(\boldsymbol{x};\boldsymbol{\theta}))=100\%$$
$$\text{Precision}(f(\boldsymbol{x};\boldsymbol{\theta}))=0.5$$

因此，需依实际情况选择精确率或召回率进行性能评价，也可采用 ***F* 值**或 PR 曲线进行评价。

***F* 值**，又称为 *F*-Score，是将精确率和召回率调和平均后获得的综合评价指标，其表达式为

$$\text{FMeasure}(f(\boldsymbol{x};\boldsymbol{\theta}))=\frac{(1+\gamma^2)\times\text{Recall}\times\text{Precision}}{\gamma^2\times\text{Precision}+\text{Recall}} \tag{1.15}$$

式中，γ 用于平衡精确率和召回率的重要性。如果 $\gamma<1$，召回率有较大影响；如果 $\gamma>1$，精确率有较大影响；如果 $\gamma=1$，即为 $F1$。

3. 评估曲线（ROC 曲线和 PR 曲线）

接受者操作特征曲线（Receiver Operating Characteristic curve，ROC 曲线）和**精确率-召回率**曲线（PR 曲线）都是根据模型的预测结果（概率值）对样本排序（见**图 1-8**），按此顺序逐个把样本作为正例进行输出，然后计算相应两个测度值。最后用一个测度作为横坐标，另一个作为纵坐标，绘制成曲线，从而用曲线直观地衡量模型的泛化性能。

不同的是：ROC 曲线描绘 FPR（横坐标）和 TPR（纵坐标）之间的关系；PR 曲线用召回率（横坐标）和精确率（纵坐标）之间曲线衡量模型性能。

图 1-8 示意了二分类问题（7 例正样本和 6 例负样本）的 ROC 曲线和 PR 曲线的计算过程。

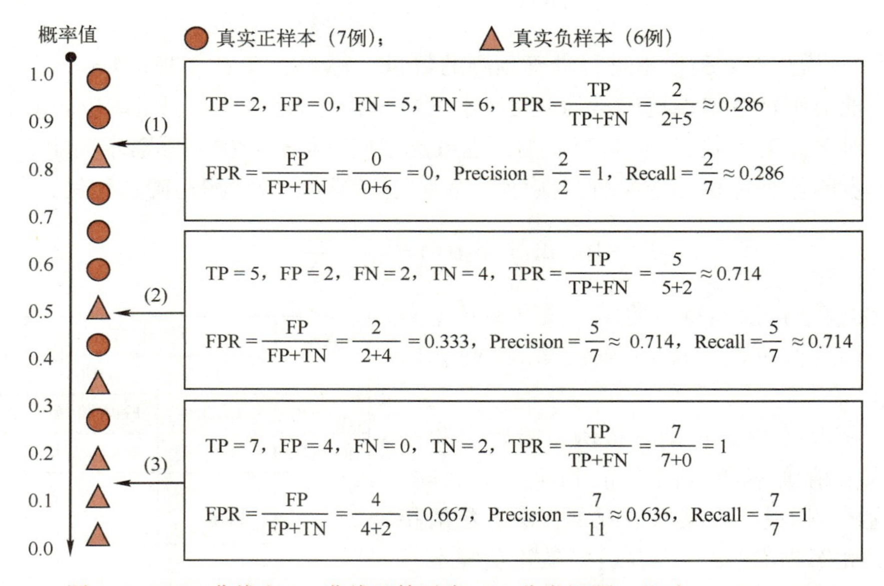

图 1-8　ROC 曲线和 PR 曲线运算示意（二分类问题，此时 Recall = TPR）

首先，根据将样本预测为正样本的$f(\boldsymbol{x};\boldsymbol{\theta})$大小，从高到低进行排列。图 1-8 中排在上面的样本最可能是正例，而排在下面的样本最不可能是正例。

然后，选择一个阈值进行决策。如图 1-8 中（1）号箭头所指数值，把箭头之上的样本判别为正样本，否则为负样本，从而得到相应的精确率为 1，召回率为 0.286。

（1）PR 曲线坐标(0.286,1)，ROC 曲线坐标(0,0.286)；

接下来，在(0.0,1.0)之间选择不同的数值作为阈值，分别计算精确率和召回率，例如：

（2）PR 坐标值(0.714,0.714)，ROC 坐标值(0.333,0.714)；

（3）PR 坐标值(1.000,0.636)，ROC 坐标值(0.667,1.000)。

最后，将所有点绘制在坐标平面上，并用光滑曲线连接所有点，从而获得 ROC 曲线和 PR 曲线，如图 1-9 所示。

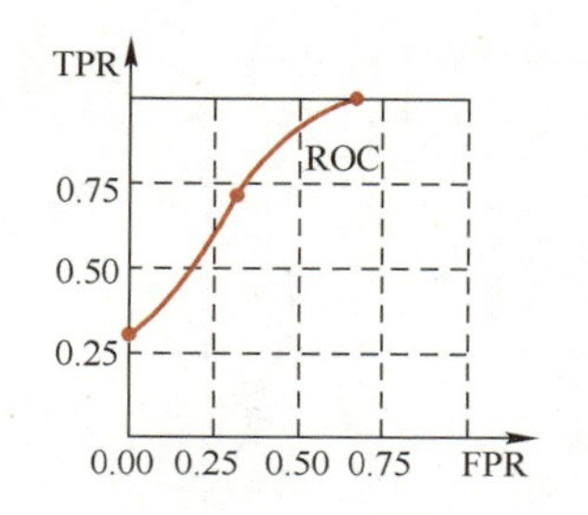

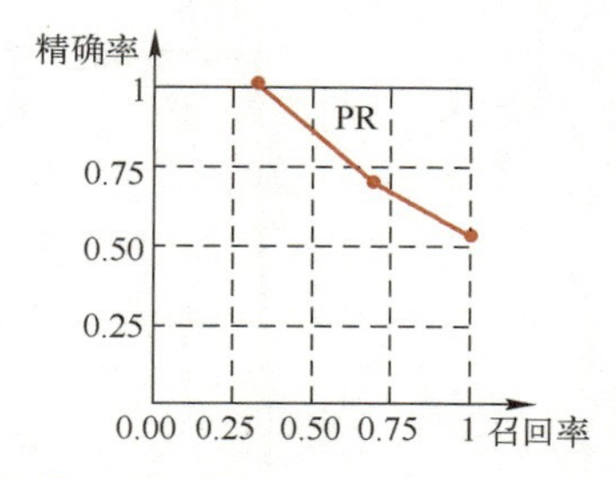

图 1-9　ROC 曲线和 PR 曲线

例 1.3：设真实正样本和负样本各 50 例。某模型在不同阈值下预测正例数和真正例数分别列于表 1.1 的第二行和第三行，第一行为对应决策阈值（概率值），试计算表中其他数值，并绘制其 PR 曲线。

表 1.1　一个例子（真实正例数：50；负例数：50）

概　率	1.0	0.9	**0.8**	0.7	0.6	0.5	0.4	0.3	0.2	0.1	0.0
预测正例	1	10	**23**	32	45	51	65	74	87	95	100
真正例 TP	1	10	**22**	29	37	40	44	45	47	49	50
假正例 FP	0	0	**1**	3	8	11	21	29	40	46	50
预测负例	99	90	**77**	68	55	49	35	26	13	5	0
假负例 FN	49	40	**28**	21	13	10	6	5	3	1	0
真负例 TN	50	50	**49**	47	42	39	29	21	10	4	0
精确率	1	1	**0.96**	0.90	0.82	0.78	0.68	0.61	0.54	0.52	0.50
召回率	0.02	0.2	**0.44**	0.58	0.74	0.80	0.88	0.90	0.94	0.98	1

解：以阈值 0.8 为例，预测值大于或等于 0.8 的样本判为正样本，否则为负样本。预测正、负例数分别为 23 和 77，真正例 TP=22、假正例 FP=1 和假负例 FN=28。精确率为 22/(22+1)≈0.96，召回率为 22/(22+28)=0.44。同理计算其他阈值下的精确率和召回率。最后，将召回率和精确率数值刻画在 PR 坐标系中获得相应 PR 曲线。图 1-10 中曲线 C 即为该二分类模型的 PR 曲线。

此例再次说明：精确率和召回率是一对矛盾的评价指标，精确率高时召回率低，而精确率低时召回率偏高。如果要求高精确率，则选取较大概率作为判别阈值；如果重视召回率，则选取较小概率作为决策阈值。

在进行模型性能比较时，如果一个模型的PR曲线“包含”另一个模型的PR曲线，则认为包含模型的性能优于被包含模型。如图1-10中PR曲线A被PR曲线B包含，所以我们认为模型B的性能优于模型A。然而，有些情况不同模型的PR曲线可能交叉，如曲线B和C，此时不再有包含关系。为此，有人提出计算PR曲线下的面积**AUC**（Area Under Curve），面积越大，模型性能越好。尽管较大面积在一定程度上表征了模型精确率和召回率较高的特征，但是面积不容易计算。而且，有时候有些PR曲线并不能覆盖整个坐标范围(0,1)，如图1-10中B曲线左端并没有延伸到纵坐标，即召回率不等于1。这种情况下，也无法准确计算面积AUC。

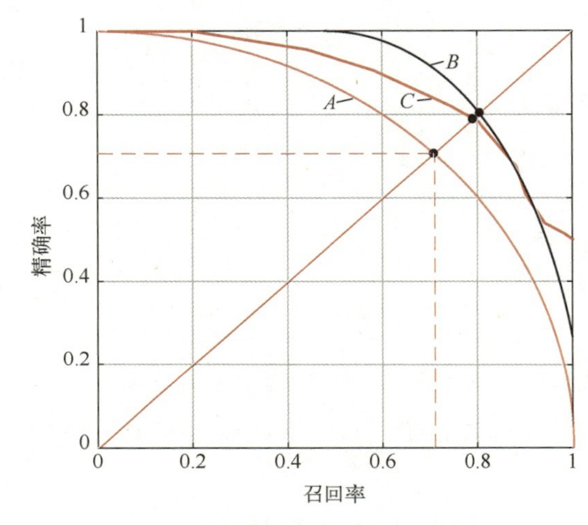

图1-10　PR曲线示意图（见插页）

平衡点（Break-Even Point，BEP）是精确率和召回率相等时的PR曲线上的值。如图1-10中直线与模型A、B和C对应PR曲线的交点值分别为0.70、0.79和0.80，所以，我们认为模型B的性能优于A和C。

但是，平衡点还是过于简单，更常用的是$F1$，有

$$F1(f(\boldsymbol{x};\boldsymbol{\theta}))=\frac{2\times\text{Recall}\times\text{Precision}}{\text{Precision}+\text{Recall}}=\frac{2\times\text{TP}}{\text{样本总数}+\text{TP}-\text{TN}} \tag{1.16}$$

1.3.2　回归模型评估

回归模型评估基于预测结果和原始结果获得相关客观指标来衡量模型性能，进而可以指导训练模型。

1. 均方误差（Mean Squared Error，MSE）

MSE是一种基于预测图和真实图对应像素之间灰阶误差的客观评价方式，且

$$\text{MSE}(f(\boldsymbol{x};\boldsymbol{\theta});\boldsymbol{\mathcal{T}})=\frac{1}{M\times H\times W}\left[\sum_{m=1}^{M}\sum_{i=1}^{H}\sum_{j=1}^{W}(\tilde{y}_m(i,j)-y_m(i,j))^2\right] \tag{1.17}$$

式中，$H \times W$ 是标签图像尺寸，即高×宽。均方误差越小，意味着失真越小。

2. 峰值信噪比（Peak Signal to Noise Ratio，PSNR）

与 **MSE** 类似，**PSNR** 也是基于逐点像素灰阶差的客观评价，且

$$\mathrm{PSNR}(f(\boldsymbol{x};\boldsymbol{\theta});\boldsymbol{\mathcal{T}}) = 10\log_{10}\left(\frac{\max^2}{\mathrm{MSE}}\right) \tag{1.18}$$

式中，max 与像素量化比特数 n 有关，$\max = 2^n - 1$；PSNR 的单位是 dB，数值越大，表示失真越小。

3. 结构相似性（structural similarity，SSIM）

SSIM 从亮度、对比度、结构三方面度量图像相似性。设 G 和 S 分别是真实图和预测图，则

$$\mathrm{SSIM}(G,S) = \frac{(2\mu_G\mu_S + c_1)(2\sigma_{GS} + c_2)}{(\mu_G^2 + \mu_S^2 + c_1)(\sigma_G^2 + \sigma_S^2 + c_2)} \tag{1.19}$$

式中，图像均值 μ 和标准差 σ 分别反映了图像亮度和对比度；$c_1 = (k_1 L)^2$，$c_2 = (k_2 L)^2$，$L = 2^n - 1$ 是像素值的动态范围；默认 $k_1 = 0.01$ 和 $k_2 = 0.03$。

当数据集有 M 个样本时，计算数据集的平均结构相似性，且

$$\mathrm{SSIM}(f(\boldsymbol{x};\boldsymbol{\theta});\boldsymbol{\mathcal{T}}) = \frac{1}{M}\sum_{m=1}^{M}\mathrm{SSIM}(y_m, \tilde{y}_m) \tag{1.20}$$

上述介绍指标都是**客观指标**。实际应用中，有时还需要采用**主观指标**对算法进行评价。主观指标通常是：首先由业内专业人士观察实验结果，然后结合专业知识对结果进行计分评价，最后计算平均值作为主观评价指标。**图 1-11** 所示是几个图像增强算法的实验结果，将各种算法结果并列后以便进行主观评价。需要注意：有时候客观评价和主观评价不一定具有一致性。

图 1-11　图像增强算法比较（来自欧嘉敏硕士毕业论文）

1.4　优化

扫码看视频

通过模型 $f(\boldsymbol{x};\boldsymbol{\theta})$ 从训练样本中学习，以便获得最优参数 θ 的过程称为**参**

数学习。

定理 1.1　通用逼近定理（Universal Approximation Theorem）

设 $\varphi(\cdot)$ 是一个非常数、有界、单调递增的连续函数，Γ_d 是一个 d 维的单位超立方体 $[0,1]^d$，$C(\Gamma_d)$ 是 Γ_d 上连续函数的集合。对于任意一个函数 $F(\cdot)\in C(\Gamma_d)$，存在一个整数 m 和一组实数 a_i 以及实数向量 $\boldsymbol{\theta}_i$，$i=1,2,\cdots,m$，使函数

$$f(\boldsymbol{x})=\sum_{i=1}^{m} a_i\varphi(\boldsymbol{x};\boldsymbol{\theta}_i) \tag{1.21}$$

作为函数 $F(\cdot)$ 的近似实现成立，即 $|F(\boldsymbol{x})-f(\boldsymbol{x};\boldsymbol{\theta})|<\epsilon$，$\forall x\in\Gamma_d$，$\epsilon$ 是很小的正数，$\boldsymbol{\theta}=(\boldsymbol{\theta}_1,\boldsymbol{\theta}_2,\cdots,\boldsymbol{\theta}_i,\cdots,\boldsymbol{\theta}_m)$。

通用逼近定理为最优参数的获取提供了理论依据。实际上，并不知道真实映射函数 $F(\boldsymbol{x})$，一般采用经验风险最小化和正则化进行参数学习。因此，参数学习转换为求目标函数 $J(\boldsymbol{\theta})$ 的最小值问题，称为**优化问题**，即

$$\boldsymbol{\theta}^*=\arg\min_{\boldsymbol{\theta}} J(\boldsymbol{\theta}) \tag{1.22}$$

除了学习模型参数 $\boldsymbol{\theta}$，机器学习还需要学习超参数（Hyper Parameter），如神经网络的层数、步长和学习率等。超参数通常由研究人员经验设定，或者不断调整尝试获得。

1.4.1　损失函数

损失函数（Loss Function）或**代价函数**（Cost Function）是在训练阶段基于训练集 $\mathcal{D}$，有时需要验证集 $\mathcal{V}$，用来衡量模型预测值 $\tilde{y}_n$ 与真实值 y_n 之间的差异性的一个关于模型参数 $\boldsymbol{\theta}$ 的函数。

常用损失函数有以下几种。

1. 均方差

均方差是计算训练集预测标签和真实标签之间误差平方和的均值，且

$$\mathcal{L}(\boldsymbol{\theta})=\mathrm{MSE}(f(\boldsymbol{x};\boldsymbol{\theta});\mathcal{D})=\frac{1}{N}\sum_{n=1}^{N}(\tilde{y}_n-y_n)^2 \tag{1.23}$$

显然，当 $\tilde{y}_n=y_n$ 时，即预测值与真实值完全吻合时，均方差等于零，$\mathcal{L}(\boldsymbol{\theta})=0$。预测值偏离真实值越多，均方差越大。在线性回归问题中经常使用均方差损失。

2. KL 散度和交叉熵

在信息论中，将发生概率为 $p(y)$ 的随机事件 y 的**信息量**定义为 $-\log(p(y))$。

随机事件集 $P=\{y_1,y_2,y_3,\cdots\}$ 的信息量的期望定义为**熵**，且

$$\boldsymbol{H}(P)=-p(y_1)\log(p(y_1))-p(y_2)\log(p(y_2))-p(y_3)\log(p(y_3))-\cdots$$

设真实标签和预测标签的概率分布分别为 $P(y_n)$ 和 $Q(\tilde{y}_n)$，则用来衡量两个分布差异的 KL 散度（Kullback-Leibler Divergence）定义为

$$\mathcal{L}(\boldsymbol{\theta})=D_{\mathrm{KL}}(P\parallel Q)=\sum_{n=1}^{N}P(y_n)\log\left(\frac{P(y_n)}{Q(\tilde{y}_n)}\right) \tag{1.24}$$

显然，当 $\forall n,P(y_n)=Q(\tilde{y}_n)$，也就是两个分布完全一致时，$D_{\mathrm{KL}}(P\parallel Q)=0$。

KL 散度也称为**相对熵**（Relative Entropy）。

将式（1.24）展开成

$$D_{KL}(P \parallel Q) = -\sum_{n=1}^{N} P(y_n)\log(Q(\widetilde{y}_n)) + \sum_{n=1}^{N} P(y_n)\log(P(y_n)) = H(P,Q) - H(P)$$

式中，$H(P)$为真实标签概率分布 $P(y_n)$的熵。由于训练集样本标签分布已知，在整个优化过程中 $H(P)$固定，其梯度为零。忽略此项后获得另一个损失函数

$$\mathcal{L}(\boldsymbol{\theta}) = H(P,Q) = -\sum_{n=1}^{N} P(y_n)\log(Q(\widetilde{y}_n)) \tag{1.25}$$

$H(P,Q)$计算两个不同概率分布之间的熵，称为**交叉熵**（Cross Entropy），广泛用于逻辑回归的 Sigmoid 和 Softmax 函数。

图 1-12 演示了一个 KL 散度和交叉熵计算实例。图中有三组随机事件集（P，Q_1，Q_2），每组随机事件集包含 8 个随机事件，每组随机事件的概率分布在图中用直方图表示。

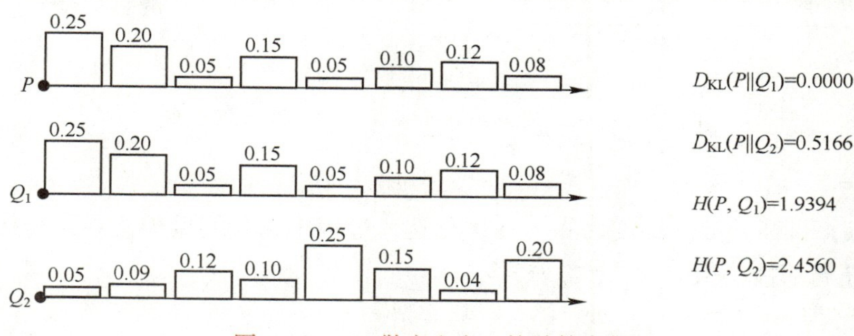

图 1-12　KL 散度和交叉熵计算实例

3. 对数似然函数

深度学习普遍将 Softmax 作为最后一层，此时常用对数似然函数定义其代价函数，即

$$\mathcal{L}(\boldsymbol{\theta}) = L((f(\boldsymbol{x};\boldsymbol{\theta});\boldsymbol{\mathcal{D}})) = -\sum_{n=1}^{N} y_n \log\widetilde{y}_n \tag{1.26}$$

1.4.2　目标函数

为优化模型 $f(\boldsymbol{x};\boldsymbol{\theta})$的参数 $\boldsymbol{\theta}$，需要构建**目标函数**（Objective Function）。

一些应用直接把损失函数作为目标函数。然而，实际上可能存在很多性能相近的模型，有些简单、有些复杂。根据**奥卡姆剃刀准则**（Occam's Razor：如无必要，勿增实体），通常会在优化过程中增设正则化项（Regulation）来限制模型复杂度，从而避免过拟合和提高模型泛化能力。范数 l_1和 l_2是传统上常用的正则化项。

为此，根据类一致性和奥卡姆剃刀准则，目标函数通常由损失函数和约束项的组合构成，即

$$J(\boldsymbol{\theta}) = \mathcal{L}(\boldsymbol{\theta}) + \gamma l_p(\boldsymbol{\theta}) \tag{1.27}$$

式中，$\gamma \geqslant 0$ 称为**正则化参数**，属于超参数，用来控制收缩程度。γ 越大，收缩程度越大，$\boldsymbol{\theta}$ 越接近于 0。$l_p(\boldsymbol{\theta})$为范数 p 正则化。范数 l_1和 l_2正则化项效果往往不如浅层机器学习模型中显著，因此训练深度学习模型时，通常使用数据增强、提前停止和丢弃法等。

1. 目标函数曲面

图 1-13a、b 分别展示了一个一维目标函数曲线和一个含鞍点/局部极小值/全局极小值的二维目标函数曲面。由于数据的多样性，以至于目标函数曲面是非常复杂的。然而，无论曲面多么复杂，我们最关心的无外乎**极值点**、**鞍点**和**平坦区**。

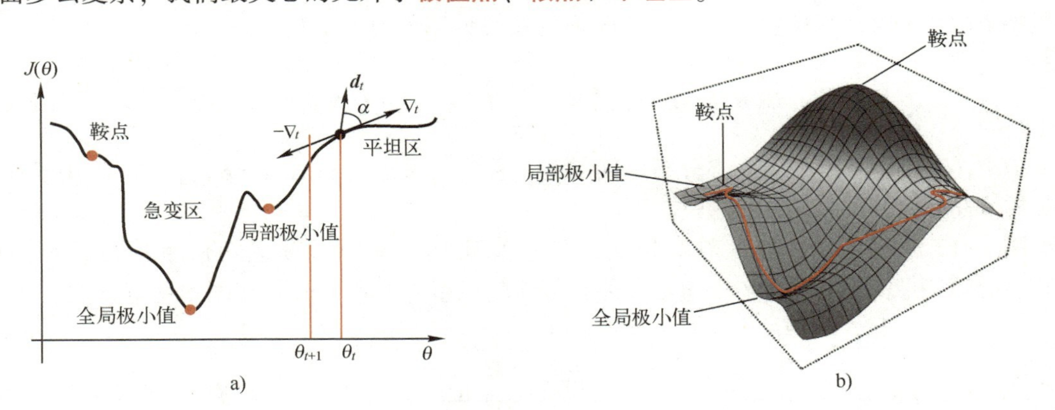

图 1-13　一维目标函数曲线和二维目标函数曲面

2. 极值点

在极值点，目标函数的梯度为零。在优化迭代过程中，我们希望搜寻到全局极小值，而不是“陷”在局部极小值。

3. 鞍点

鞍点是指梯度为零的点，有些维度上是“极大值”，有些维度上是“极小值”，总体上既不是极大值又不是极小值的点。如图 1-13b 中目标曲面上的鞍点。

4. 平坦区

在梯度下降法中，梯度小区域迭代速度会特别慢，呈现停滞状态。我们把这种区域称为**平坦区**。

在鞍点和平坦区，梯度变为零或非常小，称为**梯度消失**。在高维空间里，局部极小值要求在每一维度上都是零（或最小值），这种概率非常低。因此，逃离鞍点和平坦区（全局最低区除外）在高维空间的非凸优化问题中变得十分困难。

5. 急变区

在目标曲面的陡峭区域，梯度将突然变大，这一现象称为**梯度爆炸**。当梯度下降法搜寻到急变区时，因为梯度突然增大导致搜寻路径远离最优点。

1.4.3　最小二乘法

最小二乘法（Least Squares Method，LSM），通过最小化误差平方和，或者均方误差 MSE，获取最优模型参数。

设模型 $f(\boldsymbol{x};\boldsymbol{\theta})$ 的目标函数

$$J(f(\boldsymbol{x};\boldsymbol{\theta});\mathcal{D}) = \frac{1}{N}\sum_{n=1}^{N}(f(\boldsymbol{x}_n;\boldsymbol{\theta}) - y_n)^2 \tag{1.28}$$

LSM 选择使 $J(f(\boldsymbol{x};\boldsymbol{\theta});\mathcal{D})$ 最小的参数，即

$$\widetilde{\boldsymbol{\theta}}=\arg\min_{\boldsymbol{\theta}} J(f(\boldsymbol{x};\boldsymbol{\theta});\mathcal{D}) \tag{1.29}$$

为了获得最优参数，通常求目标函数的极值点，即

$$\frac{\partial J(f(\boldsymbol{x};\boldsymbol{\theta});\mathcal{D})}{\partial \boldsymbol{\theta}}=0 \tag{1.30}$$

式（1.30）的闭式解为所求最优参数。

1.4.4　梯度下降法

梯度下降法（Gradient Descent method）是求解无约束优化问题的常用算法，通过迭代搜寻到目标函数的最小值或收敛到最小值，从而获得最优模型参数。

图 1-13a 展示了 θ 只有一维的情况。设 $J(\theta)$ 在 θ_t 附近连续可微，搜索极小值方向为单位向量 $\boldsymbol{d}_t$，由泰勒展开式得

$$J(\theta_{t+1})=J(\theta_t+\eta\boldsymbol{d}_t)=J(\theta_t)+\eta\boldsymbol{d}_t\nabla_t+O(\eta),\quad \eta>0 \tag{1.31}$$

式中，∇_t 为目标函数在 θ_t 的梯度，即

$$\nabla_t=\frac{\partial J(\theta_t)}{\partial \theta_t} \tag{1.32}$$

目标函数 $J(\theta)$ 在 θ_t 处沿 $\boldsymbol{d}_t$ 方向下降的瞬时变化率为

$$\lim_{\eta\to 0}\frac{J(\theta_t+\eta\boldsymbol{d}_t)-J(\theta_t)}{\eta}=\lim_{\eta\to 0}\frac{\eta\boldsymbol{d}_t\nabla_t+O(\eta)}{\eta}=\boldsymbol{d}_t\nabla_t=\|\boldsymbol{d}_t\|\,\|\nabla_t\|\cos(\alpha)=\cos(\alpha)$$

式中，α 是搜索方向 $\boldsymbol{d}_t$ 与梯度 ∇_t 之间的夹角，如图 1-13a 所示。显然，目标函数的瞬时变化率因搜索方向改变而不一样。梯度 ∇_t 反映了函数变化速率最快的方向。当搜索方向与梯度方向相反时（$\alpha=\pi$），目标函数朝极小值方向的变化率最大。

把搜寻极小值原理推广到高维空间，梯度下降法的模型参数更新公式修改为

$$\boldsymbol{\theta}_{t+1}\leftarrow\boldsymbol{\theta}_t-\eta\frac{\partial J(\boldsymbol{\theta}_t)}{\partial \boldsymbol{\theta}_t}=\boldsymbol{\theta}_t-\eta\nabla_t \tag{1.33}$$

式中，$\boldsymbol{\theta}_t$ 为第 t 次迭代时的模型参数，参数更新称为**迭代**（Iteration）；η 为**搜索步长**，称为**学习率**（Learning Rate），控制梯度更新快慢，学习率大，参数更新幅度大，但可能导致抖动；学习率小，迭代次数增加，优化时间增长；$J(\boldsymbol{\theta}_t)$ 为第 t 次迭代时的目标函数。

这种通过样本集 $\mathcal{D}$ 中所有样本计算目标函数 $J(\boldsymbol{\theta}_t)$ 和梯度 ∇_t 的参数迭代法称为**全局梯度下降法**。训练过程中，遍历所有训练样本一次称为一个**轮回**（Epoch）。

在全局梯度下降法中，参数每一次迭代都需要遍历所有训练样本，所以参数迭代速度慢、训练时间长。为此，有了以下几种改进算法。

1. 随机梯度下降法（Stochastic Gradient Descent，SGD）

用于参数迭代的梯度 ∇_t 仅从样本集 $\mathcal{D}$ 中随机抽取一个样本计算目标函数 $J(\boldsymbol{\theta}_t)$ 求导获得。具有随机性的 $J(\boldsymbol{\theta}_t)$ 更容易让梯度下降路径规避局部最优点，另一方面导致收敛速度慢、甚至不收敛。另外，一个样本一次迭代，参数迭代速度快但最终模型未必最优。

2. 批量梯度下降法（Batch Gradient Descent，BGD）

将训练集划分为若干个数量相近（通常数量相等）的训练子集，每个子集称为一个**批量**（Batch）。每次用一个批量对模型参数进行更新，当所有批量或所有训练样本都使用一次

后，则完成一个轮回。此时，参数更新公式为

$$\boldsymbol{\theta}_{t+1} \leftarrow \boldsymbol{\theta}_t - \eta \frac{\partial J_{\mathcal{B}_k}(\boldsymbol{\theta}_t)}{\partial \boldsymbol{\theta}_t} = \boldsymbol{\theta}_t - \eta \nabla_t \tag{1.34}$$

式中，$J_{\mathcal{B}_k}(\boldsymbol{\theta}_t)$为第 t 次迭代时从第 k 批次样本集 $\mathcal{B}_k$ 中全体样本计算的目标函数。

由于一个批次一次迭代，与 SGD 相比，BGD 参数迭代速度慢、训练时间长，但与全局梯度下降法相比，BGD 参数迭代速度快、训练时间短。不过，BGD 仍有可能是局部最优解。

3. 小批量梯度下降法（Mini-batch Gradient Descent，MBGD）

MBGD 是 BGD 和 SGD 的折中算法。每次迭代，从训练集中随机抽取一小部分样本计算目标函数，计算梯度、更新参数。MBGD 既有一定随机性，又能控制随机性，所以具有收敛速度快、计算开销小和并行计算等优点，是处理大规模数据集的主要优化算法。

最小二乘法计算解析解，适合于小数据集。**梯度下降法**是迭代求解。

图 1-14a、c、d 显示了训练过程中损失与轮回数之间的关系曲线。图 1-14a 中四条手绘曲线刻画了几种可能关系曲线变化趋势。如果随着轮回数（有时用迭代次数）增加，模型损失能够逐渐减少并趋于一个合理的稳定值，称为模型收敛，否则不收敛。图 1-14c、d 分别给出一个机器视觉系统神经网络训练过程中损失函数与轮回数之间的关系曲线。图 1-14c 中曲线相对平滑，而图 1-14d 中曲线出现了振动。训练过程中，随着迭代次数或轮回数的增加，模型损失能够逐渐减少并趋于一个合理的稳定值，同时模型性能也逐渐得到改善，如图 1-14a、b 所示蓝色和绿色曲线所示。

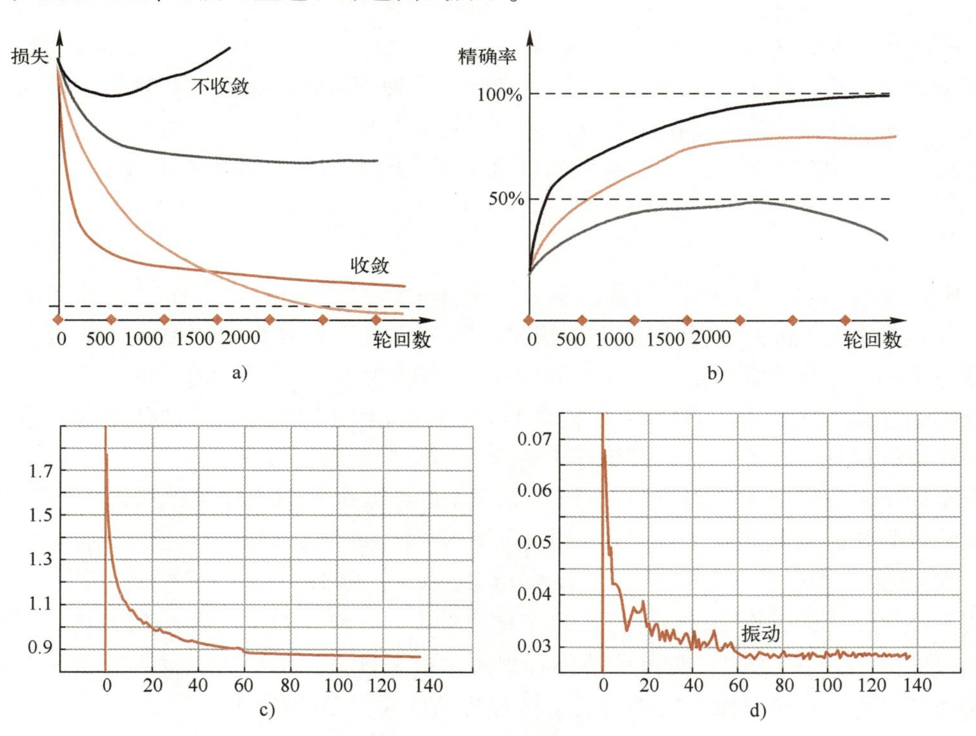

图 1-14 训练过程中损失/精确率与轮回数之间关系曲线
（杨佳信提供图 1-14c、d）（见插页）

在训练模型时，若损失函数能趋于零，则称模型收敛，否则不收敛。

1.4.5　梯度修正

如图 1-13 所示，目标函数曲面沿不同方向变化快慢不一致。在随机（小批量）梯度下降法中，如果每次选取的样本数量比较少，迭代步长则具有随机性。如果梯度方向处于急变区，则变化快；如果处于平坦区，则变化慢，导致损失函数以振荡方式下降。此外，一旦进入损失函数的局部最小点或鞍点，也可能难以跳出。动量法为解决或缓解上述问题提供可能：通过使用最近一段时间内的平均梯度来代替当前的随机梯度。

1. 动量法

物体动量（Momentum）可以衡量物体保持其当前运动方向的能力，是物体速度与质量的乘积。基于动量法的梯度修正：用第 t 次参数更新时积累动量 $\boldsymbol{v}_t$ 替代当前梯度，有

$$\boldsymbol{v}_t=\gamma\boldsymbol{v}_{t-1}+\eta\frac{\partial J(\boldsymbol{\theta})}{\partial\boldsymbol{\theta}}=\gamma\boldsymbol{v}_{t-1}+\eta\nabla \tag{1.35}$$

$$\boldsymbol{\theta}\leftarrow\boldsymbol{\theta}-\boldsymbol{v}_t \tag{1.36}$$

式中，$\boldsymbol{v}_{t-1}$为第 t 次参数更新前所有梯度的累积，$\boldsymbol{v}_0=\boldsymbol{0}$，$t=1,2,\cdots$；$\gamma\in[0\ 1]$为动量因子，控制 $\boldsymbol{v}_{t-1}$的贡献程度，通常设为 0.9；∇为第 $t-1$ 次参数更新后的梯度。

图 1-15a 显示了式（1.35）的冲量累积向量关系。显然，在相同梯度下，当梯度项 $\eta\nabla$ 与之前累积冲量 $\boldsymbol{v}_{t-1}$方向一致时，冲量增加最大，步长增加，学习加速；当梯度项 $\eta\nabla$与之前累积冲量 $\boldsymbol{v}_{t-1}$方向相反时，冲量增加最小，步长减小，学习缓慢。

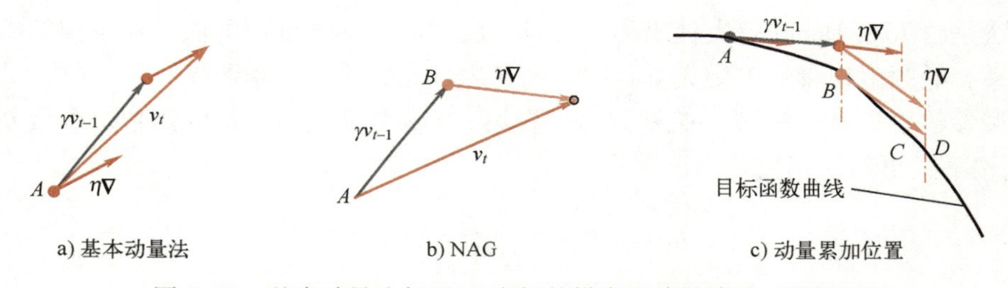

图 1-15　基本动量法与 NAG 之间的梯度和动量关系（见插页）

图 1-15c 描绘动量法的梯度计算和动量累加关系：在 A 点计算梯度项 $\eta\nabla$，图中蓝色箭头所示。然后与之前冲量累加，最后更新参数。参数更新后，下次在 C 点计算梯度。

2. Nesterov 加速梯度法（Nesterov Accelerated Gradient，NAG）

NAG 是对动量法梯度修正的改进算法。从图 1-15c 中发现，在 B 点计算梯度似乎更合理，即：先用累积冲量($\gamma\boldsymbol{v}_{t-1}$)参数更新，致使计算梯度位置在目标函数曲线从 A 点下降到 B 点，有

$$\boldsymbol{\theta}\leftarrow\boldsymbol{\theta}-\gamma\boldsymbol{v}_{t-1} \tag{1.37}$$

如图 1-15c 所示，NAG 在 $\boldsymbol{B}$ 点计算梯度项 $\eta\nabla$，于是

$$\boldsymbol{v}_t=\gamma\boldsymbol{v}_{t-1}+\eta\frac{\partial J(\boldsymbol{\theta})}{\partial\boldsymbol{\theta}}=\gamma\boldsymbol{v}_{t-1}+\eta\nabla \tag{1.38}$$

图 1-15b 说明了这两式的向量关系。图中绿色箭头表示了式（1.37）指示在 B 点计算的梯度值，$\eta\nabla$。显然，NAG 比基本动量法超前$-\gamma\boldsymbol{v}_{t-1}$，更接近于目标。

1.4.6 学习率调整

在梯度下降法中，迭代步长$\nabla\theta=\theta_{t+1}-\theta_t$对逃离鞍点或局部极小值，加快收敛速度有重要影响。如图1-16a所示较长的迭代步长成功逃离了一个局部极小值（红色箭头所示），在搜寻全局极小值时，出现了震荡，最终有可能不收敛。如图1-16b所示较短的迭代步长陷入局部极小值（红色箭头所示），其最终结果不是全局最优解。此外，假设初始值处于全局极小值附近，如果选择小步长，尽管最终可以收敛，但是迭代步数将增多，尤其是在梯度接近零的时候。为此，工程师会考虑采用**动态学习率**。

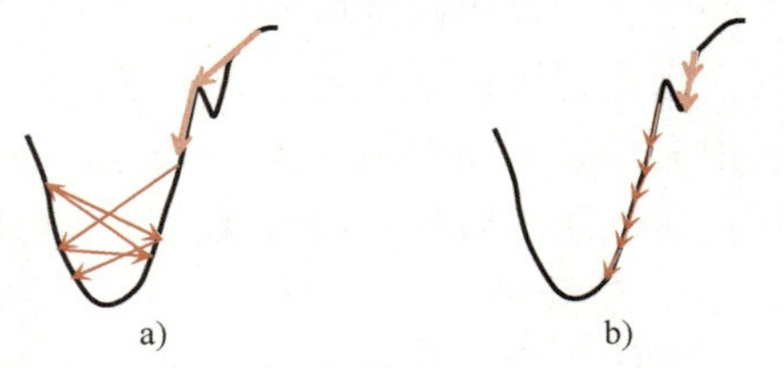

图1-16 迭代步长对优化算法的影响（见插页）

1. 学习率衰减（Learning Rate Decay）

在优化过程的不同阶段采用不同学习率。通常前期阶段采用较大的学习率，后期采用较小的学习率。该调整方法也称为**学习率退火**（Learning Rate Annealing）。衰减方法有分段阶梯、逆时衰减、指数衰减和余弦衰减法等。其中，指数衰减法公式如下：

$$\eta=\eta_0\gamma^t \tag{1.39}$$

式中，η_0为初始学习率；γ为一个小于1的衰减系数。当$\gamma=0.1$时，每迭代一次，学习率下降为原来的十分之一。

2. Adagrad算法

该算法是由John Duchi等人提出的一种自适应学习率的梯度下降法：对不同的参数采用不同学习率，低频出现参数采用大学习率，高频出现参数采用小学习率。

设模型参数集为$\boldsymbol{\theta}=(\theta_1,\theta_2,\cdots,\theta_i,\cdots)$，在第$t$次参数迭代时，目标函数对参数$\theta_i$的梯度为$\nabla_{t,i}$，则按下式更新该函数：

$$\theta_{t+1,i}\leftarrow\theta_{t,i}-\frac{\eta}{\sqrt{G_t(i,i)+\varepsilon}}\nabla_{t,i} \tag{1.40}$$

式中，$G_t\in\mathbf{R}^{d\times d}$为对角矩阵，矩阵对角线位置$(i,i)$为参数$\theta_i$从第1次到第$t$次迭代的全部梯度的平方和。对照式（1.34），显然该参数的实际学习率不再固定不变。ε是平滑项，用于避免分母为0，一般取值1×10^{-8}。

Adagrad算法很适合样本稀疏问题，因为在稀疏样本下，每次梯度下降方向及其相关变量都可能有较大差异。其缺点是，随着优化的递进，学习率会越来越小，以至于停止。此外，其全局学习率还需要手工设计。

3. Adadelta算法

该算法是由Matthew D. Zeiler提出的旨在解决Adagrad学习率不断下降问题的一种改进算法，该算法仅计算在近期梯度值的累积和，且

$$\theta_{t+1,i}\leftarrow\theta_{t,i}-\frac{\eta}{\sqrt{E[\nabla_i^2]_t+\varepsilon}}\nabla_{t,i} \tag{1.41}$$

式中，$E[\nabla_i^2]_t$表示目标函数针对参数θ_i的累积梯度，为基于过去梯度的均值，且

$$E[\nabla_i^2]_t=\gamma E[\nabla_i^2]_{t-1}+(1-\gamma)\nabla_{t,i}^2 \tag{1.42}$$

式中，γ 为衰减系数，$\gamma \approx 0.9$，可使历史梯度越久远衰减越大，在近期的梯度才能有较大的累积，从而起到了近期梯度累积效果。此时，Adadelta 算法也是 RMSprop 算法。

然而，实际上 Adadelta 算法还引入了另一个关于参数变化的指数衰减均值，故

$$E[\Delta\theta_i^2]_t = \gamma E[\Delta\theta_i^2]_{t-1} + (1-\gamma)\Delta\theta_{t,i}^2 \tag{1.43}$$

用 $E[\Delta\theta_i^2]_t$ 来替换全局学习率，得

$$\theta_{t+1,i} \leftarrow \theta_{t,i} - \frac{\sqrt{E[\Delta\theta_i^2]_{t_t} + \varepsilon}}{\sqrt{E[\nabla_i^2]_t + \varepsilon}} \nabla_{t,i} \tag{1.44}$$

此时，不再需要手工设置全局学习率。

4. Adam 算法

Diederik P. Kingma 等人提出适应性动量估计法（Adaptive Moment Estimation）：指数衰减的历史梯度的平方均值（一阶矩）和指数衰减的过去梯度的均值（二阶矩），即

$$\boldsymbol{m}_t = \beta_1 \boldsymbol{m}_{t-1} + (1-\beta_1)\nabla_t, \quad \boldsymbol{m}_0 = 0 \tag{1.45}$$

$$\boldsymbol{v}_t = \beta_2 \boldsymbol{v}_{t-1} + (1-\beta_2)\nabla_t^2, \quad \boldsymbol{v}_0 = 0 \tag{1.46}$$

注意到：当 $\boldsymbol{m}_0$ 和 $\boldsymbol{v}_0$ 初始化为零向量时，而在梯度下降法的迭代初始阶段，$\boldsymbol{m}_t$ 和 $\boldsymbol{v}_t$ 容易向 0 偏移。因此，修正一阶矩和二阶矩的偏差，得

$$\hat{\boldsymbol{m}}_t = \frac{\boldsymbol{m}_t}{1-\beta_1^t}, \quad \boldsymbol{v}_t = \frac{\boldsymbol{v}_t}{1-\beta_2^t} \tag{1.47}$$

参数的更新：

$$\boldsymbol{\theta}_{t+1} \leftarrow \boldsymbol{\theta}_t - \frac{\eta}{\sqrt{\hat{\boldsymbol{v}}_t + \varepsilon}} \hat{\boldsymbol{m}}_t \tag{1.48}$$

算法的提出者建议 β_1 的默认值为 0.9，β_2 的默认值为 0.999，默认 $\varepsilon = 10^{-8}$。

后来，Timothy Dozat 在 Adam 之上融合了 NAG 的思想建立了 Nadam 算法。

1.5 小结与拓展

本章主要介绍了机器学习的基本概念、分类、模型评价和参数学习算法。在此基础上，读者可以从以下几个方面进行拓展阅读和思考。

1. 样本标注

数据驱动的模型训练需要大量按任务要求标注的训练样本，以至于占用大量人力资源。另一方面，很多企业和政府部门拥有大量数据资源，并没有充分利用。如何利用闲置数据资源，一个解决方法是标注。这可能是一个创业机会，也可能是令企业数据增值的方式。

2. 弱监督学习可能成为一个趋势

监督学习因标注需要大量人力资源，但是不需要标注的无监督学习往往缺乏训练学习效率。在一些必要标注数据指导下的弱监督学习是监督学习和无监督学习的折中，而且弱监督学习也符合人的学习方式。

3. 模型评估算法需因机器学习任务而异

不同机器学习任务，对模型的要求不一样。所以，对模型评价时需要选择合适的函数。

尤其是在深度神经网络的训练时，需要设计合适的目标函数（有时需要多个函数组合而成），约束训练使网络达到预期功能。读者可根据自己的研究领域，查阅相关文献补充相关理论知识，如机器视觉中的 IoU 等。

4. 如何避免停留在鞍点或陷入局部极值点还可继续深入研究

众所周知：快速达到全局极值点是训练模型的期望。通过调整批量训练数据、学习率和梯度，在一定程度上可以优化训练过程。然而，全局极值点是否为全局最优点值得思考。

实验一：模型评价函数编程实验

1. 实验目的

1.1 掌握 PyCharm 安装和环境设置；

1.2 了解 Scikit-learn 提供的数据集；

1.3 掌握常用模型评价的函数，并熟练使用基本评价函数。

2. 实验环境

平台：Windows/Linux；编程语言：Python。

3. 实验内容

3.1 PyCharm 安装；

3.2 数据集下载；

3.3 MSE、L1 和交叉熵损失；

3.4 计算图像的 MSE、PSNR 和 SSIM；

3.5 ROC 曲线和 PR 曲线绘制；

3.6 最小二乘法。

4. 实验步骤

4.1 PyCharm 安装

扫码看视频

PyCharm 是一款由 JetBrains 打造的 Python IDE（Integrated Development Environment），支持 Windows、Linux/UNIX 和 Mac OSX 系统。进入 PyCharm 官网（Download PyCharm：Python IDE for Professional Developers by JetBrains）下载。

在安装 PyCharm 时，有些类库自动导入解释器（Python Interpreter）。

有些则需要手动导入。只要网速允许，导入过程简单。

Python 编程建立在一小部分核心包之上，核心包包括：

➢ NumPy，数值计算的基本包，定义了数组和矩阵类型以及它们的基本操作。

➢ SciPy 库，一个数字算法和特定领域工具箱的集合，包括信号处理、优化、统计等。

➢ Matplotlib，Matlab-Like 的绘图包，提供出版质量的 2d 绘图，以及基本的 3d 绘图。

4.2 数据集下载

Scikit-learn 是一个开源机器学习库，支持有监督学习和无监督学习。它还为模型拟合、数据预处理、模型选择、模型评估和许多其他实用程序提供了各种工具。Scikit-learn 模块内置了许多随机函数来生成对应的模拟数据集，make_blobs 可以生成符合正态分布的数据。

sklearn. datasets. **make_blobs**(*n_samples* = *100*, *n_features* = *2*, *, *centers* = *None*, *cluster_std* = *1. 0*, *center_box* = (−*10. 0*, *10. 0*), *shuffle* = *True*, *random_state* = *None*, *return_centers* = *False*)

此外，在 Scikit-learn 中内置了一些经典的小规模数据集。

对于回归算法，常用数据集的加载函数如下：

➢ sklearn. datasets. **load_boston**(*, *return_X_y* = *False*)

波士顿房价数据集，样本数×属性数 = 506×13，连续属性值拟合房价。

可以采用下面方式导入，fromsklearn. datasetsimport load_boston。

➢ sklearn. datasets. **load_diabetes**(*, *return_X_y* = *False*, *as_frame* = *False*, *scaled* = *True*)

糖尿病数据集，样本数×属性数 = 442×10。

➢ sklearn. datasets. **load_linnerud**(*, *return_X_y* = *False*, *as_frame* = *False*)

体能训练数据集，样本数×属性数 = 20×3。由 Linnerud 测量了某个健身俱乐部的 20 位中年男子的生理数据。

对于分类算法，常用数据集的加载函数如下：

➢ sklearn. datasets. **load_iris**(*, *return_X_y* = *False*, *as_frame* = *False*)

经典鸢尾花数据集，连续属性值，样本数×属性数 = 150×4，标签为 0/1/2 的三分类任务，且各类样本数量均衡，依次为连续的 50 个样本。

➢ sklearn. datasets. **load_digits**(*, *n_class* = *10*, *return_X_y* = *False*, *as_frame* = *False*)

小型手写数字数据集（相对于手写数字数据集 mnist），样本数×属性数 = 1797×64，包含 0~9 共 10 种标签，各类样本均衡。属性值是离散数值(0~16)。适合于多项式朴素贝叶斯模型和 ID3 树模型实验。

➢ sklearn. datasets. **load_wine**(*, *return_X_y* = *False*, *as_frame* = *False*)

葡萄酒数据集，连续属性值，样本数×属性数 = 178×13，三分类任务，类样本数量轻微不均衡。有个农民在意大利同一地区种植了三个不同品种的葡萄，并将成熟后的葡萄制成了葡萄酒，分析每种葡萄酒中 13 种成分的含量和特性，判断葡萄酒是由哪种葡萄酿制的。

➢ sklearn. datasets. **load_breast_cancer**(*, *return_X_y* = *False*, *as_frame* = *False*)

乳腺癌数据集，连续数值变量，样本数×属性数 = 569×30，标签为 0 或 1 的二分类任务分别表示良性和恶性肿瘤两大类。良性肿瘤有 357 个样本，恶性肿瘤有 212 个样本，通过乳房 CT 的 30 个属性构建属性向量。

初学者可选择性地下载上述数据可视化进行体验，为后续章节学习做准备。

4.3 MSE、L1 和交叉熵损失

torch. nn 是 PyTorch 中自带的一个函数库，除了包含神经网络中一些常用函数，如具有可学习参数的 nn. Conv2d( )，nn. Linear( )和不具有可学习参数的函数（如 ReLU，pool，DropOut 等），还提供常用损失函数：

➢ MSELoss( )，均方误差计算损失；

➢ L1Loss( )，平均绝对误差损失；

➢ CrossEntropyLoss( )，交叉熵损失；

➢ KLDivLoss( )，KL 散度，即相对熵损失；

➢ BCELoss( )，被称作二分类交叉熵损失，使用时需要对输入使用 Sigmoid( )，确保输入被映射到(0,1)之间；

➢ BCEWithLogitsLoss()，将 Sigmoid 层和 BCELoss 类合并在一个类中。相对于 BCELoss 多了一个长度等于类数的参数 pos_weight。

以上损失函数，有些在定义时不需要传入参数，调用时再传入两个参数（一个为预测值，另一个为目标值）。相应代码见代码 1.1。

代码 1.1

```
import torch
from torch.autograd import Variable
x = Variable(torch.randn(100, 100))
y = Variable(torch.randn(100, 100))
fn_mse = torch.nn.MSELoss()                    # 定义 mse 函数，默认 reduction='mean'
fn_L1 = torch.nn.L1Loss()                      # 定义 L1 函数
fn_CE = torch.nn.CrossEntropyLoss()            # 定义 交叉熵函数
mse_loss = fn_mse(x, y)                        # 调用 mse 函数
L1_loss = fn_L1(x, y)
CE_loss = fn_CE(x, y)
print("MSE 损失:", mse_loss)
print("L1 损失:", L1_loss)
print("交叉熵损失:", CE_loss)
```

其他详细信息可访问官网：https://pytorch.org/。

4.4 计算图像的 MSE、PSNR 和 SSIM

skimage 是图像处理 Python 工具包，相关信息可访问官网：scikit－image：Image processing in Python—scikit-image。

代码 1.2 中，原图 img_true（代码框中右上图）经高斯滤波器滤波后得其对应测试图 img_test（代码框中右下图），然后计算两图之间的 MSE、PSNR 和 SSIM。

```
skimage.filters.gaussian(image, sigma=1, output=None, mode='nearest', cval=0, multichannel=None, preserve_range=False, truncate=4.0, *, channel_axis=None)
```

代码 1.2　MSE、PSNR 和 SSIM 计算实验

```
import skimage
from PIL import Image
from skimage.metrics import peak_signal_noise_ratio as psnr
from skimage.metrics import structural_similarity as ssim
from skimage.metrics import mean_squared_error
def cal_mse_psnr_ssim(img_true, img_test):        # 定义性能计算函数
    img1 = np.float64(img_true)
    img2 = np.float64(img_test)
    p_mse = mean_squared_error(img1, img2)
    p_psnr = psnr(img1, img2)
    p_ssim = ssim(img1, img2)
    return p_mse, p_psnr, p_ssim
```

```
if __name__ == '__main__':
    imgpath = 'E:/Chapter01/datas/lena512.tiff'                  # 图像存储路径
    img = Image.open(imgpath).convert('L')                       # 读取图像并转为灰度图
    img_true = np.array(img)/255                                 # 归一化
    img_test = skimage.filters.gaussian(img_true, sigma=2)       # 平滑图像
    p_mse, p_psnr, p_ssim = cal_mse_psnr_ssim(img_true, img_test)
    print('MSE:{}, PSNR:{},SSIM:{}'.format(p_mse, p_psnr, p_ssim))
```

4.5　ROC 曲线和 PR 曲线绘制

称接受者操作特征曲线下的面积为 AUC，可以衡量评估二分类模型的分类好坏。sklearn.metrics 库中提供了求假阳率、真阳率、精确率和召回率的函数。

```
roc_curve(y_true, y_score, *, pos_label=None,drop_intermediate=True)
precision_recall_curve(y_true, probas_pred, *, pos_label=None,sample_weight=None)
```

本实验中，假设有 20 个样本数据，其真实标签表示为 y_true，其中 1 表示正样本，0 表示为负样本。假定某二分类器对该样本数据进行了分类，其结果为概率值存于 y_score。代码 1.3 给出该实验核心代码。相应曲线如图 1-17 所示，由于样本较少，曲线为离散的阶梯状。

代码 1.3　ROC 和 PR 曲线绘制

扫码看视频

```
from sklearn.metrics import roc_curve, precision_recall_curve
import numpy as np
import matplotlib.pyplot as plt
y_true = np.array([1, 1, 0, 1, 1, 1, 0, 0, 1, 0, 1, 0, 1, 0, 0, 0, 1, 0, 1, 0])
y_score = np.array([0.9, 0.8, 0.7, 0.6,0.55, 0.54, 0.53, 0.52, 0.51, 0.505, 0.4,
          0.39, 0.38, 0.37, 0.36, 0.35, 0.34, 0.33, 0.3, 0.1])
fpr, tpr, _ = roc_curve(y_true, y_score)
precision, recall, _ = precision_recall_curve(y_true, y_score)
```

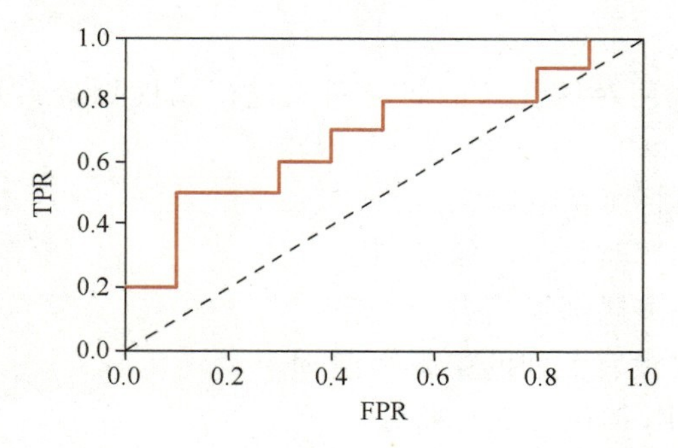

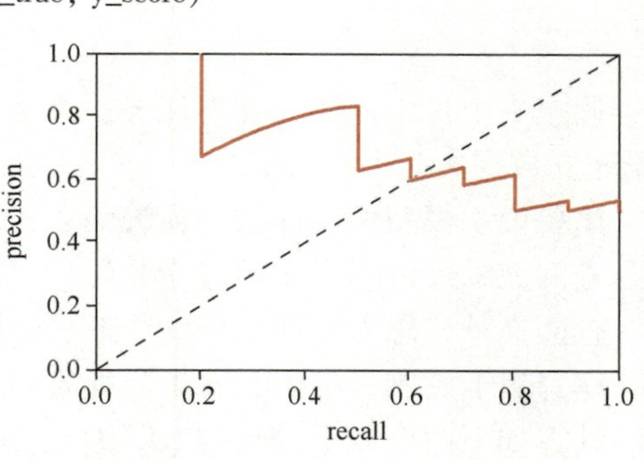

图 1-17　ROC 曲线和 PR 曲线

4.6　最小二乘法

numpy 库提供了最小二乘法拟合的函数。

```
Coeff = polyfit(x, y, deg, rcond=None, full=False, w=None, cov=False)
```

➢ deg：多项式阶数，deg=1 表示一阶函数，即 $y=ax+b$；

➢ 返回值 Coeff：多项式系数矩阵，从高阶到低阶，最后一位是常数项。

代码 1.4 是利用最小二乘法拟合数据的代码。$y=2x+5$ 为原函数，如**图 1-18** 所示。在原函数基础上添加噪声，形成待拟合的原始数据。$y=1.94x+4.91$ 为通过最小二乘法拟合而得的函数，如**图 1-18** 所示。

代码 1.4　最小二乘法实验

```
import numpy as np
x = np.linspace(-5,5,20)                    # 创建自变量序列
y = 2 * x+5                                 # 获得表达式的因变量
noise = np.random.randn(len(x))             # 创建随机噪声
y_noise = y + noise
coeff = np.polyfit(x, y_noise, 1)           # 用噪声数据估计系数
y_fit = coeff[0] * x+coeff[1]
```

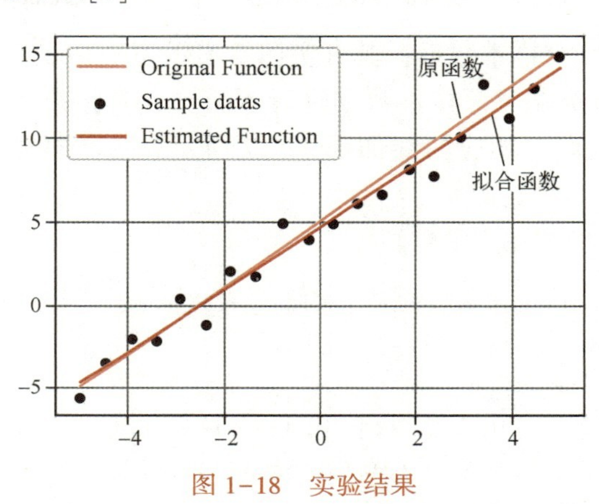

图 1-18　实验结果

习题

1. 假想一个日常生活的分类任务，思考如何对该任务的研究对象进行属性划分，并采集数据建立数据集。
2. 简要说说模型性能评估、损失函数和目标函数的联系。
3. 查阅文献，说明强化学习与监督学习和非监督学习的区别。
4. 查阅文献，思考如何在梯度下降法中逃离局部极值点。
5. 解释奥卡姆剃刀准则、罗生门现象和“没有免费的午餐”定理。
6. 计算如下两个概率分布的 KL 散度，并用 Python 编程验证：

$$P=\{0.25,0.20,0.05,0.15,0.05,0.10,0.12,0.08\}$$
$$Q=\{0.05,0.09,0.12,0.10,025,0.15,0.04,0.20\}.$$

参考文献

[1] CHRISTOPH H L, HANNES N, STEFAN H. Attribute-Based Classification for Zero-Shot

Visual Object Categorization [J]. IEEE Transactions on Pattern Analysis and Machine Intelligence, 2014, 36 (3): 453-465.

[2] ZHIHUA Z. A Brief Introduction to Weakly Supervised Learning, National Science Review [J]. NSR, 2018, 5: 44-53.

[3] PHIL W. Reinforcement Learning: Industrial Applications of Intelligent Agents [M]. Sebastopol: O'Reilly Media, Inc. , 2020.

[4] KEVIN P M. Probabilistic Machine Learning: An Introduction [M]. Cambridge: The MIT Press, 2020.

[5] TIANPING C, HONG C. Universal Approximation to Nonlinear Operators by Neural Networks with Arbitrary Activation Functions and its Application to Dynamical Systems [J]. IEEE Transactions on Neural Networks, 1995, 6 (4): 911-917.

[6] JOHN D, ELAD H. Yoram Singer. Adaptive Subgradient Methods for Online Learning and Stochastic Optimization [J]. Journal of Machine Learning Research, 2011, 12: 2121-2159.

[7] TIMOTHY D. Incorporating Nesterov Momentum into Adam [C]// ICLR Workshop, 2016, 1: 2013-2016.

第2章 表征学习

机器学习需要对每个目标或关系向量化成**表征向量**，又称为特征向量或属性向量。然而，原始数据的表征向量通常存在两种现象：①向量中元素（特征或属性）之间相关性高，信息冗余度高；②维度较高，导致维度灾难，增加后续模式识别等任务的计算复杂度。

表征学习（Representation Learning）则是将原始表征向量转换为低相关性且合适维度的表征向量，此过程也称为**特征选择**或**属性选择**。本章思维导图为

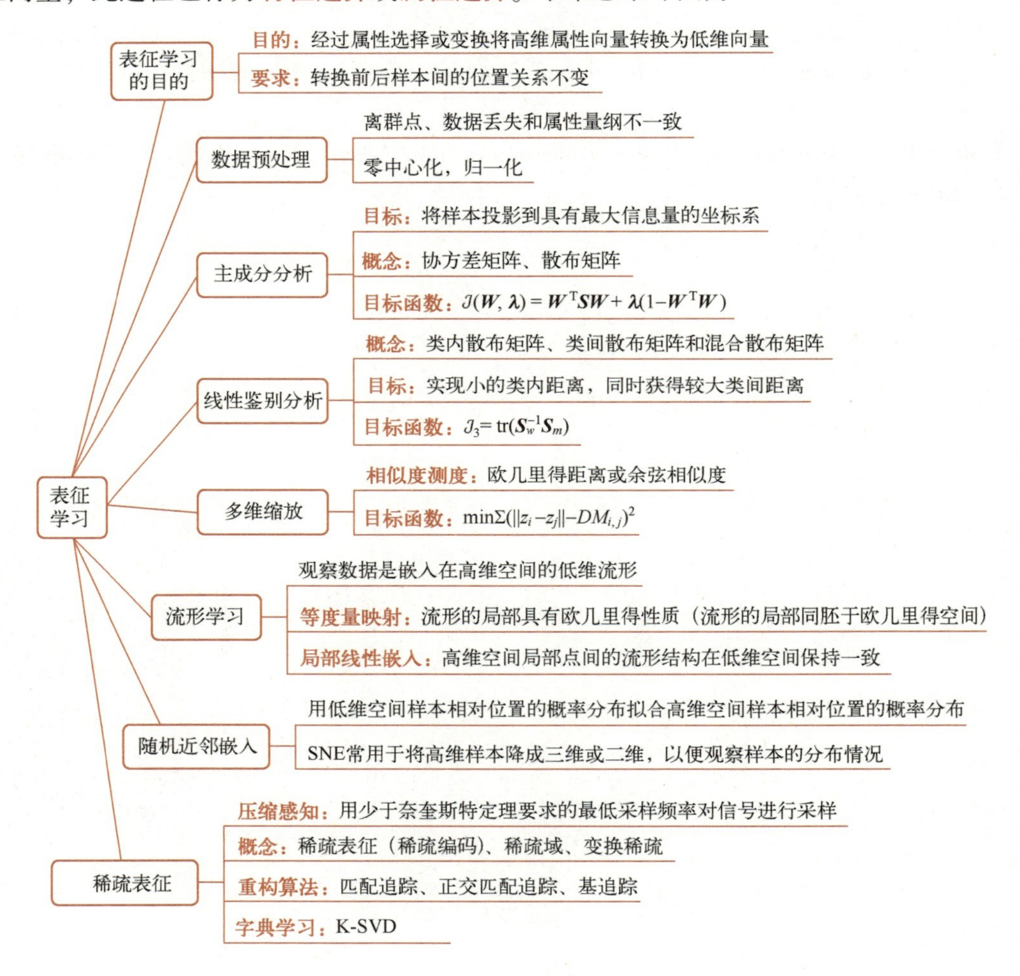

2.1 表征学习的目的

样本集$\mathcal{X}=\{(\boldsymbol{x}_n)\}_{n=1}^{N}$中样本表征是$d$维行向量，且

$$\boldsymbol{x}_n=\begin{pmatrix}x_{1,n}\\x_{2,n}\\\vdots\\x_{d,n}\end{pmatrix},\quad \boldsymbol{X}=(\boldsymbol{x}_1,\boldsymbol{x}_2,\cdots,\boldsymbol{x}_N)=\begin{pmatrix}x_{1,1}&x_{1,2}&\cdots&x_{1,N}\\x_{2,1}&x_{2,2}&\cdots&x_{2,N}\\\vdots&\vdots&&\vdots\\x_{d,1}&x_{d,2}&\cdots&x_{d,N}\end{pmatrix}\tag{2.1}$$

式中，$x_{i,n}$是第 n 个样本的第 i 个属性的属性值（或特征值）；$\boldsymbol{X}$ 为样本矩阵。

通过变换矩阵（$\boldsymbol{W}\in\mathbf{R}^{d\times l}$，$l<d$），将样本从高维空间映射到低维空间，令

$$\boldsymbol{z}_n=(z_{1,n},z_{2,n},\cdots,z_{l,n})^{\mathrm{T}}\tag{2.2}$$

降维后表示为 $\boldsymbol{Z}=(\boldsymbol{z}_1,\boldsymbol{z}_2,\cdots,\boldsymbol{z}_N)$，其映射函数为

$$\boldsymbol{z}_n=\begin{pmatrix}z_{1,n}\\z_{2,n}\\\vdots\\z_{l,n}\end{pmatrix}=\begin{pmatrix}w_{1,1}&w_{1,2}&\cdots&w_{1,d}\\w_{2,1}&w_{2,2}&\cdots&w_{2,d}\\\vdots&\vdots&&\vdots\\w_{l,1}&w_{l,2}&\cdots&w_{l,d}\end{pmatrix}\begin{pmatrix}x_{1,n}\\x_{2,n}\\\vdots\\x_{d,n}\end{pmatrix}=\boldsymbol{W}^{\mathrm{T}}\boldsymbol{x}_n\tag{2.3}$$

$$\boldsymbol{Z}=\begin{pmatrix}z_{1,1}&z_{1,2}&\cdots&z_{1,N}\\z_{2,1}&z_{2,2}&\cdots&z_{2,N}\\\vdots&\vdots&&\vdots\\z_{l,1}&z_{l,2}&\cdots&z_{l,N}\end{pmatrix}=\begin{pmatrix}w_{1,1}&w_{1,2}&\cdots&w_{1,d}\\w_{2,1}&w_{2,2}&\cdots&w_{2,d}\\\vdots&\vdots&&\vdots\\w_{l,1}&w_{l,2}&\cdots&w_{l,d}\end{pmatrix}\begin{pmatrix}x_{1,1}&x_{1,2}&\cdots&x_{1,N}\\x_{2,1}&x_{2,2}&\cdots&x_{2,N}\\\vdots&\vdots&&\vdots\\x_{d,1}&x_{d,2}&\cdots&x_{d,N}\end{pmatrix}\tag{2.4}$$

$$\boldsymbol{Z}=\boldsymbol{W}^{\mathrm{T}}\boldsymbol{X}\tag{2.5}$$

要求：降维前后样本间的位置关系保持不变。

2.2　数据预处理

实际上，原始数据样本集可能出现离群点、数据丢失和属性量纲不一致的情况。

1. 离群点（outlier）

离群点指距样本中心很远的样本。例如，对于正态分布样本，距样本中心超过 3σ 的样本界定为离群点，因为分布在$[\mu-3\sigma,\mu+3\sigma]$内的样本达 99%。

2. 数据丢失

当采集的样本数量有限时，有些属性可能不能从样本集得到有效表征，这种现象称为数据丢失，此数据集也称为不完整数据集，其样本称为属性不完整样本。

例 2.1　三种属性：身高、体重和行为态度｛积极，佛系，消极｝。决策：被人喜欢。在样本采集时，可能没有采集到或没有采集所有关于属性“身高”的数据。

舍弃属性不完整样本固然是一种方法，但是在很多情况并不可行。在条件概率分布下，填补是一种比较流行的处理方法：从属性完整样本分析缺失属性的属性值的统计特征；然后，采用随机抽取方式填补属性不完整样本的缺失属性值。

3. 属性量纲不一致

测度属性采用不同量纲，往往呈现出“属性值的范围相差较大”。相对于较小属性值，较大属性值对目标函数影响较大。

例 2.2 二维样本（身高，体重），其中身高范围是150~190 cm，体重范围是50~60 kg。现有三个样本：张三(180,50)，李四(190,50)，王五(180,60)。那么张三与李四的闵氏距离等于张三与王五的闵氏距离。但是身高的10 cm并不一定等价于体重的10 kg。

处理量纲不一致问题的简单方法是利用属性值的**均值**和**方差**进行**归一化**：

先样本**零中心化处理**，$x_{i,n} \leftarrow x_{i,n} - \mu_i$；再**归一化处理**，$x_{i,n} \leftarrow x_{i,n}/\sigma_i$。

μ_i和σ_i^2分别为第i维属性的均值和方差，且

$$\mu_i = \frac{1}{N}\sum_{n=1}^{N} x_{i,n}, \quad i = 1,2,\cdots,d \tag{2.6}$$

$$\sigma_i^2 = \frac{1}{N}\sum_{n=1}^{N}(x_{i,n} - \mu_i)^2 = E[(\boldsymbol{x}_{i,} - \boldsymbol{\mu}_i)(\boldsymbol{x}_{i,} - \boldsymbol{\mu}_i)^{\mathrm{T}}], \quad i = 1,2,\cdots,d \tag{2.7}$$

$$\boldsymbol{x}_{i,} = (x_{i,1}, x_{i,2}, \cdots, x_{i,N}) \in \mathbf{R}^{1\times N} \tag{2.8}$$

$$\boldsymbol{\mu}_i = (\mu_i, \mu_i, \cdots, \mu_i) \in \mathbf{R}^{1\times N} \tag{2.9}$$

2.3 主成分分析

扫码看视频

主成分分析（Principal Component Analysis，PCA）是一种基于统计理论的表征学习算法。

2.3.1 目标函数

图 2-1 描绘通过坐标变换实现将二维空间转变成一维空间的简单示例。原坐标系的横坐标和纵坐标分别为属性$x_{1,}$和$x_{2,}$，两类样本（实心点和星型点）在两个坐标轴上的投影值混合在一起，都有较大重叠区，以至于仅用一个属性值（$x_{1,}$或$x_{2,}$）难以实现有效分类。如果将坐标系围绕坐标原点逆时针旋转一定角度α，形成坐标轴为$z_{1,}$和$z_{2,}$的新坐标系。

坐标变换前后，样本间的相对位置并没有变化。

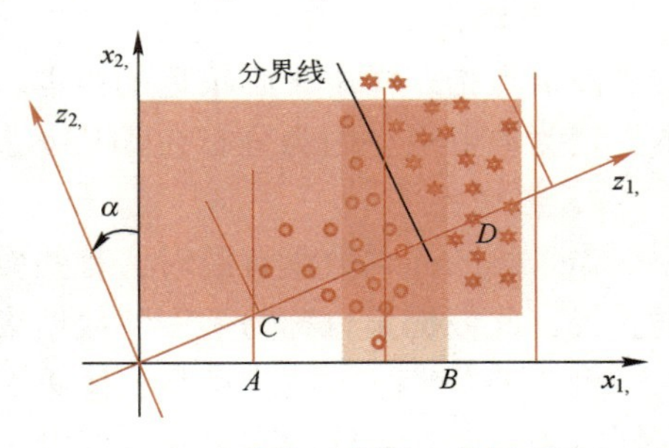

图 2-1 降维示意图（见插页）

变化的是：样本在属性轴$z_{1,}$上投影区间变长，$CD>AB$，而且两类之间在$z_{1,}$上投影没有重叠，可轻松用单一属性实现线性分类。

由于$CD>AB$，直观推断：相比样本在原坐标系轴上的投影，样本在新坐标轴$z_{1,}$上投影值的方差增大了，以至于属性值$z_{1,}$具有了可分性，且方差越大，越具有可分性。

综上所述：为对样本有效降维，要求样本在低维空间坐标轴上投影具有最大信息量，即保留的l个维度的**方差和最大**，也即

$$\max_{\boldsymbol{W}} \sum_{i=1}^{l} \tilde{\sigma}_i^2 \tag{2.10}$$

式中，$\boldsymbol{W}$为变换矩阵；$\tilde{\sigma}_i^2$为样本低维表征的第i维属性值**方差**，则样本的低维属性协方差矩阵（Covariance Matrix）为

$$\widetilde{\boldsymbol{\Sigma}}=\begin{pmatrix}\widetilde{\sigma}_1^2 & \widetilde{\sigma}_{1,2} & \cdots & \widetilde{\sigma}_{1,l}\\ \widetilde{\sigma}_{2,1} & \widetilde{\sigma}_2^2 & \cdots & \widetilde{\sigma}_{2,l}\\ \vdots & \vdots & & \vdots\\ \widetilde{\sigma}_{l,1} & \widetilde{\sigma}_{l,2} & \cdots & \widetilde{\sigma}_l^2\end{pmatrix} \tag{2.11}$$

式中，$\widetilde{\sigma}_{i,j}$为第 i 维属性值和第 j 维属性值的协方差，且

$$\widetilde{\sigma}_{i,j}=\frac{1}{N}\sum_{n=1}^{N}(z_{i,n}-\widetilde{\mu}_i)(z_{j,n}-\widetilde{\mu}_j)=E[(\boldsymbol{z}_{i,}-\widetilde{\boldsymbol{\mu}}_i)(\boldsymbol{z}_{j,}-\widetilde{\boldsymbol{\mu}}_j)^{\mathrm{T}}] \tag{2.12}$$

因为

$$\widetilde{\boldsymbol{\Sigma}}=\frac{1}{N}\begin{pmatrix}\sum_{n=1}^{N}(z_{1,n}-\widetilde{\mu}_1)(z_{1,n}-\widetilde{\mu}_1) & \sum_{n=1}^{N}(z_{1,n}-\widetilde{\mu}_1)(z_{2,n}-\widetilde{\mu}_2) & \cdots & \sum_{n=1}^{N}(z_{1,n}-\widetilde{\mu}_1)(z_{l,n}-\widetilde{\mu}_l)\\ \sum_{n=1}^{N}(z_{2,n}-\widetilde{\mu}_2)(z_{1,n}-\widetilde{\mu}_1) & \sum_{n=1}^{N}(z_{2,n}-\widetilde{\mu}_2)(z_{2,n}-\widetilde{\mu}_2) & \cdots & \sum_{n=1}^{N}(z_{2,n}-\widetilde{\mu}_2)(z_{l,n}-\widetilde{\mu}_l)\\ \vdots & \vdots & & \vdots\\ \sum_{n=1}^{N}(z_{l,n}-\widetilde{\mu}_l)(z_{1,n}-\widetilde{\mu}_1) & \sum_{n=1}^{N}(z_{l,n}-\widetilde{\mu}_l)(z_{2,n}-\widetilde{\mu}_2) & \cdots & \sum_{n=1}^{N}(z_{l,n}-\widetilde{\mu}_l)(z_{l,n}-\widetilde{\mu}_l)\end{pmatrix}$$

所以

$$\widetilde{\boldsymbol{\Sigma}}=\frac{1}{N}\sum_{n=1}^{N}(\boldsymbol{z}_n-\widetilde{\boldsymbol{\mu}})(\boldsymbol{z}_n-\widetilde{\boldsymbol{\mu}})^{\mathrm{T}},\quad \widetilde{\boldsymbol{\Sigma}}=E[(\boldsymbol{Z}-\widetilde{\boldsymbol{M}})(\boldsymbol{Z}-\widetilde{\boldsymbol{M}})^{\mathrm{T}}] \tag{2.13}$$

式中，$\widetilde{\boldsymbol{\mu}}$为样本集$\mathcal{X}$在低维空间$\mathcal{Z}$的均值列向量，$\widetilde{\boldsymbol{\mu}}=(\widetilde{\mu}_1,\widetilde{\mu}_2,\cdots,\widetilde{\mu}_l)^{\mathrm{T}}$；$\widetilde{\boldsymbol{M}}$为低维空间样本矩阵 $\boldsymbol{Z}$ 的均值矩阵，且

$$\widetilde{\boldsymbol{M}}=\begin{pmatrix}\widetilde{\mu}_1 & \widetilde{\mu}_1 & \cdots & \widetilde{\mu}_1\\ \widetilde{\mu}_2 & \widetilde{\mu}_2 & \cdots & \widetilde{\mu}_2\\ \vdots & \vdots & & \vdots\\ \widetilde{\mu}_l & \widetilde{\mu}_l & \cdots & \widetilde{\mu}_l\end{pmatrix}\in\mathbf{R}^{l\times l} \tag{2.14}$$

$\widetilde{\boldsymbol{\Sigma}}$的主对角线上$\widetilde{\sigma}_i^2$是第 i 维属性值方差，非主对角线上$\widetilde{\sigma}_{i,j}$是第 i 维和第 j 维属性值协方差：$\widetilde{\sigma}_{i,j}>0$，$z_{i,}$ 和 $z_{j,}$ 是正相关；$\widetilde{\sigma}_{i,j}<0$，$z_{i,}$ 和 $z_{j,}$ 是负相关；$\widetilde{\sigma}_{i,j}=0, i\neq j$，$z_{i,}$ 和 $z_{j,}$ 不相关。

为此，欲使低维空间具有最大可分性，且属性值之间互不相关，需获取 $\boldsymbol{W}$ 的**优化函数**，即

$$\begin{cases}\max\limits_{W}\sum_{i=1}^{l}\widetilde{\sigma}_i^2=\max\limits_{W}\operatorname{tr}(\widetilde{\boldsymbol{\Sigma}})\\ \text{s. t. } \boldsymbol{W}^{\mathrm{T}}\boldsymbol{W}=\boldsymbol{I}\end{cases} \tag{2.15}$$

式中，$\boldsymbol{I}$ 为单位对角矩阵；$\operatorname{tr}(\widetilde{\boldsymbol{\Sigma}})$为协方差矩阵$\widetilde{\boldsymbol{\Sigma}}$的迹。

因为

$$\begin{aligned}\widetilde{\boldsymbol{\Sigma}}&=E[(\boldsymbol{Z}-\widetilde{\boldsymbol{M}})(\boldsymbol{Z}-\widetilde{\boldsymbol{M}})^{\mathrm{T}}]=E[(\boldsymbol{W}^{\mathrm{T}}\boldsymbol{X}-\boldsymbol{W}^{\mathrm{T}}\boldsymbol{M})(\boldsymbol{W}^{\mathrm{T}}\boldsymbol{X}-\boldsymbol{W}^{\mathrm{T}}\boldsymbol{M})^{\mathrm{T}}]\\ &=E[\boldsymbol{W}^{\mathrm{T}}(\boldsymbol{X}-\boldsymbol{M})(\boldsymbol{X}-\boldsymbol{M})^{\mathrm{T}}\boldsymbol{W}]=\boldsymbol{W}^{\mathrm{T}}\{E[(\boldsymbol{X}-\boldsymbol{M})(\boldsymbol{X}-\boldsymbol{M})^{\mathrm{T}}]\}\boldsymbol{W}\end{aligned}$$

式中，$\boldsymbol{M}$ 为高维空间样本矩阵 $\boldsymbol{X}$ 的均值矩阵，且

$$\boldsymbol{M}=\begin{pmatrix}\mu_1 & \mu_1 & \cdots & \mu_1\\ \mu_2 & \mu_2 & \cdots & \mu_2\\ \vdots & \vdots & & \vdots\\ \mu_d & \mu_d & \cdots & \mu_d\end{pmatrix}\in\mathbf{R}^{d\times d} \tag{2.16}$$

所以

$$\widetilde{\boldsymbol{\Sigma}}=\boldsymbol{W}^{\mathrm{T}}\boldsymbol{\Sigma}\boldsymbol{W},\quad \boldsymbol{\Sigma}=E[(\boldsymbol{X}-\boldsymbol{M})(\boldsymbol{X}-\boldsymbol{M})^{\mathrm{T}}] \tag{2.17}$$

将 $\boldsymbol{S}=(\boldsymbol{X}-\boldsymbol{M})(\boldsymbol{X}-\boldsymbol{M})^{\mathrm{T}}$ 称为**散布矩阵**（Scatter Matrix）。从定义可知：散布矩阵 $\boldsymbol{S}\in\mathbf{R}^{d\times d}$ 和协方差矩阵 $\boldsymbol{\Sigma}\in\mathbf{R}^{d\times d}$ 有相同的特征值和特征向量，忽略 $1/N$，则有 $\boldsymbol{S}=\boldsymbol{\Sigma}$。

所以，优化正交变换矩阵 $\boldsymbol{W}$ 的**优化函数**的另一种形式为

$$\begin{cases}\max\limits_{W}\ \mathrm{tr}(\boldsymbol{W}^{\mathrm{T}}\boldsymbol{S}\boldsymbol{W})\\ \mathrm{s.\,t.}\ \boldsymbol{W}^{\mathrm{T}}\boldsymbol{W}=\boldsymbol{I}\end{cases} \tag{2.18}$$

综上推理，用拉格朗日乘子法为基于 PCA 表征学习构造的**目标函数**如下

$$\mathcal{J}(\boldsymbol{W},\boldsymbol{\lambda})=\boldsymbol{W}^{\mathrm{T}}\boldsymbol{S}\boldsymbol{W}+\boldsymbol{\lambda}(1-\boldsymbol{W}^{\mathrm{T}}\boldsymbol{W}) \tag{2.19}$$

2.3.2 基于主成分分析表征学习模型

为了获得最优的变换矩阵 $\boldsymbol{W}$，对式（2.19）求导数并置零，得

$$\frac{\partial\mathcal{J}(\boldsymbol{W},\boldsymbol{\lambda})}{\partial\boldsymbol{W}}=2\boldsymbol{S}\boldsymbol{W}-2\boldsymbol{\lambda}\boldsymbol{W}=\boldsymbol{0}$$

从而可得

$$\boldsymbol{S}\boldsymbol{w}_i=\lambda_i\boldsymbol{w}_i \tag{2.20}$$

式中，λ_i 和 $\boldsymbol{w}_i$ 分别为散度矩阵 $\boldsymbol{S}$ 的特征值及其对应的特征向量。

采用奇异值分解（Singular Value Decomposition，SVD）对实对称矩阵 $\boldsymbol{S}$ 进行分解，得

$$\boldsymbol{S}=\boldsymbol{W}\boldsymbol{\Lambda}\boldsymbol{W}^{\mathrm{T}}=(\boldsymbol{w}_1,\boldsymbol{w}_2,\cdots,\boldsymbol{w}_d)\begin{pmatrix}\lambda_1 & & & \\ & \lambda_2 & & \\ & & \ddots & \\ & & & \lambda_d\end{pmatrix}\begin{pmatrix}\boldsymbol{w}_1\\ \boldsymbol{w}_2\\ \vdots\\ \boldsymbol{w}_d\end{pmatrix} \tag{2.21}$$

式中，

- $\boldsymbol{\Lambda}\in\mathbf{R}^{d\times d}$：特征对角矩阵，$\lambda_i$ 称为 $\boldsymbol{S}$ 的非零本征值或特征值。
- $\boldsymbol{w}_i\in\mathbf{R}^{d\times 1}$：与 λ_i 对应的单位特征向量，$\boldsymbol{w}_i^{\mathrm{T}}\boldsymbol{w}_i=1$。
- $\boldsymbol{W}\in\mathbf{R}^{d\times d}$：单位正交矩阵，即有 $\boldsymbol{W}^{\mathrm{T}}\boldsymbol{W}=\boldsymbol{I},\boldsymbol{w}_i^{\mathrm{T}}\boldsymbol{w}_j=0$。

至此，获得低维空间属性方差和与高维空间散布矩阵特征值和之间的关系，即

$$\sum_{i=1}^{l}\widetilde{\sigma}_i^2=\mathrm{tr}(\widetilde{\boldsymbol{\Sigma}})=\mathrm{tr}(\boldsymbol{W}^{\mathrm{T}}\boldsymbol{\Sigma}\boldsymbol{W})=\mathrm{tr}(\boldsymbol{\Sigma})=\sum_{i=1}^{d}\lambda_i\quad(l<d) \tag{2.22}$$

式中，$\lambda_1\geqslant\lambda_2\geqslant\cdots\geqslant\lambda_d$，选择前 l 个特征值对应的特征向量，$\boldsymbol{w}_i\in\mathbf{R}^{d\times 1},i=1,2,\cdots,l$，构建 PCA **正交变换矩阵** $\boldsymbol{W}\in\mathbf{R}^{d\times l}$。$\boldsymbol{w}_i$ 构成了低维空间坐标轴，样本在 $\boldsymbol{w}_i$ 投影方差较大。

在实际应用中，选择特征值数量 l 往往通过预设贡献率 r_0 来获取，即

$$r=\frac{\sum_{i=1}^{l}\lambda_i}{\sum_{i=1}^{d}\lambda_i}\geqslant r_0 \tag{2.23}$$

例如，$r_0=0.90, 0.95, 0.98, \cdots$。

另外，如果原始样本维度较高，一张 100×100 灰度图压平成一维特征向量后，其向量维度 $d=10000$，从而其协方差矩阵维度将达到 10000×10000，以至于占用很大内存。如果样本数量远小于维度，$N\ll d$，可用 $(\boldsymbol{X}-\boldsymbol{M})^{\mathrm{T}}(\boldsymbol{X}-\boldsymbol{M})$ 替代 $(\boldsymbol{X}-\boldsymbol{M})(\boldsymbol{X}-\boldsymbol{M})^{\mathrm{T}}$。

2.3.3　人脸 PCA 表征学习

英国剑桥大学 AT&T(ORL)人脸数据集有 40 类人脸，每类人脸有 10 张 heigh×width = 112×92图片，常被初学者用来做图像识别实验。

首先，将二维人脸转换为一维向量，$\boldsymbol{x}_n\in\mathbf{R}^{10304\times 1}$，$d=10304$，**维度超大，有**

$$\boldsymbol{x}_n=(x_{1,n}, x_{2,n}, \cdots, x_{i,n}, \cdots, x_{j,n}, \cdots, x_{10304,n})^{\mathrm{T}}$$

所有属性 $x_{i,}$ $(i=1,2,\cdots,d)$ 的属性值在 $0\leqslant x_{i,}\leqslant 255$（8 bits 量化）区间内，具有相同统计特性，$x_{i,}$ 与 $x_{j,}$ 之间的相关性较大。

然后，将所有样本零中心化处理后，计算散布矩阵，$\boldsymbol{X}\boldsymbol{X}^{\mathrm{T}}\in\mathbf{R}^{10304\times 10304}$。**图 2-2a** 仅列出了样本原始表征的协方差矩阵的部分数值。主对角线上元素为属性方差，而非主对角线上元素为属性间的协方差，可以看出协方差值与方差区别不大。

接下来，通过 SVD 计算 $\boldsymbol{X}\boldsymbol{X}^{\mathrm{T}}\in\mathbf{R}^{400\times 400}$ 的特征值 λ_i 和归一化特征向量 $\boldsymbol{w}_i$。**图 2-3a** 所示特征值曲线（红色）是由 $\boldsymbol{X}^{\mathrm{T}}\boldsymbol{X}$ 计算并降序排列的 400 个特征值，其中 λ_1 最大，而 λ_{400} 最小，$\lambda_{400}=0$，舍弃为零的特征值，共有 399 个非零特征值。**图 2-3a** 中蓝色曲线为前 i 个特征的贡献率，前 100 个特征值的贡献率达到了 87.56%。

最后，用 399 个非零特征值对应特征向量构成转换矩阵 $\boldsymbol{W}$，从而建立了 PCA 表征学习模型，$\boldsymbol{y}=\boldsymbol{W}^{\mathrm{T}}\boldsymbol{x}$。转换后，原始样本由 10304 维表征降低为 399 维表征。**实际上，**可取 $l\ll 399$，以便实现更大降维。此例，$l=125$，$r=90\%$。

经 PCA 降维后的协方差矩阵呈现于**图 2-2b**。可以观察到，低维空间样本协方差矩阵的主对角线上的值较大，即低维空间的样本方差较大；而非主对角线上的值近似为零，说明降维后属性值之间的相关性降低了。

每个特征值 λ_i 对应的特征向量 $\boldsymbol{w}_i$ 称为**特征人脸**（Eigenface）或**属性人脸**，因其特征值最大，所以称为主成分（Principal Component）。每个特征向量代表一个坐标轴，从而构成 l 维空间。原始样本在每个坐标轴上的投影值即是在相应特征人脸的**属性值**（或**坐标值**，或称为**系数**）。我们选择 3 个最大特征值对应特征向量 $\boldsymbol{w}_1, \boldsymbol{w}_2, \boldsymbol{w}_3$ 构建三维立体坐标系，并将 8 类人脸每类 10 张共 80 张人脸投影到这三维坐标轴上。如**图 2-3b** 所示，图中一个点代表一张人脸。可以看出，三个属性即可实现这 80 个样本的分类。

10304x10304 double

	1	2	3	4	5	6	7	8
1	8.0095e-06	7.9233e-06	7.7998e-06	7.8111e-06	7.7903e-06	7.7663e-06	7.6637e-06	7.6923e-06
2	7.9233e-06	7.9074e-06	7.7684e-06	7.7778e-06	7.7579e-06	7.7397e-06	7.6412e-06	7.6616e-06
3	7.7998e-06	7.7684e-06	7.7115e-06	7.7054e-06	7.6506e-06	7.6220e-06	7.5281e-06	7.5519e-06
4	7.8111e-06	7.7778e-06	7.7054e-06	7.7697e-06	7.6799e-06	7.6469e-06	7.5601e-06	7.5842e-06
5	7.7903e-06	7.7579e-06	7.6506e-06	7.6799e-06	7.7184e-06	7.6937e-06	7.5907e-06	7.5966e-06
6	7.7663e-06	7.7397e-06	7.6220e-06	7.6469e-06	7.6937e-06	7.7510e-06	7.6301e-06	7.6141e-06
7	7.6637e-06	7.6412e-06	7.5281e-06	7.5601e-06	7.5907e-06	7.6301e-06	7.6070e-06	7.5507e-06
8	7.6923e-06	7.6616e-06	7.5519e-06	7.5842e-06	7.5966e-06	7.6141e-06	7.5507e-06	7.5828e-06

a) 样本原始表征协方差

399x399 double

	1	2	3	4	5	6	7	8
1	0.0159	-5.7246e-19	6.6527e-18	-5.1077e-18	3.5562e-19	2.4460e-18	2.7105e-18	1.5135e-18
2	-5.7246e-19	0.0072	-1.5743e-18	-1.3878e-18	-2.0730e-18	-6.5919e-19	7.1991e-19	2.0990e-18
3	6.6527e-18	-1.5743e-18	0.0068	2.8710e-18	7.2858e-19	8.3592e-19	8.0177e-19	5.3776e-19
4	-5.1077e-18	-1.3878e-18	2.8710e-18	0.0057	1.0669e-18	9.6277e-19	1.1232e-18	4.2886e-18
5	3.5562e-19	-2.0730e-18	7.2858e-19	1.0669e-18	0.0039	-1.2056e-18	3.8381e-19	-6.8738e-19
6	2.4460e-18	-6.5919e-19	8.3592e-19	9.6277e-19	-1.2056e-18	0.0032	-2.8623e-19	6.0065e-19
7	2.7105e-18	7.1991e-19	8.0177e-19	1.1232e-18	3.8381e-19	-2.8623e-19	0.0024	-5.6379e-20
8	1.5135e-18	2.0990e-18	5.3776e-19	4.2886e-18	-6.8738e-19	6.0065e-19	-5.6379e-20	0.0023

b) 样本PCA表征协方差

图 2-2　协方差矩阵

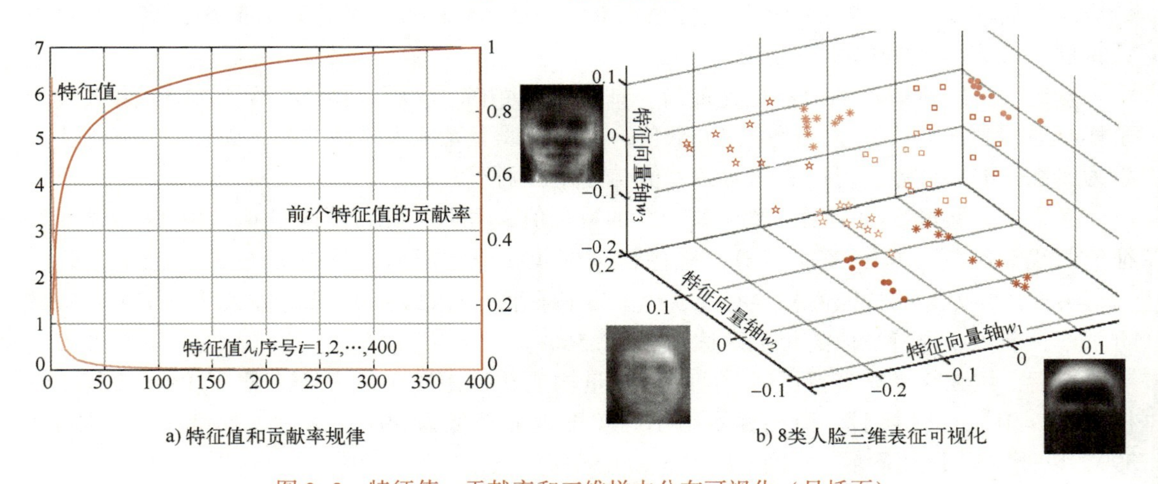

a) 特征值和贡献率规律　　b) 8类人脸三维表征可视化

图 2-3　特征值、贡献率和三维样本分布可视化（见插页）

2.4　线性鉴别分析

扫码看视频

线性鉴别分析（Linear Discriminant Analysis，LDA）在人脸等图像识别领域中有非常广泛的应用。PCA 不考虑样本类别，属于**无监督表征学习**，而 LDA 是一种**监督表征学习**，在类别已知条件下实现“**投影后类内方差最小，类间方差最大**”的目标。

设 $\mathcal{D}=\{(\boldsymbol{x}_1,y_1),(\boldsymbol{x}_2,y_2),\cdots,(\boldsymbol{x}_N,y_N)\}$，类标签 $y_n\in\mathcal{Y}=\{1,2,\cdots,K\}$。第 k 类样本集 $\mathcal{D}_k$ 中样本数量为 N_k，均值向量为 $\boldsymbol{\mu}_k$，则

$$\sum_{k=1}^{K} N_k = N, \quad \boldsymbol{\mu}_k = (\mu_1, \mu_2, \cdots, \mu_d)^{\mathrm{T}}$$

2.4.1　类内散布矩阵和类间散布矩阵

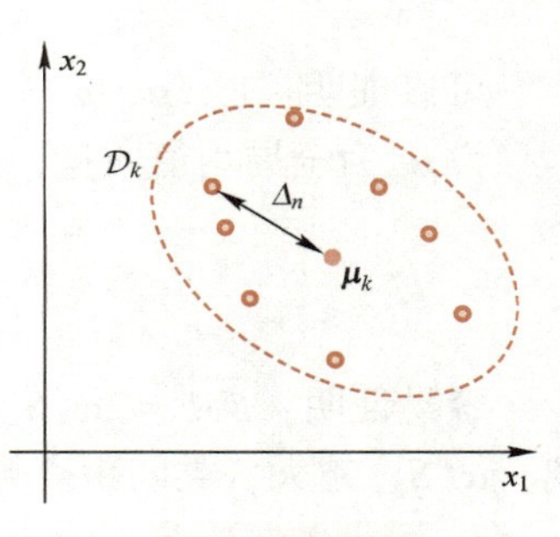

图 2-4　$\mathcal{D}_k$样本空间分布

一个 d 维表征向量的样本相当于分布在 d 维空间的一个点，每个维度（或属性）相当于一个坐标轴。如图 2-4 所示，利用平面直角坐标系分析二维表征向量。图中实心点表示第 k 类子集 $\mathcal{D}_k$的中心$\boldsymbol{\mu}_k$。Δ_n^2表示样本 $\boldsymbol{x}_n$到类中心的距离平方，即

$$\Delta_n^2 = (\boldsymbol{x}_n - \boldsymbol{\mu}_k)^{\mathrm{T}}(\boldsymbol{x}_n - \boldsymbol{\mu}_k) \tag{2.24}$$

第 k 类的类内距离（Intra-class）定义为 Δ_n^2的期望值，即

$$\overline{DM_k}^2 = E(\Delta_n^2) = E[(\boldsymbol{x}_n - \boldsymbol{\mu}_k)^{\mathrm{T}}(\boldsymbol{x}_n - \boldsymbol{\mu}_k)] \tag{2.25}$$

类内距离反映了样本围绕类中心分布的紧密程度，类内距离越小，分布越紧密。

1. 类内散布矩阵（within-class scatter matrix）

$\mathcal{D}_k$的类内散布矩阵定义为该类的协方差矩阵，即

$$\boldsymbol{S}_w^{(k)} = \boldsymbol{\Sigma}_k = E[(\boldsymbol{X}_k - \boldsymbol{M}_k)^{\mathrm{T}}(\boldsymbol{X}_k - \boldsymbol{M}_k)] \tag{2.26}$$

因为 $$\sum_{n=1}^{N_k} \sigma_n^2 = \mathrm{tr}(\boldsymbol{\Sigma}_k) = \frac{1}{N_k}\sum_{n=1}^{N_k}[(\boldsymbol{x}_n - \boldsymbol{\mu}_k)^{\mathrm{T}}(\boldsymbol{x}_n - \boldsymbol{\mu}_k)] = \frac{1}{N_k}\sum_{n=1}^{N_k}\Delta_n^2 = E(\Delta_n^2)$$

所以 $$\overline{DM_k}^2 = \mathrm{tr}(\boldsymbol{\Sigma}_k) = \sum_{n=1}^{N} \sigma_n^2 \tag{2.27}$$

即 $\mathcal{D}_k$的类内距离等于迹 $\mathrm{tr}(\boldsymbol{\Sigma}_k)$，而且样本方差和越小，类内距离越小。

设共有 K 类的样本集 $\mathcal{D}_k$，类先验概率 P_k，则样本集 $\mathcal{D}$ 的总体类内距离定义为

$$\overline{DM_w}^2 = \sum_{k=1}^{K} P_k \overline{DM_k}^2 \tag{2.28}$$

样本集 $\mathcal{D}$ 的总体类内散布矩阵定义为

$$\boldsymbol{S}_w = \sum_{k=1}^{K} P_k \boldsymbol{\Sigma}_k \tag{2.29}$$

综上所述：**总体类内散布矩阵的迹越小，同类样本越能紧密分布在类中心周围。**

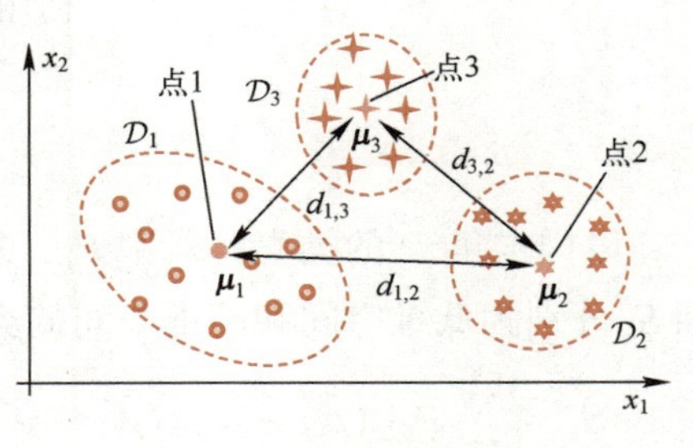

图 2-5　样本空间分布

图 2-5 所示的平面直角坐标系刻画三类样本分布情况。图中点 1、点 2、点 3 表示样本集 $\mathcal{D}_k$的中心$\boldsymbol{\mu}_k$，显然各类中心之间距离越大，越容易实现分类。

为此，我们为样本集 $\mathcal{D}$ 定义类间距离，且

$$\overline{DM}^2 = E[(\boldsymbol{\mu}_k - \boldsymbol{\mu}_m)^{\mathrm{T}}(\boldsymbol{\mu}_k - \boldsymbol{\mu}_m)], \quad k \neq m \tag{2.30}$$

2. 类间散布矩阵（between-class scatter matrix）

类间散布矩阵的表达式为

$$S_b = E[(\boldsymbol{\mu}_k - \boldsymbol{\mu}_0)(\boldsymbol{\mu}_k - \boldsymbol{\mu}_0)^{\mathrm{T}}] = \sum_{k=1}^{K} P_k[(\boldsymbol{\mu}_k - \boldsymbol{\mu}_0)(\boldsymbol{\mu}_k - \boldsymbol{\mu}_0)^{\mathrm{T}}] \tag{2.31}$$

可以证明：$E[(\boldsymbol{\mu}_k-\boldsymbol{\mu}_m)^{\mathrm{T}}(\boldsymbol{\mu}_k-\boldsymbol{\mu}_m)]$等价于$E[(\boldsymbol{\mu}_k-\boldsymbol{\mu}_0)^{\mathrm{T}}(\boldsymbol{\mu}_k-\boldsymbol{\mu}_0)]$。

设$\boldsymbol{\mu}_0$为全局均值向量，则

$$\boldsymbol{\mu}_0 = \sum_{k=1}^{K} P_k \boldsymbol{\mu}_k \tag{2.32}$$

容易证明：$\overline{DM}^2=2\mathrm{tr}(\boldsymbol{S}_b)$。因此，$\mathrm{tr}(\boldsymbol{S}_b)$反映了所有类别均值与全局均值之间的期望距离，$\mathrm{tr}(\boldsymbol{S}_b)$越大，类间距离越大，越容易分类。

3. 混合散布矩阵（mixture scatter matrix）

样本集 $\mathcal{D}$ 的**混合散布矩阵**定义为所有样本$\boldsymbol{x}_i$到样本中心$\boldsymbol{\mu}_0$距离平方的期望，即

$$\boldsymbol{S}_m = E[(\boldsymbol{x}_i-\boldsymbol{\mu}_0)(\boldsymbol{x}_i-\boldsymbol{\mu}_0)^{\mathrm{T}}] \tag{2.33}$$

可以证明：$\boldsymbol{S}_m=\boldsymbol{S}_w+\boldsymbol{S}_b$。

2.4.2 类可判别性测度

图 2-5 表明：**在样本表征值的空间分布中，类内距离越小和类间距离越大，越有利于实现模式分类**。从而直接得出类可判别性的第一测度和第二测度，即

$$\mathcal{J}_1=\frac{\mathrm{tr}(\boldsymbol{S}_m)}{\mathrm{tr}(\boldsymbol{S}_w)},\quad \mathcal{J}_2=\frac{|\boldsymbol{S}_m|}{|\boldsymbol{S}_w|} \tag{2.34}$$

实际应用中，也采用第三测度，即

$$\mathcal{J}_3=\mathrm{tr}(\boldsymbol{S}_w^{-1}\boldsymbol{S}_m) \tag{2.35}$$

对于一维类等概率的两类情况，$P_1=P_2$，且

$$\mathrm{tr}(\boldsymbol{S}_w)=\sigma_1^2+\sigma_2^2,\quad \mathrm{tr}(\boldsymbol{S}_b)=(\mu_1-\mu_2)^2$$

可以推得费希尔鉴别率（Fisher' Discriminant Ratio，FDR）判别准则，且

$$\mathrm{FDR}=\frac{(\mu_1-\mu_2)^2}{\sigma_1^2+\sigma_2^2} \tag{2.36}$$

对于多类情况，则使用 FDR 的均值形式，即

$$\mathrm{FDR} = \sum_{i=1}^{K}\sum_{j=1,j\neq i}^{K}\frac{(\mu_i - \mu_j)^2}{\sigma_i^2 + \sigma_j^2} \tag{2.37}$$

2.4.3 LDA 原理

设样本集 $\mathcal{D}$ 的类先验概率 P_k，$\widetilde{\boldsymbol{S}}_b$和$\boldsymbol{S}_b$分别为低维空间和高维空间的类间散布矩阵，$\widetilde{\boldsymbol{S}}_w$和$\boldsymbol{S}_w$分别为低维空间和高维空间的类内散布矩阵，则有

$$\widetilde{\boldsymbol{S}}_b = \sum_{k=1}^{K} P_k[(\widetilde{\boldsymbol{\mu}}_k - \widetilde{\boldsymbol{\mu}}_0)(\widetilde{\boldsymbol{\mu}}_k - \widetilde{\boldsymbol{\mu}}_0)^{\mathrm{T}}] = \sum_{k=1}^{K} P_k[(\boldsymbol{W}^{\mathrm{T}}\boldsymbol{\mu}_k - \boldsymbol{W}^{\mathrm{T}}\boldsymbol{\mu}_0)(\boldsymbol{W}^{\mathrm{T}}\boldsymbol{\mu}_k - \boldsymbol{W}^{\mathrm{T}}\boldsymbol{\mu}_0)^{\mathrm{T}}]$$

$$\widetilde{\boldsymbol{S}}_b = \boldsymbol{W}^{\mathrm{T}}\left\{\sum_{k=1}^{K} P_k[(\boldsymbol{\mu}_k - \boldsymbol{\mu}_0)(\boldsymbol{\mu}_k - \boldsymbol{\mu}_0)^{\mathrm{T}}]\right\}\boldsymbol{W} = \boldsymbol{W}^{\mathrm{T}}\boldsymbol{S}_b\boldsymbol{W}$$

同理，

$$\widetilde{\boldsymbol{S}}_w=\boldsymbol{W}^{\mathrm{T}}\boldsymbol{S}_w\boldsymbol{W}$$

所以，基于类可判别性的第一测度，建立**目标函数**，即

$$\mathcal{J}(\boldsymbol{W})=\frac{\operatorname{tr}(\widetilde{\boldsymbol{S}}_b)}{\operatorname{tr}(\widetilde{\boldsymbol{S}}_w)}=\frac{\operatorname{tr}(\boldsymbol{W}^{\mathrm{T}}\boldsymbol{S}_b\boldsymbol{W})}{\operatorname{tr}(\boldsymbol{W}^{\mathrm{T}}\boldsymbol{S}_w\boldsymbol{W})} \tag{2.38}$$

令 $|\boldsymbol{W}^{\mathrm{T}}\boldsymbol{S}_w\boldsymbol{W}|=1$，并引入拉格朗日乘子建立目标函数，即

$$\mathcal{J}(\boldsymbol{W},\boldsymbol{\lambda})=\boldsymbol{W}^{\mathrm{T}}\boldsymbol{S}_b\boldsymbol{W}-\lambda(\boldsymbol{W}^{\mathrm{T}}\boldsymbol{S}_w\boldsymbol{W}-\boldsymbol{1}),\quad \frac{\partial\mathcal{J}(\boldsymbol{W},\boldsymbol{\lambda})}{\partial\boldsymbol{W}}=2\boldsymbol{S}_b\boldsymbol{W}-\boldsymbol{2}\lambda\boldsymbol{S}_w\boldsymbol{W}=\boldsymbol{0}$$

从而获得 Fisher linear discrimination（FLD）公式

$$\boldsymbol{S}_w^{-1}\boldsymbol{S}_b\boldsymbol{W}=\lambda\boldsymbol{W} \tag{2.39}$$

用 SVD 对实对称矩阵 $\boldsymbol{S}_w^{-1}\boldsymbol{S}$ 进行分解，可获得 $l=K-1$ 个非零本征值或特征值，将相应的特征向量归一化后则构成了 LDA **正交变换矩阵** $\boldsymbol{W}\in\mathbf{R}^{d\times l}$。

2.4.4　人脸的 LDA 表征学习

继续采用具有 40 类人脸的英国剑桥大学 AT&T(ORL) 人脸数据集。由于原始人脸维度 $d=10304$，构建 $\boldsymbol{S}_b$ 或 $\boldsymbol{S}_w$ 尺寸达到 10304×10304，因此通常先用 PCA 降维到 399，再用 LDA 进一步降维到小于或等于 39 维。我们选用两个最大特征值的特征向量作为低维空间坐标轴，如图 2–6 所示，图中一个点代表一个样本。图中的 PCA+LDA 算法，每类 10 个样本分布聚合成一个“点”，每个“点”左边小矩形框中为区域放大后的 10 个样本分布。由图可知：仅用 PCA 实现的降维样本分布，有些类存在混合现象。PCA+LDA 获得的二维表征向量呈现出较强的可分性表征能力：同类样本几乎聚集成一个点，每类“聚集点”附近的矩形框为该聚集点放大后的分布情况；而不同类的“聚集点”间距离较大。

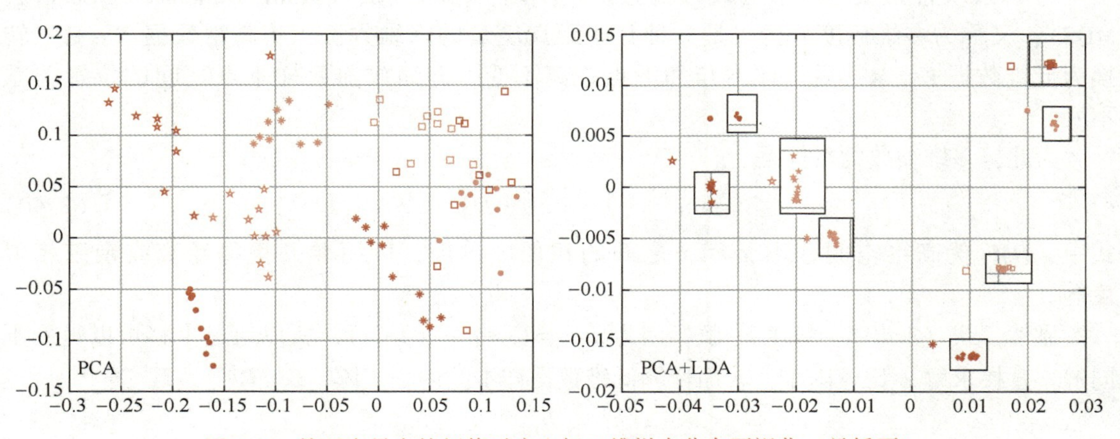

图 2–6　前两个最大特征值对应坐标二维样本分布可视化（见插页）

图 2–7 从空间分布上刻画 PCA 和 LDA 的区别：PCA 为无监督学习，其思路是通过坐标变换，尽可能选择样本投影值方差最大的轴，不考虑各类样本的分布，如图中 PCA 最佳低维投影轴；而 LDA 为监督学习，其思路是在类标签指导下使全体样本在低维坐标轴投影值方差较大的同时，兼顾各类样本投影值方差尽可能小，如图中 LDA 最佳投影轴。

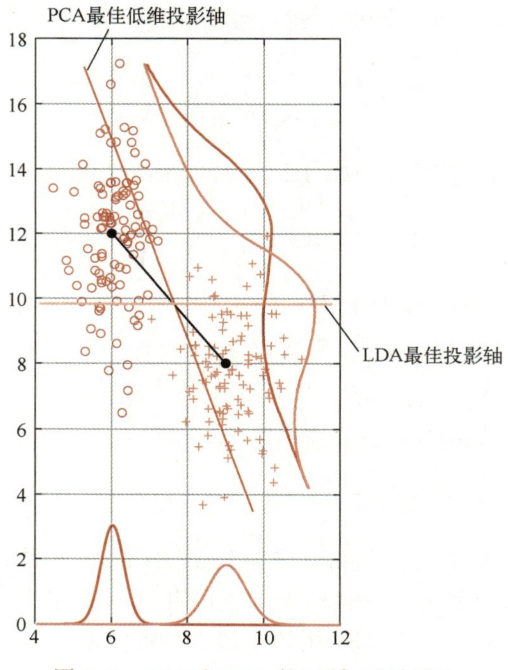

图 2-7 PCA 和 LDA 的区别（见插页）

2.5 多维缩放

与 PCA 关注最大可分性（属性值方差）不同，多维缩放（Multi-Dimensional Scaling，MDS），又称为多维标度分析，是一种基于距离度量的降维方法，将高维数据 $\boldsymbol{X}\in\mathbf{R}^{d\times N}$ 转换为低维数据 $Z\in\mathbf{R}^{l\times N}$ 后，样本与邻近点距离不变，即缩放前后样本点之间的位置关系不变。

为此，多维缩放的目标是

$$\min\sum(\|z_i-z_j\|-DM_{i,j})^2 \tag{2.40}$$

式中，$DM_{i,j}$ 为高维空间样本 $\boldsymbol{x}_i$ 和 $\boldsymbol{x}_j$ 之间的相似度测度，可用**欧几里得距离**或**余弦相似度**等。

显然，式（2.40）不是唯一解。因为 $z_i-z_j=(z_i-a)-(z_j-a)$，所以通过平移可以得到不同解。直接求解 $\boldsymbol{Z}$ 比较困难，转而计算低维数据样本的内积矩阵，$\boldsymbol{B}\in\mathbf{R}^{N\times N}$，且

$$\boldsymbol{B}=\boldsymbol{Z}^{\mathrm{T}}\boldsymbol{Z}=\begin{pmatrix} b_{1,1} & b_{1,2} & \cdots & b_{1,N} \\ b_{2,1} & b_{2,2} & \cdots & b_{2,N} \\ \vdots & \vdots & & \vdots \\ b_{N,1} & b_{N,2} & \cdots & b_{N,N} \end{pmatrix} \tag{2.41}$$

式中，$b_{i,j}=z_i^{\mathrm{T}}z_j$。$\boldsymbol{B}$ 是一个实对称矩阵。

然而，MDS 并不直接从原始数据而是从不相似度矩阵 **USM** 计算 $\boldsymbol{B}$，且

$$\mathbf{USM}=\begin{pmatrix} DM_{1,1} & DM_{1,2} & \cdots & DM_{1,N} \\ DM_{2,1} & DM_{2,2} & \cdots & DM_{2,N} \\ \vdots & \vdots & & \vdots \\ DM_{N,1} & DM_{N,2} & \cdots & DM_{N,N} \end{pmatrix} \tag{2.42}$$

由于低维数据不是唯一解，所以我们可以通过平移实现 $\sum_{k=1}^{N} z_k = \mathbf{0}$。以至于存在

$$\sum_{i=1}^{N} b_{i,j} = \sum_{i=1}^{N} z_i^{\mathrm{T}} z_j = \sum_{i=1}^{N}\sum_{k=1}^{l}(z_{i,k}z_{j,k}) = \sum_{k=1}^{l}\left(\sum_{k=1}^{N} z_{i,k}\right) z_{j,k} = 0$$

所以

$$\sum_{i=1}^{N} b_{i,j} = \sum_{j=1}^{N} b_{i,j} = 0 \tag{2.43}$$

为确保缩放前后**样本间距离不变**，要求 $\|z_i - z_j\| = DM_{i,j}$。因为

$$DM_{i,j}^2 = \|z_i\|^2 + \|z_j\|^2 - 2z_i^{\mathrm{T}} z_j = b_{i,i} + b_{j,j} - 2b_{i,j}$$

所以

$$b_{i,j} = \frac{1}{2}(b_{i,i} + b_{j,j} - DM_{i,j}^2) \tag{2.44}$$

另外，通过对 $DM_{i,j}^2$ 求和后得到

$$\sum_{i=1}^{N} DM_{i,j}^2 = \mathrm{tr}(\boldsymbol{B}) + Nb_{j,j} - 2\sum_{i=1}^{N} b_{i,j} = \mathrm{tr}(\boldsymbol{B}) + Nb_{j,j}$$

$$\sum_{j=1}^{N} DM_{i,j}^2 = \mathrm{tr}(\boldsymbol{B}) + Nb_{i,i} - 2\sum_{j=1}^{N} b_{i,j} = \mathrm{tr}(\boldsymbol{B}) + Nb_{i,i}$$

$$\sum_{i=1}^{N}\sum_{j=1}^{N} DM_{i,j}^2 = 2N\mathrm{tr}(\boldsymbol{B})$$

联立解上述方程组得

$$b_{i,j} = -\frac{1}{2}\left(DM_{i,j}^2 - \frac{1}{N}\sum_{j=1}^{N} DM_{i,j}^2 - \frac{1}{N}\sum_{i=1}^{N} DM_{i,j}^2 + \frac{1}{N^2}\sum_{i=1}^{N}\sum_{j=1}^{N} DM_{i,j}^2\right) \tag{2.45}$$

通过式（2.45）计算**低维空间的内积矩阵 $\boldsymbol{B}$ 中的所有元素**。

接下来，计算 $\boldsymbol{B}$ 特征值，保留 l 个最大非零本征值，将相应的特征向量归一化后，构成了 MDS **变换矩阵 $\boldsymbol{W} \in \mathbf{R}^{d \times l}$**。

MDS 采用欧几里得距离测度不相似性。在欧几里得空间（Euclidean Space），用直线确定两点间最短距离。如果两点间最短距离不是直线，而是曲线呢？换句话说，如果研究对象是流形呢？在图 2-8 中，A 和 B 两点不可直线到达，该如何计算它们之间的不相似度？

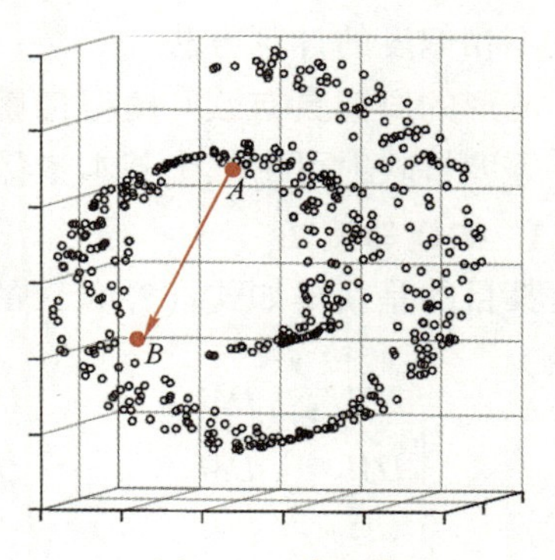

图 2-8　瑞士卷

2.6　流形学习

流形学习（Manifold Learning）是一种非线性降维算法，也是一种非监督学习算法，从数据本身学习数据的高维结构。

2.6.1 流形

流形学习认为：**观察数据是嵌入在高维空间的低维流形**。

图 2-9 所示 S 曲面和**图 2-8** 所示瑞士卷似乎是一块二维空间的平面被扭曲到三维空间而成，换句话说“**三维空间曲面是一个二维的流形**”。再如在三维空间中球面上的点(x,y,z)可由两个变量(θ,φ)生成，即

$$\begin{cases} x = x_0 + r\sin\theta\cos\varphi \\ y = y_0 + r\sin\theta\sin\varphi \\ z = z_0 + r\cos\theta \end{cases}$$

式中，$0 \leqslant \varphi \leqslant 2\pi$，$0 \leqslant \theta \leqslant \pi$。

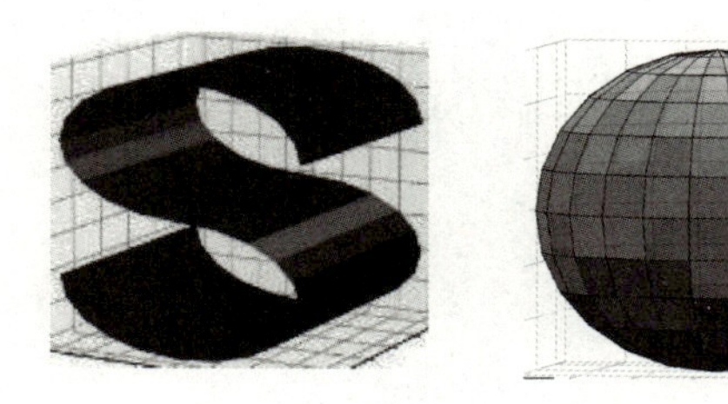

图 2-9　S 曲面和球体

一般地，**流形**（Manifold，MF）是一个 l 维空间的几何对象（包括各种曲线和曲面等），被扭曲到 d 维空间的结果，$d>l$。任何一个流形都可以嵌入足够高维度的欧几里得空间。

所以，**在高维空间的观测数据存在冗余**。

2.6.2 等度量映射

等度量映射（Isometric mapping，Isomap）来自 Joshua B. Tenenbaum 等人在 *Science* 上发表的论文。Isomap 算法的核心：利用流形局部性质，引入测地线距离（Geometric Distance）建立不相似度的计算方法。

流形的局部具有欧几里得性质，即流形的局部同胚于欧几里得空间。

等度量映射可由三个基本步骤完成。

1. 构建邻接图

其目的是获得如式（2.42）的距离矩阵，即

$$\begin{pmatrix} DM_{1,1} & DM_{1,2} & \cdots & DM_{1,N} \\ DM_{2,1} & DM_{2,2} & \cdots & DM_{2,N} \\ \vdots & \vdots & & \vdots \\ DM_{N,1} & DM_{N,2} & \cdots & DM_{N,N} \end{pmatrix} \xRightarrow{\text{第一步}} \begin{pmatrix} 0 & \infty & DM_{1,3} & \cdots & DM_{1,N} \\ \infty & 0 & DM_{2,3} & \cdots & \infty \\ DM_{3,1} & DM_{3,2} & 0 & \cdots & DM_{3,N} \\ \vdots & \vdots & \vdots & & \vdots \\ DM_{N,1} & \infty & DM_{N,3} & \cdots & 0 \end{pmatrix}$$

每个样本与 K 个最近邻点（K-Isomap）构成 K 条边。近邻点的选取可由 KNN 算法确定，边的权重为近邻点对(i,j)之间的欧氏距离 $DM_{i,j}$。

样本与非近邻点间距离设为无穷大。

图 2-10 中 A、B、C、D、E 五个点分布在近似圆弧上，按图示坐标，2-近邻下近邻距离矩阵为

$$\begin{array}{c} \\ A \\ B \\ C \\ D \\ E \end{array}\begin{array}{c} \begin{array}{ccccc} A & B & C & D & E \end{array} \\ \begin{pmatrix} 0 & 2.8 & 7.3 & \infty & \infty \\ 2.8 & 0 & 5 & \infty & \infty \\ \infty & 5 & 0 & 2.8 & \infty \\ \infty & \infty & 2.8 & 0 & 5 \\ \infty & \infty & 7.3 & 5 & 0 \end{pmatrix} \end{array}$$

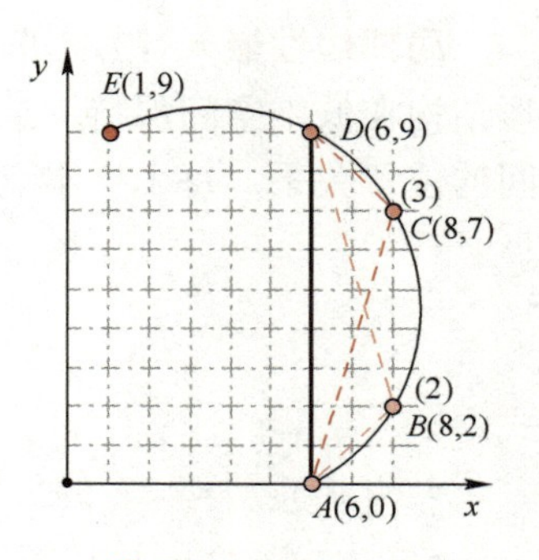

图 2-10　2-Isomap 演算示例（见插页）

2. 任意两点间最短测地距离重构不相似度矩阵

采用 Dijkstra 或 Floyd 算法计算最短测地距离。

对于 $\boldsymbol{x}_i \rightarrow \boldsymbol{x}_j$，查找另一条路径 $\boldsymbol{x}_i \rightarrow \boldsymbol{x}_k \rightarrow \boldsymbol{x}_j$，有

$$DM_{i,j}=\begin{cases} DM_{i,k}+DM_{k,j}, & \text{如果 } DM_{i,j}>DM_{i,k}+DM_{k,j} \\ \text{不变}, & \text{其他} \end{cases} \tag{2.46}$$

$$\begin{pmatrix} 0 & \infty & DM_{1,3} & \cdots & DM_{1,N} \\ \infty & 0 & DM_{2,3} & \cdots & \infty \\ DM_{3,1} & DM_{3,2} & 0 & \cdots & DM_{3,N} \\ \vdots & \vdots & \vdots & & \vdots \\ DM_{N,1} & \infty & DM_{N,3} & \cdots & 0 \end{pmatrix} \xrightarrow{\text{第二步}} \begin{pmatrix} 0 & DM_{1,2} & DM_{1,3} & \cdots & DM_{1,N} \\ DM_{2,1} & 0 & DM_{2,3} & \cdots & DM_{2,N} \\ DM_{3,1} & DM_{3,2} & 0 & \cdots & DM_{3,N} \\ \vdots & \vdots & \vdots & & \vdots \\ DM_{N,1} & DM_{N,2} & DM_{N,3} & \cdots & 0 \end{pmatrix}$$

我们以更新 AD 为例加以说明：

$$\text{点 } i=A \text{ 到点 } j=D \text{ 的初始距离为 } DM_{A,D}=AD=\infty$$

1）查找第三点 $k=A$ 点，$AA=0, AD=\infty$，$DM_{A,D}=\infty$ 保持不变。

2）查找第三点 $k=B$ 点，如图中紫色线所示，$AB=2.8, BD=\infty$，因为 $AB+BD=\infty=AD$，所以 $DM_{A,D}=\infty$ 保持不变。

3）查找第三点 $k=C$ 点，如图中蓝色线所示，$AC=7.3, CD=2.8$，因为 $AC+CD=10.1<AD$，所以更新 $DM_{A,D}=10.1$。

4）继续查找第三点 $k=D,E$ 点，可分析得 $DM_{A,D}=10.1$ 保持不变。

综上可得

$$\begin{array}{c} \\ A \\ B \\ C \\ D \\ E \end{array}\begin{array}{c} \begin{array}{ccccc} A & B & C & D & E \end{array} \\ \begin{pmatrix} 0 & 2.8 & 7.3 & 10.1 & 15.0 \\ 2.8 & 0 & 5 & 7.8 & 12.8 \\ 7.8 & 5 & 0 & 2.8 & 7.8 \\ 10.7 & 7.8 & 2.8 & 0 & 5 \\ 15.1 & 12.3 & 7.3 & 5 & 0 \end{pmatrix} \end{array}$$

重复上述步骤，可得 $DM_{A,E}=15.0$。同样可以获得其他点间的测地距离。

3. 利用重构不相似度矩阵，结合 MDS 进行降维

Isomap 算法为所有样本找到全局最优解，但当数据量大或者样本维度高时，计算量非常大。

2.6.3 局部线性嵌入

局部线性嵌入（Locally Linear Embedding，LLE）的**核心思想**：高维空间局部点间的流形结构在低维空间保持一致。MDS 仅考虑两点之间的位置关系，而 LLE 考虑近邻中所有点间的位置关系。每个样本点由它 K 个最近邻点的线性组合近似重构，即

$$\tilde{\boldsymbol{x}}_n = \sum_{\boldsymbol{x}_m \in N(x_n)} w_{nk}\boldsymbol{x}_n^m = \sum_{m=1}^{k} w_{nm}\boldsymbol{x}_n^m \tag{2.47}$$

式中，

- $N(x_n)$：样本 x_n 的最近邻样本集，$\boldsymbol{x}_n^m$ 表示在 $N(x_n)$ 中的第 m 个样本。
- w_{nm}：样本 $\boldsymbol{x}_n$ 与其邻域内样本 $\boldsymbol{x}_n^m$ 之间的权重。

高维空间中样本邻域内样本的线性关系，在低维空间得以保存。

如**图 2-11** 所示，LLE 算法有三个**主要步骤**：

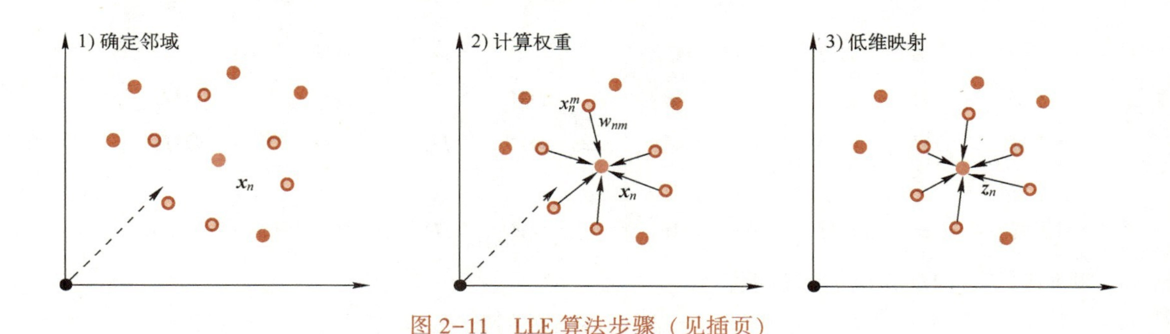

图 2-11 LLE 算法步骤（见插页）

1）寻找每个样本点 x_n 的 K 个近邻点。

近邻点的选取可由 KNN 算法确定，或位于以样本点为圆心、以 ε 为半径的圆内样本点。

2）由样本点 x_n 的近邻点 $x_n^m \in N(x_n)$ 计算出该样本点的局部权重向量 $\boldsymbol{w}_n \in \mathbf{R}^{k\times 1}$，从而获得重建权重矩阵 $\boldsymbol{W}=(\boldsymbol{w}_1,\boldsymbol{w}_2,\cdots,\boldsymbol{w}_N) \in \mathbf{R}^{k\times N}$。

所有权重系数通过最小化目标函数计算而得，即

$$\begin{cases} \min\limits_{\boldsymbol{W}} \dfrac{1}{2}\sum\limits_{n=1}^{N}\left\|\boldsymbol{x}_n - \sum\limits_{m=1}^{k} w_{nm}\boldsymbol{x}_n^m\right\|^2 \\ \text{s.t.} \sum\limits_{x_m \in N(x_n)} w_{nm} = \boldsymbol{w}_n^{\mathrm{T}}\mathbf{1}^{(k)} = 1, \quad \mathbf{1}^{(k)} = \underbrace{(1,1,\cdots,1)^{\mathrm{T}}}_{k个1} \end{cases} \tag{2.48}$$

将式（2.48）矩阵化，得

$$\begin{aligned} J(\boldsymbol{W}) &= \frac{1}{2}\sum_{n=1}^{N}\left\|\boldsymbol{x}_n - \sum_{m=1}^{k} w_{nm}\boldsymbol{x}_n^m\right\|^2 = \frac{1}{2}\sum_{n=1}^{N}\left\|\left(\sum_{m=1}^{k} w_{nm}\right)\boldsymbol{x}_n - \sum_{m=1}^{k} w_{nm}\boldsymbol{x}_n^m\right\|^2 \\ &= \frac{1}{2}\sum_{n=1}^{N}\left\|\sum_{m=1}^{k} w_{nm}\boldsymbol{x}_n - \sum_{m=1}^{k} w_{nm}\boldsymbol{x}_n^m\right\|^2 = \frac{1}{2}\sum_{n=1}^{N}\left\|\sum_{m=1}^{k} w_{nm}(\boldsymbol{x}_n - \boldsymbol{x}_n^m)\right\|^2 \end{aligned}$$

设 $\boldsymbol{X}_n = \underbrace{(\boldsymbol{x}_n,\boldsymbol{x}_n,\cdots,\boldsymbol{x}_n)}_{k个\boldsymbol{x}_n}$，$\boldsymbol{X}_n^{(k)} = (\boldsymbol{x}_n^1,\boldsymbol{x}_n^2,\cdots,\boldsymbol{x}_n^k)$，$\boldsymbol{w}_n = (w_{n1},w_{n2},\cdots,w_{nk})^{\mathrm{T}}$，则有

$$J(\boldsymbol{W})=\frac{1}{2}\sum_{n=1}^{N}\left\|\sum_{m=1}^{k}w_{nm}(\boldsymbol{x}_n-\boldsymbol{x}_n^m)\right\|^2=\frac{1}{2}\sum_{n=1}^{N}\|(\boldsymbol{X}_n-\boldsymbol{X}_n^{(k)})\boldsymbol{w}_n\|^2$$

$$=\frac{1}{2}\sum_{n=1}^{N}\boldsymbol{w}_n^{\mathrm{T}}(\boldsymbol{X}_n-\boldsymbol{X}_n^{(k)})^{\mathrm{T}}(\boldsymbol{X}_n-\boldsymbol{X}_n^{(k)})\boldsymbol{w}_n=\frac{1}{2}\sum_{n=1}^{N}\boldsymbol{w}_n^{\mathrm{T}}\boldsymbol{C}_n\boldsymbol{w}_n$$

称 $\boldsymbol{C}_n\in\mathbf{R}^{k\times k}$ 为样本点 $\boldsymbol{x}_n$ 邻域的局部协方差矩阵，且

$$\boldsymbol{C}_n=(\boldsymbol{X}_n-\boldsymbol{X}_n^{(k)})^{\mathrm{T}}(\boldsymbol{X}_n-\boldsymbol{X}_n^{(k)}) \tag{2.49}$$

构建拉格朗日方程

$$J(\boldsymbol{W},\boldsymbol{\lambda})=\frac{1}{2}\sum_{n=1}^{N}\boldsymbol{w}_n^{\mathrm{T}}\boldsymbol{C}_n\boldsymbol{w}_n+\lambda(\boldsymbol{w}_n\mathbf{1}^{(k)}-1)$$

通过最小二乘法，有闭式解

$$\boldsymbol{w}_n=\frac{\boldsymbol{C}_n^{-1}\mathbf{1}^{(k)}}{(\mathbf{1}^{(k)})^{\mathrm{T}}\boldsymbol{C}_n^{-1}\mathbf{1}^{(k)}} \tag{2.50}$$

式中，分子项为局部协方差矩阵的行元素之和，分母为全部元素之和。

3）保持 $\boldsymbol{x}_n$ 的 $\boldsymbol{w}_n$ 不变，计算该样本在低维度空间的映射值 $\boldsymbol{z}_n$。

同样采用均方差最小，进行计算，即

$$\min_{z_1,\cdots,z_N}\sum_{n=1}^{N}\left\|\boldsymbol{z}_n-\sum_{m=1}^{k}w_{nm}\boldsymbol{z}_n^m\right\|^2 \tag{2.51}$$

此式与高维空间的式（2.48）基本一致，不同的是：在高维空间式（2.48），数据已知，权重未知；而低维空间式（2.51），权重已知，数据未知。

需要处理的是：将高维空间的权重矩阵 $\boldsymbol{W}=(\boldsymbol{w}_1,\boldsymbol{w}_2,\cdots,\boldsymbol{w}_N)\in\mathbf{R}^{k\times N}$ 扩展为稀疏矩阵 $\boldsymbol{W}\in\mathbf{R}^{N\times N}$。具体做法：如果 $\boldsymbol{x}_k\notin N(x_n)$，设置其权重 $w_{nk}=0$，则每个样本的权重向量扩展到数据集所有样本，从而 $\boldsymbol{w}_n\in\mathbf{R}^{N\times 1}$。

设置约束条件：每个维度均值为零，方差为 1，即

$$\sum_{n=1}^{N}\boldsymbol{z}_n=\mathbf{0},\quad \frac{1}{N}\sum_{n=1}^{N}\boldsymbol{z}_n\boldsymbol{z}_n^{\mathrm{T}}=\boldsymbol{I},\quad \boldsymbol{I}=\begin{pmatrix}1&0&\cdots&0\\0&1&\cdots&0\\\vdots&\vdots&&\vdots\\0&0&\cdots&1\end{pmatrix}_{l\times l}$$

定义矩阵化目标损失函数

$$J(\boldsymbol{Z})=\sum_{n=1}^{N}\left\|\boldsymbol{z}_n-\sum_{m=1}^{N}w_{nm}\boldsymbol{z}_n^m\right\|^2=\sum_{n=1}^{N}\|\boldsymbol{Z}\boldsymbol{I}_n-\boldsymbol{Z}\boldsymbol{w}_n\|^2=\sum_{n=1}^{N}\|\boldsymbol{Z}(\boldsymbol{I}_n-\boldsymbol{w}_n)\|^2$$

$$J(\boldsymbol{Z})=\sum_{n=1}^{N}(\boldsymbol{Z}(\boldsymbol{I}-\boldsymbol{W})\boldsymbol{Z}(\boldsymbol{I}-\boldsymbol{W})^{\mathrm{T}}\boldsymbol{Z}^{\mathrm{T}})=\mathrm{tr}(\boldsymbol{Z}(\boldsymbol{I}-\boldsymbol{W})(\boldsymbol{I}-\boldsymbol{W})^{\mathrm{T}}\boldsymbol{Z}^{\mathrm{T}})$$

再一次使用拉格朗日乘子法：

$$J(\boldsymbol{Z},\boldsymbol{\lambda})=\mathrm{tr}(\boldsymbol{Z}(\boldsymbol{I}-\boldsymbol{W})(\boldsymbol{I}-\boldsymbol{W})^{\mathrm{T}}\boldsymbol{Z}^{\mathrm{T}}+\lambda(\boldsymbol{Z}\boldsymbol{Z}^{\mathrm{T}}-N\boldsymbol{I})) \tag{2.52}$$

对 $\boldsymbol{Z}$ 求导并令其为 0，得 $\boldsymbol{Z}(\boldsymbol{I}-\boldsymbol{W})(\boldsymbol{I}-\boldsymbol{W})^{\mathrm{T}}=\lambda\boldsymbol{Z}$。

由此可知，降维后的特征 $\boldsymbol{Z}$ 即为 $(\boldsymbol{I}-\boldsymbol{W})(\boldsymbol{I}-\boldsymbol{W})^{\mathrm{T}}$ 的特征向量。

由于需要获得最小值，所以只要计算 $(\boldsymbol{I}-\boldsymbol{W})(\boldsymbol{I}-\boldsymbol{W})^{\mathrm{T}}$ 中的前 $l+1$ 最小特征值对应的特征向量。由于最小的特征值往往接近于零，所以实际上会剔除最小特征值对应的特征向量。

尽管 LLE 算法实现简单，广泛使用于图形图像降维，但是对数据的流形分布有严格要求。LLE 算法不能应用于闭合流形、稀疏的数据集和分布不均匀的数据集等。

除 **Isomap** 算法和 **LLE** 算法外，还有 **Laplacian Eigenmaps**、**Hessian Eigenmaps** 等流形学习算法。

2.7 随机近邻嵌入

由 Geoffrey Hinton 等人于 2002 年提出的随机近邻嵌入（Stochastic Neighbor Embedding，SNE）的基本思路是：首先，在高维空间构建一个反映样本点间相对位置（相似度）的概率分布；然后，通过学习，调整低维空间样本分布，致使低维空间样本相对位置的概率分布能拟合高维空间样本相对位置的概率分布。

2.7.1 基本随机近邻嵌入

在**高维空间**中，以样本 $\boldsymbol{x}_n$ 为中心构建方差为 σ_n^2 的高斯分布（正态分布），用 $N(\boldsymbol{x}_n)$ 表示 $\boldsymbol{x}_n$ 的邻域。该样本 $\boldsymbol{x}_n$ 与该邻域内的另一个样本 $\boldsymbol{x}_k \in N(\boldsymbol{x}_n)$ 的相似度定义为条件概率，则

$$p_{k\mid n}=\frac{\exp\left(\dfrac{-\|\boldsymbol{x}_k-\boldsymbol{x}_n\|^2}{2\sigma^2}\right)}{\sum\limits_{i\neq n}\exp\left(\dfrac{-\|\boldsymbol{x}_i-\boldsymbol{x}_n\|^2}{2\sigma^2}\right)} \tag{2.53}$$

式中，$\exp\left(\dfrac{-\|\boldsymbol{x}_k-\boldsymbol{x}_n\|^2}{2\sigma^2}\right)$ 相当于方差为 σ^2 的高斯分布。$\boldsymbol{x}_k$ 越靠近 $\boldsymbol{x}_n$，$p_{k\mid n}$ 越大。

而 $\boldsymbol{x}_i \in N(\boldsymbol{x}_n)$。由于只关心不同点之间的相似度，所以置 $p_{n\mid n}=0$。

在**低维空间**，对应样本 z_k 和 z_n 之间的相似度同样定义为条件概率，则

$$q_{k\mid n}=\frac{\exp(-\|z_k-z_n\|^2)}{\sum\limits_{i\neq n}\exp(-\|z_i-z_n\|^2)} \tag{2.54}$$

式中，$\exp(-\|z_k-z_n\|^2)$ 相当于方差 $\sigma_n^2=1/2$ 的高斯分布。同样 $q_{n\mid n}=0$。

如果样本从高维空间映射到低维空间，样本间的相对位置不变，那么**理论上要求条件概率相等**，即

$$p_{k\mid n}=q_{k\mid n} \tag{2.55}$$

然而实际上，式（2.55）实现很难。所以，SNE 需要学习一种变换使 $p_{k\mid n}$ 和 $q_{k\mid n}$ 之间的差值最小。

为此，SNE 采用 KL 散度建立目标函数，即

$$\text{Cost}=\sum_{n=1}^{N}\sum_{k=1}^{N}p_{k\mid n}\log\left(\frac{p_{k\mid n}}{q_{k\mid n}}\right) \tag{2.56}$$

然而，存在以下缺点：

1. KL 散度是非对称的，导致代价函数可能不符合期望

1）当 $p_{k\mid n}=0.9$，$\boldsymbol{x}_k$ 离 $\boldsymbol{x}_n$ 很近时，如果 $q_{k\mid n}=0.1$，也就是 z_k 离 z_n 很远，那么此时目标

函数很大，符合我们的期望。

2）当 $p_{k|n}=0.1$，$\boldsymbol{x}_k$ 离 $\boldsymbol{x}_n$ 很远时，如果 $q_{k|n}=0.9$，也就是 $\boldsymbol{z}_k$ 离 $\boldsymbol{z}_n$ 很近，那么此时目标函数却很小，不符合我们的期望。

2. 梯度计算复杂

$$\frac{\partial \text{Cost}}{\partial z_n}=2\sum_{k=1}^{N}(p_{k|n}-q_{k|n}+p_{n|k}-q_{n|k})(z_n-z_k) \quad (2.57)$$

3. 拥挤现象

高维空间中距离较大的点对嵌入低维空间后，距离会变得较小，相当于高维空间点簇挤在一起了，这一现象称为**拥挤现象**。如图 2-12 所示，拥挤问题导致低维空间中点间的距离无法建模高维空间中点间的位置关系，从而无法区分簇挤在一起的点的类别。之所以会出现拥挤问题是由于高维空间距离分布和低维空间距离分布的差异。

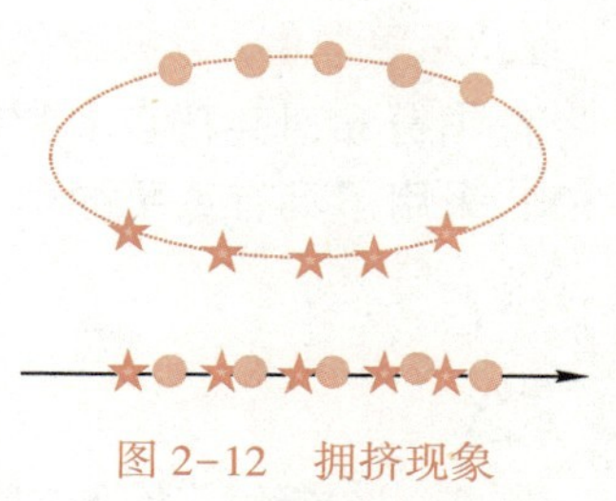

图 2-12　拥挤现象

2.7.2　*t* 分布随机近邻嵌入

针对 SNE 的缺点，Laurens van der Maaten 和 Geoffrey Hinton 于 2008 年提出 t-SNE。t-SNE 非常适用于高维数据降维到 2 维或者 3 维，实现数据可视化。

t-SNE 主要从以下两个方面对 SNE 进行了改进。

1. 对称 SNE

采用联合概率分布代替条件概率分布构建代价函数，即

$$\text{Cost}=\sum_{n=1}^{N}\sum_{k=1}^{N}p_{nk}\log\left(\frac{p_{nk}}{q_{nk}}\right) \quad (2.58)$$

式中，

$$p_{nk}=\frac{\exp\left(\frac{-\|\boldsymbol{x}_k-\boldsymbol{x}_n\|^2}{2\sigma^2}\right)}{\sum_{i\neq j}\exp\left(\frac{-\|\boldsymbol{x}_i-\boldsymbol{x}_j\|^2}{2\sigma^2}\right)},\quad p_{nk}=p_{kn}=0 \quad (2.59)$$

$$q_{nk}=\frac{\exp(-\|\boldsymbol{z}_k-\boldsymbol{z}_n\|^2)}{\sum_{i\neq j}\exp(-\|\boldsymbol{z}_i-\boldsymbol{z}_j\|^2)},\quad q_{nk}=q_{kn}=0 \quad (2.60)$$

计算条件概率时，分母为邻域内样本与中心点间的距离；而计算联合概率时，分母为邻域内样本（包括中心样本）间的距离。

实际计算分两步：$p_{nk}=p_{k|n}+p_{n|k}$，$q_{nk}=q_{k|n}+q_{n|k}$，确保对称；

$p_{nk}=p_{nk}/2N$，$q_{nk}=q_{nk}/2N$，保证归一化。

显然，$q_{nk}=q_{kn}$ 和 $p_{nk}=p_{kn}$，这就是对称 SNE 的由来。对称 SNE 有以下两个优点：

1）每个样本点对代价函数都有贡献，即

$$\sum_{k=1}^{N}p_{nk}>\frac{1}{2N} \quad (2.61)$$

2）简化了梯度计算，即

$$\frac{\partial \text{Cost}}{\partial z_n} = 4\sum_{k=1}^{N}(p_{nk} - q_{nk})(z_n - z_k) \tag{2.62}$$

但对称 SNE 的效果只是略微优于基本 SNE 的效果。

2. 采用学生 t 分布取代高斯分布计算相似度

高斯分布对离群点非常敏感，拥挤现象影响更明显。为避免拥挤现象，在低维空间中，t-SNE 采用了具有重尾的学生 t 分布计算相似度，即

$$q_{nk} = \frac{(1 + \|z_k - z_n\|^2)^{-1}}{\sum_{i \neq j}(1 + \|z_i - z_j\|^2)^{-1}} \tag{2.63}$$

图 2-13 描绘了高维空间的高斯分布（实线）、低维空间的学生 t 分布（红色实线）和低维空间的高斯分布（蓝色实线），表示样本点之间的相似性与距离的关系。显然，在低维空间采用学生 t 分布后，对于在高维空间中相距较近的点，嵌入低维空间后距离更近，如图中蓝色箭头①所示 $A \to B$，而不是 $A \to B'$；而对于在高维空间中相距较远的点，嵌入低维空间后距离更远，如图中蓝色箭头②所示 $C \to D$，而不是绿色箭头③所示的 $C \to E$。这避免了无论高维空间远近点都趋向于聚集在一起，从而实现了同一簇类点（距离较近）聚合更紧密，不同簇类间点更加疏远。

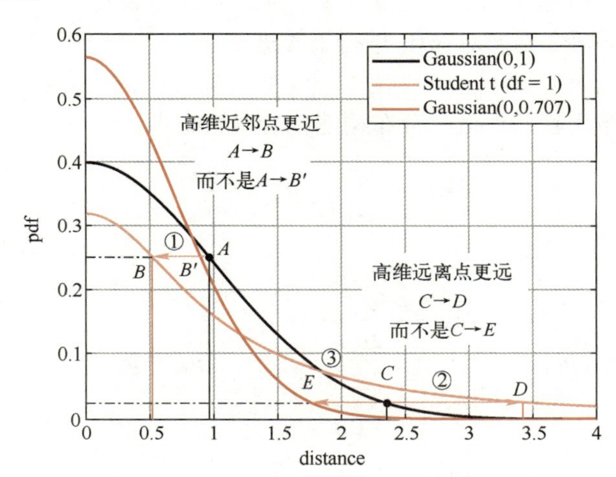

图 2-13　高斯分布与学生 t 分布（见插页）

接下来，确定高维空间条件概率拟合函数中的方差 σ^2。

首先，设置一个困惑度（Perplexity）Per_i，定义

$$\log(\text{Per}_i) = -\sum_j p_{j|i}\log(p_{j|i}) \tag{2.64}$$

困惑度 Per_i 与每个 σ_i 成正比，由此可以通过二分查找法确定 σ_i。

距离 $\boldsymbol{x}_i$ 小于 $2\sigma_i$ 的近邻点对困惑度起主要作用，所以，当 $\boldsymbol{x}_i$ 的近邻点较多时减少 σ_i，反之增大 σ_i。这也是为何此方法叫作随机近邻（Stochastic Neighbor）的原因。

至此，t-SNE 原理已介绍完。

通常 t-SNE 仅应用于将高维数据降低到二三维进行可视化，而不为后续机器学习进行

降维处理。一方面，后续机器学习的属性表达的维度一般会大一些（如 $l \geqslant 10$）；另一方面，t-SNE 算法的计算复杂度很高。

2.8　稀疏表征

扫码看视频

2006 年，由 David L. Donoho 提出的压缩感知（Compressed Sensing）是一种采样编码技术，后来应用于机器学习中对样本进行稀疏表征。

2.8.1　压缩感知

压缩感知又称为**压缩采样**（Compressing Sampling），顾名思义，是用少于奈奎斯特（Nyquist）定理要求的最低采样频率对信号进行采样，达到“压缩”观测数据的目的。

奈奎斯特定理要求采样频率不低于被采样信号的最高频率的 2 倍，且等间隔采样，我们称之为**全采样**，否则称为**亚采样**，用列向量 $\boldsymbol{x} \in \mathbf{R}^{d \times 1}$ 表示全采样信号。称非等间隔的亚采样为**随机亚采样**，用列向量 $\boldsymbol{z} \in \mathbf{R}^{l \times 1}$ 表示，$l \ll d$。

用一个矩阵 $\boldsymbol{\Phi}$ 在亚采样信号与全采样信号之间建立如下模型：

$$\boldsymbol{z} = \boldsymbol{\Phi} \boldsymbol{x} \tag{2.65}$$

式中，$\boldsymbol{\Phi} \in \mathbf{R}^{l \times d}$ 为**观测矩阵**，$\boldsymbol{\Phi} = (\boldsymbol{\varphi}_1, \boldsymbol{\varphi}_2, \cdots, \boldsymbol{\varphi}_N)$，$\boldsymbol{\varphi}_n \in \mathbf{R}^{l \times 1}(n = 1, 2, \cdots, N)$。

图 2-14a 所示为频率分别是 5 Hz、10 Hz 和 15 Hz 的正弦函数或余弦函数；图 2-14b 所示为图 2-14a 的三个基本函数的叠加信号曲线，表达如下：

$$f(t) = 3\sin(2\pi \times 5t) + 2\cos(2\pi \times 10t) + 4\cos(2\pi \times 15t)$$

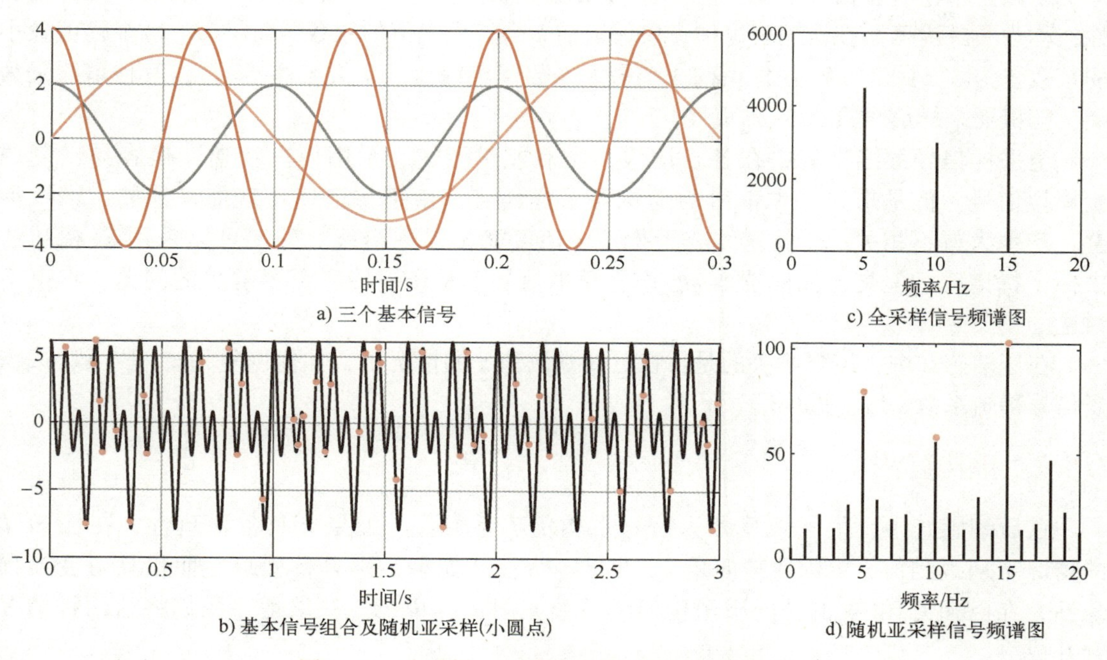

图 2-14　全采样、亚采样及其频谱图（见插页）

对$f(t)$以采样频率不低于30 Hz的等间隔全采样后的采样点为图2-14b中黑实线（实际为离散点）所示，对$f(t)$以平均采样频率不高于15 Hz的非等间隔亚采样后的采样点为图2-14b中红色点所示。

在信号处理和图像处理中，通常将信号$\boldsymbol{x}$展开成正交基矩阵中基本元素的线性组合，即

$$\boldsymbol{x}=\boldsymbol{\Psi s}=\sum_{i=1}^{K}\boldsymbol{\psi}_i s_i \tag{2.66}$$

式中，$\boldsymbol{\psi}_i\in\mathbf{R}^{d\times1}$为表征基第$i$个原子；$\boldsymbol{\Psi}=(\boldsymbol{\psi}_1,\boldsymbol{\psi}_2,\cdots,\boldsymbol{\psi}_K)$为稀疏矩阵或表征集，如傅里叶基和小波基等完备正交基；$\boldsymbol{s}=(s_1,s_2,\cdots,s_K)^{\mathrm{T}}$为系数向量。

系数向量$\boldsymbol{s}$具有稀疏性，如果满足不等式

$$\|\boldsymbol{s}\|_p=\left(\sum_{k=1}^{K}|s_k|^p\right)^{\frac{1}{p}}\leqslant\gamma,\quad 0<p<2,\quad \gamma\geqslant0 \tag{2.67}$$

如系数向量$\boldsymbol{s}$中只有小部分为非零，则称$\boldsymbol{s}$为在$\boldsymbol{\Psi}$下对信号$\boldsymbol{x}$的稀疏表征（Sparse Representation），或稀疏编码（Sparse Coding）。如是，傅里叶变换的变换域称为频域，拉普拉斯变换的变换域称为拉氏域。这里，稀疏系数构成的空间通称为稀疏域。

如果信号$\boldsymbol{x}$在$\boldsymbol{\Psi}$下系数$\boldsymbol{s}$中只有k个系数为非零值，$k\ll K$，则称信号$\boldsymbol{x}$经变换后具有k-稀疏（k-sparse）性。图2-14c、d所示分别为全采样和随机亚采样信号对应的频谱图（采用快速傅里叶变换）。显然，对由三个基本信号构成的信号进行全采样后，其傅里叶变换系数具有稀疏性，因为在频域中只有三个不为零的系数，其他系数全为零。但是随机亚采样信号，其傅里叶变换系数大部分不为零，不具备稀疏性。

自然界中，有些信号本身不一定具备稀疏性。但信号经过变换后，其系数$\boldsymbol{s}$具有稀疏性，称为变换稀疏。在压缩理论中，仅保留前k个较大幅值的系数，而将$(K-k)$个幅值较小的系数置为零。图2-14c仅保留前3个最大系数（红绿蓝三个火柴棒指示），其他谱线置为零，随机亚采样信号具有3-稀疏性。

全采样信号的能量集中在各自谱线，没有能量泄露，采用傅里叶逆变换容易恢复原始模拟信号。但是未知基本信号的随机亚采样信号，由于主谱线出现能量泄露，谱线混叠，产生大量不相关的干扰谱线，干扰谱线还可能覆盖主谱线。即便可以采用k-稀疏法去掉干扰谱线，但是，如何选取k？恢复模拟信号不是压缩传感需要解决的问题，本书不讨论。

在压缩感知中，需要解决的是：在已知观测值$\boldsymbol{z}$的情况下，如何恢复稀疏信号$\boldsymbol{x}$，或恢复信号稀疏系数$\boldsymbol{s}$后再重构信号$\boldsymbol{x}$。

2.8.2 重构算法

在压缩感知中，信号恢复即为信号重构稀疏系数：①如果$\boldsymbol{x}$具备稀疏性，在已知$\boldsymbol{\Phi}$的情况下从观测值$\boldsymbol{z}$重构稀疏向量$\boldsymbol{x}$，即$\boldsymbol{z}=\boldsymbol{\Phi x}$；②如果$\boldsymbol{x}$不具备稀疏性而仅具备变换稀疏性，在已知$\boldsymbol{\Phi}$和$\boldsymbol{\Psi}$的情况下重构稀疏系数$\boldsymbol{s}$，即$\boldsymbol{z}=\boldsymbol{\Phi\Psi s}$。一般地，我们将这两种情况合并成

$$\boldsymbol{z}=\boldsymbol{\Theta s},\quad \|\boldsymbol{s}\|_0\leqslant\gamma \tag{2.68}$$

式中，s 为稀疏系数，代表 x 或 s；$\boldsymbol{\Theta}=\boldsymbol{\Phi}\boldsymbol{\Psi}=(\boldsymbol{\theta}_1,\boldsymbol{\theta}_2,\cdots,\boldsymbol{\theta}_K)\in\mathbf{R}^{l\times K}$ 为**感知矩阵**（Sensing Matrices），$K=d$；$\boldsymbol{\theta}_k\in\mathbf{R}^{l\times 1}$ 为单位列向量，称 $\boldsymbol{\theta}_k$ 为**原子**（Atom）或**基**（Basis）。

感知矩阵应满足约束等距条件（Restricted Isometry Property，RIP），即对于任意约束等距常数 δ_k，s 中最多 k 个非零系数值，有

$$(1-\delta_k)\leqslant\frac{\|\boldsymbol{\Theta}\boldsymbol{s}\|_2^2}{\|\boldsymbol{s}\|_{l_2}^2}\leqslant(1+\delta_k),\quad \delta_k\geqslant 0 \tag{2.69}$$

实际上，$\boldsymbol{\Theta}$ 很难证明具有 RIP，所以采用 RIP 的等价条件：观测矩阵和稀疏表征矩阵不相关，相关性定义为

$$\rho(\boldsymbol{\Phi},\boldsymbol{\Psi})=\sqrt{N}\cdot\max_{1\leqslant n,m\leqslant N}|\langle\boldsymbol{\varphi}_n,\boldsymbol{\psi}_m\rangle| \tag{2.70}$$

式中，$\rho(\boldsymbol{\Phi},\boldsymbol{\Psi})\in[1,\sqrt{N}]$。$\rho(\boldsymbol{\Phi},\boldsymbol{\Psi})$ 越小，$\boldsymbol{\Phi}$，$\boldsymbol{\Psi}$ 越不相关。

独立同分布的高斯随机矩阵可以作为压缩感知的感知矩阵。

例 2.3： 感知矩阵 $\boldsymbol{\Theta}=\begin{pmatrix}-0.707 & 0.8 & 1\\ 0.707 & 0.6 & 0\end{pmatrix}$，信号 $\boldsymbol{s}=\begin{pmatrix}-0.1\\ 0.6\\ 0\end{pmatrix}$。

根据式（2.68），得 $\boldsymbol{z}=\begin{pmatrix}0.5507\\ 0.2893\end{pmatrix}$。

感知矩阵中 3 个归一化原子分别为 $\boldsymbol{\theta}_1=\begin{pmatrix}-0.707\\ 0.707\end{pmatrix}$，$\boldsymbol{\theta}_2=\begin{pmatrix}0.8\\ 0.6\end{pmatrix}$ 和 $\boldsymbol{\theta}_3=\begin{pmatrix}1\\ 0\end{pmatrix}$。

现在的问题是：已知观测数据 z 和感知矩阵 $\boldsymbol{\Theta}$，如何重建稀疏信号 s？

为求解式（2.68），设置具有不等式约束项的优化函数

$$\min_{s}\|z-\boldsymbol{\Theta}\boldsymbol{s}\|_2^2\quad \text{s.t.}\quad \|\boldsymbol{s}\|_0\leqslant\gamma \tag{2.71}$$

式中，$\|\boldsymbol{s}\|_0$ 表示 s 中非零元素的数量，通常 l_0 范数可作为稀疏度测度；γ 为稀疏系数中非零元素个数的上限；s.t.（subject to）表示受限于。

将上述优化方式改写为其增广拉格朗日形式（Augmented Lagrangian），即

$$\min_{s}\|z-\boldsymbol{\Theta}\boldsymbol{s}\|_2^2+\lambda\|\boldsymbol{s}\|_0 \tag{2.72}$$

式中，$\|z-\boldsymbol{\Theta}\boldsymbol{s}\|_2^2$ 用来控制误差，$\lambda\|\boldsymbol{s}\|_0$ 则是控制稀疏性。由于 $\|\boldsymbol{s}\|_0$ 是非凸项，以至于优化函数变成了一个 NP-hard 问题，没有解析解，只能用穷举法求解。

1. 匹配追踪（Matching Pursuit）

匹配追踪的思路：从完备的冗余的感知矩阵 $\boldsymbol{\Theta}$ 中，选择与观测数据 z 或残差最匹配的（或最相关的）原子 $\boldsymbol{\theta}_k$，为稀疏信号 s 获取最好的非线性逼近。在本质上，匹配追踪是一个贪婪算法（Greedy Algorithm）。通过迭代方式，将观测数据 z（第一次迭代后为残差 $\boldsymbol{r}$）投影到 $\boldsymbol{\Theta}$ 中，与 z（或 $\boldsymbol{r}$）最匹配的原子上。其伪代码见算法 2.1。

算法 2.1　匹配追踪算法伪代码

输入： 观测信号 $z \in \mathbf{R}^{l\times1}$、感知矩阵 $\boldsymbol{\Theta}$ 和终止条件。

过程： 1. 初始化：稀疏系数 $\boldsymbol{s}\leftarrow\mathbf{0}$；残差 $\boldsymbol{r}^0\leftarrow z$；迭代次数 $m=1$；

2. 如果还未达到终止条件，重复（1）~（5）进行迭代：

（1）从 $\boldsymbol{\Theta}$ 中选择与残差 $\boldsymbol{r}^{m-1}$ 最相关的原子 $\boldsymbol{\theta}_k$，$\tilde{k}\leftarrow \underset{k=1,2,\cdots,K}{\operatorname{argmax}} |\langle \boldsymbol{\theta}_k, \boldsymbol{r}^{m-1}\rangle|$；

（2）$\hat{\boldsymbol{\theta}}_m=\boldsymbol{\theta}_{\tilde{k}}$，$c_m=\langle\hat{\boldsymbol{\theta}}_m,\boldsymbol{r}^{m-1}\rangle$；

（3）更新系数，$\boldsymbol{s}[\tilde{k}]\leftarrow\boldsymbol{s}[\tilde{k}]+c_m$；

（4）计算残差，$\boldsymbol{r}^{m+1}=\boldsymbol{r}^m-c_m\hat{\boldsymbol{\theta}}_m$；　　% 或更新残差 $\boldsymbol{r}\leftarrow\boldsymbol{r}-c_m\hat{\boldsymbol{\theta}}_m$

（5）$m=m+1$。

输出： 稀疏系数 $\boldsymbol{s}\in\mathbf{R}^{d\times1}$。

设第 m 次迭代前残差为 $\boldsymbol{r}^{m-1}$（$\boldsymbol{r}^0=z$），第 m 次迭代后残差记为 $\boldsymbol{r}^m$，并设稀疏系数的初始值 $\boldsymbol{s}=\mathbf{0}$。经 m 次迭代后，观测数据 z 可展开为

$$z=\sum_{i=1}^{m}c_i\hat{\boldsymbol{\theta}}_i+\boldsymbol{r}^m \tag{2.73}$$

式中，$\hat{\boldsymbol{\theta}}_i$ 为第 i 次迭代时从 $(\boldsymbol{\theta}_1,\boldsymbol{\theta}_2,\cdots,\boldsymbol{\theta}_K)$ 中选择的与残差 $\boldsymbol{r}^{i-1}$ 最相关的原子。

采用内积计算原子 $\boldsymbol{\theta}_i$ 与残差 $\boldsymbol{r}^{i-1}$ 的相关性，即

$$\mathbf{Cor}=\boldsymbol{\Theta}^{\mathrm{T}}\cdot\boldsymbol{r}^{i-1} \tag{2.74}$$

取内积向量 **Cor** 中绝对值最大元素的索引 k 赋给 $\tilde{k}$，即

$$\tilde{k}\leftarrow\underset{k=1,2,\cdots,K}{\operatorname{argmax}}|\langle\boldsymbol{\theta}_k,\boldsymbol{r}^{i-1}\rangle| \tag{2.75}$$

将索引 $\tilde{k}$ 并入索引集 Ⅱ（第一次迭代前 Ⅱ $=\varnothing$），即

$$\text{Ⅱ}=\text{Ⅱ}\cup\{\tilde{k}\} \tag{2.76}$$

被选中的 $\boldsymbol{\theta}_{\tilde{k}}$ 为第 i 次迭代时与 $\boldsymbol{r}^{i-1}$ 最为匹配的原子，记为 $\hat{\boldsymbol{\theta}}_i(=\boldsymbol{\theta}_{\tilde{k}})$，并入被选原子矩阵，即

$$\hat{\boldsymbol{\Theta}}=(\hat{\boldsymbol{\Theta}},\hat{\boldsymbol{\theta}}_i) \tag{2.77}$$

第一次迭代前，$\hat{\boldsymbol{\Theta}}$ 是一个空矩阵。

式（2.73）中的 c_i 是内积向量 **Cor** 中最大绝对值的内积值，即

$$c_i=\langle\hat{\boldsymbol{\theta}}_i,\boldsymbol{r}^{i-1}\rangle=\hat{\boldsymbol{\theta}}_i^{\mathrm{T}}\boldsymbol{r}^{i-1} \tag{2.78}$$

然后，用 c_i 更新稀疏系数向量 $\boldsymbol{s}$ 的第 $\tilde{k}$ 个元素，即

$$\boldsymbol{s}[\tilde{k}]=\boldsymbol{s}[\tilde{k}]+c_i \tag{2.79}$$

更新残差，$\boldsymbol{r}^m=\boldsymbol{r}^{m-1}-\langle\hat{\boldsymbol{\theta}}_m,\boldsymbol{r}^{m-1}\rangle\hat{\boldsymbol{\theta}}_m=\boldsymbol{r}^{m-1}-c_m\hat{\boldsymbol{\theta}}_m$。如果 $\boldsymbol{r}^m$ 与 $\hat{\boldsymbol{\theta}}_m$ 正交，则有

$$\|\boldsymbol{r}^m\|^2=\|\boldsymbol{r}^{m-1}\|^2-|c_m|^2 \tag{2.80}$$

由于 $|c_m|$ 是最大值，所以每次迭代后残差 $\|\boldsymbol{r}^m\|^2$ 都是最小。当残差 $\|\boldsymbol{r}^m\|^2$ 减少到预设值后，终止迭代。当然，还可用最大迭代次数和稀疏度 $\|\boldsymbol{s}\|_0$ 作为终止条件。

例 2.4： 采用匹配追踪算法完成例 2.3，终止条件为稀疏度 $\gamma=2$。

解：

稀疏系数初始值 $s=\begin{pmatrix}0\\0\\0\end{pmatrix}$，迭代次数 $m=1$；

初始残差 $r^0=z-\Theta s=\begin{pmatrix}0.5507\\0.2893\end{pmatrix}-\begin{pmatrix}-0.707 & 0.8 & 1\\0.707 & 0.6 & 0\end{pmatrix}\begin{pmatrix}0\\0\\0\end{pmatrix}=\begin{pmatrix}0.5507\\0.2893\end{pmatrix}$

由于 $\|s\|_0=0<2$，计算内积，得

$$\Theta^{\mathrm{T}}r^0=\begin{pmatrix}-0.707 & 0.707\\0.8 & 0.6\\1 & 0\end{pmatrix}\begin{pmatrix}0.5507\\0.2893\end{pmatrix}=\begin{pmatrix}-0.1848\\0.6141\\0.5507\end{pmatrix}\Rightarrow \tilde{k}=2\Rightarrow \hat{\theta}_1=\theta_2=\begin{pmatrix}0.8\\0.6\end{pmatrix}$$

更新系数 s，$s[2]=0+\theta_1^{\mathrm{T}}r^0=(0.8,0.6)\begin{pmatrix}0.5507\\0.2893\end{pmatrix}=0.6141$，$s=\begin{pmatrix}0\\0.6141\\0\end{pmatrix}$

计算残差 $r^1=r^0-(\hat{\theta}_1^{\mathrm{T}}r^0)\hat{\theta}_1=\begin{pmatrix}0.5507\\0.2893\end{pmatrix}-\left((0.8,0.6)\begin{pmatrix}0.5507\\0.2893\end{pmatrix}\right)\begin{pmatrix}0.8\\0.6\end{pmatrix}=\begin{pmatrix}0.0594\\-0.0792\end{pmatrix}$

更新迭代次数，$m=1+1=2$。

由于 $\|s\|_0=1<2$，计算内积，得

$$\Theta^{\mathrm{T}}r^1=\begin{pmatrix}-0.707 & 0.707\\0.8 & 0.6\\1 & 0\end{pmatrix}\begin{pmatrix}0.0594\\-0.0792\end{pmatrix}=\begin{pmatrix}-0.0980\\0.0000\\0.0594\end{pmatrix}\Rightarrow \tilde{k}=1\Rightarrow \hat{\theta}_2=\theta_1=\begin{pmatrix}-0.707\\0.707\end{pmatrix}$$

更新系数 s，

$$s[1]=0+\hat{\theta}_2^{\mathrm{T}}r^1=(-0.707,0.707)\begin{pmatrix}0.0594\\-0.0792\end{pmatrix}=-0.0980,\quad s=\begin{pmatrix}-0.0980\\0.6141\\0\end{pmatrix}$$

计算残差 $r^2=r^1-(\hat{\theta}_2^{\mathrm{T}}r^1)\hat{\theta}_2=\begin{pmatrix}0.0594\\-0.0792\end{pmatrix}-(-0.0980)\begin{pmatrix}-0.707\\0.707\end{pmatrix}=\begin{pmatrix}-0.0099\\-0.0099\end{pmatrix}$

由于 $\|s\|_0=2$，结束迭代。

输出
$$s=\begin{pmatrix}-0.0980\\0.6141\\0\end{pmatrix}$$

尽管匹配追踪在重建稀疏信号中很实用，但是它有两个缺点：①在有限次迭代情况下，不能确保重建误差 $\|r^m\|^2$ 足够小；②被选原子 $\hat{\theta}_m$ 是与残差 r^{m-1} 不一定正交的次优解，从而导致感知矩阵中同一原子在迭代过程中被多次选中。

实际上，为减少迭代次数，字典中原子期望最多被选择一次。

2. 正交匹配追踪（Orthogonal Matching Pursuit，OMP）

正交匹配追踪是对匹配追踪的改进：每次迭代时对所有系数 s_i^m 进行修正，确保所选的

所有原子与当前残差正交。其伪代码见算法 2.2。

在正交匹配追踪中，信号经过 m 次迭代后拓展式为

$$\boldsymbol{z}=\sum_{i=1}^{m} c_i^m \hat{\boldsymbol{\theta}}_i+\boldsymbol{r}^m \quad \text{s.t.}\ \langle \hat{\boldsymbol{\theta}}_i, \boldsymbol{r}^m \rangle=0, \quad i=1,2,\cdots,m \tag{2.81}$$

每迭代一次，系数 c_i^m 都会在 c_i^{m-1} 的基础上修正。c_i^m 中的上标 m 表示第 m 次修正。

当经过 $m+1$ 次迭代后，信号的拓展式为

$$\boldsymbol{z}=\sum_{i=1}^{m+1} c_i^{m+1} \hat{\boldsymbol{\theta}}_i+\boldsymbol{r}^{m+1} \quad \text{s.t.}\ \langle \hat{\boldsymbol{\theta}}_i, \boldsymbol{r}^{m+1} \rangle=0, \quad i=1,2,\cdots,m+1 \tag{2.82}$$

由于并不要求 $\boldsymbol{\Theta}=(\boldsymbol{\theta}_1,\boldsymbol{\theta}_2,\cdots,\boldsymbol{\theta}_K)$ 中的原子相互正交，所以被匹配追踪算法选择的原子矩阵 $\boldsymbol{\Phi}_{m+1}$ 中的列向量间也不一定正交。至此可以构建辅助模型

$$\hat{\boldsymbol{\theta}}_{m+1}=\sum_{i=1}^{m} b_i^m \hat{\boldsymbol{\theta}}_m+\boldsymbol{\xi}_m \quad \text{s.t.}\ \langle \hat{\boldsymbol{\theta}}_i, \boldsymbol{\xi}_m \rangle=0, \quad i=1,2,\cdots,m \tag{2.83}$$

获得 b_i^m 后，对系数进行修正，得

$$c_{m+1}^{m+1}=\frac{\langle \hat{\boldsymbol{\theta}}_{m+1}, \boldsymbol{r}^m \rangle}{\langle \hat{\boldsymbol{\theta}}_{m+1}, \boldsymbol{\xi}_m \rangle}=\frac{\langle \hat{\boldsymbol{\theta}}_{m+1}, \boldsymbol{r}^m \rangle}{\|\boldsymbol{\xi}_m\|^2} \tag{2.84}$$

$$c_i^{m+1}=c_i^m-c_{m+1}^{m+1} b_i^m, \quad i=1,2,\cdots,m \tag{2.85}$$

详细推理过程，请参阅 Pati 的会议论文。

Joel A. Tropp 等人采用最小二乘法计算最优系数，即

$$\boldsymbol{c}^m=\arg\min_{\boldsymbol{c}}\|\boldsymbol{z}-\hat{\boldsymbol{\Theta}}\boldsymbol{c}\|_2, \quad \boldsymbol{c}^m=(c_1^m,c_2^m,\cdots,c_m^m)^{\mathrm{T}} \tag{2.86}$$

$$\boldsymbol{c}^m=(\hat{\boldsymbol{\Theta}}^{\mathrm{T}}\hat{\boldsymbol{\Theta}})^{-1}\hat{\boldsymbol{\Theta}}\boldsymbol{z} \tag{2.87}$$

$$\boldsymbol{r}^m=\boldsymbol{z}-\hat{\boldsymbol{\Theta}}\boldsymbol{c}^m \tag{2.88}$$

算法 2.2　正交匹配追踪算法伪代码

输入： 观测信号 $\boldsymbol{z}\in\mathbf{R}^{l\times 1}$、感知矩阵 $\boldsymbol{\Theta}$ 和终止条件。

过程：
1. 初始化：稀疏系数 $\boldsymbol{s}\leftarrow\boldsymbol{0}$；$\hat{\boldsymbol{\Theta}}=(\quad)$；索引集 $\mathbb{I}=\phi$；残差 $\boldsymbol{r}^0\leftarrow\boldsymbol{z}$；迭代次数 $m=1$；
2. 如果还未达到终止条件，重复（1）~（6）进行迭代：

   （1）选择 $\tilde{k}\leftarrow \underset{\boldsymbol{\theta}_k\in\boldsymbol{\Theta}\backslash\hat{\boldsymbol{\Theta}}}{\operatorname{argmax}}|\langle\boldsymbol{\theta}_k,\boldsymbol{r}^{m-1}\rangle|$，$\hat{\boldsymbol{\theta}}_m=\boldsymbol{\theta}_{\tilde{k}}$，$\mathbb{I}=\mathbb{I}\cup\{\tilde{k}\}$；

   （2）更新 $\hat{\boldsymbol{\Theta}}=(\hat{\boldsymbol{\Theta}},\hat{\boldsymbol{\theta}}_m)$；

   （3）根据式（2.83）计算 $\{b_i^m\}_{i=1}^m$；

   （4）根据式（2.84）和式（2.85），计算 c_i^m，$i=1,2,\cdots,m$；

   （5）计算残差 $\boldsymbol{r}^m=\boldsymbol{z}-\sum_{i=1}^{m}\hat{\boldsymbol{\theta}}_i c_i^m=\boldsymbol{z}-\hat{\boldsymbol{\Theta}}\boldsymbol{c}^m$；

   （6）$m=m+1$。

   或：

   （3）采用最小二乘法修正系数 $\boldsymbol{c}^m=\arg\min_{\boldsymbol{c}}\|\boldsymbol{z}-\hat{\boldsymbol{\Theta}}\boldsymbol{c}\|_2$

   （4）$\boldsymbol{r}^m=\boldsymbol{z}-\hat{\boldsymbol{\Theta}}\boldsymbol{c}^m$

   （5）$m=m+1$。
3. $\boldsymbol{s}[\mathbb{I}]=\boldsymbol{c}^m$。

输出： $\boldsymbol{s}\in\mathbf{R}^{d\times 1}$。

例 2.5： 采用正交匹配追踪算法实现例 2.3，终止条件为残差足够小。

解：

稀疏系数初始值，$\boldsymbol{x}=\begin{pmatrix}0\\0\\0\end{pmatrix}$，迭代次数 $m=1$；初始残差 $\boldsymbol{r}^0=\boldsymbol{z}=\begin{pmatrix}0.5507\\0.2893\end{pmatrix}$；

由于 $\|\boldsymbol{r}^0\|_2^2=0.3870$，计算内积，得

$$\boldsymbol{\Theta}^{\mathrm{T}}\boldsymbol{r}^0=\begin{pmatrix}-0.707 & 0.707\\0.8 & 0.6\\1 & 0\end{pmatrix}\begin{pmatrix}0.5507\\0.2893\end{pmatrix}=\begin{pmatrix}-0.1848\\0.6141\\0.5507\end{pmatrix}\Rightarrow\tilde{k}=2\Rightarrow\hat{\boldsymbol{\theta}}_1=\boldsymbol{\theta}_2=\begin{pmatrix}0.8\\0.6\end{pmatrix}$$

$$\mathbb{I}=\{2\};\quad\hat{\boldsymbol{\Theta}}=(\hat{\boldsymbol{\Theta}},\hat{\boldsymbol{\theta}}_1)=(\boldsymbol{\theta}_2)$$

$$c_1^1=0.6141\text{（最小二乘法，不使用，仅参考）}$$

$$\boldsymbol{z}-\hat{\boldsymbol{\Theta}}\boldsymbol{s}=\begin{pmatrix}0.5507\\0.2893\end{pmatrix}-\begin{pmatrix}0.8\\0.6\end{pmatrix}(c_1^1)$$

采用最小二乘法，获得 $\boldsymbol{c}^1=(c_1^1)=(0.6141)$。

$$\boldsymbol{r}^1=\boldsymbol{z}-\sum_{i=1}^{1}s_i^1\hat{\boldsymbol{\theta}}_i=\begin{pmatrix}0.5507\\0.2893\end{pmatrix}-\begin{pmatrix}0.8\\0.6\end{pmatrix}\times0.6141=\begin{pmatrix}0.0594\\-0.0792\end{pmatrix}$$

设置迭代次数 $m=1+1=2$。

由于 $\|\boldsymbol{r}^1\|_2^2=0.0098$，计算内积，得

$$\boldsymbol{\Theta}^{\mathrm{T}}\boldsymbol{r}^1=\begin{pmatrix}-0.707 & 0.707\\0.8 & 0.6\\1 & 0\end{pmatrix}\begin{pmatrix}0.0594\\-0.0792\end{pmatrix}=\begin{pmatrix}-0.0980\\0.0000\\0.0594\end{pmatrix}\Rightarrow\tilde{k}=1\Rightarrow\hat{\boldsymbol{\theta}}_2=\boldsymbol{\theta}_1=\begin{pmatrix}-0.707\\0.707\end{pmatrix}$$

$$\mathbb{I}=\{2,1\};\quad\hat{\boldsymbol{\Theta}}=(\hat{\boldsymbol{\Theta}},\hat{\boldsymbol{\theta}}_2)=(\boldsymbol{\theta}_2,\boldsymbol{\theta}_1)$$

$$c_1^2=c_1^1=0.6141;\quad c_2^2=-0.0980\text{（最小二乘法，不使用，仅参考）}$$

$$\boldsymbol{z}-\hat{\boldsymbol{\Theta}}\boldsymbol{c}=\begin{pmatrix}0.5507\\0.2893\end{pmatrix}-\begin{pmatrix}0.8 & -0.707\\0.6 & 0.707\end{pmatrix}\begin{pmatrix}c_1^2\\c_2^2\end{pmatrix}$$

采用最小二乘法，获得 $\boldsymbol{c}^2=\begin{pmatrix}c_1^2\\c_2^2\end{pmatrix}=\begin{pmatrix}0.6000\\-0.1000\end{pmatrix}$。

$$\boldsymbol{r}^2=\boldsymbol{z}-\sum_{i=1}^{2}c_i^2\hat{\boldsymbol{\theta}}_i=\begin{pmatrix}0.5507\\0.2893\end{pmatrix}-\begin{pmatrix}0.8 & -0.707\\0.6 & 0.707\end{pmatrix}\begin{pmatrix}0.6000\\-0.1000\end{pmatrix}=\begin{pmatrix}0.0000\\0.0000\end{pmatrix}$$

由于 $\|\boldsymbol{r}^2\|_2^2=0.0000$，结束迭代。

$$\boldsymbol{s}[\mathbb{I}]=\begin{pmatrix}0.6000\\-0.1000\end{pmatrix}$$

输出 $\boldsymbol{s}=\begin{pmatrix}-0.1000\\0.6000\\0\end{pmatrix}$

3. 基追踪（Basic Pursuit）

SCOTT 等人用 l_1 替代 l_0，并用线性规划来求解，即

$$\min_{s} \|s\|_1 \quad \text{s.t.} \quad z = \Theta s \tag{2.89}$$

2006 年，David L. Donoho 证明了一定条件下：l_1 范数与 l_0 范数的最小化等价，l_1 可为 l_0 找到一个稀疏解，称为基追踪。曾有研究者也提出采用 l_2，即

$$\min_{s} \|s\|_2 \quad \text{s.t.} \quad z = \Theta s \tag{2.90}$$

采用 l_1 范数比 l_2 范数，系数中的非零值更少，稀疏程度更高。

式（2.90）中的 s 没有非负约束，所以 s 可由两个非负变量组合，即

$$s = u - v \tag{2.91}$$

由此，约束条件 $z = \Theta s$ 变为

$$z = \Theta(u - v) = (\Theta, -\Theta)\begin{pmatrix} u \\ v \end{pmatrix} \tag{2.92}$$

$$\|s\|_1 = \sum_{k=1}^{K} |s_k| = \sum_{k=1}^{K} |u_k - v_k| \tag{2.93}$$

$\|s\|_1$ 等价于以下的线性规划问题：

$$\begin{cases} \min e(u+v) \\ s = u - v \\ u, v \geqslant 0 \end{cases} \tag{2.94}$$

式中，e 是 1 行 K 列矩阵，每个元素都为 1。

然后，将式（2.90）转化为线性规划问题

$$\begin{cases} \min \sum_{k=1}^{2K} c_k \quad \text{s.t.} \quad z = Ac, \quad c_k \geqslant 0 \\ c \in \mathbf{R}^{2K\times 1} = (c_1, c_2, \cdots, c_{2K})^{\mathrm{T}} \\ A = (\Theta, -\Theta) \end{cases} \tag{2.95}$$

求得最优解 c 后，可得

$$s = c(1:1:K) - c(K+1:1:2K) \tag{2.96}$$

式中，$1:1:K$ 表示从 1 到 K 连续自然数。

2.8.3 字典学习

稀疏矩阵 Ψ，又称为字典。其功能是将非稀疏信号 x 表达为稀疏信号 s，$x = \Psi s$。

傅里叶基（Fourier basis）、小波（Wavelets）和剪切波（Shearlets）等都可以用来构建 Ψ。

实际上，通常采用字典学习（Dictionary Learning）从样本集训练字典：把给定训练样本矩阵 X 分解成字典 Ψ 和稀疏编码矩阵 S，即

$$X = \Psi S \tag{2.97}$$

此式目的在于学习字典，其向量之间关系如下：

$$X = (x_1, x_2, \cdots, x_N) = \begin{pmatrix} x_{1,1} & x_{1,2} & \cdots & x_{1,N} \\ x_{2,1} & x_{2,2} & \cdots & x_{2,N} \\ \vdots & \vdots & & \vdots \\ x_{d,1} & x_{d,2} & \cdots & x_{d,N} \end{pmatrix} \tag{2.98}$$

$$\boldsymbol{\Psi}=(\boldsymbol{\psi}_1,\boldsymbol{\psi}_2,\cdots,\boldsymbol{\psi}_K)=\begin{pmatrix}\psi_{1,1} & \psi_{1,2} & \cdots & \psi_{1,K}\\ \psi_{2,1} & \psi_{2,2} & \cdots & \psi_{2,K}\\ \vdots & \vdots & & \vdots\\ \psi_{d,1} & \psi_{d,2} & \cdots & \psi_{d,K}\end{pmatrix} \tag{2.99}$$

$$\boldsymbol{S}=(\boldsymbol{s}_1,\boldsymbol{s}_2,\cdots,\boldsymbol{s}_N)=\begin{pmatrix}s_{1,1} & s_{1,2} & \cdots & s_{1,N}\\ s_{2,1} & s_{2,2} & \cdots & s_{2,N}\\ \vdots & \vdots & & \vdots\\ s_{K,1} & s_{K,2} & \cdots & s_{K,N}\end{pmatrix}=\begin{pmatrix}\boldsymbol{s}_{1,}\\ \boldsymbol{s}_{2,}\\ \vdots\\ \boldsymbol{s}_{K,}\end{pmatrix} \tag{2.100}$$

$$\boldsymbol{s}_{k,}=(s_{k,1},s_{k,2},\cdots,s_{k,N}) \tag{2.101}$$

其中，$\boldsymbol{s}_{k,}$ 表示编码矩阵 $\boldsymbol{S}$ 的第 k 行元素值。

$$\boldsymbol{\psi}_k\boldsymbol{s}_{k,}=\begin{pmatrix}\psi_{1,k}\\ \psi_{2,k}\\ \vdots\\ \psi_{d,k}\end{pmatrix}(s_{k,1},s_{k,2},\cdots,s_{k,N})=\begin{pmatrix}\psi_{1,k}s_{k,1} & \psi_{1,k}s_{k,2} & \cdots & \psi_{1,k}s_{k,N}\\ \psi_{2,k}s_{k,1} & \psi_{2,k}s_{k,2} & \cdots & \psi_{2,k}s_{k,N}\\ \vdots & \vdots & & \vdots\\ \psi_{d,k}s_{k,1} & \psi_{d,k}s_{k,2} & \cdots & \psi_{d,k}s_{k,N}\end{pmatrix} \tag{2.102}$$

由编码矩阵重构数据矩阵，得

$$\widetilde{\boldsymbol{X}}=\boldsymbol{\Psi}\boldsymbol{S}=\sum_{k=1}^{K}\boldsymbol{\psi}_k\boldsymbol{s}_{k,}=\begin{pmatrix}\sum_{k=1}^{K}\psi_{1,k}s_{k,1} & \sum_{k=1}^{K}\psi_{1,k}s_{k,2} & \cdots & \sum_{k=1}^{K}\psi_{1,k}s_{k,N}\\ \sum_{k=1}^{K}\psi_{2,k}s_{k,1} & \sum_{k=1}^{K}\psi_{2,k}s_{k,2} & \cdots & \sum_{k=1}^{K}\psi_{2,k}s_{k,N}\\ \vdots & \vdots & & \vdots\\ \sum_{k=1}^{K}\psi_{d,k}s_{k,1} & \sum_{k=1}^{K}\psi_{d,k}s_{k,2} & \cdots & \sum_{k=1}^{K}\psi_{d,k}s_{k,N}\end{pmatrix} \tag{2.103}$$

$\boldsymbol{\Psi}\boldsymbol{S}$ 表示 K 个秩 1 矩阵之和。K 个原子对应 K 个矩阵，其中，有 $K-1$ 个矩阵保持不变，当前要修正 $\boldsymbol{\psi}_k$ 对应的矩阵则随 $\boldsymbol{\psi}_k$ 的更新而改变。

2006 年，由 Michal Aharon 等人提出的 K-SVD 算法是一种经典的字典学习算法。

K-SVD 目标函数为

$$\|\boldsymbol{X}-\boldsymbol{\Psi}\boldsymbol{S}\|^2=\left\|\boldsymbol{X}-\sum_{i=1}^{K}\boldsymbol{\psi}_i\boldsymbol{s}_{i,}\right\|^2=\left\|\left(\boldsymbol{X}-\sum_{i\neq k}\boldsymbol{\psi}_i\boldsymbol{s}_{i,}\right)-\boldsymbol{\psi}_k\boldsymbol{s}_{k,}\right\|^2=\|\boldsymbol{E}_k-\boldsymbol{\psi}_k\boldsymbol{s}_{k,}\|^2 \tag{2.104}$$

$$\boldsymbol{E}_k=\boldsymbol{X}-\sum_{i\neq k}\boldsymbol{\psi}_i\boldsymbol{s}_{i,} \tag{2.105}$$

其中，$\boldsymbol{E}_k$ 为移除第 k 个原子后的 N 个样本的重构残差。

为最小化 $\|\boldsymbol{X}-\boldsymbol{\Psi}\boldsymbol{S}\|^2$，用 SVD 找到一个与 $\boldsymbol{E}_k$ 最接近且秩为 1 的矩阵来替代 $\boldsymbol{\psi}_k\boldsymbol{s}_{k,}$，更新 $\boldsymbol{\psi}_k$ 和 $\boldsymbol{s}_{k,}$。为确保 $\boldsymbol{s}_{k,}$ 中原零值元素不变，提取 $\boldsymbol{s}_{k,}$ 中非零元素构成新非零向量 $\boldsymbol{s}_k^R$。

定义样本索引集合 $\omega_k=\{n\mid 1\leqslant n\leqslant N,\boldsymbol{s}_{k,n}\neq 0\}$，用 $|\omega_k|$ 表示 ω_k 中元素的个数，即长度。

定义一个大小为 $N\times|\omega_k|$ 的标识矩阵 $\boldsymbol{\Omega}_k$，标识非零元素 $\boldsymbol{s}_{k,n}$ 所处的位置，即

$$\boldsymbol{\Omega}_k=\begin{pmatrix} 0&0&0&\cdots&1\\ \overset{\text{①}\searrow}{1}&0&0&\cdots&0\\ 0&0&1&\cdots&0\\ \vdots&\vdots&\vdots&&\vdots\\ 0&\underset{\nwarrow\text{②}}{1}&0&\cdots&0 \end{pmatrix}$$

如矩阵中①指向的 1 标识 $\boldsymbol{s}_{k,n}$中第 1 个元素为第 2 个样本的非零系数，②指向的 1 标识 $\boldsymbol{s}_{k,n}$中第 2 个元素为第 N 个样本的非零系数。

例 2.6： 设 $\boldsymbol{s}_{k,}=(0.5,0,0,0.2,0,-0.3,0)$，则 $\boldsymbol{\omega}_k=\{1,4,6\}$，$\boldsymbol{\Omega}_k=\begin{pmatrix}1&0&0\\0&0&0\\0&0&0\\0&1&0\\0&0&0\\0&0&1\\0&0&0\end{pmatrix}$。

将样本矩阵 $\boldsymbol{X}$ 与标识矩阵 $\boldsymbol{\Omega}_k$ 相乘可形成一个在当前原子 $\boldsymbol{\psi}_k$ 下的样本子集矩阵 $\boldsymbol{X}_k^R=\boldsymbol{X}\boldsymbol{\Omega}_k$。$\boldsymbol{E}_k$ 为样本矩阵对应的误差，那么 $\boldsymbol{X}_k^R=\boldsymbol{X}\boldsymbol{\Omega}_k$ 形成了一个当前原子 $\boldsymbol{\psi}_k$ 的样本子集矩阵，$\boldsymbol{E}_k^R=\boldsymbol{E}_k\boldsymbol{\Omega}_k$ 对应于 $\boldsymbol{X}_k^R$ 的误差。根据

$$\|\boldsymbol{E}_k\boldsymbol{\Omega}_k-\boldsymbol{\psi}_k\boldsymbol{s}_{k,}\boldsymbol{\Omega}_k\|^2=\|\boldsymbol{E}_k^R-\boldsymbol{\psi}_k\boldsymbol{s}_k^R\|^2 \tag{2.106}$$

可将目标函数（2.104）转化为

$$\min\|\boldsymbol{E}_k^R-\boldsymbol{\psi}_k\boldsymbol{s}_k^R\|^2 \tag{2.107}$$

$\boldsymbol{\psi}_k\boldsymbol{s}_k^R$ 的秩为 1，采用 SVD 对 $\boldsymbol{E}_k^R$ 进行奇异值分解，得

$$\boldsymbol{E}_k^R=\boldsymbol{U}\boldsymbol{\Lambda}\boldsymbol{V}^{\mathrm{T}} \tag{2.108}$$

设 $\lambda_1=\boldsymbol{\Lambda}(1,1)$ 为特征矩阵 $\boldsymbol{\Lambda}$ 的最大特征值，则

$$\boldsymbol{u}_1=\boldsymbol{U}(:,1)$$

$$\boldsymbol{v}_1=\boldsymbol{V}(:,1)$$

$$\widetilde{\boldsymbol{\psi}}_k=\boldsymbol{u}_1,\quad \widetilde{\boldsymbol{s}}_k^R=\lambda_1\boldsymbol{v}_1 \tag{2.109}$$

最后，用 $\widetilde{\boldsymbol{\psi}}_k$ 更新 $\boldsymbol{\psi}_k$，用 $\widetilde{\boldsymbol{s}}_k^R$ 更新 $\boldsymbol{s}_{k,}$ 中对应非零系数值。

2.8.4 压缩感知在人脸识别中的应用

John Wright 等人首次将压缩感知应用于人脸识别。把训练集中第 c 类的 n_c 个训练样本表示为类矩阵 $\boldsymbol{\Theta}^c=(\boldsymbol{x}_1^c,\boldsymbol{x}_2^c,\cdots,\boldsymbol{x}_{n_c}^c)\in\mathbf{R}^{d\times n_c}$，其中列向量 $\boldsymbol{x}_2^c\in\mathbf{R}^{d\times 1}$ 由尺寸 $w\times h$ 的二维训练样本转换而得，故 $d=w\times h$。然后将所有 C 个类矩阵组合成感知矩阵，得

$$\boldsymbol{\Theta}=(\boldsymbol{\Theta}^1,\boldsymbol{\Theta}^2,\cdots,\boldsymbol{\Theta}^C)=(\boldsymbol{x}_1^1,\boldsymbol{x}_2^1,\cdots,\boldsymbol{x}_{n_1}^1,\cdots,\boldsymbol{x}_1^c,\boldsymbol{x}_2^c,\cdots,\boldsymbol{x}_{n_c}^c,\cdots,\boldsymbol{x}_1^C,\boldsymbol{x}_2^C,\cdots,\boldsymbol{x}_{n_C}^C)\in\mathbf{R}^{d\times N}$$

训练样本数量 N 决定了感知矩阵的大小。一个属于 c 类的测试样本可线性表示成为

$$z^c=\boldsymbol{\Theta}\boldsymbol{s} \tag{2.110}$$

式中，$\boldsymbol{s}$ 为稀疏系数向量，且

$$\boldsymbol{s}=(0,\cdots,0,s_1^c,s_2^c,\cdots,s_{n_c}^c,0,\cdots,0)^{\mathrm{T}} \tag{2.111}$$

稀疏系数向量 $\boldsymbol{s}$ 中除了和第 c 类相关的元素是非零元素之外，其他的元素都是 0。

为了去除全局亮度的影响，所有训练人脸都经过零均值化和单位标准差处理。然而，这样处理还不够，有时还需要构建一个光照补偿字典（或光照感知矩阵）减少不同光照的影响。下面统一用字典表示，即

$$\boldsymbol{D}=(\boldsymbol{D}_{\text{face}},\boldsymbol{D}_{\text{ill}}) \tag{2.112}$$

式中，$\boldsymbol{D}_{\text{face}}=\boldsymbol{\Theta}$；$\boldsymbol{D}_{\text{ill}}$为光照补偿字典。

Extended Yale B 包含 16128 张来自 38 个人在 9 种姿态与 64 种光照条件下采集到的人脸图像，适合用来学习光照补偿字典。剔除数据不全的人脸，可整理出 31 人，每人 64 张人脸图像，共 1984 张训练人脸。通过 K-SVD 学习获得具有 64 个原子的光照补偿字典 $\boldsymbol{D}_{\text{ill}}$。如图 2-15 所示，稀疏度为 20，迭代次数为 500。

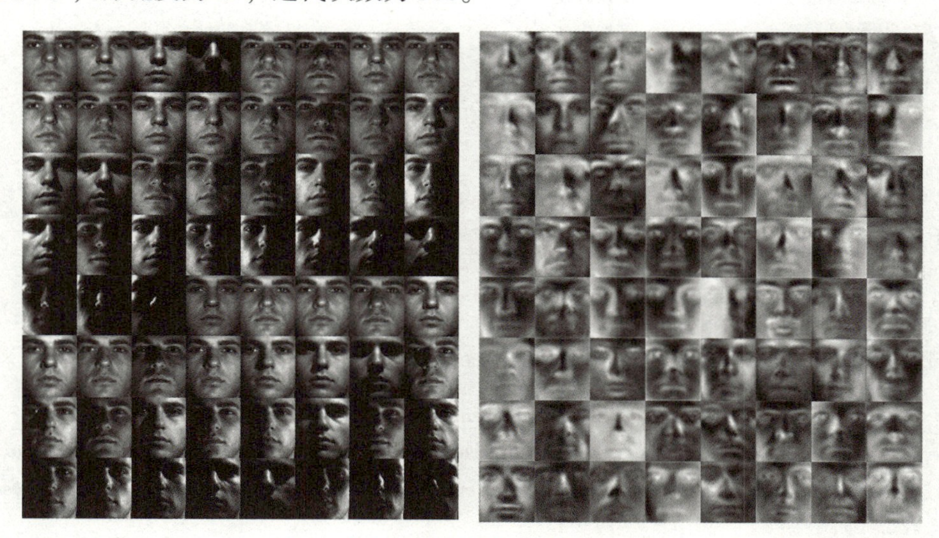

图 2-15　由 Extended Yale B 中 31 个人 64 种不同光照人脸通过 K-SVD 学习获得光照补偿字典

2.9　小结与拓展

表征学习的目的主要是采用一定函数关系将高维度且属性间相关性高的表征向量映射成低维度且属性间相关性低的表征向量。PCA 和 LDA 是经典的两种线性特征提取算法，普遍应用于模式识别领域。在高维数据可视化应用中，常采用 t-SNE。本章介绍表征学习算法，读者还可以从以下几个方面进行拓展应用。

1. 数字孪生（Digital Twin）中数据可视化

近年来，智慧城市、智能制造和智慧能源等智慧相关概念都离不开数字孪生。如何将海量数据在孪生系统可视化呈现出来需要表征学习算法。

2. 压缩感知不仅仅应用于表征学习

本章所介绍的压缩感知理论主要面向表征学习。事实上，压缩感知理论还应用于通信、数据存储和恢复等领域。

3. 高维多表征数据研究

高维多表征数据是多态或多视图数据及其经变换所得表征数据的总称。在多媒体处理、

多语种文本识别、无线传感网络等领域面临高维多表征数据。此类数据所含的诸如配对、监督和结构等信息给表征带来挑战。

实验二：表征学习实验

扫码看视频

1. 实验目的

1.1　了解 Scikit-learn 提供的常用表征学习函数；

1.2　掌握用 Python 语言实现表征学习算法的编程能力；

1.3　巩固对表征学习理论的理解。

2. 实验环境

平台：Windows/Linux；编程语言：Python。

3. 实验内容

3.1　人脸 PCA 和 LDA 降维表征实验；

3.2　流形数据降维算法（MDS、LLE、Isomap、t-SNE）；

3.3　稀疏信号重构实验。

4. 实验步骤

4.1　人脸 PCA 和 LDA 降维表征实验

首先下载 **AT&T** 数据集，然后直接调用 Scikit-learn 提供的 PCA 和 LDA 的函数。

class sklearn. decomposition. **PCA**(*n_components=None*, *copy=True*, *whiten=False*)

class sklearn. discriminant_analysis. **LinearDiscriminantAnalysis** (*solver = 'svd'*, *shrinkage = None*, *priors=None*, *n_components = None*, *store_covariance = False*, *tol = 0.0001*, *covariance_estimator = None*)

本实验参考程序见代码 2.1。

代码 2.1　PCA 和 LDA 降维

```
import numpy as np
import scipy.io as scio
import matplotlib.pyplot as plt
from sklearn.decomposition import PCA
from sklearn.discriminant_analysis import LinearDiscriminantAnalysis
matdata = scio.loadmat(r'E:\Chapter02\AT&T.mat')        # 读取 .mat 数据文件
datas = matdata['fea']                                   # 数据 400*10304 每列一张图 112*92
targets = matdata['gnd']                                 # 标签   400*1
y = targets.flatten()                                    # 压平
pca = PCA(n_components=30)                               # 定义 PCA 函数，保留 30 个成分
datas_pca = pca.fit_transform(datas)                     # 用数据训练 PCA 模型并对数据降维
lda = LinearDiscriminantAnalysis(n_components=10)        # 定义 LDA 函数
datas_lda = lda.fit_transform(datas,y)
label_lda = lda.predict(datas)                           # 用训练好的 LDA 模型预测数据类别
proba_lda = lda.predict_proba(datas)                     # 用训练好的 LDA 模型预测数据类别概率
```

4.2　流形数据降维算法（MDS、LLE、Isomap、t-SNE）

如图 2-16 所示，三维 S 曲面共有 2000 点，由 sklearn 自带数据生成。此外还可产生瑞士卷数据。

sklearn.datasets.make_s_curve(*n_samples=100*, *, *noise=0.0*, *random_state=None*)

sklearn.datasets.make_swiss_roll(*n_samples=100*, *, *noise=0.0*, *random_state=None*)

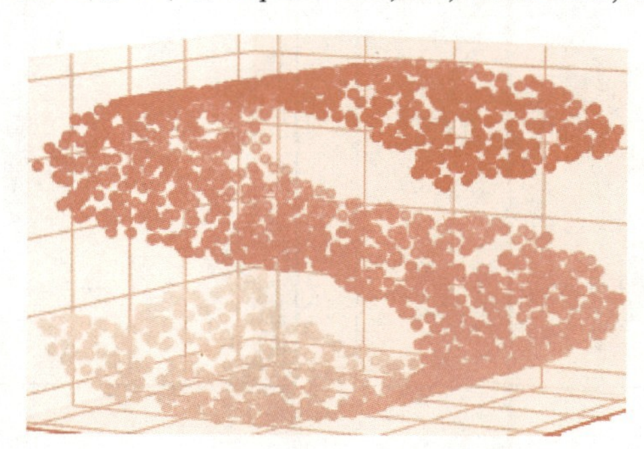

图 2-16　S 曲面（2000 点）

接下来，采用 MDS、LLE、Isomap 和 t-SNE 四种算法对 S 曲面进行降维。直接调用由 sklearn 提供的函数。

class sklearn.manifold.MDS(*n_components=2*, *, *metric=True*, *n_init=4*, *max_iter=300*, *verbose=0*, *eps=0.001*, *n_jobs=None*, *random_state=None*, *dissimilarity='euclidean'*)

class sklearn.manifold.Isomap(*, *n_neighbors=5*, *radius=None*, *n_components=2*, *eigen_solver='auto'*, *tol=0*, *max_iter=None*, *path_method='auto'*, *neighbors_algorithm='auto'*, *n_jobs=None*, *metric='minkowski'*, *p=2*, *metric_params=None*)

class sklearn.manifold.LocallyLinearEmbedding(*, *n_neighbors=5*, *n_components=2*, *reg=0.001*, *eigen_solver='auto'*, *tol=1e-06*, *max_iter=100*, *method='standard'*, *hessian_tol=0.0001*, *modified_tol=1e-12*, *neighbors_algorithm='auto'*, *random_state=None*, *n_jobs=None*)

class sklearn.manifold.TSNE(*n_components=2*, *, *perplexity=30.0*, *early_exaggeration=12.0*, *learning_rate='warn'*, *n_iter=1000*, *n_iter_without_progress=300*, *min_grad_norm=1e-07*, *metric='euclidean'*, *metric_params=None*, *init='warn'*, *verbose=0*, *random_state=None*, *method='barnes_hut'*, *angle=0.5*, *n_jobs=None*, *square_distances='deprecated'*)

相关参数设置见代码 2.2。四种算法对 S 曲面降维的结果如图 2-17 所示。

代码 2.2　S 曲线降维

```
from sklearn import manifold, datasets
n_points = 2000
X, color = datasets.make_s_curve(n_points, random_state=9)          # 生成 S 曲面数据
M_MDS = manifold.MDS(n_components = 2, max_iter=100, n_init=1)   # 定义 MDS 函数
Z_MDS = M_MDS.fit_transform(X)                                     # 采用 MDS 对 S 曲面降维
M_Iso = manifold.Isomap(n_neighbors=6, n_components=2)
Z_Isomap = M_Iso.fit_transform(X)
M_LLE = manifold.LocallyLinearEmbedding(n_neighbors=6, n_components=2)
```

```
Z_LLE = M_LLE.fit_transform(X)
M_tSNE = manifold.TSNE(n_components=2, random_state=0)
Z_tSNE = M_tSNE.fit_transform(X)
```

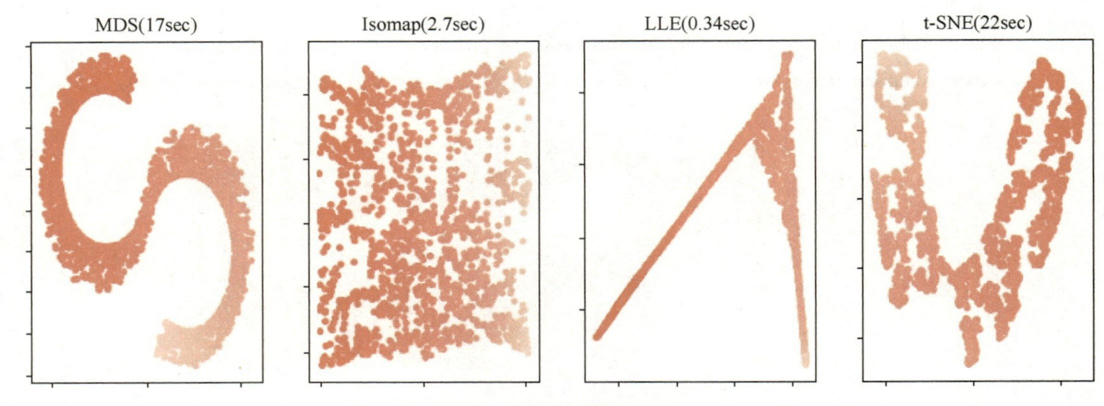

图 2-17　对图 2-16 中 S 曲面降维后的散点分布

根据颜色分布情况，容易发现：降维前后每个数据与近邻数据的拓扑关系保持不变。从耗时上看，LLE 算法仅用了 0.34 s，而 t-SNE 算法耗时 22 s。

4.3　稀疏信号重构实验

利用 Scikit-learn 提供的稀疏编码信号生成函数 **make_sparse_coded_signal( )**，获得实验用的观测信号 z、字典 $\boldsymbol{D}$ 和稀疏信号 $\boldsymbol{s}$，有 $\boldsymbol{z}=\boldsymbol{D}\boldsymbol{s}$。

sklearn.datasets.**make_sparse_coded_signal**(*n_samples*, *, *n_components*, *n_features*, *n_nonzero_coefs*, *random_state=None*, *data_transposed='warn'*)

然后，直接调用 sklearn 的 OMP 函数，从观测信号 z 恢复稀疏信号 s。

sklearn.linear_model.**OrthogonalMatchingPursuit**(*, *n_nonzero_coefs=None*, *tol=None*, *fit_intercept=True*, *normalize='deprecated'*, *precompute='auto'*)

相关参数见代码 2.3，实验结果如图 2-18 所示。稀疏信号采用参数一致的 OMP 算法分别从无噪声的和有噪声的观测信号恢复获得。两者恢复的信号都具备稀疏性。前者恢复的信号与原始稀疏信号 s 一致，后者稍有差异。

代码 2.3　稀疏信号重构实验

```
import numpy as np
import matplotlib.pyplot as plt
from sklearn.datasets import make_sparse_coded_signal
from sklearn.linear_model import OrthogonalMatchingPursuit
z, D, s = make_sparse_coded_signal(n_samples=1,n_components=512,n_features=100,
n_nonzero_coefs=17,random_state=0,data_transposed=True,)        #z=Ds
z_noisy = z + 0.05 * np.random.randn(len(z))                    # 给观测信号 z 添加噪声
omp = OrthogonalMatchingPursuit(n_nonzero_coefs=17, normalize=False)  # 定义 OMP 函数
omp.fit(D, z)                    # 通过 OMP 函数从 z 中恢复稀疏信号
coef = omp.coef_
```

```
omp.fit(D, z_noisy)              # 通过 OMP 函数从 z_noise 中恢复稀疏信号
coef_noise = omp.coef_
plt.stem(z,linefmt='-',markerfmt='g')
```

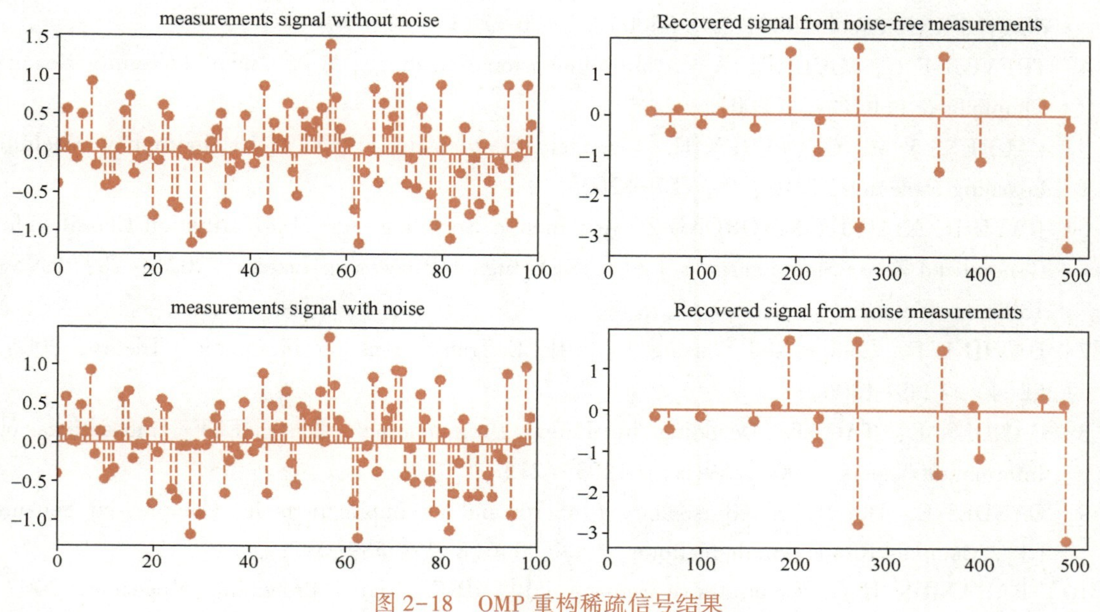

图 2-18　OMP 重构稀疏信号结果

习题

1. 在随机嵌入算法中，为何采用学生 t 分布替代高斯分布？

2. 设 $\boldsymbol{X}=(\boldsymbol{x}_1,\boldsymbol{x}_2,\cdots,\boldsymbol{x}_N)=\begin{pmatrix} x_{1,1} & x_{1,2} & \cdots & x_{1,N} \\ x_{2,1} & x_{2,2} & \cdots & x_{2,N} \\ \vdots & \vdots & & \vdots \\ x_{d,1} & x_{d,2} & \cdots & x_{d,N} \end{pmatrix}$ 为由样本构成列数据矩阵，且为零均值，分析 XX^{T} 和 $X^{\mathrm{T}}X$ 各表示什么含义？

3. 证明：$E[(\boldsymbol{\mu}_k-\boldsymbol{\mu}_m)^{\mathrm{T}}(\boldsymbol{\mu}_k-\boldsymbol{\mu}_m)]$ 等价于 $E[(\boldsymbol{\mu}_k-\boldsymbol{\mu}_0)^{\mathrm{T}}(\boldsymbol{\mu}_k-\boldsymbol{\mu}_0)]$。

4. 设感知矩阵 $\boldsymbol{\Theta}=\begin{pmatrix} -0.707 & 0.8 & 1 \\ -0.707 & -0.6 & 0 \end{pmatrix}$，稀疏信号 $\boldsymbol{s}=\begin{pmatrix} -0.1 \\ 0 \\ 0.4 \end{pmatrix}$，计算其观测值 $\boldsymbol{z}$。然后根据观测值，利用重构算法重构稀疏信号 $\boldsymbol{s}$。

参考文献

[1] SERGIOS T, KONSTANTINOS K. 模式识别：第 4 版 [M]. 李晶皎，王爱侠，王骄，等译. 北京：电子工业出版社，2011.

[2] JOSHUA B T, VIN D S, JOHN C L. A Global Geometric Framework for Nonlinear Dimensionality Reduction [J]. Science, 2000, 290(5500): 2319–2323.

[3] SAM T R, LAWRENCE K S. Nonlinear Dimensionality Reduction by Locally Linear Embedding [J]. Science, 2000, 290(5500): 2323–2325.

[4] TREVOR F C, MICHAEL A C. Multidimensional Scaling [M]. 2nd ed. Virginia Beach: Chapman & hall/CRC, 2001.

[5] LAURENS V M, GEOFFREY H. Visualizing Data using t-SNE [J]. Journal of Machine Learning Research, 2008, 9: 2579–2605.

[6] JIAYU D, XIAO H, XIAORONG Z. A Semantic Encoding Out-of-Distribution Classifier for Generalized Zero-Shot Learning [J]. IEEE Signal Processing Letters, 2021, 28: 1395–1399.

[7] DAVID L D. Compressed Sensing [J]. IEEE Transactions on Information Theory, 2006, 52(4): 1289–1306.

[8] CANDES E, TAO T. Decoding by Linear Programming [J]. IEEE Transactions on Information Theory, 2005, 59(8): 4203–4215.

[9] CANDES E. The Restricted Isometry Property and its Implications for Compressed Sensing [J]. Comptes Rendus Mathematique, 2008, 346(8/9): 589–592.

[10] BARANIUK R G. Compressive Sensing [J]. IEEE Signal Processing Magazine, 2007, 24(4): 118–121.

[11] STEPHANEGM, ZHIFENG Z. Matching Pursuits with Time-Frequency Dictionaries [J]. IEEE Transactions on Signal Processing, 1993, 41(12): 3397–3415.

[12] JOEL A T, ANNNA C G. Signal Recovery from Random Measurements via Orthogonal Matching Pursuit [J]. IEEE Transactions on Information Theory, 2007, 53(12): 4655–4666.

[13] SCOTT SC, DAVID L D, MICHAEL A S. Atomic Decomposition by Basis Pursuit [J]. SIAM review, 2001, 43(1): 129–159.

[14] MICHAL A, MICHAEL E, ALFRED B. The K-SVD: An Algorithm for Designing of Overcomplete Dictionaries for Sparse Representation [J]. IEEE Transactions on Signal Processing, 2006, 54(11): 4311–4322.

第3章　贝叶斯分类器

20世纪50年代已开始广泛应用的贝叶斯分类器（Bayes Classifier）是以贝叶斯理论为基础的监督机器学习：在已知概率分布条件下，利用风险损失建立最优分类器。

贝叶斯公式为

$$P(A|B)=\frac{P(AB)}{P(B)}=\frac{P(B|A)P(A)}{P(B)}=\frac{P(B|A)P(A)}{P(A)P(B|A)+P(\bar{A})P(B|\bar{A})} \tag{3.1}$$

本章思维导图为：

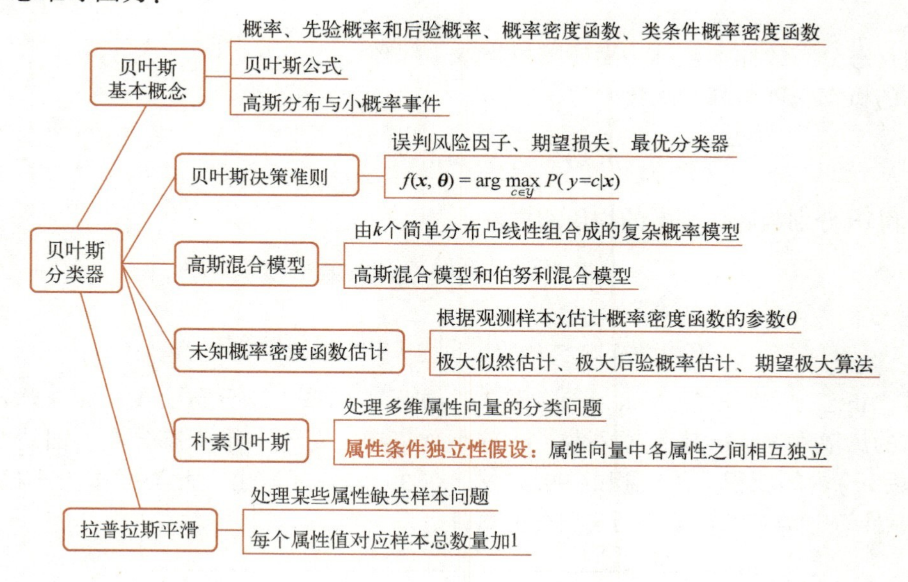

3.1　贝叶斯基本概念

设训练样本集 $\mathcal{D}=\{(\boldsymbol{x}_n,y_n)\}_{n=1}^{N}$，其中，$y_n\in\mathcal{Y}$为样本 $\boldsymbol{x}_n$ 的类别标签。样本集分属 C 个类别 $\mathcal{D}_c$，标签集$\mathcal{Y}=\{1,2,\cdots,C\}$。图 3-1 中有五个类别，$C=5$。下面先介绍几个概念。

概率（Probability），指随机事件发生的可能性大小的数值表示。例如，随机投掷硬币时，正、反面出现的概率都为0.5。

在机器学习中，把事先掌握的各类样本出现的概率称为**先验概率**（Prior Probability），即第 c 类样本数占样本集总样本数的比值。设样本集 N 个样本中属于 $\mathcal{D}_c$的样本数为 N_c，则第 c 类的先验概率为

$$P(y=c)=\frac{N_c}{N} \tag{3.2}$$

显然，$\sum_{c=1}^{C} P(y=c)=1$。

图 3-1 中每个类别都有 20 个样本，共 100 个样本点，所以每类先验概率都为 0.2。

连续型随机样本的分布规律通常用**概率密度函数**（Probability Density Function，pdf）进行描述。随机样本分布规律包括正态分布、均匀分布、瑞利分布和泊松分布等，但是通常将观测样本分布函数设为正态分布。

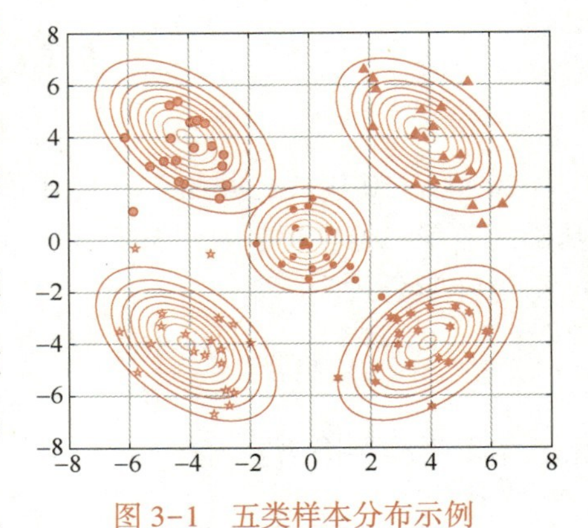

图 3-1 五类样本分布示例

根据**中心极限定理**：一个由若干个相互独立的随机变量线性叠加而成的随机变量 $z=\sum_{i=1}^{N} x_i$，当变量数趋近无穷大时，即 $N\to\infty$，z 的概率密度函数近似为高斯函数。

服从正态分布的样本也称为**高斯随机样本**。一维正态分布的概率密度为高斯函数，即

$$p(x)=\frac{1}{\sqrt{2\pi}\sigma}\exp\left[-\frac{(x-\mu)^2}{2\sigma^2}\right] \tag{3.3}$$

式中，μ 和 σ^2 分别为随机样本的均值和方差。

$$\mu=E(x)=\int_{-\infty}^{+\infty} xp(x)\mathrm{d}x \tag{3.4}$$

$$\sigma^2=E[(x-\mu)^2]=\int_{-\infty}^{+\infty}(x-\mu)^2 p(x)\mathrm{d}x \tag{3.5}$$

通常，正态分布表示为 $\mathcal{N}(\mu,\sigma^2)$。图 3-2 展示了两条正态分布曲线。标准差 σ 描述了样本分布的离散程度，σ 越大越分散，σ 越小越集中。对于一维正态分布，曲线与横轴在 $(\mu-3\sigma,\mu+3\sigma)$ 内的面积为总面积的 99.73%。在 3σ 之外区域出现此类样本为小概率事件。“**小概率事件**”通常指发生概率小于 5%的事件。

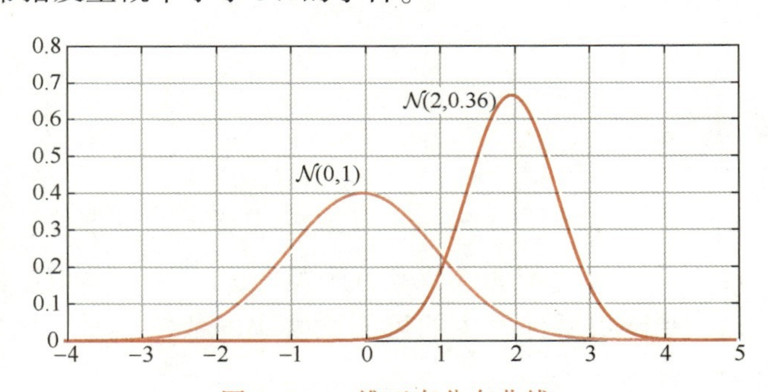

图 3-2 一维正态分布曲线

d 维正态分布的概率密度函数为

$$p(\boldsymbol{x})=\frac{1}{(2\pi)^{\frac{d}{2}}\sqrt{|\boldsymbol{\Sigma}|}}\exp\left[-\frac{1}{2}(\boldsymbol{x}-\boldsymbol{\mu})^{\mathrm{T}}\boldsymbol{\Sigma}^{-1}(\boldsymbol{x}-\boldsymbol{\mu})\right] \tag{3.6}$$

式中，$\boldsymbol{\mu}$ 为均值向量，$\boldsymbol{\Sigma}$ 为 $d\times d$ 协方差矩阵（Covariance Matrix），且

$$\boldsymbol{\Sigma}=E[(\boldsymbol{x}-\boldsymbol{\mu})(\boldsymbol{x}-\boldsymbol{\mu})^{\mathrm{T}}]=\begin{pmatrix}\sigma_1^2 & \sigma_{1,2} & \cdots & \sigma_{1,d}\\ \sigma_{2,1} & \sigma_2^2 & \cdots & \sigma_{2,d}\\ \vdots & \vdots & & \vdots\\ \sigma_{d,1} & \sigma_{d,2} & \cdots & \sigma_d^2\end{pmatrix} \tag{3.7}$$

式中，$\sigma_{i,j}$为属性值 x_i和 x_j之间的协方差，$\sigma_{i,j}=\rho\sigma_i\sigma_j$，$\rho$ 为 i,j 属性值的**相关系数**。

图 3-3 所示是一个二维正态分布的概率密度函数曲面及其等高线。

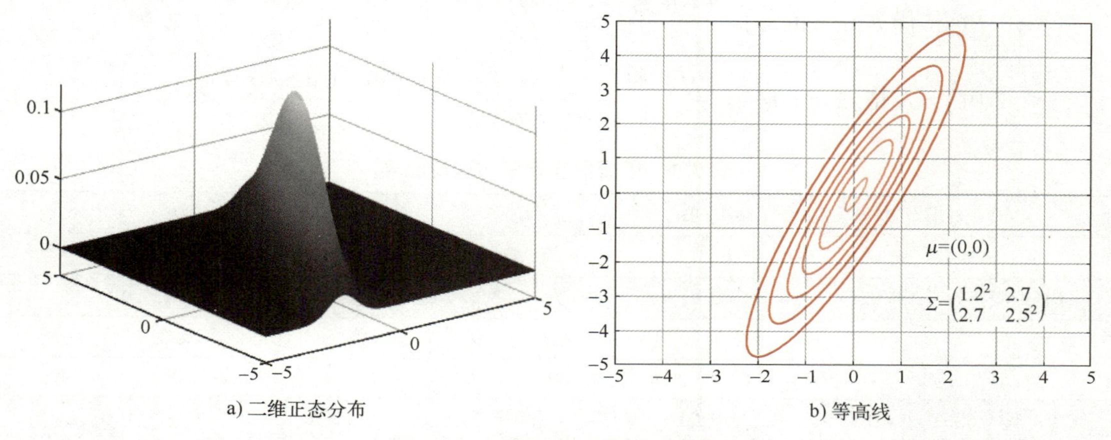

图 3-3　二维正态分布和等高线

称概率密度函数为**先验概率密度函数**（Prior Probability Density Function）。

连续型随机样本 $\boldsymbol{x}$ 的概率密度用 $p(\boldsymbol{x})$ 表示，离散型随机样本 $\boldsymbol{x}$ 的概率密度用 $P(\boldsymbol{x})$ 表示。

类条件概率密度函数（Class-conditional Probability Density Function）描述某一类$\mathcal{D}_c$随机样本的分布规律，即所属类别 $y=c$ 下连续型随机样本 $\boldsymbol{x}$ 的概率密度函数为 $p(\boldsymbol{x}|y=c)$。对离散型随机样本，则为 $P(\boldsymbol{x}|y=c)$。

图 3-4 所示为**图 3-1** 的五个类别的类条件概率密度函数曲面，供读者构建空间想象。

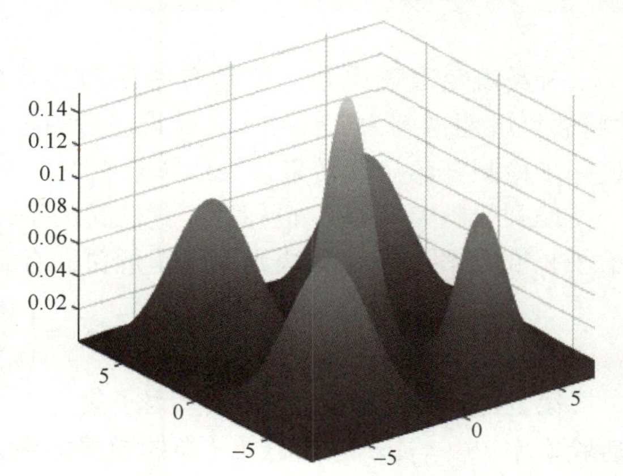

图 3-4　类条件概率密度函数曲面

后验概率（Posterior Probability），表示观测样本 $\boldsymbol{x}$ 属于第 c 类的概率，用 $P(y=c|\boldsymbol{x})$ 表示。

综上所述：在已知所有类别的 $P(y=c)$ 和 $P(\boldsymbol{x}|y=c)$ 条件下，根据贝叶斯公式和全概率公式可得

$$\begin{cases}P(y=c|\boldsymbol{x})=\dfrac{P(\boldsymbol{x}|y=c)P(y=c)}{P(\boldsymbol{x})},\\ P(\boldsymbol{x})=\sum\limits_{c=1}^{C}P(\boldsymbol{x}|y=c)P(y=c),\end{cases}\quad c=1,2,\cdots,C \tag{3.8}$$

例 3.1：用四个等级智商值“一般（智商低于 80）、正常（智商介于 81～114）、聪明（智商介于 115～130）和天才（智商大于 131）”作为描述学生的智力属性变量 $x=\{一般,正常,聪明,天才\}$，用《机器学习》课程考试 2 个等级作为类别 $y=\{优秀,及格\}$。

设甲班共 100 个学生，通过智商测试后获得智商等级统计数据和考试成绩等级人数见**表 3.1**。试计算 $P(y=优秀|x=正常)$ 和 $P(y=及格|x=正常)$。

解：智商概率分布、类条件概率分布列于**表 3.1** 中。

先验概率：$P(y=优秀)=0.54$，$P(y=及格)=0.46$

$$P(y=优秀|x=正常)=\frac{P(正常|y=优秀)P(y=优秀)}{P(正常)}=\frac{0.43\times 0.54}{0.53}\cong 0.44$$

$$P(y=及格|x=正常)=\frac{P(正常|y=及格)P(y=及格)}{P(正常)}=\frac{0.65\times 0.46}{0.53}\cong 0.56$$

表 3.1　甲班同学智商测试情况表

随机变量 x	一般		正常		聪明		天才	
人数	1		53		42		4	
智商概率分布，$P(x)$	0.01		0.53		0.42		0.04	
	及格	优秀	及格	优秀	及格	优秀	及格	优秀
	1	0	30	23	15	27	0	4
优秀类概率分布，$P(x\|优秀)$	0.00		0.43		0.50		0.07	
及格类概率分布，$P(x\|及格)$	0.02		0.65		0.33		0.00	

3.2　贝叶斯决策准则

分类难免出现误判，但是有些误判会造成严重的后果，有些误判则风险较小。比如，“将恶性肿瘤误判为良性肿瘤，耽误患者治疗”比“将良性肿瘤误判为恶性肿瘤，多花点钱进一步检测”给患者带来损失或风险更大。为此，通常给误判赋予权重，即**风险因子**。

误判风险因子 $r_{i,j}$，也称为**误判惩罚因子**，它表示：如果将第 i 类样本误判为第 j 类，则给予 $r_{i,j}$ 的惩罚；正确判决则不给予惩罚，有

$$r_{i,j}=\begin{cases}0, & i=j\\ r_{i,j}, & i\neq j\end{cases} \tag{3.9}$$

第 i 类 $\boldsymbol{x}$ 被判为第 j 类的风险因子集为 $\{r_{i,j},j=1,2,\cdots,C\}$，样本 $\boldsymbol{x}$ 判为第 j 类的概率即为后验概率 $P(y=j|\boldsymbol{x})$，所以第 i 类的**期望损失**为

$$l(\boldsymbol{x}|y=i)=\sum_{j=1}^{C} r_{i,j}P(y=j|\boldsymbol{x}) \tag{3.10}$$

设在贝叶斯模型参数 $\boldsymbol{\theta}$ 下，所有类别的期望损失之和构成**总体期望损失**，即

$$\mathcal{L}(\boldsymbol{\theta})=\sum_{i=1}^{C} l(\boldsymbol{x}|y=i)P(y=i) \tag{3.11}$$

显然，**最优分类器是**训练一个使总体期望损失 $\mathcal{L}$ 最小的准则 $f(\boldsymbol{x},\boldsymbol{\theta}):\mathcal{D}\mapsto\mathcal{Y}$，即

$$\theta^{*}=\arg\min_{\boldsymbol{\theta}}\mathcal{L}(\boldsymbol{\theta}) \tag{3.12}$$

由于训练模型之前已知先验概率 $P(y=i)$，所以对比式（3.11）、式（3.12）可得：欲使 $\mathcal{L}(\boldsymbol{\theta})$ 最小，相当于"式（3.11）所求总体损失中每项 $l(\boldsymbol{x}|y=i)$ 最小"，即

$$\theta^* = \arg\min_{\boldsymbol{\theta}} l(\boldsymbol{x}|y=i), \quad \forall i \in \mathcal{Y} \tag{3.13}$$

由此获得的贝叶斯分类器为风险最小的**最优分类器**。

图 3-5 描述了一个三类样本分布区域：R_1、R_2 和 R_3，分别用深灰色、浅灰色和黑灰色进行区域填充，并用红、绿和蓝色曲线分别表示 $p(\boldsymbol{x}|y=c), c=1,2,3$。图中虚线指示某未知类别样本 $\boldsymbol{x}$，被决策为这三类的后验概率分别为 $P(y=1|\boldsymbol{x})$、$P(y=2|\boldsymbol{x})$ 和 $P(y=3|\boldsymbol{x})$，且 $P(y=1|\boldsymbol{x})+P(y=2|\boldsymbol{x})+P(y=3|\boldsymbol{x})=1$，黑色实心点刻画出它们相应的概率值。两条分界线为 $x=x_b$ 和 $x=x_c$。

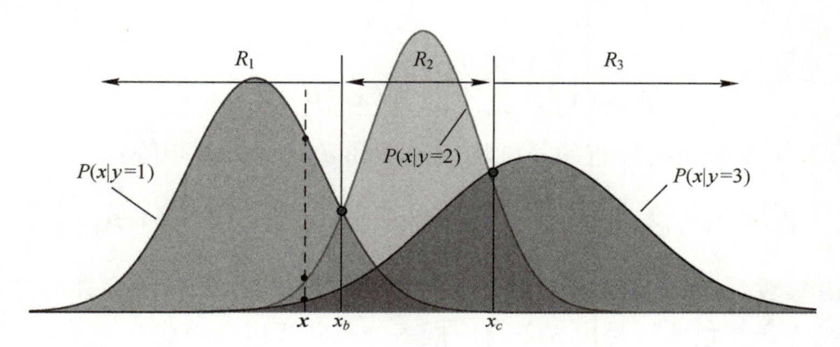

图 3-5　三类样本分布区域及其类条件概率密度曲线

根据式（3.10）有 $l(\boldsymbol{x}|y=1)=r_{1,2}P(y=2|\boldsymbol{x})+r_{1,3}P(y=3|\boldsymbol{x})$，由于已确定误判风险因子 $r_{i,j}$，所以欲使 $l(\boldsymbol{x}|y=1)$ 最小，则希望 $P(y=2|\boldsymbol{x})$ 和 $P(y=3|\boldsymbol{x})$ 最小。

简化分析，设所有类别误判 $r_{i,j}=1$，则存在如下关系：

$$l(\boldsymbol{x}|y=1)=P(y=2|\boldsymbol{x})+P(y=3|\boldsymbol{x})$$

$$l(\boldsymbol{x}|y=1)=1-P(y=1|\boldsymbol{x})$$

推广至 C 类情形，有

$$l(\boldsymbol{x}|y=c)=1-P(y=c|\boldsymbol{x}) \tag{3.14}$$

$$\min_{c\in\mathcal{Y}} l(\boldsymbol{x}|y=c) \Rightarrow \max_{c\in\mathcal{Y}} P(y=c|\boldsymbol{x}) \tag{3.15}$$

从而得出 $r_{i,j}=1, \forall i\neq j$ 条件下的**贝叶斯决策准则**（Bayes Decision Rule）：**贝叶斯分类器将观测数据 $\boldsymbol{x}$ 决策为具有最大后验概率的类**，即

$$f(\boldsymbol{x},\boldsymbol{\theta})=\arg\max_{c\in\mathcal{Y}} P(y=c|\boldsymbol{x}) \tag{3.16}$$

式中，$\boldsymbol{\theta}$ 为贝叶斯分类器的参数。此时，**图 3-5** 中的分界线会出现在相邻类的类条件概率密度曲线的交点处，即空心圆点。进一步可以证明：**基于最大后验概率的贝叶斯决策，具有最小错分率**。**图 3-5** 所示三分类器的错分率为

$$P_e=\int_{-\infty}^{x_b}[p(x|y=2)+p(x|y=3)]\mathrm{d}x+\int_{x_b}^{x_c}[p(x|y=1)+p(x|y=3)]\mathrm{d}x+\int_{x_c}^{+\infty}[p(x|y=1)+p(x|y=2)]\mathrm{d}x$$

为了建立贝叶斯分类器，还需要对先验概率和类条件概率密度函数的参数进行估计。

3.3 高斯混合模型

由 k 个简单分布凸性组合成复杂概率模型，称为**混合模型**（Mixture Model），即

$$p(\boldsymbol{x}) = \sum_{k=1}^{K} \pi_k \cdot p(\boldsymbol{x} \mid \boldsymbol{\theta}_k) \tag{3.17}$$

式中，$0 \leqslant \pi_k \leqslant 1$ 为混合系数或混合权重，$\sum_{k=1}^{K} \pi_k = 1$；$p(\boldsymbol{x} \mid \boldsymbol{\theta}_k)$ 表示混合模型中的第 k 个参数表示是 $\boldsymbol{\theta}_k$ 的概率分布模型。根据该概率分布的不同，有高斯混合模型（Guassian Mixture Model，GMM）和伯努利混合模型（Mixture of Bernoullis Model）等。高斯混合模型的凸性组合形式为

$$p_{\mathrm{GMM}}(\boldsymbol{x}) = \sum_{k=1}^{K} \pi_k \cdot \mathcal{N}(\boldsymbol{x} \mid (\boldsymbol{\mu}_k, \boldsymbol{\Sigma}_k)) \tag{3.18}$$

式中，$(\boldsymbol{\mu}_k, \boldsymbol{\Sigma}_k)$ 为第 k 个高斯分布的 d 维均值向量和 $d \times d$ 协方差矩阵；

$$\mathcal{N}(\boldsymbol{x} \mid (\boldsymbol{\mu}_k, \boldsymbol{\Sigma}_k)) = \frac{1}{\sqrt{(2\pi)^d \boldsymbol{\Sigma}_k}} \exp\left(-\frac{1}{2}(x - \boldsymbol{\mu}_k)^{\mathrm{T}} \boldsymbol{\Sigma}_k^{-1} (x - \boldsymbol{\mu}_k)\right) \tag{3.19}$$

高斯混合模型由参数 $(\pi_k, \boldsymbol{\mu}_k, \boldsymbol{\Sigma}_k)$ 确定。

图 3-6 描绘 1 条黑色曲线是由 3 条高斯概率分布曲线组合而成。

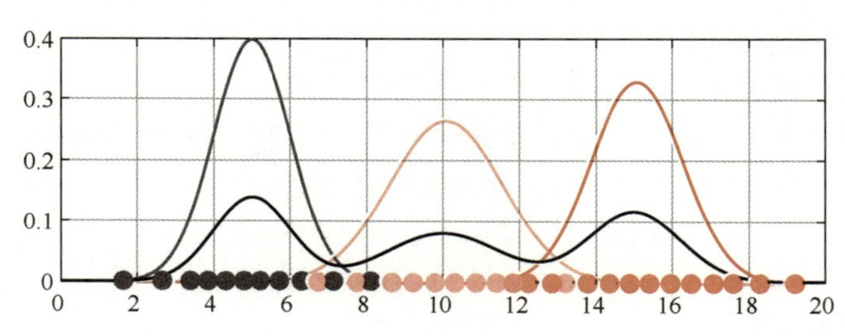

图 3-6　高斯混合模型生成示意图（见插页）

3.4 未知概率密度函数估计

扫码看视频

给定样本集 $\mathcal{D}$，估计概率密度函数 $p(\boldsymbol{x} \mid \boldsymbol{\theta})$ 是训练贝叶斯分类器必不可少的步骤。在已知观测样本服从某种分布规律但模型参数未知的情况下，即“模型已知，参数未知”，则只需要根据观测样本 $\boldsymbol{x}$ 估计概率密度函数的参数 $\boldsymbol{\theta}$。通常参数估计有三种方式：极大似然估计、极大后验概率估计和期望极大算法。

3.4.1 极大似然估计

设样本集 $\mathcal{D}$ 中观测样本集 $\mathcal{X} = \{\boldsymbol{x}_n\}_{n=1}^{N}$ 具有独立同分布（Independent and Identically Distributed，IID），即是从服从相同分布 $p(\boldsymbol{x};\boldsymbol{\theta})$ 的样本空间中独立抽取的，则用样本集的联合概率密度函数定义为一个 $\boldsymbol{\theta}$ 关于 $\mathcal{X}$ 的**似然函数**（Likelihood Function）

$$p(\mathcal{X}|\boldsymbol{\theta})=p(\boldsymbol{x}_1,\boldsymbol{x}_2,\cdots,\boldsymbol{x}_N|\boldsymbol{\theta})=\prod_{n=1}^{N}p(\boldsymbol{x}_n|\boldsymbol{\theta}) \tag{3.20}$$

$p(\mathcal{X}|\boldsymbol{\theta})$表示不同$\boldsymbol{\theta}$下，$\mathcal{X}$出现的概率。现在的问题是：$\mathcal{X}$已定且保持不变，估计$\boldsymbol{\theta}$。

MLE 的目标：从所有可能的$\boldsymbol{\theta}$取值中选择使似然函数$p(\mathcal{X}|\boldsymbol{\theta})$最大的参数$\boldsymbol{\theta}^*$，即在参数$\boldsymbol{\theta}^*$条件下样本集$\mathcal{X}$出现的“可能性”最大，即

$$\boldsymbol{\theta}^*=\arg\max_{\boldsymbol{\theta}}\prod_{n=1}^{N}p(\boldsymbol{x}_n|\boldsymbol{\theta}) \tag{3.21}$$

为避免参数估计时因连乘操作导致**下溢**，通常将式（3.21）转化为**对数似然函数**

$$L(\boldsymbol{\theta})=\log(p(\mathcal{X}|\boldsymbol{\theta}))=\log\prod_{n=1}^{N}p(\boldsymbol{x}_n|\boldsymbol{\theta})=\sum_{n=1}^{N}\log(p(\boldsymbol{x}_n|\boldsymbol{\theta})) \tag{3.22}$$

由于对数具有单调性，所以似然函数极大值等价于对数似然函数极大值。

计算式（3.22）关于$\boldsymbol{\theta}$的导数，并将导数置为零，得

$$\frac{\partial L(p(\mathcal{X}|\boldsymbol{\theta}))}{\partial\boldsymbol{\theta}}=\sum_{n=1}^{N}\frac{1}{p(\boldsymbol{x}_n|\boldsymbol{\theta})}\frac{\partial p(\boldsymbol{x}_n|\boldsymbol{\theta})}{\partial\boldsymbol{\theta}}=0 \tag{3.23}$$

如果用**负对数似然函数**（Negative Log Likelihood，NLL）构建 MLE 目标函数，则有

$$\mathrm{NLL}(\boldsymbol{\theta})=-\sum_{n=1}^{N}\log(p(\boldsymbol{x}_n|\boldsymbol{\theta})) \tag{3.24}$$

则最大化自然函数转化为最小化代价函数，即

$$\widetilde{\boldsymbol{\theta}}_{\mathrm{MLE}}=\widetilde{\boldsymbol{\theta}}_{\mathrm{NLL}}=\arg\min_{\boldsymbol{\theta}}\left[-\sum_{n=1}^{N}p(\boldsymbol{x}_n|\boldsymbol{\theta})\right] \tag{3.25}$$

这即是**极大自然估计**（Maximum Likelihood Estimation，MLE）。

推导过程有点抽象，现举例说明。

例 3.2：用X是表示投掷 1 元硬币的随机变量，$X=1$表示正面，$X=0$表示反面。设随机变量服从伯努利分布（又称为 0-1 分布）$X\sim\mathcal{B}(n,p)$。试推导$\theta=p(X=1)$。

$$\begin{aligned}\mathrm{NLL}(\theta)&=-\sum_{n=1}^{N}\log(p(X|\theta))=-\sum_{n=1}^{N}\log(\theta^{\mathbb{I}(X=1)}(1-\theta)^{\mathbb{I}(X=0)})\\&=-\sum_{n=1}^{N}[\mathbb{I}(X=1)\log(\theta)+\mathbb{I}(X=0)\log(1-\theta)]\\&=-N_1\log(\theta)-N_0\log(1-\theta)\end{aligned}$$

式中，N_1和N_0分别表示正面和反面出现的次数，且

$$N_1=\sum_{n=1}^{N}[\mathbb{I}(X=1)],\quad N_0=\sum_{n=1}^{N}[\mathbb{I}(X=0)],\quad \mathbb{I}(X=a)=\begin{cases}0, & X\neq a\\1, & X=a\end{cases}$$

依据式（3.22）和式（3.23）计算，得

$$\frac{\partial}{\partial\theta}\mathrm{NLL}(\theta)=-\frac{N_1}{\theta}+\frac{N_0}{1-\theta} \tag{3.26}$$

将式（3.26）置为零，求得

$$\widetilde{\theta}_{\mathrm{MLE}}=\frac{N_1}{N_1+N_0}=\frac{N_1}{N} \tag{3.27}$$

所以，估计参数$\widetilde{\theta}=p(X=1)$。

例 3.3：设$\mathcal{X}\sim\mathcal{N}(\mu,\sigma^2)$，试估计参数$\boldsymbol{\theta}=(\mu,\sigma^2)$。

$$\mathrm{NLL}(\mu,\sigma^2)=-\sum_{n=1}^{N}\log\left[(2\pi\sigma^2)^{-\frac{1}{2}}\exp\left(-\frac{(x_n-\mu)^2}{2\sigma^2}\right)\right]=\frac{N}{2}\log(2\pi\sigma^2)+\frac{1}{2\sigma^2}\sum_{n=1}^{N}(x_n-\mu)^2$$

然后求导并解方程$\frac{\partial}{\partial\mu}\mathrm{NLL}(\mu,\sigma^2)=0$和$\frac{\partial}{\partial\sigma^2}\mathrm{NLL}(\mu,\sigma^2)=0$，可得

$$\begin{cases}\widetilde{\mu}_{\mathrm{MLE}}=\dfrac{1}{N}\displaystyle\sum_{n=1}^{N}x_n\\ \widetilde{\sigma}^2_{\mathrm{MLE}}=\dfrac{1}{N}\displaystyle\sum_{k=1}^{N}(x_n-\widetilde{\mu}_{\mathrm{MLE}})^2\end{cases}\tag{3.28}$$

如果样本是由多特征值构成的向量$\boldsymbol{x}, p(\boldsymbol{x})\sim\mathcal{N}(\boldsymbol{\mu},\boldsymbol{\Sigma})$，则有

$$\begin{cases}\widetilde{\boldsymbol{\mu}}_{\mathrm{MLE}}=\dfrac{1}{N}\displaystyle\sum_{k=1}^{N}\boldsymbol{x}_k\\ \widetilde{\boldsymbol{\Sigma}}_{\mathrm{MLE}}=\dfrac{1}{N}\displaystyle\sum_{k=1}^{N}(\boldsymbol{x}-\widetilde{\boldsymbol{\mu}}_{\mathrm{MLE}})^{\mathrm{T}}\boldsymbol{\Sigma}^{-1}(\boldsymbol{x}-\widetilde{\boldsymbol{\mu}}_{\mathrm{MLE}})\end{cases}\tag{3.29}$$

3.4.2 极大后验概率估计

如果投掷硬币次数$N=7$，而且7次全部出现正面，即$N_1=N=7$。根据式（3.27）计算求得$\theta=p(X=1)=1$，即每次投掷硬币总是为正面，显然不符合实际情况。这种现象称为**过拟合**（Overfitting）。

极大后验概率估计（Maximum a Posterior Estimation，MAP）是把参数$\boldsymbol{\theta}$看作服从某种分布规律$p(\boldsymbol{\theta})$的随机向量。然后，通过观测样本集$\mathcal{X}=\{\boldsymbol{x}_n\}_{n=1}^{N}$获得估计值$\widetilde{\boldsymbol{\theta}}$。

MAP的目标：从$\boldsymbol{\theta}$所有可能的取值中选择使得后验概率$p(\boldsymbol{\theta}|\mathcal{X})$最大的参数$\widetilde{\boldsymbol{\theta}}$，即

$$\widetilde{\boldsymbol{\theta}}=\arg\max_{\boldsymbol{\theta}}p(\boldsymbol{\theta}|\mathcal{X})=\arg\max_{\boldsymbol{\theta}}\left(\frac{p(\boldsymbol{\theta})p(\mathcal{X}|\boldsymbol{\theta})}{p(\mathcal{X})}\right)\tag{3.30}$$

由于$p(\mathcal{X})$是固定值，所以，式（3.30）等价于

$$\widetilde{\boldsymbol{\theta}}=\arg\max_{\boldsymbol{\theta}}(p(\boldsymbol{\theta})p(\mathcal{X}|\boldsymbol{\theta}))\tag{3.31}$$

与MLE相似的是：MAP将$p(\boldsymbol{\theta})p(\mathcal{X}|\boldsymbol{\theta})$转化为对数形式，然后求导数，并置导数等于零，即可估计出参数$\widetilde{\boldsymbol{\theta}}$。

与MLE不同的是：MAP已知参数$\boldsymbol{\theta}$服从某种分布规律，在目标函数中多一个参数$\boldsymbol{\theta}$的先验概率。

例3.4：设投掷硬币的参数$\theta=p(X=1)$服从参数为(α,β)的Beta分布，试采用极大后验概率估计算法估计参数θ。

先定义目标函数

$$\mathrm{NLL}(\theta)=-\sum_{n=1}^{N}\log(p(\theta)p(X|\theta))=-\sum_{n=1}^{N}\log(p(X|\theta))-\sum_{n=1}^{N}\log(p(\theta))$$

再计算关于参数θ的导数，得

$$\frac{\partial}{\partial\theta}\mathrm{NLL}(\theta)=-\frac{\partial}{\partial\theta}\sum_{n=1}^{N}\log(p(X|\theta))-\frac{\partial}{\partial\theta}\sum_{n=1}^{N}\log(p(\theta))\tag{3.32}$$

式中第一项已经推导为式（3.26）。

已知

$$\text{Beta}(\theta,\alpha,\beta)=\frac{\theta^{\alpha-1}(1-\theta)^{\beta-1}}{\int_0^1 t^{\alpha-1}(1-t)^{\beta-1}\mathrm{d}t}$$

$$\log(\text{Beta}(x,\alpha,\beta))=(\alpha-1)\log(\theta)+(\beta-1)\log(1-\theta)$$

可得式（3.32）的第二项为

$$\frac{\partial}{\partial\theta}\sum_{n=1}^{N}\log(p(\theta))=\frac{\partial}{\partial\theta}\sum_{n=1}^{N}\log(\text{Beta}(x,\alpha,\beta))=\frac{\alpha-1}{\theta}-\frac{\beta-1}{1-\theta}$$

整合后得

$$\frac{\partial}{\partial\theta}\text{NLL}(\theta)=-\frac{N_1}{\theta}+\frac{N_0}{1-\theta}-\frac{\alpha-1}{\theta}+\frac{\beta-1}{1-\theta}$$

令$\frac{\partial}{\partial\theta}\text{NLL}(\theta)=0$，求解得

$$\tilde{\theta}_{\text{MAP}}=\frac{N_1+\alpha-1}{N+\alpha+\beta-2} \tag{3.33}$$

我们回到本小节第一段“如果投掷硬币次数 $N=7$，而且 7 次全部出现正面，即 $N_1=N=7$”，由极大后验概率估计得 $\theta\neq1$。

当概率模型的变量全是观测变量（Observable Variable）时，给定训练数据集后可以通过极大似然估计或极大后验概率估计模型参数。然而，有些概率模型除了含有观测变量，还有潜在变量（Hidden Variable 或 Latent Variable），此时该如何估计参数呢？

3.4.3 期望极大算法

期望极大算法（Expectation Maximum Algorithm，EM）算法可用于含有隐变量的概率模型的 MLE 或 MAP，是一种迭代算法。

每次迭代有两步：求期望（Expectation）的 E 步，求极大（Maximization）的 M 步。

例 3.5： 设有 A 和 B 两个班共有 100 位同学，参加了本学期的机器学习课程考试，统计成绩时仅记录了每位同学的成绩，却没有记录考试的同学来自于哪个班。根据经验，每个班的成绩分布为高斯分布，设 A 和 B 两个班的成绩分布分别为 $\mathcal{N}_1(\mu_1,\sigma_1^2)$ 和 $\mathcal{N}_2(\mu_2,\sigma_2^2)$。如果能够明确每份试卷的所属班级，如图 3-6 浅灰色和深灰色曲线所示样本分布，我们就能够轻松通过 MLE 或 MAP 计算出两个分布的参数。

然而，现在问题是：100 位同学的成绩是混合在一起的高斯混合模型

$$p_{\text{GMM}}(x)=\pi_1\cdot\mathcal{N}_1(x\mid(\mu_1,\sigma_1^2))+\pi_2\cdot\mathcal{N}_2(x\mid(\mu_2,\sigma_2^2))$$

100 份试卷成绩属于可观测变量，而每份试卷所属班级未知，为隐变量。此时不再能直接通过 MLE 或 MAP 估计参数 $\boldsymbol{\theta}=(\pi_1,\pi_2,\mu_1,\mu_2,\sigma_1^2,\sigma_2^2)$。

例 3.6： 某班有甲乙两位机器学习创新能力优秀的学生，每次学校都选派他们两个之一参加竞赛，被抽取的概率分别为 π_1 和 π_2，$\pi_1+\pi_2=1$。并且每次竞赛都能获得金、银或铜一个奖牌。假设在校期间，该班一共参加 n 次竞赛，获得的奖牌结果为：

金，银，银，金，铜，金，银……

奖牌结果即为观测变量，也称为**观察序列**，$X=\{x_1,x_2,\cdots,x_T\}$。

假设并不知道参赛选手是甲还是乙，参赛选手是隐变量或潜在变量。参赛选手构成的随

机序列则为不可观测序列 $Z=\{z_1,z_2,\cdots,z_T\}$，也称为**状态序列**。

图 3-7 是该例的隐马尔可夫模型。设甲和乙获得的金银铜奖牌的概率分布分别为

$$\boldsymbol{p}=\{p_1,p_2,p_3\},\quad \boldsymbol{q}=\{q_1,q_2,q_3\}$$

此例生成模型未知参数为

$$\boldsymbol{\theta}=(\boldsymbol{\pi},\boldsymbol{p},\boldsymbol{q})=(\pi_1,\pi_2,p_1,p_2,p_3,q_1,q_2,q_3)$$

如何通过观测序列获得该生成模型参数 $\boldsymbol{\theta}$?

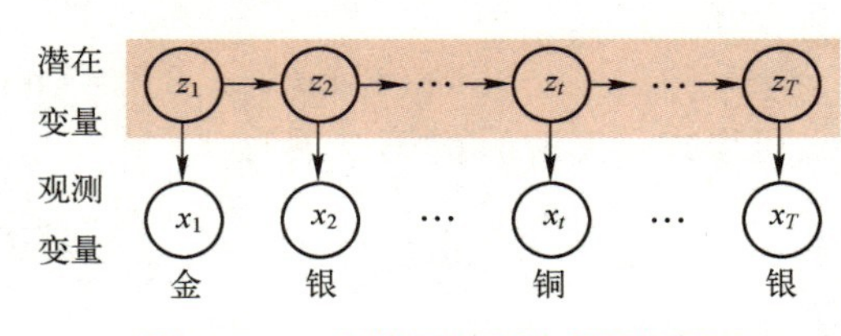

图 3-7　一个隐马尔可夫模型 HMM

解： 每次比赛获得奖牌的模型为

$$P(x|\boldsymbol{\theta})=\sum_z P(x,z|\boldsymbol{\theta})=\sum_z P(z|\boldsymbol{\theta})P(x|z,\boldsymbol{\theta})$$

$$\begin{aligned}P(x|\boldsymbol{\theta})&=P(z=\text{甲}|\boldsymbol{\theta})P(x|z=\text{甲},\boldsymbol{\theta})+P(z=\text{乙}|\boldsymbol{\theta})P(x|z=\text{乙},\boldsymbol{\theta})\\&=\pi_1P(x|z=\text{甲},\boldsymbol{\theta})+\pi_2P(x|z=\text{乙},\boldsymbol{\theta})\end{aligned}$$

根据式（3.20），对于存在 T 个观测值的似然函数为

$$P(X|\boldsymbol{\theta})=\prod_{t=1}^{T}P(x_t|\boldsymbol{\theta})=\prod_{t=1}^{T}[\pi_1P(x_t|z=\text{甲},\boldsymbol{\theta})+\pi_2P(x_t|z=\text{乙},\boldsymbol{\theta})]$$

如果采用极大似然进行参数估计，则为

$$\widetilde{\boldsymbol{\theta}}=\arg\max_{\boldsymbol{\theta}}\log(P(X|\boldsymbol{\theta}))\tag{3.34}$$

式（3.34）没有解析解，不能采用 MLE 估计模型参数。同样，也不能用 MAP 估计模型参数。

一般地，设观测序列和不可观测序列分别为 X 和 Z，生成模型下的联合概率分布和条件概率分布分别表示为 $P(X,Z|\boldsymbol{\theta})$ 和 $P(X|Z,\theta)$。

1）初始化参数值 $\boldsymbol{\theta}^{(0)}$。

2）**E 步：**用 $\boldsymbol{\theta}^{(i)}$ 表示第 i 次迭代参数 $\boldsymbol{\theta}$ 的估计值，在第 $i+1$ 次迭代的 E 步，计算函数

$$\begin{aligned}Q(\boldsymbol{\theta},\boldsymbol{\theta}^{(i)})&=E_Z[\log(P(X,Z|\boldsymbol{\theta}))|(X,\boldsymbol{\theta}^{(i)})]=\sum_Z\log(P(X,Z|\boldsymbol{\theta}))|(X,\boldsymbol{\theta}^{(i)})\\&=\sum_Z\log(P(X,Z|\boldsymbol{\theta}))P(Z|(X,\boldsymbol{\theta}^{(i)}))\end{aligned}\tag{3.35}$$

式中，$P(Z|(X,\boldsymbol{\theta}^{(i)}))$ 表示在给定观测数据和当前参数估计下隐变量的条件概率分布；$E_Z[\,]$ 计算关于隐变量 Z 的期望；$Q(\boldsymbol{\theta},\boldsymbol{\theta}^{(i)})$ 称为 Q 函数，是 EM 算法的核心。

3）**M 步：**求使 $Q(\boldsymbol{\theta},\boldsymbol{\theta}^{(i)})$ 极大化的 $\boldsymbol{\theta}$，计算第 $i+1$ 次迭代的参数估计

$$\boldsymbol{\theta}^{(i+1)}=\arg\max_{\boldsymbol{\theta}}Q(\boldsymbol{\theta},\boldsymbol{\theta}^{(i)})\tag{3.36}$$

4）重复 2）和 3），直到收敛。

例 3.7：运用 EM 算法分析**例 3.5** 所示高斯混合模型的参数估计

$$\boldsymbol{\theta}=(\pi_1,\pi_2,\mu_1,\mu_2,\sigma_1,\sigma_2)$$

解：

1）初始化参数 $\boldsymbol{\theta}^{(0)}=(\pi_1^{(0)},\pi_2^{(0)},\mu_1^{(0)},\mu_2^{(0)},\sigma_1^{(0)},\sigma_2^{(0)})$，计算类概率密度函数

$$p(x|A)=\frac{1}{\sqrt{2\pi}\sigma_1^{(0)}}\exp\left[-\frac{(x-\mu_1^{(0)})^2}{2(\sigma_1^{(0)})^2}\right]$$

$$p(x|B)=\frac{1}{\sqrt{2\pi}\sigma_2^{(0)}}\exp\left[-\frac{(x-\mu_2^{(0)})^2}{2(\sigma_2^{(0)})^2}\right]$$

参数 $\boldsymbol{\theta}^{(0)}=(\pi_1^{(0)},\pi_2^{(0)},\mu_1^{(0)},\mu_2^{(0)},\sigma_1^{(0)},\sigma_2^{(0)})$ 对应的类条件概率密度曲线如图 3-8 中①处两条细实线。

2）计算样本 x_i 属于 A 班或 B 班的后验概率，称为 E 步：

$$p(A|x_i)=\frac{\pi_1^{(0)}p(x_i|A)}{\pi_1^{(0)}p(x_i|A)+\pi_2^{(0)}p(x_i|B)},\quad p(B|x_i)=1-p(A|x_i)$$

根据后验概率 $p(A|x_i)$ 和 $p(B|x_i)$，确定每个样本所属类别。

为此，后验概率可以理解为样本的期望值（Expectation）。

3）校正参数，称为 M 步：

$$\pi_1^{(1)}=\frac{|A|}{N},\quad \pi_2^{(1)}=\frac{|B|}{N}$$

$$\mu_1^{(1)}=\frac{\sum_{i=1}^{N}p(A|x_i)x_i}{\sum_{i=1}^{N}p(A|x_i)},\quad \mu_2^{(1)}=\frac{\sum_{i=1}^{N}p(B|x_i)x_i}{\sum_{i=1}^{N}p(B|x_i)}$$

$$(\sigma_1^{(1)})^2=\frac{\sum_{i=1}^{N}p(A|x_i)(x_i-\mu_1^{(1)})^2}{\sum_{i=1}^{N}p(A|x_i)},\quad (\sigma_2^{(1)})^2=\frac{\sum_{i=1}^{N}p(B|x_i)(x_i-\mu_2^{(1)})^2}{\sum_{i=1}^{N}p(B|x_i)}$$

式中，$|A|$ 和 $|B|$ 表示根据后验概率分类后的两个班级人数数量。

4）采用更新参数 $\boldsymbol{\theta}^{(1)}=(\pi_1^{(1)},\pi_2^{(1)},\mu_1^{(1)},\mu_2^{(1)},\sigma_1^{(1)},\sigma_2^{(1)})$，确定其类条件概率密度曲线如图 3-8 中②处两条虚线。计算 E 步和 M 步，获得 $\boldsymbol{\theta}^{(3)}$。

重复上述步骤，直至参数收敛，停止迭代。

图 3-8 中粗实线即为最终结果。

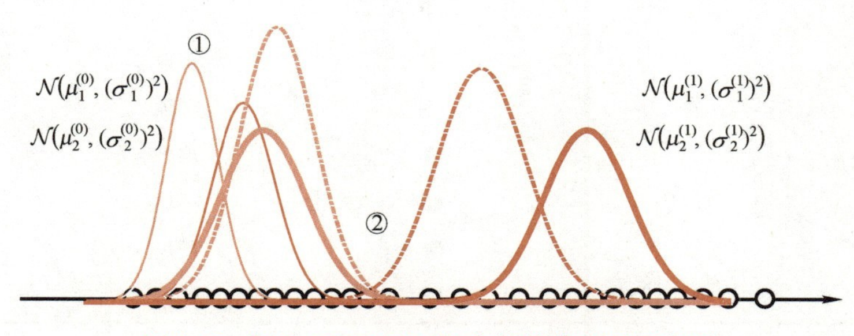

图 3-8　例 3.7 基于 EM 的参数估计过程示意图

3.5　朴素贝叶斯

当观测样本 $\boldsymbol{x}_n$ 是由多个属性值 $x_{i,n},i=1,2,\cdots,d$ 构成的特征向量时，贝叶斯分类准则中使用的类条件概率 $p(\boldsymbol{x}_n|y=c)$ 是所有属性值的联合概率

$$p(\boldsymbol{x}_n|y=c)=p(x_{1,n},x_{2,n},\cdots,x_{d,n}|y=c)$$

特征向量的维度增多，需要学习的参数按指数规律上升，增加算法复杂度。为减少复杂度，朴素贝叶斯（Naive Bayes）采用**属性条件独立性假设**减少需估计的参数数量：给定类

条件下，属性值 $x_{1,n},x_{2,n},\cdots,x_{d,n}$ 是相互独立的随机变量。

首先，将样本集所有样本第 i 个属性的特征值组成集合

$$\mathcal{X}_{i,}=\{x_{i,n},x_{i,n},\cdots,x_{i,n}\}_{n=1}^{N}$$

对离散属性，估计类条件概率 $p(x_{i,}\,|y=c)$；而对连续属性，则估计类条件概率密度函数。

然后，基于独立性假设，给定类条件下 d 个属性的联合概率**因子分解**（Factorization）成各属性的类条件概率相乘，即

$$p(x_{1,n},x_{2,n},\cdots,x_{d,n}|y=c)=\prod_{i=1}^{d}p(x_{i,n}|y=c),\quad x_{i,n}\in x_{i,} \tag{3.37}$$

一个属性的类条件概率称为一个**因子**，所以我们只要用 d 个因子表示联合概率分布。此时，参数数量与属性变量数呈线性关系，而不是指数关系。

至此，后验概率可通过下式计算：

$$P(y=c|\boldsymbol{x}_n)=\frac{P(y=c)}{p(\boldsymbol{x}_n)}\prod_{i=1}^{d}p(x_{i,n}|y=c) \tag{3.38}$$

由于对所有类别具有相同的 $p(\boldsymbol{x}_n)$，所以获得朴素贝叶斯分类器的决策表达式为

$$\tilde{y}=f(\boldsymbol{x},\boldsymbol{\theta})=\arg\max_{c\in\mathcal{Y}}P(y=c)\prod_{i=1}^{d}p(x_{i,n}|y=c) \tag{3.39}$$

例 3.8：表 3.2 根据身高{高,中,矮}、体重{胖,标准,瘦}和行为态度{积极,佛系,消极}三种属性的不同组合决策人物是否被人喜欢的调查表。试由该数据集训练一个朴素贝叶斯分类器，并判断崔九(中,标准,积极)和杜十(矮,标准,积极)是否会获得人喜欢?

表 3.2 样本属性分布情况

样　本	身　高	体　重	行为态度	类　别
熊大	高	胖	消极	不喜欢
熊二	高	标准	积极	喜欢
张三	中	瘦	积极	喜欢
李四	矮	胖	消极	不喜欢
王五	中	胖	消极	喜欢
贺六	矮	标准	消极	不喜欢
田七	矮	瘦	积极	不喜欢
八戒	中	胖	消极	不喜欢

解：此调查表中，类别有喜欢和不喜欢两类，$C=2$。它们的先验概率分别为

$$P(y=\text{喜欢})=\frac{3}{8},\quad P(y=\text{不喜欢})=\frac{5}{8}$$

用 $a_{i,j}$ 表示第 i 个属性中的第 j 个属性值。如身高：$\{a_{1,1},a_{1,2},a_{1,3}\}$ = {高,中,矮}。

用 $x_{n,i}$ 表示第 n 个样本的第 i 个属性值，如熊大属性向量：$(x_{1,1},x_{1,2},x_{1,3})$ = (高,胖,消极)。

接下来，我们根据训练样本计算每个属性值 $a_{i,j}$ 的条件概率：

$$P(x_{,1}=\text{高}|y=\text{喜欢})=\frac{1}{3};\quad P(x_{,1}=\text{中}|y=\text{喜欢})=\frac{2}{3};\quad P(x_{,1}=\text{矮}|y=\text{喜欢})=\frac{0}{3}$$

$P(x_{,2}=\text{胖}|y=\text{喜欢})=\frac{1}{3}$；　$P(x_{,2}=\text{标准}|y=\text{喜欢})=\frac{1}{3}$；　$P(x_{,2}=\text{瘦}|y=\text{喜欢})=\frac{1}{3}$

$P(x_{,3}=\text{积极}|y=\text{喜欢})=\frac{2}{3}$；　$P(x_{,3}=\text{佛系}|y=\text{喜欢})=\frac{0}{3}$；　$P(x_{,3}=\text{消极}|y=\text{喜欢})=\frac{1}{3}$

$P(x_{,1}=\text{高}|y=\text{不喜欢})=\frac{1}{5}$；　$P(x_{,1}=\text{中}|y=\text{不喜欢})=\frac{1}{5}$；　$P(x_{,1}=\text{矮}|y=\text{不喜欢})=\frac{3}{5}$

$P(x_{,2}=\text{胖}|y=\text{不喜欢})=\frac{3}{5}$；　$P(x_{,2}=\text{标准}|y=\text{不喜欢})=\frac{1}{5}$；　$P(x_{,2}=\text{瘦}|y=\text{不喜欢})=\frac{1}{5}$

$P(x_{,3}=\text{积极}|y=\text{不喜欢})=\frac{1}{5}$；　$P(x_{,3}=\text{佛系}|y=\text{不喜欢})=\frac{0}{5}$；　$P(x_{,3}=\text{消极}|y=\text{不喜欢})=\frac{4}{5}$

(1) 崔九，x=(中,标准,积极)，计算两个后验概率，得

$$\begin{aligned}&P(y=\text{喜欢}|\boldsymbol{x}=(\text{中},\text{标准},\text{积极}))\\&=P(y=\text{喜欢})P(x_{,1}=\text{中}|y=\text{喜欢})P(x_{,2}=\text{标准}|y=\text{喜欢})P(x_{,3}=\text{积极}|y=\text{喜欢})\\&=\frac{3}{8}\times\frac{2}{3}\times\frac{1}{3}\times\frac{2}{3}=\frac{12}{216}\end{aligned}$$

$$\begin{aligned}&P(y=\text{不喜欢}|\boldsymbol{x}=(\text{中},\text{标准},\text{积极}))\\&=P(y=\text{不喜欢})P(x_{,1}=\text{中}|y=\text{不喜欢})P(x_{,2}=\text{标准}|y=\text{不喜欢})P(x_{,3}=\text{积极}|y=\text{不喜欢})\\&=\frac{5}{8}\times\frac{1}{5}\times\frac{1}{5}\times\frac{1}{5}=\frac{5}{1000}\end{aligned}$$

由于　$P(y=\text{喜欢}|\boldsymbol{x}=(\text{中},\text{标准},\text{积极}))>P(y=\text{不喜欢}|\boldsymbol{x}=(\text{中},\text{标准},\text{积极}))$

所以，体型适中且行为态度积极的崔九是被人喜欢的。

(2) 杜十，x=(矮,标准,积极)，计算两个后验概率，得

$$\begin{aligned}&P(y=\text{喜欢}|\boldsymbol{x}=(\text{矮},\text{标准},\text{积极}))\\&=P(y=\text{喜欢})P(x_{,1}=\text{矮}|y=\text{喜欢})P(x_{,2}=\text{标准}|y=\text{喜欢})P(x_{,3}=\text{积极}|y=\text{喜欢})\\&=\frac{3}{8}\times\frac{0}{3}\times\frac{1}{3}\times\frac{2}{3}=\frac{0}{216}\end{aligned}$$

$$\begin{aligned}&P(y=\text{不喜欢}|\boldsymbol{x}=(\text{矮},\text{标准},\text{积极}))\\&=P(y=\text{不喜欢})P(x_{,1}=\text{矮}|y=\text{不喜欢})P(x_{,2}=\text{标准}|y=\text{不喜欢})P(x_{,3}=\text{积极}|y=\text{不喜欢})\\&=\frac{5}{8}\times\frac{3}{5}\times\frac{1}{5}\times\frac{1}{5}=\frac{15}{1000}\end{aligned}$$

由于　$P(y=\text{喜欢}|\boldsymbol{x}=(\text{矮},\text{标准},\text{积极}))<P(y=\text{不喜欢}|\boldsymbol{x}=(\text{矮},\text{标准},\text{积极}))$，

所以，杜十被判定为不招人喜欢。

但是，比较矮的杜十拥有标准体重和乐观积极的行为态度，理应被人喜欢。

究其原因：在喜欢类别中，缺少属性“身高”中值为“矮”的样本，从而该属性值的概率为零，$P(x_{,1}=\text{矮}|y=\text{喜欢})=0$。概率为零的属性值影响其他属性值的贡献。

3.6　拉普拉斯平滑

样本数量有限的样本集，可能出现：①在某些类别中某些属性值的概率为零，如**例 3.8**中身高属性值“矮”在类别为“喜欢”的条件概率为零；②某些属性值在所有类别中都没

有出现，如属性“行为态度”中的属性值“佛系”。

这种情况下，$p(x_{n,i}|y=c)=0$ 的存在，导致较大的估计偏差。

为解决零概率的问题，法国数学家**拉普拉斯**最早提出用**加 1 平滑**估计没有出现过的现象的概率，即**拉普拉斯平滑**（Laplace Smoothing）：每个属性值对应样本总数量加 1。

拉普拉斯平滑是贝叶斯分类的一种常用方法。贝叶斯估计公式改写为

$$\begin{cases} P_\lambda(x_{,i}=a_{i,j}|y=c)=\dfrac{\lambda+\sum\limits_{n=1}^{N}\mathbb{I}(x_{,i}=a_{i,j},y=c)}{\lambda S_i+\sum\limits_{n=1}^{N}\mathbb{I}(y=c)}, \\ \qquad\qquad\qquad\qquad\qquad\qquad\qquad c=1,2,\cdots,K \\ P_\lambda(y=c)=\dfrac{\lambda+\sum\limits_{n=1}^{N}\mathbb{I}(y=c)}{\lambda C+N}, \end{cases} \tag{3.40}$$

式中，$\lambda=1$ 时，此式为拉普拉斯平滑；$a_{i,j}$ 为第 i 个属性中的第 j 个属性值；S_i 为第 i 个属性中属性值的个数。

例 3.8 中第 1 个属性“身高”有：高、中和矮三种情况，$S_1=3$。当 $\lambda=1$ 时，喜欢的样本数增加 $\lambda S_i=3$，总样本数为 3+3=6，则拉普拉斯平滑后概率计算为

$$P(x_{,1}=\text{高}|y=\text{喜欢})=\frac{2}{6}$$

$$P(x_{,1}=\text{中}|y=\text{喜欢})=\frac{3}{6}$$

$$P(x_{,1}=\text{矮}|y=\text{喜欢})=\frac{1}{6}$$

显然，通过平滑后不再有零概率问题。而且，当训练样本很大时，可忽略平滑影响。

3.7 小结与拓展

本章主要介绍了贝叶斯分类器的基本理论，包括风险最小决策、参数学习、高斯混合模型和拉普拉斯平滑等。贝叶斯分类器具有较完备的理论，为不确定学习和推理提供了基本框架，可理解性和表达能力强，已经在各行各业都得到了广泛应用。其中，朴素贝叶斯算法和 EM 算法被列入“数据挖掘十大算法”，高斯混合模型在聚类理论中也得到了发展。

实验三：贝叶斯分类器实验

扫码看视频

1. 实验目的

1.1 了解 Scikit-learn 提供的贝叶斯分类器相关函数；

1.2 掌握采用 Python 对贝叶斯分类器编程能力。

2. 实验环境

平台：Windows/Linux；编程语言：Python。

3. 实验内容

3.1 下载某一数据集，如鸢尾花分类数据集；

3.2　伯努利、高斯和高斯混合模型性能比较；

3.3　朴素贝叶斯分类实验。

4. 实验步骤

4.1　鸢尾花分类数据集（也可采用自有数据集）

由费希尔（Fisher）于1936年收集整理的鸢尾花（Iris）数据集常被用来进行分类实验。该数据分为山鸢尾（Setosa）、变色鸢尾（Versicolor）和维吉尼亚鸢尾（Virginica）三类，每类50个数据共150个样本，每个数据包含4个属性：花萼长度、花萼宽度、花瓣长度和花瓣宽度。表3.3给出了部分鸢尾花数据样本属性值。

表3.3　部分鸢尾花（Iris）数据样本属性值

序号	属性				标签（label/target）
	花萼长度/cm	花萼宽度/cm	花瓣长度/cm	花瓣宽度/cm	
0	5.1	3.5	1.4	0.2	Setosa
1	4.9	3.0	1.4	0.2	Setosa
2	4.9	3.2	1.3	0.2	Setosa
⋮	⋮				⋮
50	7.0	3.2	4.7	1.4	Versicolor
51	6.4	3.2	4.5	1.5	Versicolor
52	6.9	3.1	4.9	1.5	Versicolor
⋮	⋮				⋮
100	6.3	3.3	6.0	2.5	Virginica
101	5.8	2.7	5.1	1.9	Virginica
102	7.1	3.0	5.9	2.1	Virginica
⋮	⋮				⋮

sklearn.decomposition库中提供了PCA函数，读者可以根据实验二相关代码将四个属性的鸢尾花数据集降为两个属性，并画图进行可视化的过程。可视化结果如图3-9所示，可以发现对数据集利用主成分分析降维后，仅用二维属性就能实现分割度较高的区分。

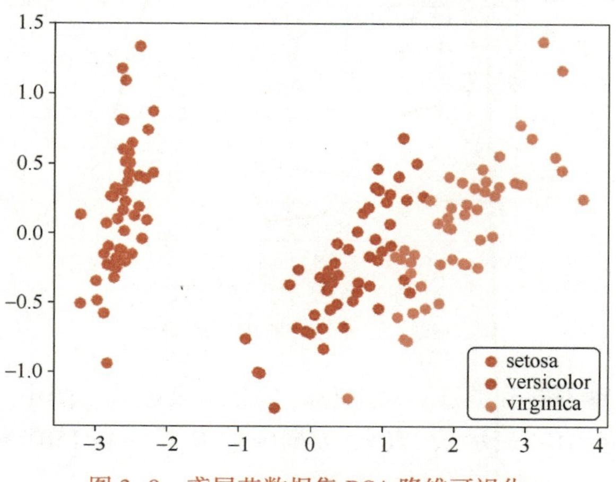

图3-9　鸢尾花数据集PCA降维可视化

4.2 伯努利、高斯和高斯混合模型性能比较

Sklearn-learn 官网（https://scikit-learn.org/stable/）提供封装好的模块包括伯努利分类器（BernoulliNB）和高斯分类器（GaussianNB）等。

sklearn.naive_bayes.**GaussianNB**(*, *priors=None*, *var_smoothing=1e-09*)

sklearn.naive_bayes.**BernoulliNB**(*, *alpha=1.0*, *binarize=0.0*, *fit_prior=True*, *class_prior=None*)

sklearn.mixture.**GaussianMixture**(*n_components=1*, *, *covariance_type='full'*, *tol=0.001*, *reg_covar=1e-06*, *max_iter=100*, *n_init=1*, *init_params='kmeans'*, *weights_init=None*, *means_init=None*, *precisions_init=None*, *random_state=None*, *warm_start=False*, *verbose=0*, *verbose_interval=10*)

代码 3.1 展示了实现图 3-10 结果的主要代码，给出了 主要参数。

代码 3.1

```
from sklearn.datasets import load_iris
from sklearn.model_selection import train_test_split
from sklearn.naive_bayes import GaussianNB, BernoulliNB
from sklearn.mixture import GaussianMixture
X, y = load_iris(return_X_y=True)                  # 下载 iris 数据
gnb = GaussianNB()                                 # 定义高斯贝叶斯分类器
bnb = BernoulliNB()
gmm = GaussianMixture(n_components = 3)            # 定义高斯混合模型
X_train, X_test, y_train, y_test = train_test_split(X, y, test_size = a, random_state=0)    # 拆分
数据集
y_pred_gnb = gnb.fit(X_train, y_train).predict(X_test)# 用训练集训练模型，然后分类测试
y_pred_bnb = bnb.fit(X_train, y_train).predict(X_test)
y_pred_gmm = gmm.fit(X_train, y_train).predict(X_test)
```

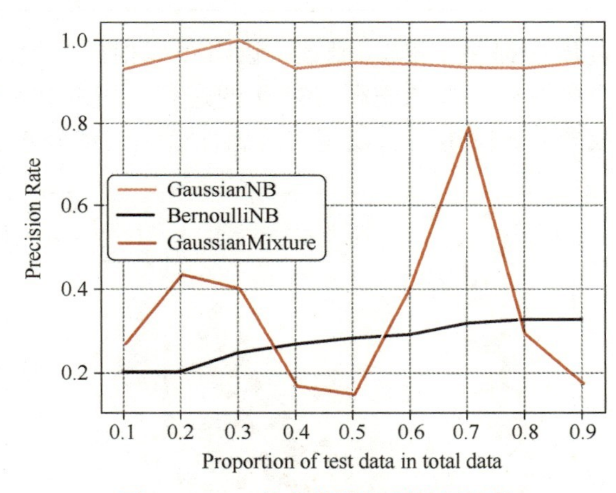

图 3-10　三种分类器识别结果比较

图 3-10 列出了三种不同分类器对鸢尾花的分类结果比较。图中，横坐标表示测试数据占总数据的比例。例如，0.4 表示从 150 个数据中抽取了 0.4×150=60 个样本构成测试集，其余 90 个构成训练集。

此实验表明：无论训练样本有多少，高斯贝叶斯分类器表现优于其他两种算法。

注意：图 3-10 所示的实验结果，每次实验未必一致。

4.3　朴素贝叶斯分类实验

代码 3.2 为使用高斯朴素贝叶斯模型对乳腺癌数据集进行拟合、测试，并绘制 ROC、PR 曲线的流程。图 3-11 展示了高斯朴素贝叶斯模型拟合乳腺癌数据集的 ROC 和 PR 曲线，可以发现高斯朴素贝叶斯的指标还是相当高的。

代码 3.2

```
from sklearn.datasets import load_breast_cancer
from sklearn.model_selection import train_test_split
from sklearn.naive_bayes import GaussianNB
from sklearn.metrics import roc_curve, precision_recall_curve
import matplotlib.pyplot as plt
X, Y = load_breast_cancer(return_X_y=True)
X_train, X_test, Y_train, Y_test = train_test_split(X, y,
                    test_size= 0.4, random_state=0)
gnb = GaussianNB()
y_gnb = gnb.fit(X_train, Y_train)
y_gnb_pred = y_gnb.predict(X_test)
y_gnb_pred_prob = y_gnb.predict_proba(X_test)
fpr_gnb, tpr_gnb, _ = roc_curve(Y_test, y_gnb_pred_prob[:, 1])
precision_gnb, recall_gnb, _ = precision_recall_curve(Y_test, y_gnb_pred_prob[:, 1])
```

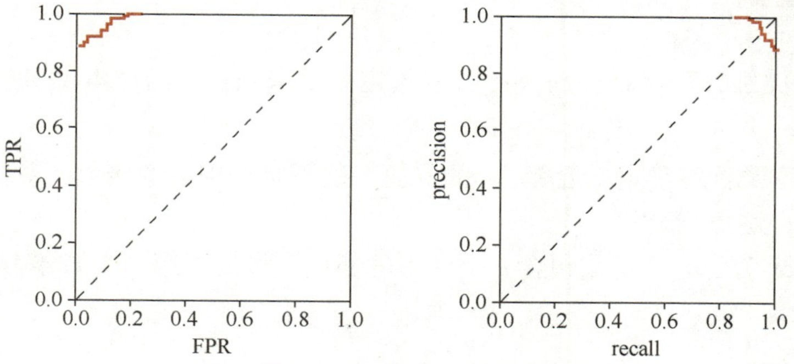

图 3-11　代码 3.2 结果

习题

1. 从实际生活中收集二类或二类以上数据样本，确定样本属性，并分析先验概率和类条件概率等。

2. 用 Python 编程，计算并分析 8bits 量化的灰度图像的灰度值概率密度分布函数。

3. 查阅资料，如何计算“稀少事件概率”？

第 4 章　近邻分类器

1967 年由 Cover 和 Hart 提出的 k 近邻算法（k-Nearest Neighbor，kNN）是一种没有显式学习过程的懒惰学习，理论简单，分类结果为次最优。本章思维导图为

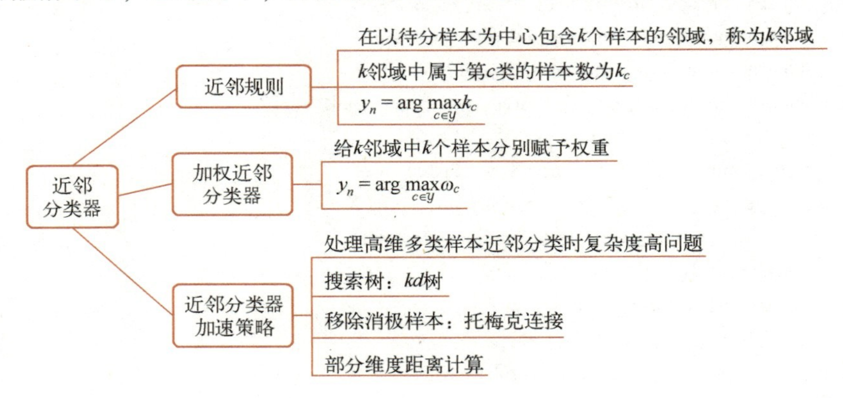

4.1　近邻规则

设共有 C 个类别，$\mathcal{Y}=\{1,\cdots,c,\cdots,C\}$，给定一个未知类别的样本 $\boldsymbol{x}_n$ 和一种相似度度量。则近邻规则：

- 不考虑样本类标签确定 k 近邻，k 的取值一般不是类别数的倍数。对于二分类问题，k 选为奇数，避免均分。
- 在以样本 $\boldsymbol{x}_n$ 为中心，构成包含 k 个样本的邻域。设属于第 c 类的样本数为 k_c，显然，

$$\sum_{c=1}^{C} k_c = k \tag{4.1}$$

- 对分类问题，将未知类别样本 $\boldsymbol{x}_n$ 决策为 k_c 最大的类别，即

$$y_n = \arg\max_{c\in\mathcal{Y}} k_c \tag{4.2}$$

- 对于回归问题，预测值定义为 k 个近邻的平均目标值，即

$$y_n = \frac{1}{k}\sum_{i=1}^{k} y_i \tag{4.3}$$

- 如果 $k=1$，称为 1NN。将未知类别样本 $\boldsymbol{x}_n$ 决策为与之近邻样本的类别。
- 如果 $k>1$，称为 kNN，按式（4.2）进行决策，类似“多数表决”。

图 4-1 中，有椭圆、菱形和正方形三类。中心黑点表示未知类别样本点 $\boldsymbol{x}_n$。图中四条虚线圆分别表示 $k=1,3,5,7$ 的近邻区域。根据式（4.2）的分类原则，当 $k=1$ 时，中心黑点决策为椭圆；$k=3,5,7$，样本点 $\boldsymbol{x}_n$ 被决策为菱形，因为菱形在相应近邻区域出现的频次最高，分别为 2,3,4。

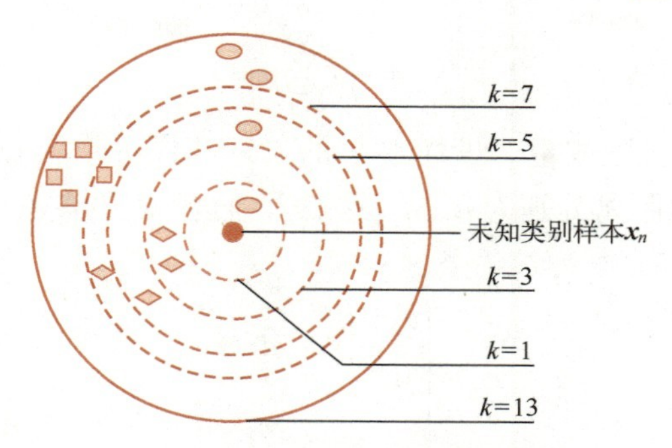

图 4-1　kNN 分类器示意图

1. 误差分析

近邻分类器不需要训练过程，分类过程简单。即便如此，当样本足够大的情况，近邻分类器也能获得良好性能。理论证明：当样本数量 $N \to \infty$ 时，近邻分类器的分类错误率 P_{kNN} 在一定范围内，即

$$P_B \leqslant P_{\mathrm{kNN}} \leqslant P_B\left(2-\frac{C}{C-1}P_B\right) \leqslant 2P_B \tag{4.4}$$

式中，C 为样本集的类别数；P_B 为最优贝叶斯理论错误率。因此，近邻分类器的最大误差是最优分类器的两倍。

2. k 值选择

如图 4-1 所示，k 值的选取非常重要。当 k 过小时，决策过程对噪声敏感，容易发生过拟合。

图 4-1 未知类别黑点所示样本极有可能属于菱形，但是因为 $k=1$，导致决策为椭圆。而 $k=1$ 邻域内的椭圆点因为远离椭圆集区域，是噪声的可能性较大。当 k 值取得过大时，距离较远的类别也会对未知样本的分类产生影响。如图 4-1 中，$k=13$ 时，未知样本却被决策为正方形。

在实际应用中，一般取一个比较小的 k 值，或采用交叉验证来选择最优 k 值。

4.2　加权近邻分类器

近邻分类器中，近邻中每个样本，无论是远距离样本还是近距离样本，对最后决策贡献相同。尽管距离能产生美，但是更理性的决策应该考虑“远亲不如近邻”，即近距离样本比远距离样本拥有更大的表决权重。

设样本 $\boldsymbol{x}_n$ 的 k 近邻样本集为 $\{\boldsymbol{x}_1,\boldsymbol{x}_2,\cdots,\boldsymbol{x}_k\}$，相应权重为 $w_1,w_2,\cdots,w_k$。设属于第 c 类的样本集为 $\mathcal{X}_c$，其样本数量为 k_c，则属于第 c 类的表决权重和 W_c 为

$$W_c = \sum_{x_i \in \mathcal{X}_c, i=1}^{k_c} w_i \tag{4.5}$$

- 对分类问题，将未知类别样本 $\boldsymbol{x}_n$ 决策为 W_c 最大的类别，即

$$y_n = \arg\max_{c \in \mathcal{Y}} W_c \tag{4.6}$$

- 对于回归问题，预测值定义为 k 个近邻的平均目标值，即

$$y_n=\frac{1}{k}\sum_{i=1}^{k}w_i \tag{4.7}$$

接下来介绍一下如何**分配权重**。设样本 $\boldsymbol{x}_n$ 的 k 近邻样本集为 $\{\boldsymbol{x}_1,\boldsymbol{x}_2,\cdots,\boldsymbol{x}_k\}$，该样本集中的样本与中心样本 $\boldsymbol{x}_n$ 的距离分别为 $d_1,d_2,\cdots,d_k$，且满足 $d_1\leqslant d_2\leqslant\cdots\leqslant d_k$，则权重通常有如下方式：

$$w_i=\begin{cases}\dfrac{d_k-d_i}{d_k-d_1}, & d_k\neq d_1\\ 1, & d_k=d_1\end{cases} \tag{4.8}$$

$$w_i=\frac{1}{{d_i}^2} \tag{4.9}$$

$$w_i=\exp(-d_i^2) \tag{4.10}$$

有时也将权重进行归一化，得

$$\overline{w}_i=\frac{w_i}{w_1+w_2+\cdots+w_k} \tag{4.11}$$

4.3 近邻分类器加速策略

扫码看视频

设样本集 $\mathcal{D}=\{(\boldsymbol{x}_1,y_1),(\boldsymbol{x}_2,y_2),\cdots,(\boldsymbol{x}_N,y_N)\}$ 中每个样本的属性向量维度为 d，近邻算法决策样本所属类别时，需要计算样本与样本集中其他样本的距离，时间复杂度为 $O(dN)$。一般来说，维度越高，复杂度越大；样本数量越多，复杂度越大。为此，有必要考虑加速策略。

4.3.1 移除消极样本

所谓**消极样本**，可能因标注错误导致的噪声样本，如图 4-2 中被矩形样本区域包围的椭圆样本；也可能处于两个类别边界区域的不可靠样本，如图 4-2 中椭圆和菱形区域的三个用颜色填充样本。显然，消极样本对近邻分类器有消极影响，可以考虑移除消极样本。

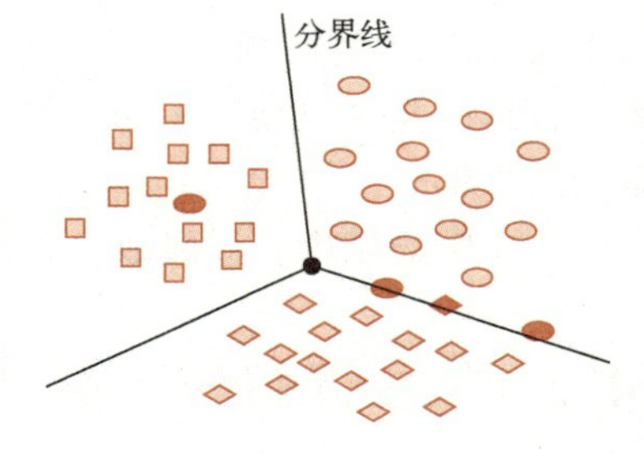

图 4-2　消极样本示例

移除消极样本之前需要将消极样本检测出来。托梅克连接（**Tomek Link**）技术则是一种检测算法。托梅克连接满足：

- $\boldsymbol{x}_i$ 是 $\boldsymbol{x}_j$ 的 1NN 近邻。
- $\boldsymbol{x}_j$ 是 $\boldsymbol{x}_i$ 的 1NN 近邻。
- $\boldsymbol{x}_i$ 和 $\boldsymbol{x}_j$ 是不是同一类。

上述孤立噪声样本和边界样本显然构成了托梅克连接。移除托梅克连接样本即可移除消极样本。在实际中，有时需要重复多次移除托梅克连接样本。

4.3.2 构建搜索树

1975 年斯坦福大学的 Jon Louis Bentley 在 ACM 上提出的 *kd* 树（k-Dimensional Tree），是一种对 k 维属性空间中的样本进行存储，以便对其进行快速搜索的二叉树结构（Binary

Search Tree）。在进行近邻样本搜索时，我们利用 kd 树可以省去对大部分样本的搜索，从而减少计算量，加速近邻样本搜索。

1. 构建 kd 树

设样本集 $\mathcal{X}=\{\boldsymbol{x}_1,\boldsymbol{x}_2,\cdots,\boldsymbol{x}_N\}$，$x_{n,i}$ 为第 i 个属性的属性值。将所有样本的第 i 个属性值构成一个行向量，$\boldsymbol{x}_{,i}=(x_{1,i},x_{2,i},\cdots,x_{n,i},\cdots,x_{N,i})$。

在 d 维属性空间中的 d 个坐标轴分别由属性建立。

构建 kd 树即是不断在超矩形区域中对**方差最大**的第 i 个属性向量取中位数进行切分的过程：

1）$l=1$，构建根节点。

在由所有样本构成的超矩形区域 $\mathcal{X}$ 中，将具有最大方差的 $\boldsymbol{x}_{,i}$ 的属性值按升序进行排列（注意：重复数值重复列），以确保分配到左右子区域的样本数基本平衡。取 $\boldsymbol{x}_{,i}$ 的**中位数**（设为 $a_{i,0}$）作为切分点，并将该中位数对应的样本置为**根节点**；

2）在切分点作与坐标轴 $\boldsymbol{x}_{,i}$ 垂直的超平面，将超矩形区域划分为左右两个子区域。

- $x_{n,i}>a_{i,0}$，位于右子区域 $\mathcal{X}_{l,k,\text{right}}$，其中 $k=1,2,\cdots$ 代表该层的第 k 个节点。
- $x_{n,i}<a_{i,0}$，位于左子区域 $\mathcal{X}_{l,k,\text{left}}$。
- $x_{n,i}=a_{i,0}$，保存在该节点（如还能划分子区域则为中间节点；否则为叶节点）。

3）如果 2）后形成的子区域都为空，则停止，并输出 kd 树 。否则执行 4）。

4）$l=l+1$，对所有 $\mathcal{X}_{l,k,\text{right}}$ 和 $\mathcal{X}_{l,k,\text{left}}$，将具有最大方差的 $\boldsymbol{x}_{,i}$ 的中位数作为切分点，重复 2）和 3）。

例 4.1： 设有一个由 13 个样本点组成的二维样本集 $\mathcal{X}=\{(-4,3);(-3,2);(-2,4);(-2,-1);(-1,-2);(-1,1);(1,2);(2,3);(3,3);(4,4);(5,2);(5,0);(6,1)\}$，试构建该样本集的 kd 树。

解： 由于样本的属性向量仅有两个，我们可用直角坐标系进行描绘，横坐标表示第 1 个属性 $x_{,1}$，纵坐标表示第 2 个属性 $x_{,2}$，各样本绘制于坐标系，如**图 4-3a** 所示。

第 1 层拆分， $l=1$，需要考虑整个区域（包括样本集中所有样本）。

由于属性值 $x_{,1}$ 的方差大于属性值 $x_{,2}$ 的方差，所以我们选择第 1 维度进行切分。$x_{,1}$ 维度的数字为 $-4,-3,-2,-1,-1,1,2,3,4,5,5,6$，其中位数为 1 和 2。这里我们取 1 作为切分点，$a_{1,0}=1$，**图 4-3a** 中红线作为切分线（在三维或以上空间，则是垂直于坐标轴 $x_{,1}$ 的超曲面），将整个样本集切分成左右两个子区域。

左区域样本集 $\mathcal{X}_{1,1,\text{left}}=\{(-4,3);(-3,2);(-2,4);(-2,-1);(-1,-2);(-1,1)\}$，

右区域样本集 $\mathcal{X}_{1,1,\text{right}}=\{(2,3);(3,3);(4,4);(5,2);(5,0);(6,1)\}$。

$(1,2)$ 作为**根节点**。

第 2 层拆分， $l=2$，分别对左区域 $\mathcal{X}_{1,1,\text{left}}$ 和右区域 $\mathcal{X}_{1,1,\text{right}}$ 的样本进行拆分。

经过第 1 层的拆分后，左右子区域的属性值 $x_{,2}$ 的方差大于属性值 $x_{,1}$ 的方差，所以选择第 2 维度的属性值 $x_{,2}$ 进行切分。绿线为相应子区域的切分线。

$(-1,1)$ 和 $(5,2)$ 分别为左右两个子区域的“根节点”，在整个 kd 树中为**中间节点**。

第一个中间节点 $(-1,1)$ 对应左、右两个子区域（**图 4-3** 显示为下、上两个子区域），即

$\mathcal{X}_{2,1,\text{left}}=\{(-2,-1);(-1,-2)\}$，$\mathcal{X}_{2,1,\text{right}}=\{(-4,3);(-3,2);(-2,4)\}$。

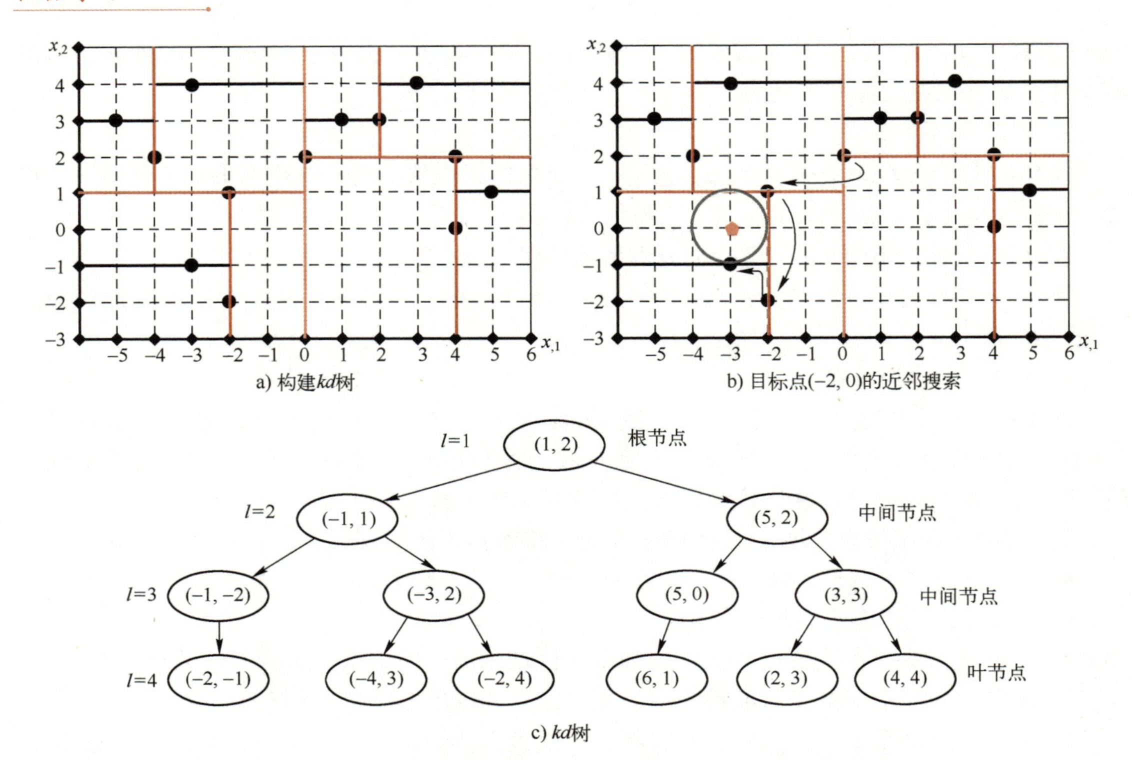

图 4-3　例 4.1kd 树构建和目标点(−2,0)的近邻搜索示意（见插页）

第二个中间节点(5,2)对应左、右两个子区域（图 4-3 显示为下、上两个子区域），即 $\chi_{2,2,\text{left}}=\{(5,0);(6,1)\}$，$\chi_{2,2,\text{right}}=\{(2,3);(3,3);(4,4)\}$。

第 3 层拆分， $l=3$，依次采用上述相同的方式完成各子区域的拆分，图中用紫线和深蓝线作为切分线。

此层中间节点有 4 个：(−3,2)、(−1,−2)、(3,3)和(5,0)。

第 4 层拆分， $l=4$，经过此层拆分后，已无非空子区域，如图 4-3a 中深蓝切分线的左、右空间。拆分点全部为叶节点：(−4,3)、(−2,3)、(−2,−1)、(2,3)、(4,4)和(6,1)。

最后， 输出此样本集的 kd 树，如图 4-3c 所示，所有样本都存在于 kd 树的节点上。

2. 在 kd 树上进行 1NN 近邻搜索

给定目标点 $\boldsymbol{x}_o$，在 kd 树上搜索 $\boldsymbol{x}_o$ 的近邻过程如下：

1）搜索距目标节点最近的叶节点。

从根节点开始，将目标点 $\boldsymbol{x}_o$ 的属性值 $\boldsymbol{x}_{o,i}$ 与访问节点的相应维度的属性值 $\boldsymbol{x}_{\text{node}.i}$（即构建 kd 树时的中位数 $a_{i,0}$）进行比较，确定向下访问 kd 树的中间节点。

如果 $\boldsymbol{x}_{o,i}<\boldsymbol{x}_{\text{node}.i}$，进入左节点；如果 $\boldsymbol{x}_{o,i}>\boldsymbol{x}_{\text{node}.i}$，进入右节点。

直到一个**叶节点** $\boldsymbol{x}_{\text{node}}$，将 $\boldsymbol{x}_{\text{node}}$ 置为近邻样本点 $\boldsymbol{s}=\boldsymbol{x}_{\text{node}}$。

2）以目标点 $\boldsymbol{x}_o$ 为圆心，以 $\boldsymbol{x}_o$ 和 $\boldsymbol{s}$ 之间的距离为半径画超球体。

- 如果超球体与其他子区域不相交，则 $\boldsymbol{x}_{\text{node}}$ 为 $\boldsymbol{x}_o$ 的 1NN 近邻点，结束搜索。
- 如果超球体与其他子区域相交，则 1NN 近邻点可能在其他子区域，需要回溯到当前节点的父节点 $\boldsymbol{x}_{\text{node}}$，记当前父节点 $q=\boldsymbol{x}_{\text{node}}$：

✓ 在 q 的另一区域（或子树）中进行近邻搜索。如果存在距目标点 $\boldsymbol{x}_o$ 更近的节点，则将 $\boldsymbol{s}=\boldsymbol{x}_{\text{node}}$。

✓ 如果 q 到目标点 $\boldsymbol{x}_o$ 的距离小于 $\boldsymbol{s}$ 到目标点的距离，则将 $\boldsymbol{s}=q$。

✓ 如果 q 为根节点，结束搜索；否则重复2）。

例4.2： 在例4.1构建的 kd 树上搜索目标点 $\boldsymbol{x}_o(-2,0)$ 的近邻。

解：首先，搜索距目标点 $\boldsymbol{x}_o(-2,0)$ 最近的叶节点，搜索路径如图4-3b中黑色箭头所示。

$l=1$，方差最大的维度为第1维。在根节点 $\boldsymbol{x}_{\text{node}}(1,2)$，由于目标点 $x_{o,1}=-2$ 小于根节点 $\boldsymbol{x}_{\text{node. 1}}=1$，所以向左找到中间节点$(-1,1)$；

$l=2$，方差最大维度为第2维。在中间节点 $\boldsymbol{x}_{\text{node}}(-1,1)$，由于目标点 $x_{o,2}=0$ 小于中间节点 $\boldsymbol{x}_{\text{node. 1}}=1$，向左找到下一层的中间节点$(-1,2)$；

$l=3$，方差最大维度为第1维。在中间节点 $\boldsymbol{x}_{\text{node}}(-1,2)$，由于没有左右分支，直接指向 $l=4$ 的叶节点$(-2,-1)$。

与目标点 $\boldsymbol{x}_o(-2,0)$ 最近的叶节点为$(-2,-1)$。将$(-2,-1)$置为近邻样本，即 $\boldsymbol{s}(-2,-1)$。

然后， 画超球体，此例为圆。

目标点 $\boldsymbol{x}_o(-2,0)$ 到 $\boldsymbol{s}(-2,-1)$ 的距离为1，所以圆心为$(-2,0)$，半径为1，得到一个超球体，如图4-3b所示绿色圆。

此圆与其他区域没有相交，所以 $\boldsymbol{x}_o(-2,0)$ 的最近邻为$(-2,-1)$。

从上述分析可知：在 kd 树上进行近邻搜索，仅需要访问部分样本，所以可以提高近邻搜索的速度。

4.3.3 部分维度距离计算

计算样本 $\boldsymbol{x}_n=(x_{n,1},x_{n,2},\cdots,x_{n,i},\cdots,x_{n,d})$ 和 $\boldsymbol{x}_m=(x_{m,1},x_{m,2},\cdots,x_{m,i},\cdots,x_{m,d})$ 间的距离时，选择与任务最相关的 r 个属性进行计算，即

$$DM(\boldsymbol{x}_n,\boldsymbol{x}_m)=\left(\sum_{i=1}^{r}(x_{n,i}-x_{m,i})^2\right)^{\frac{1}{2}} \tag{4.12}$$

式中，$r<d$。在一些任务中，简单选择方差较大的属性。

毫无疑问：不同属性对机器学习的任务贡献不一样。例如，对人进行高矮分类的任务，身高是最相关的属性，体重和生活态度则相关性很低；而进行体型是否标准分类时，身高和体重是两个都要考虑的属性，生活态度则无关。剔除与任务相关性较低的属性，可以降低属性向量维度，减少计算的复杂度。

4.4 小结与拓展

近邻分类器理论简单，是一种懒惰学习。本章介绍了近邻分类器的基本理论，包括 k 值选择、加权近邻和搜索策略。其中，搜索策略是提高近邻分类的速度的关键。除了本章介绍的 kd 树外，读者还可进一步关注Ball树、Hash算法、矢量量化和基于图算法。

实验四：近邻分类器实验

扫码看视频

1. 实验目的

1.1　了解 Scikit-learn 提供的近邻分类器相关函数；

1.2　掌握采用 Python 对近邻分类器的编程能力。

2. 实验环境

平台：Windows/Linux；编程语言：Python。

3. 实验内容

3.1　近邻搜索实验；

3.2　基于近邻的鸢尾花分类。

4. 实验步骤

Sklearn. neighbors 为监督学习和无监督学习提供了基于近邻的学习算法的函数。

4.1　近邻搜索实验

给定如图 4-4 左图所示的 10 个二维点，采用 *kd* 树为每个点查找 2 个最近邻点。

> sklearn. neighbors. **NearestNeighbors**(*, *n_neighbors = 5*, *radius = 1. 0*, *algorithm = 'auto'*, *leaf_size = 30*, *metric = 'minkowski'*, *p = 2*, *metric_params = None*, *n_jobs = None*)

图 4-4 中 print（indices）的第 1 列为当前样本点序号，第 2 列和第 3 列为第 1 列样本点序号的近邻样本。第 2 列为最近邻样本，第 3 列为次近邻样本。

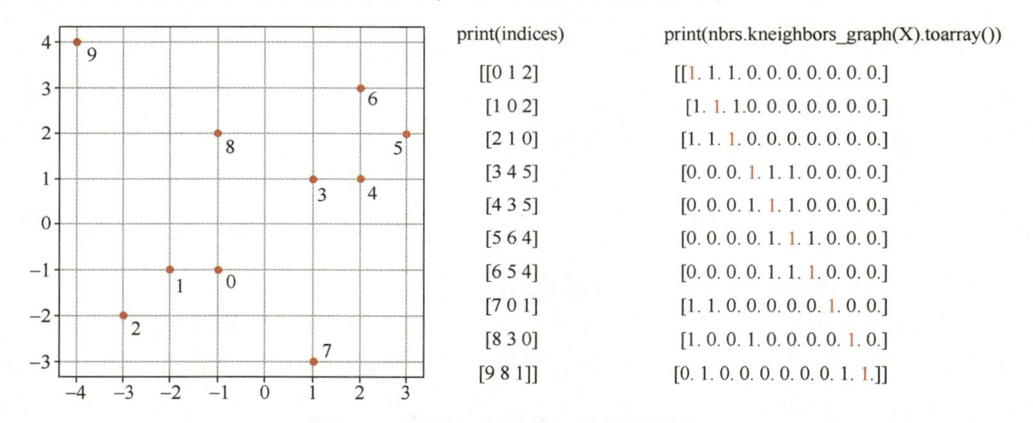

图 4-4　基于 *kd* 树查找 2 个最近邻点一

print(nbrs. kneighbors_graph (X) . toarray ( )) 输出当前点与它的近邻点间连接边的权重：非近邻点 quan 值设为 0；近邻点的权重都为 1。

相关代码及其参数设定见代码 4. 1。

代码 4. 1　kd 树搜索近邻点

```
from sklearn. neighbors import NearestNeighbors
import numpy as np
X = np. array([[-1, -1], [-2, -1], [-3, -2], [1, 1], [2, 1], [3, 2], [2,3],[1, -3],
[-1,2], [-4,4]])  # 定义数据
```

```
nbrs = NearestNeighbors(n_neighbors=3, algorithm='kd_tree').fit(X)    # 定义近邻搜索函数
distances, indices = nbrs.kneighbors(X)                               # 确定近邻
print(indices)
print(nbrs.kneighbors_graph(X).toarray())                             # 显示近邻权重
```

4.2　基于近邻的鸢尾花分类（也可采用其他数据集）

利用花瓣长度（petal length）和花瓣宽度（petal width）2 个属性对鸢尾花（Iris）数据进行分类：Setosa、Versicolor 和 Virginica。

此实验采用函数 **KNeighborsClassifier**。

```
sklearn.neighbors.KNeighborsClassifier(n_neighbors=5, *, weights='uniform', algorithm='auto',
leaf_size=30, p=2, metric='minkowski', metric_params=None, n_jobs=None)
weights {'uniform', 'distance'} or callable, default='uniform'
```

➢ 'uniform'：邻域中所有样本同等对待；

➢ 'distance'：邻域中每个样本依据其距中心点的距离倒数设置权重。

图 4-5 给出了 *n_neighbors*=5 和 15，以及两种权重计算的分类结果。setosa 类样本与其他两类样本距离较远，容易分类。versicolor 和 virginica 存在重叠区，关注图中虚线椭圆内样本点。显然，不同邻域中点数和权重设置，形成不一样的分界线。

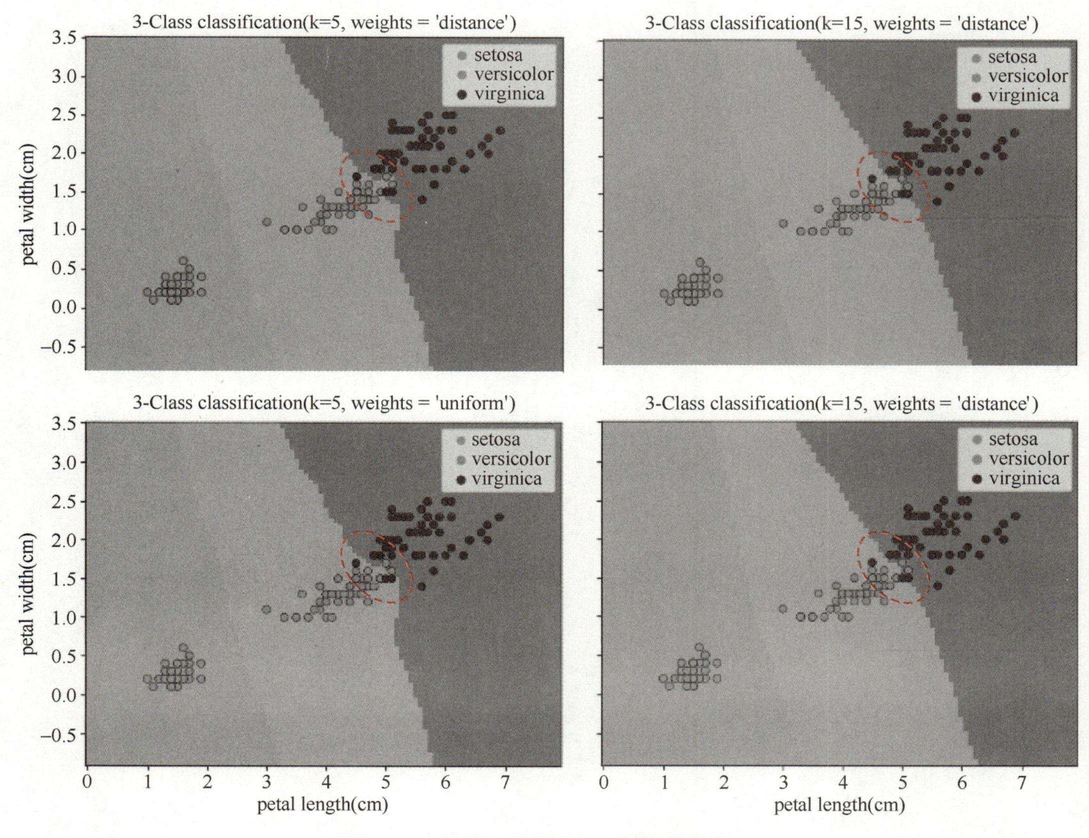

图 4-5　基于 *kd* 树查找 2 个最近邻点二

习题

1. 设有一个由 13 个样本点组成的二维样本集$X=\{(-4,3);(-3,2);(-2,4),(-2,-1);(-1,-2);(-1,1);(1,2);(2,3);(3,3);(4,4);(5,2);(5,0);(6,1)\}$，试构建该样本集的 *kd* 树。

2. 查阅资料，比较 *kd* 树和 Ball 树。

参考文献

[1] COVER T M, HART P E. Nearest Neighbor Pattern Classification [J]. IEEE Transactions on Information Theory, 1967, 13(1): 21-27.

[2] SERGIOS T, KONSTANTINOS K. 模式识别：第 4 版 [M]. 李晶皎，王爱侠，王骄，等译. 北京：电子工业出版社，2011.

[3] JON L B. Multidimensional Binary Search Trees Used for Associative Searching [J]. Communication of the ACM, 1975, 18(9): 509-517.

第 5 章　线性模型

线性模型的研究对象具有线性可分性问题。如图 5-1 所示，仅需一个点、一条直线或一个超平面即可对二分类问题进行分类。线性模型是一种统计模型的总称。由 Vapnik 和 Alexey Y. Chervonenkis 于 1964 年提出的支持向量机在 20 世纪 90 年代后得到快速发展和广泛应用。本章思维导图为：

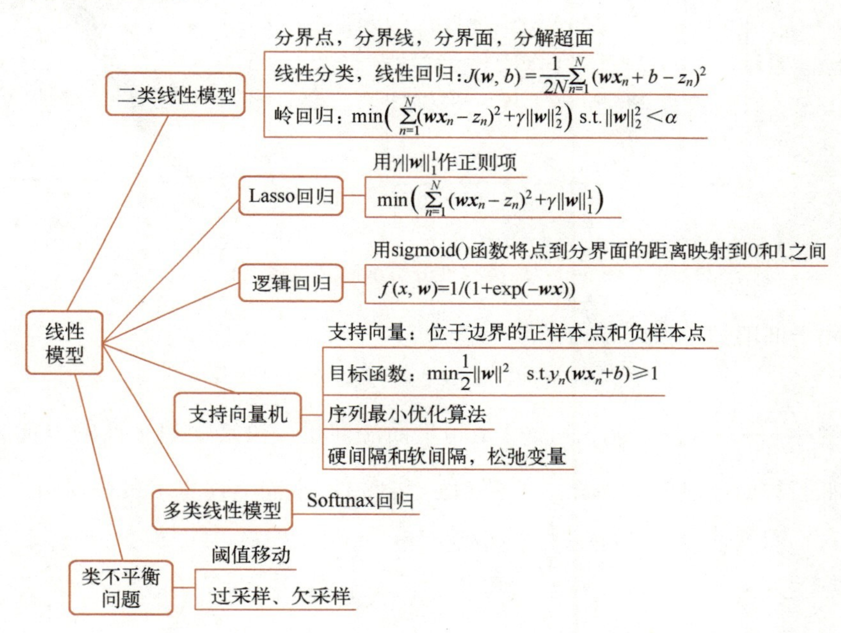

5.1　二类线性模型

在二分类问题中，标签$\mathcal{Y}$取值只有两个离散值$\{0,1\}$或$\{-1,1\}$。

样本 $\boldsymbol{x}=(x_1,x_2,\cdots,x_d)^{\mathrm{T}}$经权向量 $\boldsymbol{w}=(w_1,w_2,\cdots,w_d)$线性变换后得到

$$f(\boldsymbol{x};\boldsymbol{w})=\boldsymbol{wx}=w_1x_1+w_2x_2+\cdots+w_dx_d$$

然后，将$f(\boldsymbol{x};\boldsymbol{w})$与阈值 Th 比较决策样本所属标签，即

$$\tilde{y}=\begin{cases}1, & \boldsymbol{wx}-Th\geqslant 0\\ 0, & \boldsymbol{wx}-Th<0\end{cases}$$

令偏置 $b=w_0=-Th$，对应 $x_0=1$，则特征向量和权向量分别拓展为

$$\boldsymbol{x}=(1,x_1,x_2,\cdots,x_d)^{\mathrm{T}}$$

$$\boldsymbol{w}=(w_0,w_1,w_2,\cdots,w_d)$$

从而获得简化决策函数

$$\tilde{y}=\begin{cases}1, & \boldsymbol{wx}\geqslant 0\\ 0, & \boldsymbol{wx}<0\end{cases}\tag{5.1}$$

这类模型称为二类**线性分类**（Linear Classification），通过训练集学习参数 $\boldsymbol{w}$。

在**图 5-1** 中，一维数据，一个点（图中红色点）实现一分为二；二维数据，一条决策直线实现分类；三维数据，一个决策平面完成一分为二；如果是四维或以上数据，则采用决策**超平面**可实现分类决策。

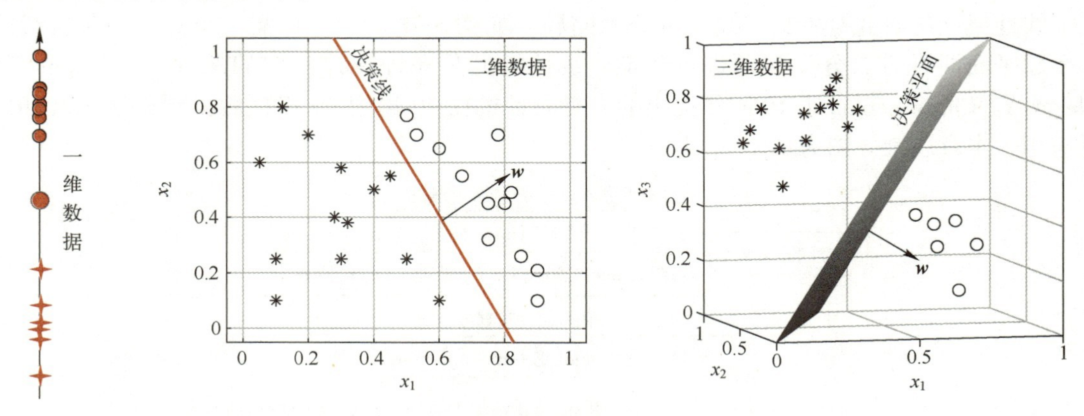

图 5-1　二类线性分类示例（见插页）

二分类超平面的数学表达式为

$$f(\boldsymbol{x};\boldsymbol{w})=w_0+w_1x_1+w_2x_2+\cdots+w_dx_d=0$$

梯度向量$\dfrac{\partial f(\boldsymbol{x};\boldsymbol{w})}{\partial \boldsymbol{x}}=(w_1,w_2,\cdots,w_d)$是超平面法向量，决定了超平面的方向。$w_0$为位移量，确定超平面与原点之间的距离。设 $\boldsymbol{x}_i$ 和 $\boldsymbol{x}_j$ 为决策超平面上任意不重合的两点，存在

$$0=w_0+w_1x_{1,i}+w_2x_{2,i}+\cdots+w_dx_{d,i}=w_0+w_1x_{1,j}+w_2x_{2,j}+\cdots+w_dx_{d,j}=0$$

$$\frac{\partial f(\boldsymbol{x};\boldsymbol{w})}{\partial \boldsymbol{x}}(\boldsymbol{x}_i-\boldsymbol{x}_j)=0$$

所以，梯度向量与决策超平面正交。

在**图 5-2** 中决策线的法线方向为(w_1,w_2)，$w_0<0,w_1>0$，$w_2<0$，样本特征向量 $\boldsymbol{x}=(x_1,x_2)$，决策线为 $f(\boldsymbol{x};\boldsymbol{w})=w_0+w_1x_1+w_2x_2=0$。当 $w_0=0$ 时，决策线经过坐标原点。

设 z 为点到决策线（或超平面）的距离，则

$$z=\frac{|w_0+w_1x_1+w_2x_2|}{\sqrt{w_1^2+w_2^2}}=\frac{|b+w_1x_1+w_2x_2|}{\sqrt{w_1^2+w_2^2}}$$

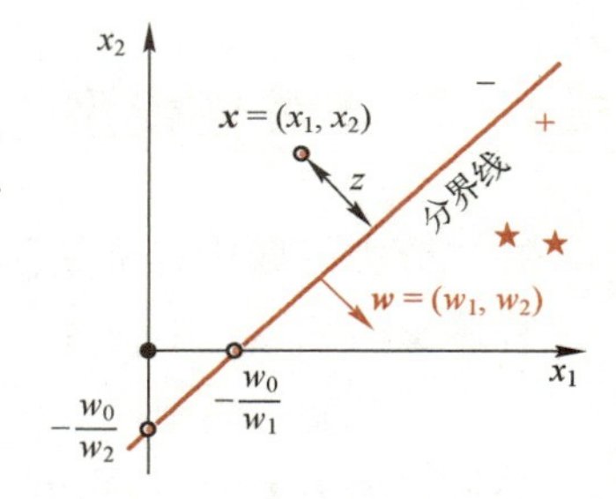

图 5-2　二维样本与决策线的关系

推广到多维样本，如果$\|\boldsymbol{w}\|=\boldsymbol{ww}^{\mathrm{T}}=1$，$|f(\boldsymbol{x};\boldsymbol{w})|$是 $\boldsymbol{x}$ 到决策超平面的**欧几里得距离**，则

$$z=|\boldsymbol{wx}+b|\tag{5.2}$$

为方便实现分类，对式（5.2）稍作修改，得

$$z=\boldsymbol{wx}+b\tag{5.3}$$

若 $z\geqslant 0$，则将样本 $\boldsymbol{x}$ 决策为梯度向量正向一侧的类别；若 $z<0$，则决策为反向一侧的类

别。即

$$z=f(\boldsymbol{x};\boldsymbol{w})\begin{cases}>0, & \text{样本 } \boldsymbol{x} \text{ 决策为梯度向量正向一侧的类别}\\ =0, & \text{样本 } \boldsymbol{x} \text{ 位于决策平面,通常决策为梯度向量正向一侧的类别}\\ <0, & \text{样本 } \boldsymbol{x} \text{ 决策为梯度向量反向一侧的类别}\end{cases} \tag{5.4}$$

显然，通过线性模型计算出的距离 z 是连续的，距离 z 越大，样本离边界线越远，属于该类的可能性越大。如果线性模型 $f(\boldsymbol{x};\boldsymbol{w})$ 预测类似距离标签，则称为**线性回归**（Linear Regression），表达如下：

$$\tilde{z}=f(\boldsymbol{x};\boldsymbol{w})=\boldsymbol{w}\boldsymbol{x}+b \tag{5.5}$$

给定样本集 $\mathcal{D}=\{(\boldsymbol{x}_n,z_n)\}_{n=1}^N$，其中，$z_n$ 为样本到决策平面的真实距离，则线性回归的目标函数定义为训练集中所有样本的预测距离 $\tilde{z}$ 与真实距离 z 的平均误差，即

$$J(\boldsymbol{w},b)=\frac{1}{2N}\sum_{n=1}^{N}(\tilde{z}_n-z_n)^2=\frac{1}{2N}\sum_{n=1}^{N}(\boldsymbol{w}\boldsymbol{x}_n+b-z_n)^2 \tag{5.6}$$

最小二乘法 LSM 选择使 $J(\boldsymbol{w},b)$ 最小的参数，即

$$(\tilde{\boldsymbol{w}},\tilde{b})=\underset{(\boldsymbol{w},b)}{\arg\min}\frac{1}{2N}\sum_{n=1}^{N}(\boldsymbol{w}\boldsymbol{x}_n+b-z_n)^2 \tag{5.7}$$

求目标函数 $J(\boldsymbol{w},b)$ 对参数的偏导数，并将偏导数置为零，可得

$$\begin{cases}\tilde{\boldsymbol{w}}=\dfrac{\sum_{n=1}^{N}z_n(\boldsymbol{x}_n^{\mathrm{T}}-\boldsymbol{\mu}^{\mathrm{T}})}{\sum_{n=1}^{N}\boldsymbol{x}_n^{\mathrm{T}}\boldsymbol{x}_n-N\boldsymbol{\mu}^{\mathrm{T}}\boldsymbol{\mu}}, \\ \tilde{b}=\dfrac{1}{N}\sum_{n=1}^{N}(z_n-\tilde{\boldsymbol{w}}\boldsymbol{\mu}^{\mathrm{T}}),\end{cases}\quad \boldsymbol{\mu}^{\mathrm{T}}=\frac{1}{N}\sum_{n=1}^{N}\boldsymbol{x}_n^{\mathrm{T}} \tag{5.8}$$

当样本集样本数量较少时，可以将所有样本表示成算力可承受的矩阵 $\boldsymbol{X}$，并将偏置融入权重向量（用 w_0 表示），所有样本到决策平面距离的真实值表示成行向量 $\boldsymbol{z}$，表达如下：

$$\boldsymbol{w}=(w_0,w_1,w_2,\cdots,w_d),\quad \boldsymbol{z}=(z_1,z_2,\cdots,z_N)$$

$$\boldsymbol{X}=\begin{pmatrix}1 & 1 & \cdots & 1\\ x_{1,1} & x_{1,2} & \cdots & x_{1,N}\\ x_{2,1} & x_{2,2} & \cdots & x_{2,N}\\ \vdots & \vdots & & \vdots\\ x_{d,1} & x_{d,2} & \cdots & x_{d,N}\end{pmatrix}$$

目标函数则表示成

$$J(\boldsymbol{w})=\frac{1}{2}\sum_{n=1}^{N}(\boldsymbol{w}\boldsymbol{x}_n-z_n)^2=\frac{1}{2}(\boldsymbol{w}\boldsymbol{X}-\boldsymbol{z})(\boldsymbol{w}\boldsymbol{X}-\boldsymbol{z})^{\mathrm{T}} \tag{5.9}$$

如果 $\boldsymbol{X}^{\mathrm{T}}\boldsymbol{X}$ 为正定矩阵或满秩矩阵，则可推得 $\boldsymbol{w}$ 的闭式解为

$$\boldsymbol{w}=(\boldsymbol{X}\boldsymbol{X}^{\mathrm{T}})^{-1}\boldsymbol{X}\boldsymbol{z}^{\mathrm{T}} \tag{5.10}$$

由式（5.10）获取线性回归模型时，要求矩阵 $\boldsymbol{X}\boldsymbol{X}^{\mathrm{T}}$ 可逆。然而，在很多情况下矩阵 $\boldsymbol{X}\boldsymbol{X}^{\mathrm{T}}$ 不可逆，特别是当样本数量少于模型参数数量时，即 $N\ll d$。此时，方程间存在线性相关，导致最小化目标函数的 $\boldsymbol{w}$ 不是唯一的，这种情形被称为**罗生门现象**（Leo Breiman）。

为处理罗生门现象，即从众多的解中选出最优解 $\boldsymbol{w}$，采用奥卡姆剃刀准则“选择具有最小范数 $\|\boldsymbol{w}\|^2$ 的可行解”，由此获得**岭回归**（Ridge Regression）的目标函数

$$\begin{cases}\min\left(\sum_{n=1}^{N}(\boldsymbol{w}\boldsymbol{x}_n - z_n)^2 + \gamma\|\boldsymbol{w}\|_2^2\right) \\ \text{s. t. } \|\boldsymbol{w}\|_2^2 < \alpha\end{cases} \tag{5.11}$$

式中，$\gamma \geqslant 0$ 为正则化参数。引入正则项 $\gamma\|\boldsymbol{w}\|_2^2$后，模型参数则由下式计算：

$$\boldsymbol{w} = (\boldsymbol{X}\boldsymbol{X}^{\mathrm{T}} + \gamma\boldsymbol{I})^{-1}\boldsymbol{X}\boldsymbol{z}^{\mathrm{T}} \tag{5.12}$$

式中，$\boldsymbol{I}$ 为单位矩阵。此时，即便 $\boldsymbol{X}\boldsymbol{X}^{\mathrm{T}}$不可逆，$\boldsymbol{X}\boldsymbol{X}^{\mathrm{T}}+\gamma\boldsymbol{I}$ 也可成为非奇异矩阵。

例 5.1：试图通过扭矩（以 N·m 计）和转速（以 r/min 计）分析某发动机的燃油消耗率（以 g/(kW·h) 计），我们获得了一组数据（见**表 5.1**），请用该组数据获得最佳线性回归模型。油耗率预测方程为

$$\tilde{z} = f(\boldsymbol{x};\boldsymbol{w}) = w_0 + w_1x_1 + w_2x_2 = 250 - 0.0838x_1 + 0.0130x_2$$

表 5.1　某发动机原始数据

扭矩 x_1	202.7	204.4	309	211.5	313	489.4	568.3	235.1	249.2	616.5	903.2	286
转速 x_2	1000	1100	1100	1200	1200	1300	1300	1400	1500	1500	1600	1700
油耗率	249	249	239	249	239	222	215	249	249	211	203	249
预测值	246.1	247.2	238.5	247.9	239.4	225.9	219.3	248.6	248.7	217.9	195.2	248.2
距离$\hat{z}$	−2.93	−1.77	−0.45	−1.07	0.42	3.93	4.33	−0.44	−0.32	6.88	−7.78	−0.80
概率$\tilde{p}$	0.05	0.15	0.39	0.26	0.60	0.98	0.99	0.39	0.42	0.999	0.0004	0.31

如果把油耗率作为数据样本的一个属性 x_3，则每个样本可表示为三维向量，令 $\boldsymbol{x}_n = (x_1, x_2, x_3)^{\mathrm{T}}$。此时，变换预测方程得超平面方程

$$250 - 0.0838x_1 + 0.0130x_2 - x_3 = 0$$

根据式（5.5）计算每个样本到超平面的距离，列于**表 5.1** 中。以超平面为界，分为高油耗和低油耗两个区域。样本(616.5,1500,211)和样本(903.2,1600,203)与超平面的距离分别为 6.88 和−7.78，+和−表示分处超平面两侧，如**图 5−3** 所示。

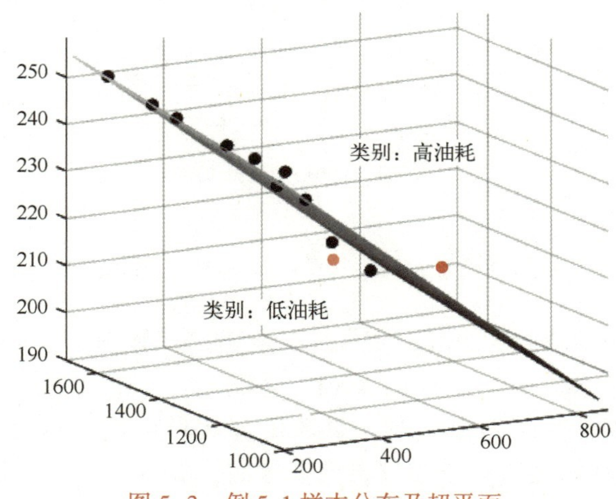

图 5−3　例 5.1 样本分布及超平面

5.2 Lasso 回归

1996 年，Robert Tibshirani 等人提出了最小绝对收缩选择算子（Least absolute shrinkage and selection operator，Lasso），也称为套索算子。它与岭回归的区别在于：Lasso 回归用 $\gamma\|\boldsymbol{w}\|_1^1$代替 $\gamma\|\boldsymbol{w}\|_2^2$作正则项，即

$$\min\left(\sum_{n=1}^{N}(\boldsymbol{w}\boldsymbol{x}_n - z_n)^2 + \gamma\|\boldsymbol{w}\|_1^1\right),\quad \gamma > 0, \|\boldsymbol{w}\|_1^1 < \alpha \tag{5.13}$$

采用范数 l_1正则项能获得比 l_2正则项更稀疏的模型参数，即 $\boldsymbol{w}$ 中为零的元素较多。

5.2.1 Lasso 回归求解

定义目标函数

$$J(\boldsymbol{w}) = \sum_{n=1}^{N}(z_n - \boldsymbol{w}\boldsymbol{x}_n)^2 + \gamma\|\boldsymbol{w}\|_1^1 = \sum_{n=1}^{N}\left(z_n - \sum_{i=1}^{d} w_i x_{n,i}\right)^2 + \gamma\|\boldsymbol{w}\|_1^1 \tag{5.14}$$

式（5.14）的第一项和第二项分别设为

$$RSS(\boldsymbol{w}) = \sum_{n=1}^{N}\left(z_n - \sum_{i=1}^{d} w_i x_{n,i}\right)^2,\quad R(\boldsymbol{w}) = \gamma\|\boldsymbol{w}\|_1^1$$

求导并整理得

$$\frac{\partial RSS(\boldsymbol{w})}{\partial w_i} = -2\sum_{n=1}^{N}\left(x_{n,i}z_n - x_{n,i}\sum_{j=0,j\neq i}^{d} w_j x_{n,j} - w_i x_{n,i}\right) + 2w_i\sum_{n=1}^{N}(x_{n,i})^2$$

为简洁起见，令

$$\alpha_i = \sum_{n=1}^{N}\left(x_{n,i}z_n - x_{n,i}\sum_{j=0,j\neq i}^{d} w_j x_{n,j} - w_i x_{n,i}\right),\quad \beta_i = \sum_{n=1}^{N}(x_{n,i})^2$$

则有

$$\frac{\partial RSS(\boldsymbol{w})}{\partial w_i} = -2\alpha_i + 2w_i\beta_i$$

$$\frac{\partial R(\boldsymbol{w})}{\partial w_i} = \begin{cases} -\gamma, & w_i < 0 \\ (-\gamma, \gamma), & w_i = 0 \\ \gamma, & w_i > 0 \end{cases}$$

整合后得

$$\frac{\partial J(\boldsymbol{w})}{\partial w_i} = -2\alpha_i + 2w_i\beta_i + \begin{cases} -\gamma, & w_i < 0 \\ (-\gamma, \gamma), & w_i = 0 \\ \gamma, & w_i > 0 \end{cases} = \begin{cases} -2\alpha_i + 2w_i\beta_i - \gamma, & w_i < 0 \\ [-2\alpha_i - \gamma, -2\alpha_i + \gamma], & w_i = 0 \\ -2\alpha_i + 2w_i\beta_i + \gamma, & w_i > 0 \end{cases}$$

令$\frac{\partial J(\boldsymbol{w})}{\partial w_i} = 0$，得

$$w_i = \begin{cases} (\alpha_i + \gamma/2)/\beta_i, & \alpha_i < -\gamma/2 \\ 0, & -\gamma/2 \leqslant \alpha_i \leqslant \gamma/2 \\ (\alpha_i - \gamma/2)/\beta_i, & \alpha_i > \gamma/2 \end{cases} \tag{5.15}$$

5.2.2 坐标轴下降法

由于范数 l_1 在 0 点不可导，所以不能直接求式（5.13）的闭式解，除了按式（5.15）分段计算外，还可以采用迭代算法。坐标轴下降法（Coordinate Descent）是沿着坐标轴方向下降求最优解的算法。其基本思路是：首先固定参数向量 $\boldsymbol{w}=(w_1,w_2,\cdots,w_d)$ 中 $d-1$ 个元素，然后计算另一个元素 w_i 使得凸函数达到最小，即

$$w_i^{(k)}=\underset{w_i}{\operatorname{argmin}}\left(\sum_{n=1}^{N}(\boldsymbol{w}\boldsymbol{x}_n-z_n)^2+\gamma\|\boldsymbol{w}\|_1^1\right) \tag{5.16}$$

具体计算流程如下：

1）初始化参数

$$\boldsymbol{w}^{(0)}=(w_1^{(0)},w_2^{(0)},\cdots,w_d^{(0)})$$

2）从 $w_1^{(k)}$ 开始按式（5.14）进行第 k 次迭代，直至完成全部参数的迭代。

3）若 $\|\boldsymbol{w}^{(k)}-\boldsymbol{w}^{(k-1)}\|<\varepsilon$，收敛，停止迭代。

坐标轴下降法计算思路简单，但计算量较大。

针对范数 l_1 优化，除了坐标轴下降法，还包括最小角度回归（Least Angle Regression，LARS）和快速迭代收缩阈值（Fast Iterative Shrinkage Thresholding，FIST）等算法。

5.3 逻辑回归

扫码看视频

回看图 5-2 中决策线两侧，设决策面某一侧样本的距离 z 为正值，另一侧样本的距离为负值，我们用图 5-4 所示的函数 sigmoid( )（简记为函数 sigm( )）将距离 z 换算到 0 和 1 之间，即

$$\operatorname{sigm}(z)=\frac{1}{1+\mathrm{e}^{-z}} \tag{5.17}$$

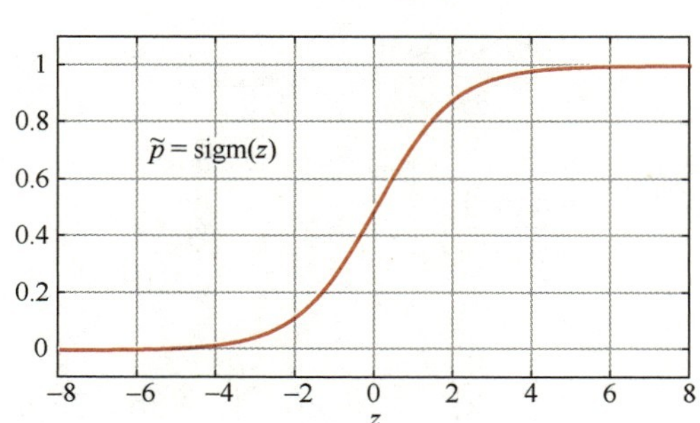

图 5-4　sigmoid 函数曲线

此时，距离 z 转换成类似概率，得

$$\tilde{p}=f(\boldsymbol{x};\boldsymbol{w})=\frac{1}{1+\mathrm{e}^{-\boldsymbol{w}\boldsymbol{x}}} \tag{5.18}$$

由于距离 z 是连续的，从而预测概率 $\tilde{p}$ 也是连续的，称此模型为**逻辑回归**（Logistic Regression）。

如果把一类样本标签设为类 1，那么式（5.18）的 $\tilde{p}$ 相当于样本属于类 1 的概率，即

$$P(c=1|\boldsymbol{x};\boldsymbol{w})=\tilde{p}=f(\boldsymbol{x};\boldsymbol{w}) \tag{5.19}$$

另一类样本标签设为 0，此时属于 0 类样本的概率为

$$P(c=0|\boldsymbol{x};\boldsymbol{w})=1-P(c=1|\boldsymbol{x};\boldsymbol{w})=1-f(\boldsymbol{x};\boldsymbol{w}) \tag{5.20}$$

综合两式可得

$$P(c=y|\boldsymbol{x};\boldsymbol{w})=(f(\boldsymbol{x};\boldsymbol{w}))^{y}(1-f(\boldsymbol{x};\boldsymbol{w}))^{1-y},\quad y\in\{0,1\} \tag{5.21}$$

从而得 N 个样本的训练集的极大似然函数

$$\mathcal{L}(\boldsymbol{w})=\prod_{n=1}^{N}(f(\boldsymbol{x}_n;\boldsymbol{w}))^{y_n}(1-f(\boldsymbol{x}_n;\boldsymbol{w}))^{1-y_n} \tag{5.22}$$

为了简化计算，对式（5.22）两边取对数，得

$$\log(\mathcal{L}(\boldsymbol{w}))=\sum_{n=1}^{N}[y_n\log f(\boldsymbol{x}_n;\boldsymbol{w})+(1-y_n)\log(1-f(\boldsymbol{x}_n;\boldsymbol{w}))] \tag{5.23}$$

当似然函数为最大值时，得到的 $\boldsymbol{w}$ 即为模型参数，因此采用极大自然估计是求式（5.23）的极大值。采用梯度下降法，将式（5.23）稍作调整构成目标函数，得

$$J(\boldsymbol{w})=-\frac{1}{N}\sum_{n=1}^{N}[y_n\log f(\boldsymbol{x}_n;\boldsymbol{w})+(1-y_n)\log(1-f(\boldsymbol{x}_n;\boldsymbol{w}))] \tag{5.24}$$

sigm( )函数值域在 0 和 1 之间，其导数为

$$\mathrm{sigm}'(z)=\frac{\mathrm{e}^{-z}}{(1+\mathrm{e}^{z})^2}=\mathrm{sigm}(z)[1-\mathrm{sigm}(z)] \tag{5.25}$$

给定 N 个样本的样本集 $\mathcal{D}$ 后，容易推出目标函数对权向量的平均梯度为

$$\nabla=\frac{\partial J(\boldsymbol{w})}{\partial \boldsymbol{w}}=\frac{1}{N}\sum_{n=1}^{N}(\tilde{y}_n-y_n)\boldsymbol{x}_n \tag{5.26}$$

用式（5.26）计算 N 个样本的平均梯度。实际应用时，可用批量梯度更新参数，也可用一个样本更新一次参数。算法 5.1 给出的是一样本一迭代的逻辑回归算法伪代码。

算法 5.1　逻辑回归算法伪代码（梯度下降法）

输入： 训练集 $\{(\boldsymbol{x}_n,\boldsymbol{y}_n),n=1,2,\cdots,N\}$，$y^{(n)}\in\{0,1\}$，$\boldsymbol{x}_n=(1,x_{1,n},x_{2,n},\cdots,x_{d,n})^{\mathrm{T}}$；$Epochs$，$\eta$

过程： 1. 初始化：随机产生 $\boldsymbol{w}\in\mathbf{R}^{1\times(d+1)}$，$ep=0$；

2. $ep<Epochs$，重复如下步骤：

（1）$n=1,ep+=1$；

（2）如果 $n\leqslant N$，重复如下步骤：

1）读取数据 $\boldsymbol{x}_n$，并计算 $\tilde{y}_n=f(\boldsymbol{x}_n;\boldsymbol{w})$；

2）计算损失函数值 $\mathcal{L}=\tilde{y}_n-y_n$；

3）参数更新，$\boldsymbol{w}\leftarrow\boldsymbol{w}-\eta\mathcal{L}\boldsymbol{x}_n$；

4）$n+=1$。

输出： $\boldsymbol{w}$。

5.4　支持向量机

扫码看视频

我们通过图 5–5 用经典二分类问题描述 SVM。图中类别样本，能将两类

分开的决策线不止一条，即可以有多个不同的分类器能实现分类。选择哪一条呢?

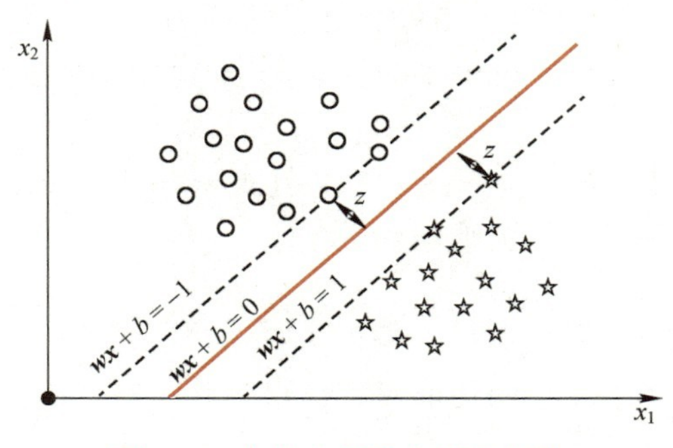

图 5-5　支持向量机分类示意图

直观上，选择超平面应尽可能实现：**两类距超平面最近的点到超平面的距离相等**。

5.4.1　线性可分支持向量机

将正类标签设为 1，负类标签设为-1，则图 5-5 所示的分类决策函数为

$$\tilde{y}=\begin{cases}+1, & \boldsymbol{wx}+b\geqslant 1\\ -1, & \boldsymbol{wx}+b\leqslant -1\end{cases} \tag{5.27}$$

式中，$\boldsymbol{wx}+b=1$，$\boldsymbol{wx}+b=-1$ 分别称为正边界和负边界。位于边界的正类样本点和负类样本点称为**支持向量**（Support Vector）。

正负类边界间的距离为

$$\frac{1}{\|\boldsymbol{w}\|}+\frac{1}{\|\boldsymbol{w}\|}=\frac{2}{\|\boldsymbol{w}\|} \tag{5.28}$$

显然，理想分类器要求边界间隔 $2\|\boldsymbol{w}\|^{-1}$ 最大，等价于 $\|\boldsymbol{w}\|^2$ 最小，即最小优化问题

$$\begin{cases}\min\limits_{\boldsymbol{w},b}\ \dfrac{1}{2}\|\boldsymbol{w}\|^2\\ \text{s. t. } y_n(\boldsymbol{wx}_n+b)\geqslant 1, \quad n=1,2,\cdots,N\end{cases} \tag{5.29}$$

支持向量机（Support Vector Machine，SVM）是一个有不等式约束条件的优化问题。

在优化理论中，KKT 条件（Karush- Kuhn-Tucher）是非线性规划（Nonlinear Programming）最佳解的必要条件，KKT 条件将拉格朗日乘数中的等式约束优化问题推广至不等式约束优化问题。

对每条约束添加拉格朗日乘子 $\lambda_n\geqslant 0$，则式（5.29）改写成拉格朗日函数，得

$$\mathcal{L}(\boldsymbol{w},b,\boldsymbol{\lambda})=\frac{1}{2}\|\boldsymbol{w}\|^2+\sum_{n=1}^{N}\lambda_n(1-y_n(\boldsymbol{wx}_n+b)) \tag{5.30}$$

式中，$\boldsymbol{\lambda}=(\lambda_1,\lambda_2,\cdots,\lambda_N)$ 为拉格朗日乘子向量，λ_n 与训练样本 $\boldsymbol{x}_n$ 对应。

经拉格朗日函数式（5.30）最小化式（5.29）则需要满足

$$\begin{cases}\dfrac{\partial\mathcal{L}(\boldsymbol{w},b,\boldsymbol{\lambda})}{\partial\boldsymbol{w}}=0, & \dfrac{\partial\mathcal{L}(\boldsymbol{w},b,\boldsymbol{\lambda})}{\partial b}=0\\ \lambda_n\geqslant 0, & n=1,2,\cdots,N\\ \lambda_n(1-y_n(\boldsymbol{wx}_n+b))=0, & n=1,2,\cdots,N\text{，互补松弛条件}\end{cases} \tag{5.31}$$

对式（5.30）求导得

$$\boldsymbol{w}=\sum_{n=1}^{N}\lambda_n y_n\boldsymbol{x}_n,\quad \sum_{n=1}^{N}\lambda_n y_n=0 \tag{5.32}$$

将其代回式（5.30），经过一些代数运算得

$$\mathcal{L}(\boldsymbol{w},b,\boldsymbol{\lambda})=\sum_{n=1}^{N}\lambda_n-\frac{1}{2}\sum_{n=1}^{N}\sum_{m=1}^{N}\lambda_n\lambda_m y_n y_m\boldsymbol{x}_m^{\mathrm{T}}\boldsymbol{x}_n \tag{5.33}$$

因此，式（5.30）的**最小化问题**等效为 Wolfe 双重表示形式，可转为**最大化问题**，即

$$\begin{cases}\max\limits_{\boldsymbol{\lambda}}\sum_{n=1}^{N}\lambda_n-\frac{1}{2}\sum_{n=1}^{N}\sum_{m=1}^{N}\lambda_n\lambda_m y_n y_m\boldsymbol{x}_m^{\mathrm{T}}\boldsymbol{x}_n\\ \text{s. t.}\left(0\leqslant\lambda_n,\ \sum_{n=1}^{N}\lambda_n y_n=0\right)\end{cases} \tag{5.34}$$

此式是一个凸函数，一般优化算法是通过梯度逐个优化变量，以实现二次规划的最大值。然而，当训练样本较大时会带来很大开销。为此，1998 年微软研究院 John C. Platt 提出了**序列最小优化算法**（Sequential Minimal Optimization，SMO）。

SMO 每次仅更新两个拉格朗日乘子，不断执行以下两个步骤直至收敛：

1）选取一对需要更新的拉格朗日乘子 λ_i 和 λ_j。

由于违背 KKT 条件越大的拉格朗日乘子 λ_n 可能造成目标函数 $\mathcal{L}(\boldsymbol{w},b,\boldsymbol{\lambda})$ 增幅较大，为此 SMO 先选取违背 KKT 条件最大的 λ_i 作为首先需要更新的拉格朗日乘子，然后再选择使目标函数增长最快的 λ_j。实际上，通常选择两个间隔最大的样本对应的拉格朗日乘子。

2）固定 λ_i 和 λ_j 之外的 λ_n，求解式（5.34），更新 λ_i 和 λ_j。

当固定其他拉格朗日乘子后，式（5.34）中的约束条件可简写为

$$\lambda_i y_i+\lambda_j y_j=s,\quad \lambda_i\geqslant0,\lambda_j\geqslant0 \tag{5.35}$$

式中，s 为固定其他拉格朗日乘子后形成的常数。

求出 $\boldsymbol{\lambda}$ 后，通过式（5.32）计算 $\boldsymbol{w}$。

由于 $\lambda_n\geqslant0$，根据互补松弛条件，可分两种情况：

1）$\lambda_n>0\Rightarrow1-y_n(\boldsymbol{w}\boldsymbol{x}_n^{\mathrm{T}}+b)=0\Rightarrow\boldsymbol{w}\boldsymbol{x}_n^{\mathrm{T}}+b=\pm1\Rightarrow\boldsymbol{x}_n$ 是支持向量。

此时，$\boldsymbol{w}$ 是 K 个支持向量的线性组合，即

$$\boldsymbol{w}=\sum_{k=1}^{K}\lambda_k y_k\boldsymbol{x}_k,\quad \lambda_k\neq0,K\leqslant N \tag{5.36}$$

$$b=y_k-\boldsymbol{w}\boldsymbol{x}_k,\quad \lambda_k\neq0 \tag{5.37}$$

理论上可选任意 1 个支持向量计算偏置 b，实际上用所有支持向量来计算偏置的平均值。

2）$\lambda_n=0\xRightarrow{\text{严格互补}}1-y_n(\boldsymbol{w}\boldsymbol{x}_n+b)\neq0\Rightarrow\boldsymbol{w}\boldsymbol{x}_n+b\neq\pm1\Rightarrow\boldsymbol{x}_n$ 不是支持向量。

此时，$\boldsymbol{x}_n$ 不用来构建 SVM 模型，

$$f(\boldsymbol{x};\boldsymbol{w})=\sum_{k=1}^{K}\lambda_k y_k\boldsymbol{x}_k\boldsymbol{x}_k^{\mathrm{T}}+b \tag{5.38}$$

与支持向量有关。

5.4.2 近似线性可分支持向量机

前面介绍的支持向量机严格满足式（5.29）的约束条件，所有样本都能够正确划分，

两类之间存在明显的分界面或间隔，这种间隔称为“**硬间隔**”（Hard Margin）。

然而，现实任务中可能因为噪声导致两类样本之间无法找到分界面。如图 5-6 所示，在两类样本之间潜在间隔区分布了为数不多的特殊样本，导致两类样本不具备线性可分性，为此无法按式（5.29）的约束条件找到支持向量。但是，由于整体上两类样本仍具有线性可分性。如果剔除这些特殊样本，样本集恢复线性可分性，则把这种情况称为**近似线性可分类**问题。完全剔除特殊样本不切实际。当然可以缩小硬间隔距离，但会破坏原硬间隔的约束条件 $y_n(\boldsymbol{w}\boldsymbol{x}_n+b)\geqslant 1$，导致预测效果降低。

另一种思路：允许支持向量机出点小错误。

在图 5-6 中，硬间隔区空心点越过了负超平面，违背了硬间隔的约束条件，其约束条件为 $0\leqslant y_n(\boldsymbol{w}\boldsymbol{x}_n+b)<1$；硬间隔区五角星点不仅越过了正超平面，还越过了决策超平面，同样违背了硬间隔的约束条件，其约束条件为 $y_n(\boldsymbol{w}\boldsymbol{x}_n+b)<0$。

为量化误差，定义一个**松弛变量**（损失/误差）$\xi_n\geqslant 0$，此时约束条件放宽为

$$y_n(\boldsymbol{w}\boldsymbol{x}_n+b)\geqslant 1-\xi_n,\quad n=1,2,\cdots,N \tag{5.39}$$

超平面距决策超平面的间隔为$(1-\xi_n)$，称$(1-\xi_n)$为“**软间隔**”（Soft Margin）。

图 5-6 中，设属于负类的紫色实心点顺着绿色箭头移动先后越过负超平面、决策平面，甚至正超平面，其松弛值将发生变化，如图 5-7 所示。

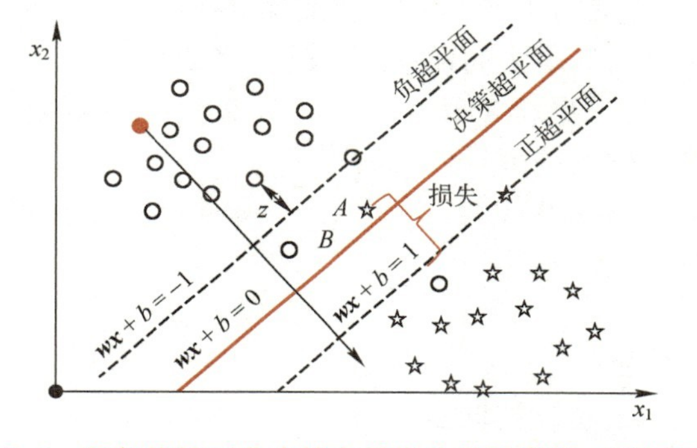

图 5-6 近似线性可分支持向量机分类示意图（见插页）

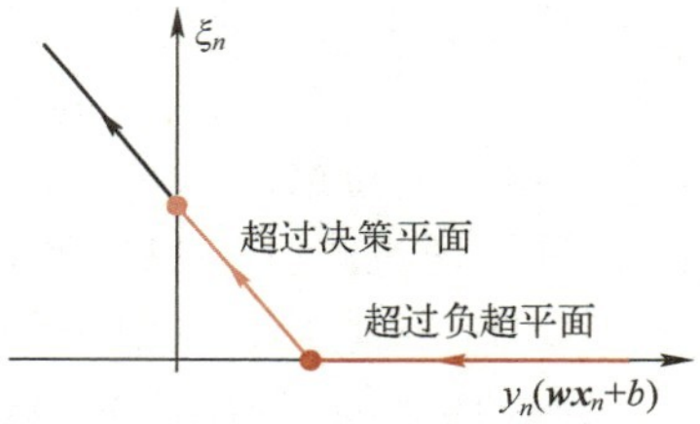

图 5-7 松弛变量变化

- 在样本在越过超平面前，因遵循硬间隔约束条件，$\xi_n\leqslant 0$，分类正确，如图 5-7 中红色线段所示。
- 当样本越过负超平面但未越过决策平面期间，分类仍正确，此时，$0<\xi_n<1$，如图 5-7 中绿色线段所示。
- 当样本越过决策平面后，分类错误，$\xi_n\geqslant 1$，如图 5-7 中紫色线段所示。

所以，$\xi_n=\max\{0,1-y(\boldsymbol{w}\boldsymbol{x}+b)\}$。

用惩罚因子p控制函数间隔，获得目标函数

$$\boldsymbol{J}(\boldsymbol{w},b,\boldsymbol{x},y)=\frac{1}{2}\|\boldsymbol{w}\|^2+p\sum_{n=1}^{N}\xi_n \tag{5.40}$$

式中，$\sum_{n=1}^{N}\xi_n$称为软误差，表示不能用正规边界分割的程度。惩罚因子p越大，对错误分类的惩罚力度越大。至此，建立了近似线性可分支持向量机的优化问题

$$\begin{cases} \min\limits_{w,b,\xi} \dfrac{1}{2}\|\boldsymbol{w}\|^2 + p\sum\limits_{n=1}^{N}\xi_n \\ \text{s.t. } y_n(\boldsymbol{w}\boldsymbol{x}_n + b) \geqslant 1 - \xi_n, \quad n = 1,2,\cdots,N \\ \qquad \xi_n \geqslant 0, \quad n = 1,2,\cdots,N \end{cases} \tag{5.41}$$

与线性可分支持向量机一样，近似线性可分支持向量机也可将最小化问题转化为最大化问题。读者可参阅相关文献，本节不赘述。本节结合**梯度下降法**推导近似线性可分支持向量机的参数更新算法，其伪代码见算法 5.2。函数式（5.41）可修改为

$$J(\boldsymbol{w},b,\boldsymbol{x},y) = \frac{1}{2}\|\boldsymbol{w}\|^2 + p\sum_{n=1}^{N}\max\{0,1 - y(\boldsymbol{w}\boldsymbol{x} + b)\}, \quad p \geqslant 0 \tag{5.42}$$

求导后得

$$\frac{\partial J(\boldsymbol{w},b,\boldsymbol{x},y)}{\partial \boldsymbol{w}} = \boldsymbol{w} + \begin{cases} 0, & y(\boldsymbol{w}\boldsymbol{x}+b) \geqslant 1 \\ -py\boldsymbol{x}, & y(\boldsymbol{w}\boldsymbol{x}+b) < 1 \end{cases} \tag{5.43}$$

$$\frac{\partial J(\boldsymbol{w},b,\boldsymbol{x},y)}{\partial b} = \begin{cases} 0, & y(\boldsymbol{w}\boldsymbol{x}+b) \geqslant 1 \\ -py, & y(\boldsymbol{w}\boldsymbol{x}+b) < 1 \end{cases} \tag{5.44}$$

算法 5.2　近似线性可分 SVD 算法伪代码（梯度下降法）

输入： 训练集 $\mathcal{X} = \{\boldsymbol{x}_1,\boldsymbol{x}_2,\cdots,\boldsymbol{x}_N\}$，$\boldsymbol{x}_n \in \mathbf{R}^{d\times1}$；标签 $y_n \in \{-1,+1\}$；$Epochs$，η 和惩罚因子 p

过程：
1. 初始化：$\boldsymbol{w} \in \mathbf{R}^{1\times d}$，$b=0$，$ep=0$；
2. $ep<Epochs$，重复如下步骤：
   （1）$ep+=1$；
   （2）计算误差 $err_n = 1-y_n(\boldsymbol{w}\boldsymbol{x}_n+b)$，$n=1,2,\cdots,N$；
   （3）$n=\arg\min\limits_{n}\{err_1,err_2,\cdots,err_N\}$；
   （4）如果 $err_n>0$，有
      1）$\boldsymbol{w} \leftarrow \boldsymbol{w}-\eta(\boldsymbol{w}-py_n\boldsymbol{x}_n)$；
      2）$b \leftarrow b-\eta\, py_n$。

输出： $\boldsymbol{w}$，b。

5.5　多类线性模型

前面介绍主要针对二分类问题，现实中常遇到多分类的任务。对于多分类问题，可以采用一些策略，利用二分类器实现多分类，设有 C 个类别。

5.5.1　基本策略

最基本策略有“**一对一**”“**一对余**”和“**多对多**”三种策略。

“**一对一**”策略：将 C 个类别进行两两配对，构建 $C(C-1)/2$ 个分类器。样本输入到所有分类器获得分类结果，之后根据分类结果采用投票方式确定样本的所属类别。尽管需要训练的分类器较多，但当类别很多时，此策略比“一对余”要少，因为训练每个分类器只需要使用所对应的两类样本。

“**一对余**”策略：将某类作为正类，其他都作为负类，训练一个二分类器。然后，换另一类作为正类，其他都作为负类，得到另一个二分类器。最终，训练 C 个二分类器，其对应 C 个线性判别式，即

$$\begin{cases} f_1(\boldsymbol{x};\boldsymbol{w}_1)=\boldsymbol{w}_1\boldsymbol{x}+b_1,\ \omega_1\text{为正类，其余为负类} \\ f_2(\boldsymbol{x};\boldsymbol{w}_2)=\boldsymbol{w}_2\boldsymbol{x}+b_2,\ \omega_2\text{为正类，其余为负类} \\ \qquad\vdots \\ f_C(\boldsymbol{x};\boldsymbol{w}_C)=\boldsymbol{w}_C\boldsymbol{x}+b_C,\ \omega_C\text{为正类，其余为负类} \end{cases} \tag{5.45}$$

图 5-8 所示为三类 $\{\omega_1,\omega_2,\omega_3\}$ 的理想分布情况。每个样本都被唯一一个与之对应的分类器决策为正类，其他分类器把它决策为负类。图中相同颜色的样本分布背景和分界线。然而，现实样本数据不会有这样理想的分布，经常被多个分类器决策为正类。例如，分布在图中橙色区域的样本将被两个分类器确定为正类。根据**归类公理**，将样本决策为距离决策超平面最远的类。具体做法是：C 个分类器为测试样本 $\boldsymbol{x}$ 计算一个**预测置信度**，选择置信度最大的类作为该样本的类别。**图 5-8** 所示红色部分为不确定区域。

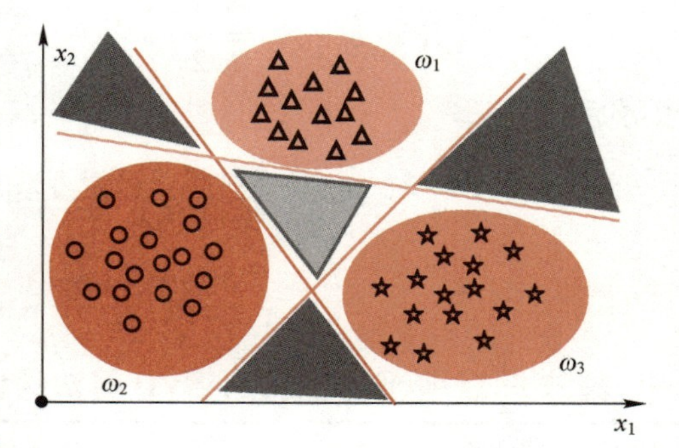

图 5-8 多分类问题（$C=3$）（见插页）

“**多对多**”策略：将若干类作为正类，其他类作为负类，训练一个二分类器；然后换一种组合训练另一个二分类器；如此训练多个二分类器。

5.5.2 Softmax 回归

承接逻辑回归理论，把式（5.3）中样本到超平面的距离改成 $z=\boldsymbol{wx}/2$，偏置包含在参数向量中，之后将式（5.21）改写成

$$\widetilde{p}=f(\boldsymbol{x};\boldsymbol{w})=\frac{\mathrm{e}^{z}}{\mathrm{e}^{z}+\mathrm{e}^{-z}} \tag{5.46}$$

通过 e^{z} 和 e^{-z} 将对应两个异类的任意距离 z 转化为大于零的数，然后进行归一化。逻辑回归则可推广到多分类问题。设标签集 $\mathcal{Y}=\{1,2,\cdots,C\}$，每个样本 $\boldsymbol{x}$ 被估计为 c 类的概率为

$$\widetilde{P}(y_n=c\,|f(\boldsymbol{x}_n;\boldsymbol{w}))=\frac{\mathrm{e}^{\boldsymbol{w}_c\boldsymbol{x}_n}}{\mathrm{e}^{\boldsymbol{w}_1\boldsymbol{x}_n}+\mathrm{e}^{\boldsymbol{w}_2\boldsymbol{x}_n}+\cdots+\mathrm{e}^{\boldsymbol{w}_C\boldsymbol{x}_n}} \tag{5.47}$$

式中，$\boldsymbol{w}\in\mathbf{R}^{C\times(d+1)}$ 为 C 个分类器集，$\boldsymbol{w}=(\boldsymbol{w}_1;\boldsymbol{w}_2;\cdots;\boldsymbol{w}_C)$

这即是多分类 **Softmax 回归**模型，其目标函数为

$$J(\boldsymbol{w})=-\frac{1}{N}\sum_{n=1}^{N}\sum_{c=1}^{C}\left[I(y_n=c)\log\frac{\mathrm{e}^{\boldsymbol{w}_c\boldsymbol{x}_n}}{\sum_{m=1}^{C}\mathrm{e}^{\boldsymbol{w}_m\boldsymbol{x}_n}}\right] \tag{5.48}$$

式中，$I(\cdot)$ 表示指示性函数，其具体形式为

$$I(x)=\begin{cases}1, & x\text{ 为真}\\ 0, & x\text{ 为假}\end{cases} \tag{5.49}$$

目标函数对 $\boldsymbol{w}_c$ 的梯度为

$$\nabla = \frac{\partial J(\boldsymbol{w})}{\partial \boldsymbol{w}_c} = \frac{1}{N}\left[\sum_{n=1}^{N}(\tilde{p}\{y_n = c \mid f(\boldsymbol{x}_n;\boldsymbol{w})\} - I(y_n = c))\boldsymbol{x}_n\right] \tag{5.50}$$

5.6 类不平衡问题

类不平衡（Class-imbalance），有些场合也称为长尾（Long-tail）问题，指分类任务中不同类别样本的比例相差悬殊，如有 2000 个样本的样本集中仅有 20 个正类，其余全是负类。在这种情况下，分类器即便将所有样本无差别决策为负类，其精度也达 99%。

显然，这样的分类毫无意义。

5.6.1 阈值移动

对标签为$\mathcal{Y}=\{0,1\}$两类问题进行分类时，通常将计算预测值$\tilde{y}$的阈值设为 0.5，即

$$\tilde{y}=\begin{cases}1, & z=\boldsymbol{wx}\geqslant 0.5\\ 0, & z=\boldsymbol{wx}<0.5\end{cases}$$

如图 5-9 所示，当绿色分界线上下移动时，所得的分类结果不一样。由于蓝色样本为少样本，红色样本为多样本。当分界线向下移动时，更多的红色样本被正确识别回来，其召回率增大；蓝色样本中的虚警率降低。

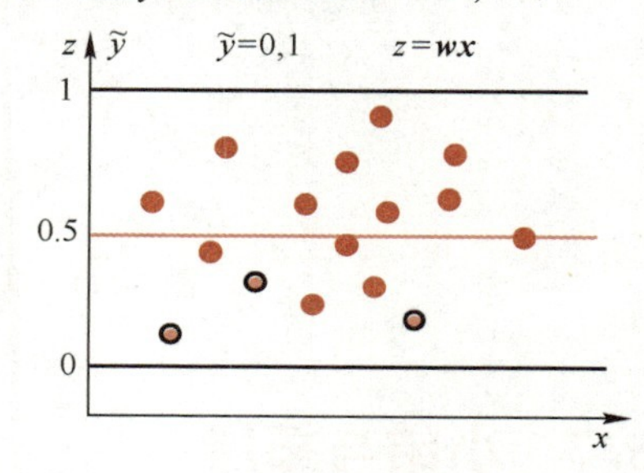

图 5-9 阈值移动策略（见插页）

5.6.2 数据再平衡

顾名思义，数据再平衡是通过数据增强手段让不平衡数据集尽可能平衡。其方法主要有过采样（over-sampling）和欠采样（under-sampling）。过采样增加少样本类别的样本数量，欠采样减少多样本类别的样本数量，从而达到平衡数据的目的。

1. 过采样

最传统和简单的过采样方式是插值。在处理类不平衡问题时，最具代表性的插值算法是 Chawla 等人提出的 SMOTE（Synthetic Minority Oversampling Technique）算法。

设少样本类别集中样本$\boldsymbol{x}_n$的 k 近邻样本集为$\{\boldsymbol{x}_{n,1},\boldsymbol{x}_{n,2},\cdots,\boldsymbol{x}_{n,k}\}$，如果数据的上采样率为 $m(m<k)$，从 k 个最近邻样本中随机抽取 m 个样本，记为$\{\boldsymbol{y}_{n,1},\boldsymbol{y}_{n,2},\cdots,\boldsymbol{y}_{n,m}\}$，在样本 $\boldsymbol{x}_n$ 与 $\boldsymbol{y}_{n,2}$之间的连线上随机插入一个样本

$$\boldsymbol{x}_n^i=\boldsymbol{x}_n+(\boldsymbol{y}_{n,i}-\boldsymbol{x}_n)\text{rand}(0,1), \quad i=1,2,\cdots,m \tag{5.51}$$

式中，rand(0,1)表示在区间(0,1)内的一个随机数。

图 5-10 中，紫色点属于多样本类别，蓝色点属于少样本类别，图中蓝色点只有 7 个。首先，采用 5NN 法为样本 $\boldsymbol{x}_n$获得 5 个近邻点，参见图中虚线圈内的蓝色点。然后，从 5 个近邻点中随机抽取 4 个点($m=4$)。最后，在每个样本对$(\boldsymbol{y}_{n,i},\boldsymbol{x}_n)$之间的直线上随机插入一个样本 $\boldsymbol{x}_n^i$，图中绿色点表示新插入点。

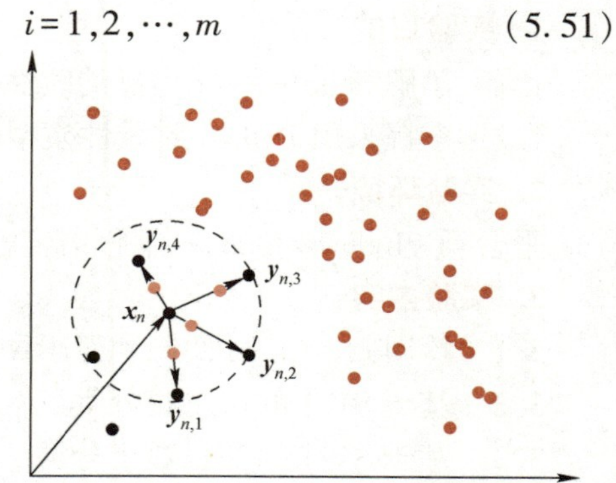

图 5-10 SMOTE（见插页）

近年来，在计算机视觉应用中，还采用生成对抗网（Generative Adversarial Networks，GAN）为少样

本类构建样本。

2. 欠采样

欠采样，即是从多样本类别集合中抽取部分样本，最终使得各个类别的数据达到平衡。

然而，随机欠采样可能导致丢失重要信息，所以一种可取策略是：首先将多样本类别的样本集分成多个子集，然后每个子集与其他类别样本集合成训练集单独训练一个模型，最后将多个模型级联成一个总模型。其代表性算法是 EasyEnsemble 和 balanceCascade。

图 5-11 中，蓝色点为少样本类别样本，紫色点为多样本类别样本。将多样本类别集分成三个子集，获得三个模型 $f_1(x)$，$f_2(x)$ 和 $f_3(x)$。最后集成为一个总模型 $z=\frac{1}{3}\sum_{i=1}^{3}f_i(x)$。

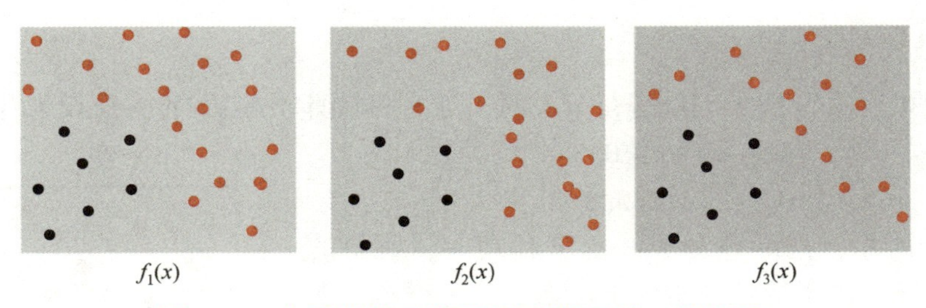

图 5-11　欠采样处理类不平衡问题示意（见插页）

5.7　小结与拓展

线性模型既可以实现分类，也可以进行回归。本章首先介绍二分类问题，然后描述了 Lasso 算法、逻辑回归和 SVD 等理论，最后介绍了多分类和类不平衡问题。SVD 不仅有较为完备的理论，而且在多领域应用中表现出较好的泛化性能。

此外，读者可以从大间隔原则与低密度性，高维划分核技巧，以及从浅层学习模式向深度广度学习等方面进一步挖掘支持向量机的优良性质。针对于噪声核离群点的影响，有人提出了模糊支持向量机。

实验五：线性模型实验

扫码看视频

1. 实验目的

1.1　了解 Scikit-learn 提供的线性模型相关函数；

1.2　掌握采用 Python 对线性模型的编程能力。

2. 实验环境

平台：Windows/Linux；编程语言：Python。

3. 实验内容

3.1　岭回归、Lasso 回归和逻辑回归较实验；

3.2　基于 SVM 的鸢尾花分类。

3.3　基于 SVM 的手写数字分类。

4. 实验步骤

4.1 岭回归、Lasso 回归和逻辑回归实验

首先，下载乳腺癌数据集，该数据集样本特征为连续型数值变量，样本数×属性数=569×30，标签为 0 或 1 的二分类任务分别表示良性和恶性肿瘤两大类。然后，将数据集随机拆分成训练集和测试集。接下来，分别用三种回归算法对测试集进行预测。其中岭回归和 Lasso 回归预测结果为连续数值，所以还需要用函数 np. greater(XX. predict(Xtest), 0. 5). astype(int)将预测结果归化为 0 或 1，即预测结果大于或等于 0. 5 为 1，否则为 0。

本次实验结果如下：

测试样本真实类别：[0 1 1 1 1 1 1 1 1 1 1 1 1 1 1 1 1 0 1 0 0 0 0 0 1 1 0 1 1 0 1]

逻辑回归预测类别：[0 1 1 1 1 1 1 1 1 1 1 1 1 1 1 0 1 0 1 0 0 0 0 0 1 1 0 1 1 0 1]

岭回归预测类别：[0 1 1 1 1 1 1 1 1 1 1 1 1 1 1 1 1 0 1 0 0 0 0 0 1 1 0 1 1 0 1]

Lasso 回归预测类别：[1 1 1 1 1 1 1 1 1 1 1 1 1 1 1 1 1 0 1 0 0 0 1 1 1 1 0 1 1 1 1]

岭回归、Lasso 回归和逻辑回归实验参考代码见**代码 5. 1**。

代码 5. 1 岭回归、Lasso 回归和逻辑回归实验

```
from sklearn. linear_model import Ridge, Lasso, LogisticRegression
from sklearn. datasets import load_breast_cancer        # 乳腺癌数据集
from sklearn. model_selection import train_test_split
import numpy as np
X, y = load_breast_cancer(return_X_y=True)        # 下载数据
Xtrain, Xtest, Ytrain, Ytest = train_test_split(X, y, test_size=0. 05, random_state=0)
                                                  # 数据集拆分成训练集（95%）和测试集（5%）
lrl1 = LogisticRegression(penalty="l1", solver="liblinear", C=0. 5, max_iter=1000)
                                                  # 加入 l1 正则的逻辑回归
lr_l1 = lrl1. fit(Xtrain, Ytrain)
reg = Ridge(alpha=1). fit(Xtrain, Ytrain)          # 岭回归拟合数据
lasso = Lasso(alpha=1). fit(Xtrain, Ytrain)        # Lasso 回归拟合数据
y_pred_lr = lr_l1. predict(Xtest)
y_pred_reg = np. greater(reg. predict(Xtest), 0. 5). astype(int)
y_pred_lass = np. greater(lasso. predict(Xtest), 0. 5). astype(int)
```

4.2 基于 SVM 的鸢尾花分类

分别利用花瓣长度（petal length）和花瓣宽度（petal width）两个属性，以及花萼长度（sepal length）和花萼宽度（sepal width）两个属性，对鸢尾花（Iris）数据进行分类：Setosa、Versicolor 和 Virginica。采用函数 sklearn. svm. **SVC** 实现分类，用 **DecisionBoundaryDisplay** 描绘分界线。分类结果如图 5-12 所示。实验代码见**代码 5. 2**。

class sklearn. svm. **SVC**(*, *C=1. 0, kernel='rbf', degree=3, gamma='scale', coef0=0. 0, shrinking=True, probability=False, tol=0. 001, cache_size=200, class_weight=None, verbose=False, max_iter=-1, decision_function_shape='ovr', break_ties=False, random_state=None*)

class sklearn. inspection. **DecisionBoundaryDisplay. from_estimator**(*estimator, X*, *, *grid_resolution* = *100*, *eps* = *1. 0*, *plot_method* = *'contourf'*, *response_method* = *'auto'*, *xlabel* = *None*, *ylabel* = *None*, *ax* = *None*, *** kwargs*)

➢ *estimator*：分类器

➢ **plot_method**{*'contourf'*, *'contour'*, *'pcolormesh'*}, *default* = *'contourf'*

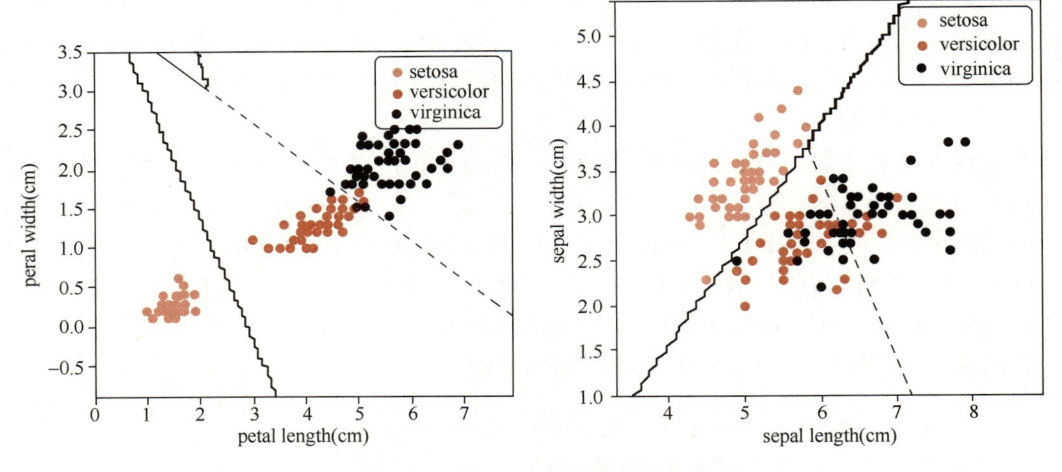

图 5-12　基于 SVM 的鸢尾花分类

代码 5.2　基于 SVM 的鸢尾花分类

```
import matplotlib. pyplot as plt
from sklearn import svm, datasets
import seaborn as sns
from sklearn. inspection import DecisionBoundaryDisplay
iris = datasets. load_iris()
X = iris. data[:, :2]
y = iris. target
clf = svm. SVC(kernel="linear", C=1000)
clf. fit(X, y)
X0, X1 = X[:, 0], X[:, 1]
cmap_bold = ["darkorange", "c", "darkblue"]
fig, ax = plt. subplots()
DecisionBoundaryDisplay. from_estimator( clf, X,
    plot_method="contour", colors="k", levels=[-1, 0, 1],
    alpha=0. 8, linestyles=["--", "-", "--"],ax=ax,
    xlabel=iris. feature_names[0], ylabel=iris. feature_names[1],)
sns. scatterplot( x=X[:, 0], y=X[:, 1], hue=iris. target_names[y],
    palette=cmap_bold, alpha=1. 0, edgecolor="black",)
plt. show()
```

4. 3　基于 SVM 的手写数字分类

SVM 的手写数字分类实验参考代码见代码 5. 3。代码中 Scikit-learn 提供的数字数据集是由 0 到 9 的数字图像构成的，共 1797 张大小为 8×8 的灰度图像，如图 5-13 所示 100 个手写数字。通过 digits = datasets. load_digits( ) 下载数字图像文件，每个数字为二维图像。采用 data = digits. images. reshape((n_samples, -1)) 将每个图像数据转换成 1×64 向量。

代码 5.3　基于 SVM 的手写数字分类

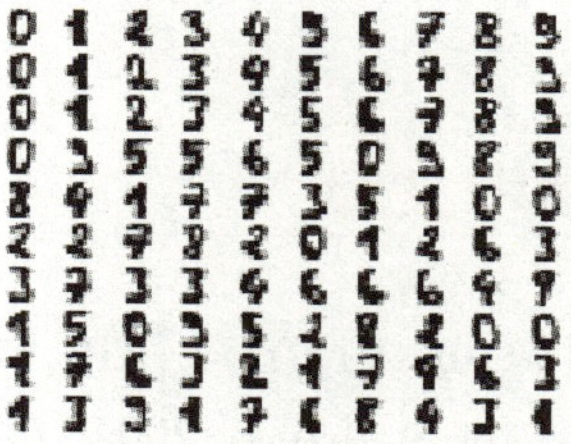

```
from sklearn import datasets, svm, metrics
from sklearn. model_selection import train_test_split
digits = datasets. load_digits( )
# 构建 SVM 分类器
clf = svm. SVC( gamma=0. 001)
# 拆分数据集为训练集和测试集，各 50%
X_train, X_test, y_train, y_test = train_test_split(
    data, digits. target, test_size=0. 5, shuffle=False)
clf. fit( X_train, y_train)                    # 训练
predicted = clf. predict( X_test)              # 预测
# 测试结果可视化(混淆矩阵)
disp =metrics. ConfusionMatrixDisplay. from_predictions( y_test, predicted, colorbar=False)
print( f"Confusion matrix: \n{ disp. confusion_matrix} ")
```

图 5-13　手写数字示例

图 5-14 所示为混淆矩阵（Confusion Matrix）。混淆矩阵为 C×C 矩阵，在矩阵（i,j）格的数字表示将 i 类决策为第 j 类的样本数量。每行的数据总数表示该类别的数据实例的数目，而每列的总数表示预测为该类别的数据的数目。图中类别为 0 的数据共有 87+1=88 张，其中，87 张被正确预测，1 张被错分为类别 4。

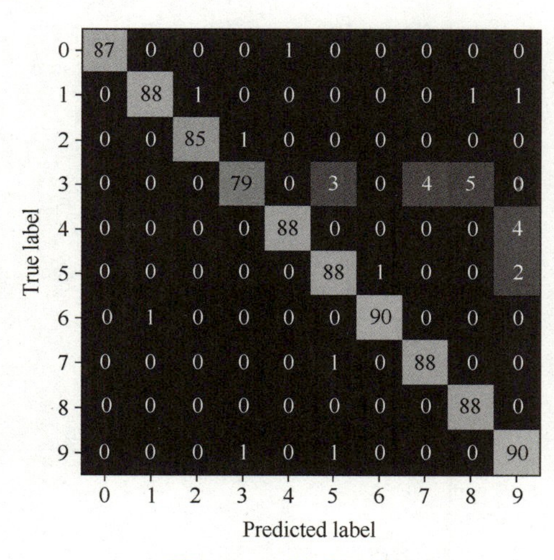

图 5-14　混淆矩阵

习题

1. 根据你的研究兴趣，建立一个包含至少两个类的数据集，采用本章所介绍的算法进行分类。

2. 查阅资料，理解拉格朗日法。

3. 推导出目标函数对权向量的平均梯度，即

$$\nabla = \frac{\partial J(\boldsymbol{w})}{\partial \boldsymbol{w}} = \frac{1}{N}\sum_{n=1}^{N}(\tilde{y}_n - y_n)\boldsymbol{x}_n$$

参考文献

[1] BRADLEY E, TREVOR H, IAIN J, ROBERT T. Least Angle Regression [J]. The Annals of Statistics, 2004, 32 (2): 407-451.

[2] AMIR B, MARC T. A Fast Iterative Shrinkage-thresholding Algorithm for Linear Inverse Problems [J]. SIAM J. Imaging Sciences, 2009, 2 (1): 183-202.

[3] THOMAS G D. Solving Multiclass Learning Problems via Error-correcting Output Codes [J]. Journal of Artificial Intelligence Research, 1995, 2: 263-286.

[4] CHAWLA N V, BOWYER K W, HALL L O, et al. SMOTE: Synthetic Minority Over-sampling Technique [J]. Journal of Artificial Intelligence Research, 2002, 16: 321-357.

第 6 章　非线性模型

线性模型的研究对象是线性可分问题，而非线性模型的研究对象则是线性不可分问题。例如图 6-1 所示的二分类问题（浅灰色样本和黑色样本），显然，已经不能用一条分界直线或一个分界面对其进行分类。一种简单的思路是采用分段线性判别：针对于图 6-1，我们可以用两条线性分界线（两条直线）完成线性不可分的分类问题。此策略分成两步：子类划分和合并同类。子类划分是将某些类别划分成可与其他类线性可分的子类。合并同类是将分类后的相同类合并成一类。

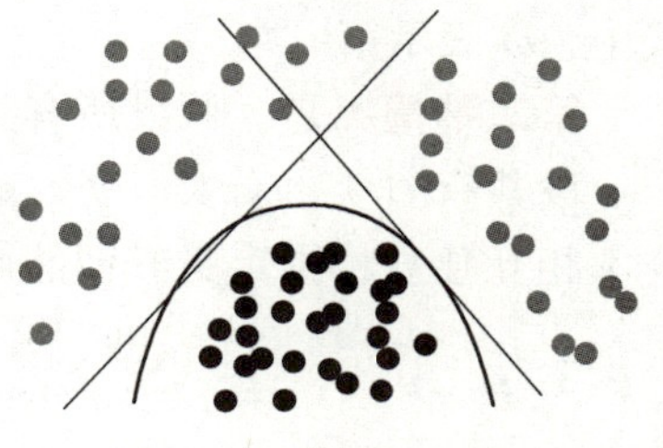

图 6-1　分段线性判别

后来提出了二次判别分析和核方法，其中核方法是将线性不可分的低维空间非线性映射到线性可分的高维空间，随后采用线性模型在高维空间进行处理。本章思维导图为：

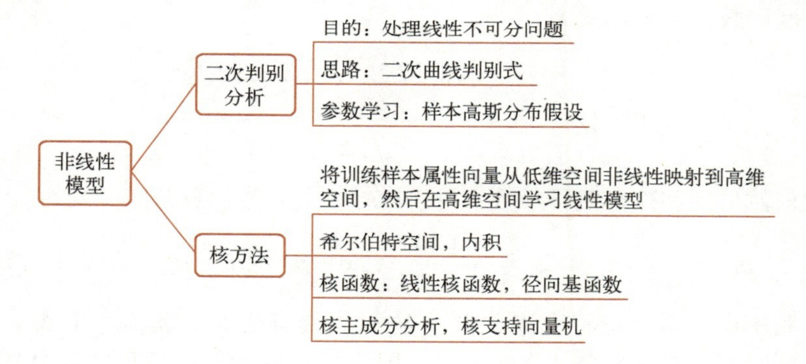

6.1　二次判别分析

二次判别分析（Quadratic Discriminant Analysis，QDA）算法是一种常用的非线性判别函数。图 6-1 所示一条开口向下的二次曲线即可轻松处理图示线性不可分问题。

为此，二次判别分析需要获得二次曲线的判别式，即

$$f(\boldsymbol{x}_n,\boldsymbol{W},\boldsymbol{w},b)=\boldsymbol{x}_n^{\mathrm{T}}\boldsymbol{W}\boldsymbol{x}_n+\boldsymbol{w}\boldsymbol{x}_n+b \tag{6.1}$$

判别式（6.1）中参数较多，这导致两个问题：①计算量非常大；②需要采集到足够多的样本。因此，实际上采用参数估计来获得二次判别函数。

第一种情况是，假设二分类中仅有第 i 类的样本为高斯分布。

定义第 i 类的**判别函数** $f_i(\boldsymbol{x}_n)$ 为样本 $\boldsymbol{x}_n$ 到该类均值 $\boldsymbol{\mu}_i$ 的马氏距离的平方与阈值 K_i^2 之差，即

$$f_i(\boldsymbol{x}_n)=K_i^2-(\boldsymbol{x}_n-\boldsymbol{\mu}_i)^{\mathrm{T}}\boldsymbol{\Sigma}_i^{-1}(\boldsymbol{x}_n-\boldsymbol{\mu}_i),\quad i=1,2 \tag{6.2}$$

式中，K_i^2 为阈值，控制决策椭球大小；$\boldsymbol{\mu}_i$、$\boldsymbol{\Sigma}_i$ 的表达式分别为

$$\boldsymbol{\mu}_i=\frac{1}{N_i}\sum_{k=1}^{N_i}\boldsymbol{x}_k$$

$$\boldsymbol{\Sigma}_i=\frac{1}{N_i-1}\sum_{k=1}^{N_i}(\boldsymbol{x}-\boldsymbol{\mu}_i)(\boldsymbol{x}-\boldsymbol{\mu}_i)^{\mathrm{T}},\quad i=1,2$$

测试时可以采用下式进行决策：

$$\begin{cases}f_i(\boldsymbol{x}_n)\geqslant 0, & \boldsymbol{x}_n\in\omega_i\\ f_i(\boldsymbol{x}_n)<0, & \boldsymbol{x}_n\notin\omega_i\end{cases}\tag{6.3}$$

式中，ω_i表示第 i 类。

第二种情况是，假设所有类别（不限于二分类）都为高斯分布。

设共有 C 类的分类任务，$\boldsymbol{\mu}_i$和$\boldsymbol{\Sigma}_i$分别为每类的均值和协方差矩阵，总样本数量为 N 且样本相互独立，则定义其似然函数为

$$P(\boldsymbol{x}\mid\boldsymbol{\mu}_1,\boldsymbol{\mu}_2,\cdots,\boldsymbol{\mu}_C,\boldsymbol{\Sigma}_1,\boldsymbol{\Sigma}_2,\cdots,\boldsymbol{\Sigma}_C)=\prod_{n=1}^{N}\prod_{i=1}^{C}P(\omega_i)P(\boldsymbol{x}_n\mid\omega_i)=\prod_{n=1}^{N}\prod_{i=1}^{C}\boldsymbol{\pi}_i\mathcal{N}(\boldsymbol{x}_n\mid\boldsymbol{\mu}_i,\boldsymbol{\Sigma}_i)\tag{6.4}$$

式中，ω_i表示第 i 类；$\boldsymbol{\pi}_i=P(\omega_i)$为类先验概率，$\sum_{i=1}^{C}\boldsymbol{\pi}_i=1$；$\mathcal{N}(\boldsymbol{x}_n\mid\boldsymbol{\mu}_i,\boldsymbol{\Sigma}_i)$为符合高斯分布的类条件概率密度函数，其表达式为

$$\mathcal{N}(\boldsymbol{x}_n\mid\boldsymbol{\mu}_i,\boldsymbol{\Sigma}_i)=\frac{\exp\left(-\dfrac{(\boldsymbol{x}_n-\boldsymbol{\mu}_i)^{\mathrm{T}}\boldsymbol{\Sigma}_i^{-1}(\boldsymbol{x}_n-\boldsymbol{\mu}_i)}{2}\right)}{\sqrt{|\boldsymbol{\Sigma}_i|}(2\pi)^{\frac{d}{2}}}$$

通过极大似然估计和拉格朗日乘数，可以推导相关参数计算公式分别为

$$\boldsymbol{\pi}_i=\frac{N_i}{N},\quad \boldsymbol{\mu}_i=\frac{1}{N_i}\sum_{k=1}^{N_i}\boldsymbol{x}_k,\quad \boldsymbol{\Sigma}_i=\frac{1}{N_i-1}\sum_{k=1}^{N_i}(\boldsymbol{x}-\boldsymbol{\mu}_i)(\boldsymbol{x}-\boldsymbol{\mu}_i)^{\mathrm{T}},\quad i=1,2,\cdots,C$$

接下来，利用贝叶斯理论将观测数据 $\boldsymbol{x}_n$决策为具有最大后验概率的类。为简化起见，我们取对数，同时忽略贝叶斯公式中的分母，因为计算后验概率的贝叶斯公式的分母相等，于是

$$\begin{aligned}f_i(\boldsymbol{x}_n)&=\underset{\omega_i}{\operatorname{argmax}}\ln P(\omega_i\mid\boldsymbol{x}_n)=\underset{\omega_i}{\operatorname{argmax}}(\ln P(\boldsymbol{x}_n\mid\omega_i)+\ln P(\omega_i))\\&=\underset{\omega_i}{\operatorname{argmax}}\ln\left(\frac{\exp\left(-\dfrac{(\boldsymbol{x}_n-\boldsymbol{\mu}_i)^{\mathrm{T}}\boldsymbol{\Sigma}_i^{-1}(\boldsymbol{x}_n-\boldsymbol{\mu}_i)}{2}\right)}{\sqrt{|\boldsymbol{\Sigma}_i|}(2\pi)^{\frac{d}{2}}}+\ln P(\omega_i)\right)\\&=\underset{\omega_i}{\operatorname{argmax}}\left(-\frac{1}{2}(\boldsymbol{x}_n-\boldsymbol{\mu}_i)^{\mathrm{T}}\boldsymbol{\Sigma}_i^{-1}(\boldsymbol{x}_n-\boldsymbol{\mu}_i)-\ln\left(\sqrt{|\boldsymbol{\Sigma}_i|}(2\pi)^{\frac{d}{2}}\right)+\ln\boldsymbol{\pi}_i\right)\\&=\underset{\omega_i}{\operatorname{argmax}}\left(-\frac{1}{2}(\boldsymbol{x}_n-\boldsymbol{\mu}_i)^{\mathrm{T}}\boldsymbol{\Sigma}_i^{-1}(\boldsymbol{x}_n-\boldsymbol{\mu}_i)+\frac{1}{2}\ln(\boldsymbol{\Sigma}_i^{-1})+\ln\boldsymbol{\pi}_i\right)\end{aligned}\tag{6.5}$$

式中，忽略常数项$\dfrac{d}{2}\ln(2\pi)$。

由式（6.5）可知：$f_i(\boldsymbol{x}_n)$是关于 $\boldsymbol{x}_n$的二次函数，所以该算法被称为二次判别分析算法。读者可完成本章实验，体验 QDA 处理线性不可分问题。

6.2　核方法

扫码看视频

针对线性模型无法处理的线性不可分二分类问题，Bernhard E. Boser 等人引入了核方法。如**图 6-2** 所示，核方法的**基本思路**是：不增加模型参数，将训练样本属性向量从低维空间非线性映射到高维空间，然后在高维空间学习线性模型。**图 6-2** 中的一维数据和二维数据，红色点为一类，蓝色点为另一类。增加一维 $\phi_2(x)=x^2$ 或 $\phi_3(x_1,x_2)=x_1^2+x_2^2$，即可轻松找到分界线或分界面。

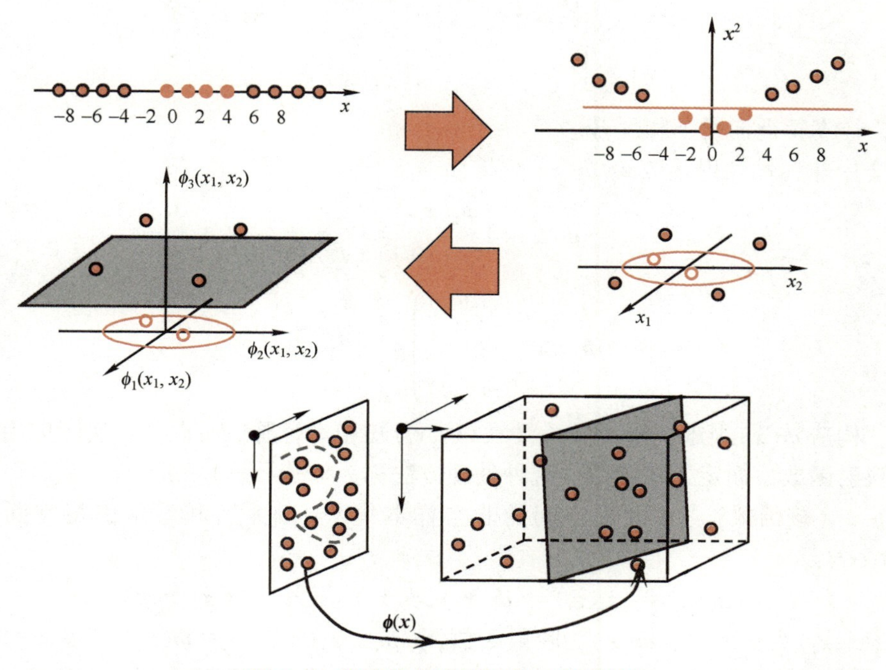

图 6-2　核方法的基本思路（见插页）

6.2.1　希尔伯特空间

希尔伯特空间（Hilbert Space，$\mathcal{H}$）与欧几里得空间（$\mathcal{O}$）具有几乎一样的性质，除了希尔伯特空间没有维数限制外，希尔伯特空间相当于欧几里得空间在无穷维情况下最简单的推广。

在希尔伯特空间，任意柯西序列极限均存在（完备性）。而且，希尔伯特空间是具有内积的线性空间，通过内积可以定义范数、距离等概念。

设两个向量 $\boldsymbol{x}_1$，$\boldsymbol{x}_2$，它们的**内积**（Inner Product）又称为点积（Dot Product），等于其中一个向量在另一个向量上的投影值，即

$$\langle \boldsymbol{x}_1,\boldsymbol{x}_2\rangle=\boldsymbol{x}_1^{\mathrm{T}}\boldsymbol{x}_2=\sum_{i=1}^{d}x_{1,i}x_{2,i}=|\boldsymbol{x}_1||\boldsymbol{x}_2|\cos\theta \tag{6.6}$$

一定程度上，内积也表示了向量之间的**相似度**。

6.2.2 核函数

设样本集 $\mathcal{D}=\{(\boldsymbol{x}_n,y_n),n=1,2,\cdots,N\}$，其中 $\boldsymbol{x}_n\in\mathcal{X}$。

在模式识别中通常用**特征提取函数** $\phi(\boldsymbol{x})$ 将样本映射到特征空间 $\boldsymbol{\mathcal{F}}$，即

$$\mathcal{X}=\{\boldsymbol{x}_1,\boldsymbol{x}_2,\cdots,\boldsymbol{x}_N\}\overset{\phi(\boldsymbol{x})}{\Longrightarrow}\boldsymbol{\mathcal{F}}=\phi(\mathcal{X})=\{\phi(\boldsymbol{x}_1),\phi(\boldsymbol{x}_2),\cdots,\phi(\boldsymbol{x}_N)\} \tag{6.7}$$

其主要目的是通过减少冗余来降低样本属性向量的维度，即**降维**。而

$$\boldsymbol{x}=\begin{pmatrix}x_1\\x_2\\\vdots\\x_d\end{pmatrix}\overset{z=\boldsymbol{\phi}(x)}{\Longrightarrow}z=\begin{pmatrix}z_1\\z_2\\\vdots\\z_p\end{pmatrix}=\begin{pmatrix}\phi_1(\boldsymbol{x})\\\phi_2(\boldsymbol{x})\\\vdots\\\phi_p(\boldsymbol{x})\end{pmatrix},\quad p>d \tag{6.8}$$

可见，样本特征向量不降反升。

图 6-2 中非线性映射函数 $z=\boldsymbol{\phi}(\boldsymbol{x})$，且

$$\boldsymbol{\phi}(x)=\begin{pmatrix}\phi_1(x)\\\phi_2(x)\end{pmatrix}=\begin{pmatrix}x\\x^2\end{pmatrix}$$

$$\boldsymbol{\phi}(\boldsymbol{x})=\begin{pmatrix}\phi_1(\boldsymbol{x})\\\phi_2(\boldsymbol{x})\\\phi_3(\boldsymbol{x})\end{pmatrix}=\begin{pmatrix}x_1\\x_2\\x_1^2+x_2^2\end{pmatrix}$$

通常，构造 $\boldsymbol{\phi}(\boldsymbol{x})$ 很难，构造**核函数** $\mathcal{K}(\boldsymbol{x}_i,\boldsymbol{x}_j)$ 却相对容易。所以，在实际应用中，不显式地定义映射函数，而定义核函数。这种处理方法称为**核技巧**（Kernel Trick）。

定义 6.1（核函数） 在欧氏空间的非空样本集 $\mathcal{X}=\{\boldsymbol{x}_n\}_{n=1}^N$ 和希尔伯特空间 $\mathcal{H}$ 之间，$\exists\boldsymbol{\phi}(\boldsymbol{x}):\mathcal{X}\to\mathcal{H}$，

$$\mathcal{K}(\boldsymbol{x}_i,\boldsymbol{x}_j)=\langle z_i,z_j\rangle=\langle\boldsymbol{\phi}(\boldsymbol{x}_i),\boldsymbol{\phi}(\boldsymbol{x}_j)\rangle\in\mathcal{H},\quad\forall\boldsymbol{x}_i,\boldsymbol{x}_j\in\mathcal{X} \tag{6.9}$$

称 $\mathcal{K}(\boldsymbol{x}_i,\boldsymbol{x}_j)$ 为**核函数**，$\boldsymbol{\phi}(\boldsymbol{x})$ 为映射函数，$\langle\boldsymbol{\phi}(\boldsymbol{x}_i),\boldsymbol{\phi}(\boldsymbol{x}_j)\rangle$ 为 $\boldsymbol{\phi}(\boldsymbol{x}_i)$ 和 $\boldsymbol{\phi}(\boldsymbol{x}_j)$ 的内积。

$\mathcal{K}(\boldsymbol{x}_i,\boldsymbol{x}_j)$ 是一个标量，等于样本高维属性向量的**内积**，核函数应具有对称性，即

$$\mathcal{K}(\boldsymbol{x}_i,\boldsymbol{x}_j)=\mathcal{K}(\boldsymbol{x}_j,\boldsymbol{x}_i) \tag{6.10}$$

定理 6.1 $\mathcal{K}(\boldsymbol{x}_i,\boldsymbol{x}_j)$ 为核函数的**充要条件**是：$\forall\boldsymbol{x}_n\in\mathcal{X}$，$\mathcal{K}(\boldsymbol{x}_i,\boldsymbol{x}_j)$ 构成的 *Gram* 矩阵

$$\boldsymbol{\mathcal{K}}=\begin{pmatrix}\mathcal{K}(\boldsymbol{x}_1,\boldsymbol{x}_1)&\mathcal{K}(\boldsymbol{x}_1,\boldsymbol{x}_2)&\cdots&\mathcal{K}(\boldsymbol{x}_1,\boldsymbol{x}_N)\\\mathcal{K}(\boldsymbol{x}_2,\boldsymbol{x}_1)&\mathcal{K}(\boldsymbol{x}_2,\boldsymbol{x}_2)&\cdots&\mathcal{K}(\boldsymbol{x}_2,\boldsymbol{x}_N)\\\vdots&\vdots&&\vdots\\\mathcal{K}(\boldsymbol{x}_N,\boldsymbol{x}_1)&\mathcal{K}(\boldsymbol{x}_N,\boldsymbol{x}_2)&\cdots&\mathcal{K}(\boldsymbol{x}_N,\boldsymbol{x}_N)\end{pmatrix} \tag{6.11}$$

是**半正定矩阵**。

通常所说的核函数就是正定核函数（Positive Definite Kernel Function）。

可以证明：核函数的线性组合 $a\mathcal{K}_1(\boldsymbol{x}_i,\boldsymbol{x}_j)+b\mathcal{K}_2(\boldsymbol{x}_i,\boldsymbol{x}_j)$、直积 $\mathcal{K}_1(\boldsymbol{x}_i,\boldsymbol{x}_j)\mathcal{K}_2(\boldsymbol{x}_i,\boldsymbol{x}_j)$，与其他函数的复合 $g(\boldsymbol{x}_i)\mathcal{K}(\boldsymbol{x}_i,\boldsymbol{x}_j)g(\boldsymbol{x}_j)$ 仍为核函数。

设 $\boldsymbol{\mathcal{K}}$ 的无限个特征值 $\{\lambda_i\}_{i=1}^{\infty}$ 和对应的特征向量 $\{\phi_i\}_{i=1}^{\infty}$，于是有

$$\mathcal{K}(\boldsymbol{x}_i,\boldsymbol{x}_j)=\sum_{i=1}^{\infty}\lambda_i\phi_i(\boldsymbol{x}_i)\phi_i(\boldsymbol{x}_j)=\langle\mathcal{K}(\boldsymbol{x}_i,\cdot),\mathcal{K}(\cdot,\boldsymbol{x}_j)\rangle \tag{6.12}$$

如果 $\langle\phi_i(x),\phi_j(x)\rangle=0, i\neq j$，则 $\{\phi_i\}_{i=1}^{\infty}$ 构成了一个无限正交基集。

称 $\mathcal{K}(\boldsymbol{x}_i,\boldsymbol{x}_j)$ 对应的空间为**再生核希尔伯特空间**（Reproducing Kernel Hilbert Space，RKHS）。一个核函数定义一个 RKHS。

$\mathcal{K}(\boldsymbol{x}_i,\cdot)$ 表示矩阵的第 $\boldsymbol{x}_i$ 行，实现样本从低维空间到 RKHS 的映射，即

$$\boldsymbol{\phi}(\boldsymbol{x}_i)=\mathcal{K}(\boldsymbol{x}_i,\cdot)=(\sqrt{\lambda_1}\phi_1(\boldsymbol{x}_i),\sqrt{\lambda_2}\phi_2(\boldsymbol{x}_i),\cdots)^{\mathrm{T}} \tag{6.13}$$

例 6.1： 设二维向量 $\boldsymbol{x}=(x_1,x_2)^{\mathrm{T}}$，$\boldsymbol{y}=(y_1,y_2)^{\mathrm{T}}$，核函数

$$\mathcal{K}(\boldsymbol{x},\boldsymbol{y})=(x_1,x_2,x_1x_2)\begin{pmatrix}y_1\\y_2\\y_1y_2\end{pmatrix}=x_1y_1+x_2y_2+x_1x_2y_1y_2$$

令 $\lambda_1=\lambda_2=\lambda_3=1$，$\phi_1(\boldsymbol{x})=x_1$，$\phi_2(\boldsymbol{x})=x_2$，$\phi_3(\boldsymbol{x})=x_1x_2$，则映射函数为

$$\boldsymbol{z}=\boldsymbol{\phi}(\boldsymbol{x})=\begin{pmatrix}\phi_1(\boldsymbol{x})\\\phi_2(\boldsymbol{x})\\\phi_1(\boldsymbol{x})\end{pmatrix}=\begin{pmatrix}x_1\\x_2\\x_1x_2\end{pmatrix}$$

$$\begin{pmatrix}x_1\\x_2\end{pmatrix}\xRightarrow{\boldsymbol{\phi}(x)}\begin{pmatrix}x_1\\x_2\\x_1x_2\end{pmatrix}$$

$\boldsymbol{\phi}(\boldsymbol{x})$ 将二维样本空间映射到三维希尔伯特空间。

通过样本集 $\mathcal{X}$ 计算核矩阵 $\boldsymbol{\mathcal{K}}$，似乎需要两个步骤：先非线性映射，再内积。但是实际上，我们不需要构建 $\boldsymbol{\phi}(\boldsymbol{x})$，只需要构建核函数 $\mathcal{K}(\boldsymbol{x}_i,\boldsymbol{x}_j)$。

6.2.3　常用核函数

核函数 $\mathcal{K}(\boldsymbol{x}_i,\boldsymbol{x}_j)$ 为样本集提供了一种基于样本间**相似度的**表达法，“样本属性向量 $\boldsymbol{x}_i$，$\boldsymbol{x}_j$ 越相似，核函数值 $\mathcal{K}(\boldsymbol{x}_i,\boldsymbol{x}_j)$ 越大”。这里介绍几种核函数。

1. 线性核函数

$$\mathcal{K}(\boldsymbol{x}_i,\boldsymbol{x}_j)=\langle\boldsymbol{x}_i,\boldsymbol{x}_j\rangle=\boldsymbol{x}_i^{\mathrm{T}}\boldsymbol{x}_j \tag{6.14}$$

线性核函数实质上是两向量的点积，描述两向量之间距离多于相似度。

$$\boldsymbol{X}=\begin{pmatrix}x_{1,1}&x_{1,2}&\cdots&x_{1,N}\\x_{2,1}&x_{2,2}&\cdots&x_{2,N}\\\vdots&\vdots&&\vdots\\x_{d,1}&x_{d,2}&\cdots&x_{d,N}\end{pmatrix}$$

$$\boldsymbol{\mathcal{K}}=\boldsymbol{X}^{\mathrm{T}}\boldsymbol{X} \tag{6.15}$$

2. *n* 阶多项式核函数

$$\mathcal{K}(\boldsymbol{x}_i,\boldsymbol{x}_j)=(\gamma+\rho\boldsymbol{x}_i^{\mathrm{T}}\boldsymbol{x}_j)^n,\quad n\geqslant1,\gamma>0,\rho>0 \tag{6.16}$$

式中，参数 ρ 对内积进行缩放；参数 γ 是一个不可忽略的常数，确保映射函数能从低次项到高次项的数据组合，体现维度的多样性，经常设 $\gamma=1$。

当 $n=2$ 时，$\mathcal{K}(\boldsymbol{x}_i,\boldsymbol{x}_j)=(1+\boldsymbol{x}_i^{\mathrm{T}}\boldsymbol{x}_j)^2$ 为二阶多项式核函数，它的一个映射函数为

$$\boldsymbol{\phi}(\boldsymbol{x}_i)=(1,\sqrt{2}x_{1,i},\sqrt{2}x_{i,2},\cdots,\sqrt{2}x_{d,i},\sqrt{2}x_{2,i}x_{1,i},\sqrt{2}x_{3,i}x_{1,i},\sqrt{2}x_{3,i}x_{2,i},\cdots,\sqrt{2}x_{d-1,i}x_{d-2,i},\sqrt{2}x_{d,i}x_{1,i},\cdots,\sqrt{2}x_{d,i}x_{d-1,i},x_{1,i}^2,x_{2,i}^2,\cdots,x_{d,i}^2)^{\mathrm{T}} \tag{6.17}$$

特别地，当 $d=2$ 时，二维转六维，得

$$\boldsymbol{\phi}(\boldsymbol{x}_i)=(1,\sqrt{2}x_{1,i},\sqrt{2}x_{2,i},\sqrt{2}x_{2,i}x_{1,i},x_{1,i}^2,x_{2,i}^2)^{\mathrm{T}} \tag{6.18}$$

3. 双正切核函数

$$\mathcal{K}(\boldsymbol{x}_i,\boldsymbol{x}_j)=\tanh(\alpha\boldsymbol{x}_i^{\mathrm{T}}\boldsymbol{x}_j+\beta),\quad \alpha>0,\beta<0 \tag{6.19}$$

上述三类核函数的共同点：直接通过样本原始属性向量的内积 $\boldsymbol{x}_i^{\mathrm{T}}\boldsymbol{x}_j$，计算 $\mathcal{K}(\boldsymbol{x}_i,\boldsymbol{x}_j)$；而下面介绍的核函数则通过原始属性向量的距离 $\|\boldsymbol{x}_i-\boldsymbol{x}_j\|$，计算 $\mathcal{K}(\boldsymbol{x}_i,\boldsymbol{x}_j)$。

4. 径向基函数（Radial Basis Functions，RBF）

$$\mathcal{K}(\boldsymbol{x}_i,\boldsymbol{x}_j)=\exp\left(-\frac{\|\boldsymbol{x}_i-\boldsymbol{x}_j\|^2}{2\sigma^2}\right)=\exp\left(-\frac{\boldsymbol{x}_i\cdot\boldsymbol{x}_j}{2\sigma^2}\right),\quad \sigma>0 \tag{6.20}$$

该函数又称为高斯核函数。$\|\boldsymbol{x}_i-\boldsymbol{x}_j\|^2$ 是 $\boldsymbol{x}_i,\boldsymbol{x}_j$ 之间的欧氏距离，$\mathcal{K}(\boldsymbol{x}_i,\boldsymbol{x}_i)=1$，随着向量间距离的增大，$\mathcal{K}(\boldsymbol{x}_i,\boldsymbol{x}_j)$ 越小。换句话说：$\mathcal{K}(\boldsymbol{x}_i,\boldsymbol{x}_j)$ 越小，$\boldsymbol{x}_i,\boldsymbol{x}_j$ 间的相似度越小。

径向基核函数对应的一个映射函数为

$$\boldsymbol{\phi}(\boldsymbol{x})=\frac{1}{\sqrt{n!}}\mathrm{e}^{-\frac{x^2}{2\sigma}}\boldsymbol{x}^n,\quad n\geqslant 0 \tag{6.21}$$

5. 指数核函数

$$\mathcal{K}(\boldsymbol{x}_i,\boldsymbol{x}_j)=\exp\left(-\frac{\|\boldsymbol{x}_i-\boldsymbol{x}_j\|}{2\sigma^2}\right),\quad \sigma>0 \tag{6.22}$$

6. 拉普拉斯核函数

$$\mathcal{K}(\boldsymbol{x}_i,\boldsymbol{x}_j)=\exp\left(-\frac{\|\boldsymbol{x}_i-\boldsymbol{x}_j\|}{\sigma}\right),\quad \sigma>0 \tag{6.23}$$

综上所述：我们可以直接通过原始样本空间内的内积或距离计算核函数 $\mathcal{K}(\boldsymbol{x}_i,\boldsymbol{x}_j)$，不需要“先映射再内积”，从而减少了计算量。

6.2.4 核函数的应用

1. 核主成分分析（KPCA）

在 PCA 算法中，先计算协方差矩阵 $\boldsymbol{\Sigma}=\frac{1}{N}\sum_{n=1}^{N}\boldsymbol{x}_n\boldsymbol{x}_n^{\mathrm{T}}$，设 $\sum_{n=1}^{N}\boldsymbol{x}_n=0$，再计算 $\boldsymbol{\Sigma}$ 的特征值和特征向量。

KPCA 同样需要计算协方差矩阵，不同的是计算经 $\boldsymbol{\phi}(\boldsymbol{x})$ 映射后的协方差矩阵

$$\boldsymbol{\Sigma}=\frac{1}{N}\sum_{n=1}^{N}\boldsymbol{\phi}(\boldsymbol{x}_n)(\boldsymbol{\phi}(\boldsymbol{x}_n))^{\mathrm{T}},\quad 设\sum_{n=1}^{N}\boldsymbol{\phi}(\boldsymbol{x}_n)=0 \tag{6.24}$$

由于很难构建 $\boldsymbol{\phi}(\boldsymbol{x})$，所以 KPCA 通过下述两式分别计算特征值 λ 和特征向量 $\boldsymbol{v}$：

$$\lambda N\boldsymbol{\alpha}=\overline{\boldsymbol{\mathcal{K}}}\boldsymbol{\alpha} \tag{6.25}$$

式中，

$$\overline{\mathcal{K}}=\begin{pmatrix}(\boldsymbol{\phi}(\boldsymbol{x}_1))^{\mathrm{T}}\boldsymbol{\phi}(\boldsymbol{x}_1) & (\boldsymbol{\phi}(\boldsymbol{x}_1))^{\mathrm{T}}\boldsymbol{\phi}(\boldsymbol{x}_2) & \cdots & (\boldsymbol{\phi}(\boldsymbol{x}_1))^{\mathrm{T}}\boldsymbol{\phi}(\boldsymbol{x}_N)\\ (\boldsymbol{\phi}(\boldsymbol{x}_2))^{\mathrm{T}}\boldsymbol{\phi}(\boldsymbol{x}_1) & (\boldsymbol{\phi}(\boldsymbol{x}_2))^{\mathrm{T}}\boldsymbol{\phi}(\boldsymbol{x}_2) & \cdots & (\boldsymbol{\phi}(\boldsymbol{x}_2))^{\mathrm{T}}\boldsymbol{\phi}(\boldsymbol{x}_N)\\ \vdots & \vdots & & \vdots\\ (\boldsymbol{\phi}(\boldsymbol{x}_N))^{\mathrm{T}}\boldsymbol{\phi}(\boldsymbol{x}_1) & (\boldsymbol{\phi}(\boldsymbol{x}_N))^{\mathrm{T}}\boldsymbol{\phi}(\boldsymbol{x}_2) & \cdots & (\boldsymbol{\phi}(\boldsymbol{x}_N))^{\mathrm{T}}\boldsymbol{\phi}(\boldsymbol{x}_N)\end{pmatrix},\quad \boldsymbol{\alpha}=\begin{pmatrix}\alpha_1\\ \alpha_2\\ \vdots\\ \alpha_N\end{pmatrix}$$

$$\boldsymbol{v}=\sum_{n=1}^{N}\alpha_n\boldsymbol{\phi}(\boldsymbol{x}_n) \tag{6.26}$$

实际上，即便原始向量经零初始化处理，也不能确保 $\sum_{n=1}^{N}\boldsymbol{\phi}(\boldsymbol{x}_n)=0$。

$$\overline{\mathcal{K}}(\boldsymbol{x}_i,\boldsymbol{x}_j)=(\boldsymbol{\phi}(\boldsymbol{x}_i))^{\mathrm{T}}\boldsymbol{\phi}(\boldsymbol{x}_j)=\mathcal{K}_{i,j}-I_N\mathcal{K}_{i,j}-\mathcal{K}_{i,j}I_N+I_N\mathcal{K}_{i,j}I_N \tag{6.27}$$

式中，$\mathcal{K}_{i,j}=\mathcal{K}(\boldsymbol{x}_i,\boldsymbol{x}_j)=(\boldsymbol{\varphi}(\boldsymbol{x}_i))^{\mathrm{T}}\boldsymbol{\varphi}(\boldsymbol{x}_j)$，$I_N=\frac{1}{N}|\boldsymbol{I}|$。

根据式（6.26）求出特征向量 $\boldsymbol{\alpha}$ 和特征值 λ 后，还需对 $\boldsymbol{\alpha}$ 进行归一化，以便 $\|\boldsymbol{v}\|^2=1$，即

$$\begin{aligned}\langle\boldsymbol{v},\boldsymbol{v}\rangle&=\left(\sum_{n=1}^{N}\alpha_n\boldsymbol{\phi}(\boldsymbol{x}_n)\right)^{\mathrm{T}}\left(\sum_{k=1}^{N}\alpha_k\boldsymbol{\phi}(\boldsymbol{x}_k)\right)=\sum_{n=1}^{N}\sum_{k=1}^{N}\alpha_n\alpha_k(\boldsymbol{\phi}(\boldsymbol{x}_n))^{\mathrm{T}}\boldsymbol{\phi}(\boldsymbol{x}_k)=\sum_{n=1}^{N}\sum_{k=1}^{N}\alpha_n\alpha_k\overline{\mathcal{K}}(\boldsymbol{x}_i,\boldsymbol{x}_j)\\&=\boldsymbol{\alpha}^{\mathrm{T}}\overline{\boldsymbol{\mathcal{K}}}\boldsymbol{\alpha}=\lambda\boldsymbol{\alpha}^{\mathrm{T}}\boldsymbol{\alpha}=1\end{aligned}$$

从而可得

$$\boldsymbol{\alpha}\leftarrow\frac{1}{\sqrt{\lambda}}\boldsymbol{\alpha} \tag{6.28}$$

2. 核支持向量机（KSVM）

由上一章中的 SVM，已有

$$\max_{\lambda}\sum_{n=1}^{N}\lambda_n-\frac{1}{2}\sum_{n=1}^{N}\sum_{m=1}^{N}\lambda_n\lambda_m y_n y_m\boldsymbol{x}_m^{\mathrm{T}}\boldsymbol{x}_n$$

$$\text{s. t.}\left(0\leqslant\lambda_n,\sum_{n=1}^{N}\lambda_n y_n=0\right)$$

用 $\mathcal{K}(\boldsymbol{x}_m,\boldsymbol{x}_n)$ 替换原有内积 $\langle\boldsymbol{x}_m,\boldsymbol{x}_n\rangle=\boldsymbol{x}_m^{\mathrm{T}}\boldsymbol{x}_n$，对偶问题的目标函数成为

$$\begin{cases}\max\limits_{\lambda}\sum\limits_{n=1}^{N}\lambda_n-\dfrac{1}{2}\sum\limits_{n=1}^{N}\sum\limits_{m=1}^{N}\lambda_n\lambda_m y_n y_m\mathcal{K}(\boldsymbol{x}_m,\boldsymbol{x}_n)\\ \text{s. t.}\left(0\leqslant\lambda_n,\sum\limits_{n=1}^{N}\lambda_n y_n=0\right)\end{cases} \tag{6.29}$$

求得 $\lambda_n,n=1,2,\cdots,N$ 后，选择 K 个 $\lambda_n>0$，得

$$\boldsymbol{w}=\sum_{k=1}^{K}\lambda_k y_k(\boldsymbol{\phi}(\boldsymbol{x}_k))^{\mathrm{T}},\quad \lambda_k\neq 0,K\leqslant N \tag{6.30}$$

$$b=y_l-\boldsymbol{w}\boldsymbol{\phi}(\boldsymbol{x}_l)=y_l-\sum_{k=1}^{K}\lambda_k y_k\mathcal{K}(\boldsymbol{x}_k,\boldsymbol{x}_l),\quad \lambda_k\neq 0 \tag{6.31}$$

最后，获得超平面的表达式

$$f(\boldsymbol{x})=\boldsymbol{w}\boldsymbol{\phi}(\boldsymbol{x})+b=\sum_{n=1}^{N}\lambda_n y_n\mathcal{K}(\boldsymbol{x}_n,\boldsymbol{x})+b \tag{6.32}$$

称式（6.32）为**支持向量拓展式**（Support Vector Expansion）。

6.3 小结与拓展

现今处理非线性不可分问题有本章介绍的核技巧，还有后续章节介绍的人工神经网络。本章重点介绍了核技巧，其基本思路是：将低维不可分问题非线性映射到高维空间，以求在高维空间采用线性可分算法。

核技巧引入 PCA 和 SVM 后成功建立了核主成分分析和核支持向量机，核函数的选择是其关键。相对于传统单核 SVM 不能满足数据异构和特征规模巨大等实际需要，多核学习（Multiple Kernel Learning）算法也相继被提出。在多核映射下，高维空间成为由多个特征空间组合而成的组合空间，各个核函数从不同角度进行映射，从而让数据得到更加准确的表征。目前，主流多核组合方式有合成核、多尺度核和无限核。

实验六：非线性模型实验

扫码看视频

1. 实验目的

1.1 了解 Scikit-learn 提供的非线性模型相关函数；

1.2 掌握采用 Python 对非线性模型回归和分类的编程技巧。

2. 实验环境

平台：Windows/Linux；编程语言：Python。

3. 实验内容

3.1 非线性模型回归实验；

3.2 PCA 和 KPCA 实验；

3.3 LDA 和 QDA 实验；

3.4 SVM 和 KSVM 实验。

4. 实验步骤

4.1 非线性模型回归实验

随机生成一组二维数据，然后编程实现二次函数或三次函数进行回归。

4.2 PCA 和 KPCA 实验

首先，生成两组圆环分布的线性不可分数据，一组为训练集，另一组为测试集。图 6-3 所示的黑色点和灰色点分别表示两类数据，黑色点分布在外圆环，灰色点分布在内圆环。黑色类包围灰色类，这两类数据不具备线性可分性。

然后，分别定义两个函数 PCA 和 KPCA，其参数设置见代码 6.1。

最后，用训练集训练模型（PCA 和 KPCA），并用训练好的模型分别对测试数据进行投影。显然通过 KPCA 投影的数据分布情况，黑色点集中在左下角，灰色点仍分布为圆环，但是两类已经不再是黑色圆环包围灰色圆环，已经具备线性可分性。

sklearn. decomposition. **KernelPCA**(*n_components = None*, *, *kernel = 'linear'*, *gamma = None*, *degree = 3*, *coef0 = 1*, *kernel_params = None*, *alpha = 1. 0*, *fit_inverse_transform = False*, *eigen_solver = 'auto'*, *tol = 0*, *max_iter = None*, *iterated_power = 'auto'*, *remove_zero_eig = False*, *random_state = None*, *copy_X = True*, *n_jobs = None*)

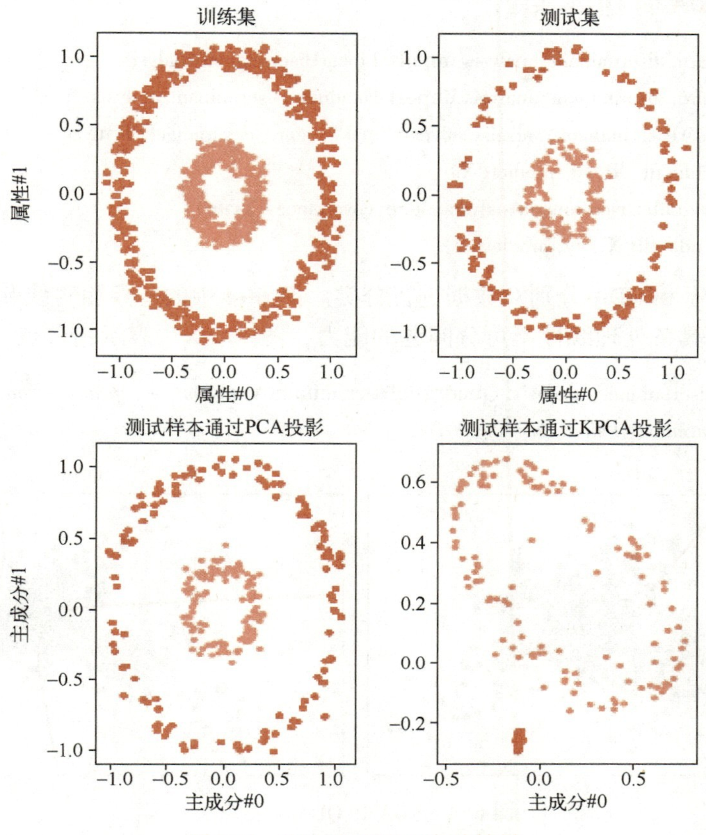

图 6-3　PCA 和 KPCA 实验结果

代码 6.1　PCA 和 KPCA 实验

```
from sklearn.datasets import make_circles
from sklearn.model_selection import train_test_split
X, y = make_circles(n_samples=1_000, factor=0.3, noise=0.05, random_state=0) # 生成数据
X_train, X_test, y_train, y_test = train_test_split(X, y, stratify=y, random_state=0) # 拆分数据集
from sklearn.decomposition import PCA, KernelPCA
pca = PCA(n_components=2)                # 定义PCA 函数
kernel_pca = KernelPCA( n_components=None, kernel="rbf", gamma=10, fit_inverse_transform=
True, alpha=0.1)                # 定义KPCA 函数
X_test_pca = pca.fit(X_train).transform(X_test)
X_test_kernel_pca = kernel_pca.fit(X_train).transform(X_test)
```

4.3　LDA 和 QDA 实验

LDA 和 QDA 实验参考程序代码见代码 6.2。

首先，用 np.dot(np.random.randn(200, 2), C)生成 200 个二维数据，C 为协方差矩阵。本实验，两类数据的协方差矩阵分别为$\begin{pmatrix} 0 & -2 \\ 2.5 & 3 \end{pmatrix}$和$\begin{pmatrix} 0 & 2.5 \\ -2 & 3 \end{pmatrix}$。

代码 6.2 LDA 和 QDA 实验

```
from sklearn.discriminant_analysis import LinearDiscriminantAnalysis
from sklearn.discriminant_analysis import QuadraticDiscriminantAnalysis
lda = LinearDiscriminantAnalysis(solver="svd", store_covariance=True)
y_pred = lda.fit(X, y).predict(X)
qda = QuadraticDiscriminantAnalysis(store_covariance=True)
y_pred = qda.fit(X, y).predict(X)
```

然后，用 LDA 和 QDA 分别对数据进行分类。**图 6-4** 中的一条粗直线和两条粗曲线为分界线，显然 QDA 具备处理线性不可分问题的能力，图中“×”表示错分点。

sklearn.discriminant_analysis.**QuadraticDiscriminantAnalysis**(*, *priors = None*, *reg_param = 0.0*, *store_covariance = False*, *tol = 0.0001*)

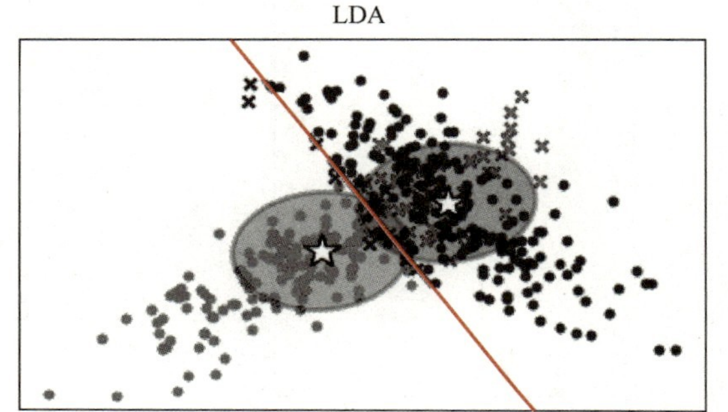

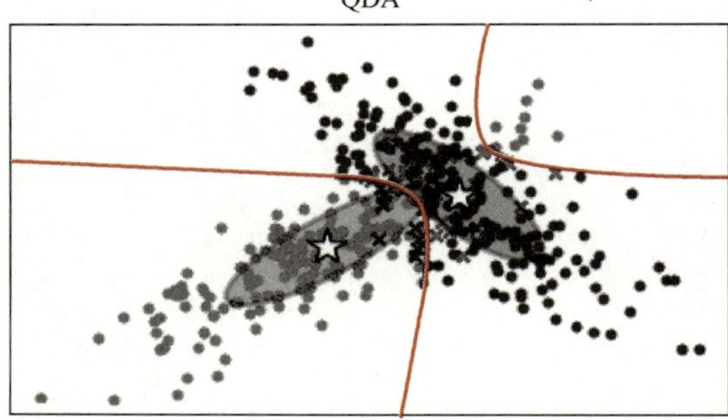

图 6-4 LDA 和 QDA 实验结果

4.4 SVM 和 KSVM 分类实验

SVM 和 KSVM 分类实验参考代码见**代码 6.3**。

首先，产生类别异或分布的二维数据 300 个，即分布对角为同一类，如**图 6-5** 所示。然后，建立核为 **rbf** 的 **KSVM** 的分类器，进行分离。

sklearn.svm.**SVC**(*, *C = 1.0*, *kernel = 'rbf'*, *degree = 3*, *gamma = 'scale'*, *coef0 = 0.0*, *shrinking = True*, *probability = False*, *tol = 0.001*, *cache_size = 200*, *class_weight = None*, *verbose = False*, *max_iter = -1*, *decision_function_shape = 'ovr'*, *break_ties = False*, *random_state = None*)

kernel *{'linear', 'poly', 'rbf', 'sigmoid', 'precomputed'} or callable*, ***default = 'rbf'***

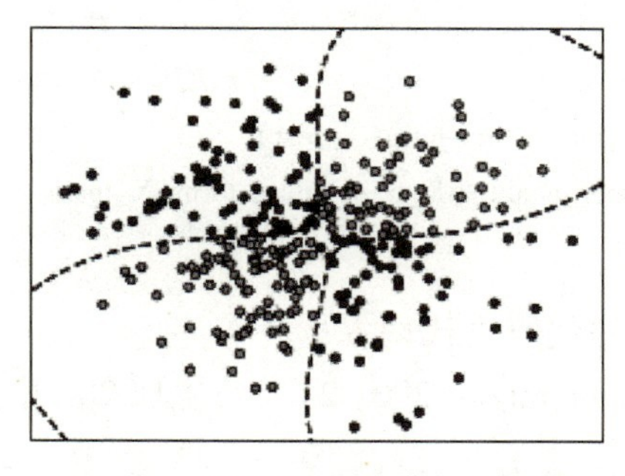

图 6-5 SVM 和 KSVM 分类实验

代码 6.3 SVM 和 KSVM 分类实验

```
import numpy as np
import matplotlib.pyplot as plt
from sklearn import svm
xx, yy = np.meshgrid(np.linspace(-3, 3, 500), np.linspace(-3, 3, 500))
X = np.random.randn(300, 2)
Y = np.logical_xor(X[:, 0] >0, X[:, 1] >0)             # 形成异或类别分布数据
clf = svm.SVC(gamma="auto")                           # 定义 KSVM, default='rbf'
clf.fit(X, Y)
Z = clf.decision_function(np.c_[xx.ravel(), yy.ravel()])
Z = Z.reshape(xx.shape)
contours = plt.contour(xx, yy, Z, levels=[0], linewidths=2, linestyles="dashed")
plt.scatter(X[:, 0], X[:, 1], s=30, c=Y, cmap=plt.cm.Paired, edgecolors="k")
```

习题

1. 试证明：$\lambda N\boldsymbol{\alpha}=\overline{\mathcal{K}}\,\boldsymbol{\alpha}$。
2. 试证明：

$$\overline{\mathcal{K}}(\boldsymbol{x}_i,\boldsymbol{x}_j)=(\boldsymbol{\phi}(\boldsymbol{x}_i))^{\mathrm{T}}\boldsymbol{\phi}(\boldsymbol{x}_j)=\mathcal{K}_{i,j}-I_N\mathcal{K}_{i,j}-\mathcal{K}_{i,j}I_N+I_N\mathcal{K}_{i,j}I_N$$

3. 试证明：$\mathcal{K}(\boldsymbol{x}_i,\boldsymbol{x}_j)=\exp\left(-\dfrac{\|\boldsymbol{x}_i-\boldsymbol{x}_j\|^2}{2\sigma^2}\right)=\exp\left(-\dfrac{\boldsymbol{x}_i\cdot\boldsymbol{x}_j}{2\sigma^2}\right)$，$\sigma>0$。
4. 证明式（6.17）：

$$\boldsymbol{\phi}(\boldsymbol{x}_i)=(1,\sqrt{2}x_{1,i},\sqrt{2}x_{i,2},\cdots,\sqrt{2}x_{d,i},\sqrt{2}x_{2,i}x_{1,i},\sqrt{2}x_{3,i}x_{1,i},\sqrt{2}x_{3,i}x_{2,i},\cdots,$$
$$\sqrt{2}x_{d-1,i}x_{d-2,i},\sqrt{2}x_{d,i}x_{1,i},\cdots,\sqrt{2}x_{d,i}x_{d-1,i},x_{1,i}^2,x_{2,i}^2,\cdots,x_{d,i}^2)^{\mathrm{T}}$$

5. 证明：核函数是正定函数，即 $\forall n\in\boldsymbol{N}$，$\boldsymbol{\alpha}=\{\alpha_1,\alpha_2\cdots,\alpha_n\}\in\mathbf{R}^n$，存在

$$\sum_{i=1}^{n}\sum_{j=1}^{n}\alpha_i\alpha_j\mathcal{K}(\boldsymbol{x}_i,\boldsymbol{x}_j)\geqslant 0$$

参考文献

[1] ZHIHUA Z. A Brief Introduction to Weakly Supervised Learning [J]. National Science Review, 2018, 5: 44-53.

[2] 于剑．机器学习——从公理到算法 [M]. 北京：清华大学出版社，2017.

[3] BEMHARD E B, ISABELLE G, VLADIMIR N V. A Training Algorithm for Optimal Margin Classifers [C]//Proceedings of the 5th Annual Workshop on Computational Learning Theory. Pittsburgh, PA: ACM, 1996.

[4] GRETTON A. Introduction to RKHS, and Some Simple Kernel Algorithms [R/OL]. [2024-03-23]. https://www.gatsby.ucl.ac.uk1~gretton/coursefiles/lecture4-intro TORKHS.pdf.

第 7 章　集 成 学 习

集成学习（Ensemble Learning）是由 Dasarathy 和 Sheela 于 1979 年首次提出的：首先构建多个**学习算法**(又称为**基学习**或**弱分类器**等)，然后将所有**学习算法**集成起来提升整个模型泛化能力等性能，如**图 7-1** 所示。集成学习包括了决策树、随机森林和自适应助推等算法，算法之间的主要区别在于个体学习算法的训练数据不同、形成个体学习算法的过程不同和个体学习算法的组合方式不同。集成学习属于监督学习。集成学习体现了一个歇后语：**三个臭皮匠顶个诸葛亮**。

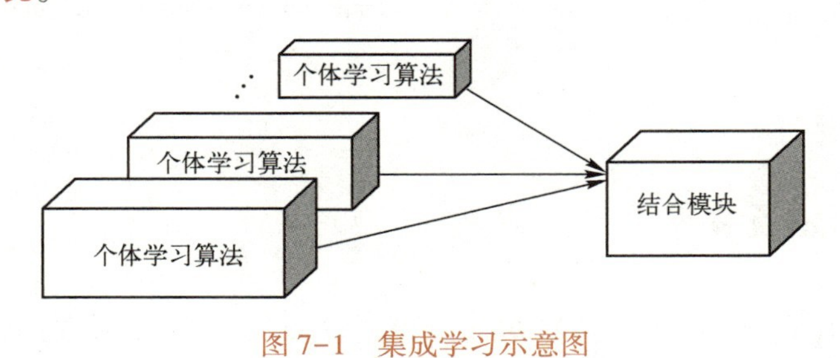

图 7-1　集成学习示意图

本章思维导图为：

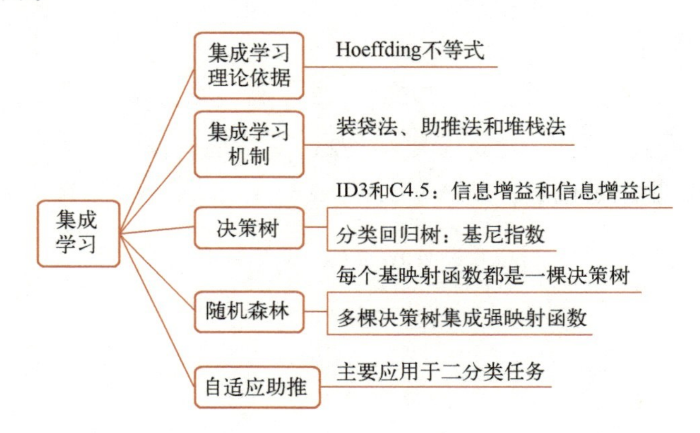

7.1　集成学习理论依据

个体学习算法通常采用现成学习算法。集成学习可以分为同质集成和异质集成两种。同质集成（Homogeneous）指个体学习算法全是同一类，比如都为神经网络。异质集成（Heterogeneous）则指个体学习算法中有不同类型。

定理 7.1（Hoeffding 不等式）　设 $Z_1, Z_2, \cdots, Z_n$ 为独立有界随机变量，且 $Z_i \in [a, b]$，$-\infty < a \leqslant b < +\infty$，那么，

$$\begin{cases} P\left(\frac{1}{n}\sum_{i=1}^{n}(Z_i - \boldsymbol{E}(Z_i)) \geqslant t\right) \leqslant \exp\left(-\frac{2nt^2}{(b-a)^2}\right), \\ P\left(\frac{1}{n}\sum_{i=1}^{n}(Z_i - \boldsymbol{E}(Z_i)) \leqslant -t\right) \leqslant \exp\left(-\frac{2nt^2}{(b-a)^2}\right), \end{cases} \quad t \geqslant 0$$

Hoeffding 不等式推论： 如果令 $Z=Z_1+Z_2+\cdots+Z_T$，且 $Z_i \in [-1,1]$，则可变形为

$$P((Z-\boldsymbol{E}(Z)) \leqslant -Tt) \leqslant \exp\left(-\frac{Tt^2}{2}\right) \tag{7.1}$$

假设有 T 个个体分类算法，用 $f_i(\boldsymbol{x};\boldsymbol{\theta})$ 表示第 i 个个体分类模型，$i=1,2,\cdots,T;T=2K+1$，K 为自然数。每个模型的预测标签值 $y \in \{-1,1\}$，它们的错误率相互独立，则

$$P(f_i(\boldsymbol{x};\boldsymbol{\theta}) \neq y) = \epsilon \tag{7.2}$$

将 T 个个体分类器组合成集成分类器，即

$$H(\boldsymbol{x};\boldsymbol{\theta}) = \operatorname{sign}\left(\sum_{i=1}^{T} f_i(\boldsymbol{x};\boldsymbol{\theta})\right) \tag{7.3}$$

式中，$\operatorname{sign}(\cdot)$ 为符号函数，集成分类器的标签 $y \in \{-1,1\}$，正确分类的概率是 $(1-\varepsilon)$。式（7.3）的实际集成效果体现了“少数服从多数”原则。

如果正确分类的个体分类器数量 k 超过一半，即 $k \geqslant K+1$，那么集成分类器分类正确；如果 $k \leqslant K$，则集成分类器分类错误，其错分概率为

$$P(H(\boldsymbol{x};\boldsymbol{\theta}) \neq y) = \sum_{k=0}^{K}(1-\varepsilon)^k \varepsilon^{T-k} \tag{7.4}$$

假设 X 为 T 个相互独立的个体分类器分类正确的次数。显然，在二分类应用中，X 是一个服从二项分布（或 n 重伯努利分布）的随机变量，所以，$X \sim B(T,1-\varepsilon)$，因此

$$\boldsymbol{E}(X) = (1-\varepsilon)T$$

$$\begin{aligned} P(H(\boldsymbol{x};\boldsymbol{\theta}) \neq y) &= P(X \leqslant K) = P(X-(1-\varepsilon)T \leqslant K-(1-\varepsilon)T) & ① \\ &= P\left(X-(1-\varepsilon)T \leqslant \frac{T-1}{2}-(1-\varepsilon)T\right) \\ &= P\left(X-(1-\varepsilon)T \leqslant \frac{T}{2}-(1-\varepsilon)T-\frac{1}{2}\right) & ② \\ &\leqslant P\left(X-(1-\varepsilon)T \leqslant \frac{T}{2}-(1-\varepsilon)T\right) \\ &= P\left(X-\boldsymbol{E}(X) \leqslant -\frac{T}{2}(1-2\varepsilon)\right) & ③ \\ &\leqslant \exp\left(-\frac{1}{2}T(1-2\varepsilon)^2\right) & ④ \end{aligned}$$

解释：①在 $X \leqslant K$ 两边同减 $(1-\varepsilon)T$，其目的是应用推论式（7.1）。

②朝着推论演进，②→③不等式缩放。

④设式（7.1）中 $t=(1-2\varepsilon)/2$，根据推论进行转换，得

$$P(H(\boldsymbol{x};\boldsymbol{\theta}) \neq y) \leqslant \exp\left(-\frac{1}{2}T(1-2\varepsilon)^2\right) \tag{7.5}$$

所以，集成学习的错误率 $P(H(\boldsymbol{x};\boldsymbol{\theta}) \neq y)$ 随个体分类器模型数量 T 的增大呈指数级下降，最终趋向于零。正如：学生对教师教学水平的独立评价，参加者越多，评价越客观公正。

7.2 集成学习机制

集成学习机制主要有装袋法（Bagging）、助推法（Boosting）和堆栈法（Stacking）三类。

1. 装袋法

装袋法（Bagging）是由 Leo Breiman 提出的学习机制："一视同仁"，每次被选取的样本赋予相同权重，所有模型有相同投票权；采用某种组合策略确定最终结果。装袋法如图 7-2 所示。

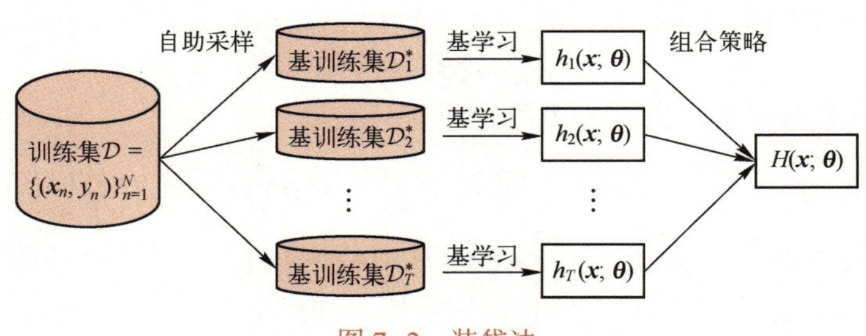

图 7-2 装袋法

首先，对训练集 $\mathcal{D}=\{(\boldsymbol{x}_n,y_n),n=1,2,\cdots,N\}$，采用自助采样法（Bootstrap Sampling）将训练集 $\mathcal{D}$ 分袋装成 T 个基训练集 $\mathcal{D}_t^*,t=1,2,\cdots,T$。自助采样法每次从训练集 $\mathcal{D}$ 随机抽取一个样本，然后放回去再抽取，即"随机有放回"。如此重复 M 次，构建一个大小为 M 的新训练集 $\mathcal{D}^*$，$M\leqslant N$。

然后，用每个 $\mathcal{D}_t^*$ 训练一个基映射函数 $h_t(\boldsymbol{x};\boldsymbol{\theta})$。

最后，将所有基映射函数组合成最终映射函数。

每次自助采样时，只有大约 63.2%的样本被用作训练分类器，还有 36.8%的样本被用作验证集。用验证集对每个基分类器的泛化性能进行评估，这种评估称为袋外估计（Out-of-lag Estimate）。

随机森林是装袋法。

组合策略：回归任务通常采用平均；分类任务主要采用投票。

2. 助推法

助推法（Boosting）采用级联方式，前级基学习指导后级基学习，后级基学习重视前级的错分样本，并给予错分样本较大权重，"前人栽树后人乘凉"。如图 7-3 所示，助推法过程如下：

首先，根据初始权重$\mathcal{W}_1$调整训练集 $\mathcal{D}$ 中的样本分布获得基训练集 $\mathcal{D}_1^*$，并训练第 1 个弱分类器 $h_1(\boldsymbol{x};\boldsymbol{\theta}_1)$；然后，根据弱分类器 $h_1(\boldsymbol{x};\boldsymbol{\theta}_1)$性能更新权重$\mathcal{W}_2$，增大被错误分类样本的权重而减少正确分类样本的权重，以便错分样本在后续训练过程中受到更多关注。用调整样本分布后的基训练集 $\mathcal{D}_2^*$ 训练第 2 个弱分类器 $h_2(\boldsymbol{x};\boldsymbol{\theta}_2)$；如此重复 T 次，获得 T 个弱分类器；最后，将 T 个弱分类器进行加权结合。

在助推法中，需要确定每一轮训练数据的权重或概率分布，将在后续章节介绍。

Boosting 典型算法包括 AdaBoost、梯度提升决策树（GBDT）、XGBoost 和 LightGBM 等。

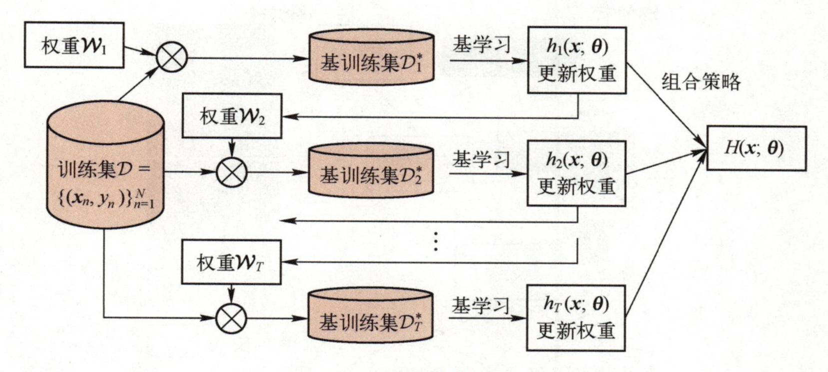

图 7-3　助推法学习机制

3. 堆栈法

堆栈法（Stacking）学习：先从初始数据集 $\mathcal{D}_1^*=\mathcal{D}$ 训练出第 1 级 T 个分类器 $h_{1,t}(\boldsymbol{x};\boldsymbol{\theta})$，$t=1,2,\cdots,T$，然后用这级分类器“生成”新训练集 $\mathcal{D}_2^*$，并用 $\mathcal{D}_2^*$ 训练第 2 级分类器 $h_{2,t}(\boldsymbol{x};\boldsymbol{\theta})$。$\mathcal{D}_1^*$ 和 $\mathcal{D}_2^*$ 样本一一对应，而且标签与原始数据集标签一致。如此重复，直到满足需求。**图 7-4** 显示了二级堆栈学习过程。

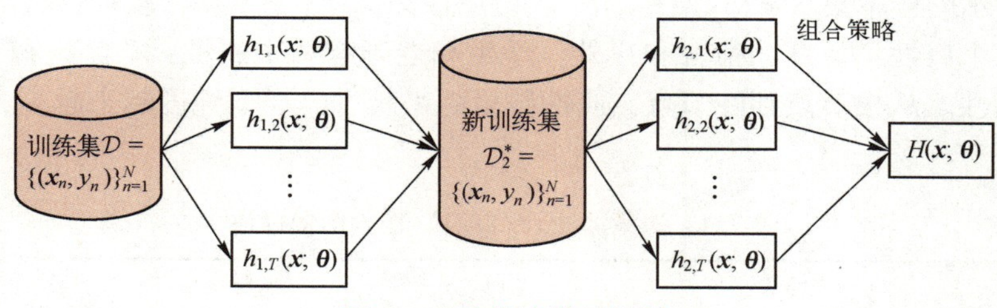

图 7-4　堆栈法学习机制

7.3　决策树

扫码看视频

决策树（Decision Tree，DT）是一种具有树形结构的非参数监督学习，可用于分类和回归。Hunt 等人于 1966 年提出的 Hunt 算法是一种采用局部最优策略构建决策树的算法，是许多决策树算法（ID3、C4.5 和 CART 等）的基础。

7.3.1　什么是决策树

图 7-5 所示是一棵实现图像分类的决策树。该决策树的任务是对输入图像决策为“上课”还是“自习”类型。决策过程如下：当输入图像后，首先在根节点根据“黑板”“课桌”等**视觉属性**（Visual Attributes）的测度值判断图像所处**场景**。如果场景是教室，决策过程进入“有学生?”的内部节点；在这里，根据关于“学生”视觉属性的测度值，判断该输入图像是否有学生。如果教室里有学生，决策过程转入“有老师?”的内部节点；如果判断出教室里有老师，此时决策过程再深入到一个叶节点“老师在教室上课”的叶节点；如果没有老师，决策过程则进入“学生在教室自习”的叶节点。至此，决策过程完成。

在树形结构图中，只有输出没有输入的节点称为**根节点**，位于树的顶端；既有输入又有

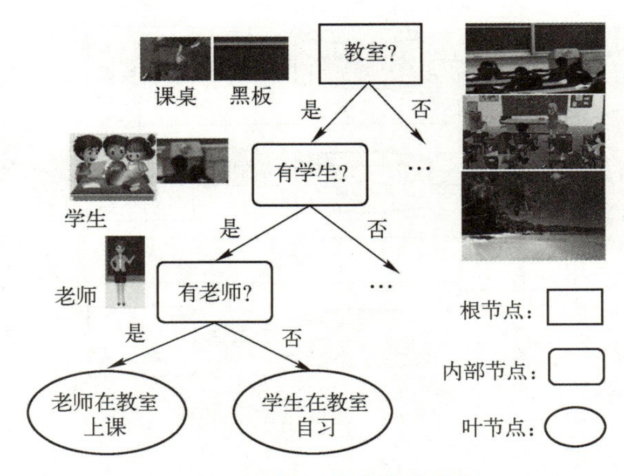

图 7-5　一棵图像分类决策树

输出的节点称为**中间节点**；只有输入没有输出的节点称为**叶节点**，叶节点代表了对样本数据的决策类别，即决策结果。

根节点和中间节点都有属性与之对应，并由属性决策该节点的输出分支。

表 7.1 所示的样本集 $\mathcal{D}=\{1,2,\cdots,15\}$，设属性集 $\boldsymbol{\mathcal{A}}=\{$场景$:A_1,$教师$:A_2,$学生$:A_3\}$，其中，场景有三个属性：教室、宿舍和户外，学生和老师有两个属性："有" 和 "无"。根节点包含所有属性。从根节点到叶节点，属性数量越来越少，样本纯度越来越高，其路径形成属性序列。

表 7.1　决策"上课/自习"输入图像标注

序号	场景	老师	学生	上课/自习
1	教室	有	有	上课
2	教室	有	有	上课
3	教室	有	无	上课
4	教室	有	有	上课
5	教室	有	有	上课
6	教室	无	有	自习
7	教室	无	有	自习
8	宿舍	有	有	自习
9	宿舍	无	有	自习
10	宿舍	有	有	上课
11	户外	有	有	上课
12	户外	有	有	上课
13	户外	有	无	自习
14	户外	无	有	自习
15	户外	无	有	自习

7.3.2　ID3 和 C4.5

决策树学习的目的是产生一棵泛化能力强的决策树。

第 3 代迭代二叉树（Iterative Dichotomiser 3，ID3）是由 Ross Quinlan 提出的一种决策树学习算法。C4.5 算法与 ID3 整体结构基本一样，都采用自顶向下的**贪婪搜索遍历**所有可能的决策树空间；二者不同的是：在划分分支选择最优属性时，ID3 选择**信息增益**最高的属性，而 C4.5 采用**信息增益比**最高的属性。它们的伪代码参见算法 7.1。

算法 7.1　ID3 和 C4.5

输入：　训练集 $\mathcal{D}$，属性集 $\mathcal{A}$ 和阈值 ϵ

过程：
1. $DT(D,\boldsymbol{\mathcal{A}})$
2. 创建节点 $\mathcal{N}$
3. *if* $\mathcal{D}$ 中所有样本属于同一类输出 C_k，　　　　# 不需要划分
   将 $\mathcal{N}$ 设为叶节点，并标记为 C_k，返回单节点树 DT
4. *elseif* $\boldsymbol{\mathcal{A}}=\varnothing$，或 $\mathcal{D}$ 中样本具有相同属性值，　　　　# 没办法划分
   将 $\mathcal{N}$ 设为叶节点，并标记为占 $\mathcal{D}$ 中样本数最多的类，返回单节点树 DT
5. *else*
   计算**信息增益**或**信息增益比**，从 $\boldsymbol{\mathcal{A}}$ 选择**最优划分**属性 $\boldsymbol{\mathcal{A}}_i$　　①
   （1）*if* 信息增益或信息增益比小于阈值 ϵ，
   将 $\mathcal{N}$ 设为叶节点，并标记为占 $\mathcal{D}$ 中样本数最多的类，
   返回单节点树 DT
   （2）*else*
   对 $\mathcal{A}_i$ 中每一个 a_j，将 D 分割成 k 个非空子集 $\mathcal{D}_j$，并建立相应子节点 n_j，将该节点标记为 $\mathcal{D}_j$ 样本最多的类。由 $\mathcal{N}$ 和 $n_j,j=1,2,\cdots,k$ 构成树，返回 DT
   （3）*end*
6. *end*
7. 对第 j 个子节点，以 $\mathcal{D}_j$ 为训练集，以属性集 $\boldsymbol{\mathcal{A}}\setminus\mathcal{A}_i$，递归调用 1~6，返回子树 $DT_j(\mathcal{D}_j,\boldsymbol{\mathcal{A}}\setminus\mathcal{A}_i)$

输出：　一棵以 $\boldsymbol{\mathcal{N}}$ 为根节点的决策树 $DT(\mathcal{D},\boldsymbol{\mathcal{A}})$

算法 7.1 所示伪代码的注释①是决策树生成的关键，在这一行需要利用最优属性对样本集 $\mathcal{D}$ 进行决策划分样本子集 $\mathcal{D}_i$。那么，如何衡量最优属性？

1. 纯度和信息熵

学习过程中，每个节点都需要决定是否需要输出。如果节点的样本属于同一类，即节点样本**纯度**高，毫无疑问该节点不再需要产生输出分支；如果该节点样本分属于不同类，即节点样本**纯度**低，则有必要让该节点产生输出分支。

那么，如何来衡量纯度（Purity）？

设某节点的训练集 $\mathcal{D}$ 包含 K 类样本，$\mathcal{Y}\in\{1,2,\cdots,K\}$，该节点的类概率分布为 $\{p_k,k=1,2,\cdots,K\}$，则该节点的样本纯度 Purity($\mathcal{D}$) 用**信息熵** $H(\mathcal{D})$ 来衡量，即

$$\text{Purity}(\mathcal{D})=H(\mathcal{D})=-\sum_{k=1}^{K}p_k\log_2(p_k) \tag{7.6}$$

信息熵是衡量随机变量不确定性的度量：随机变量越不确定，信息熵越大。所以，样本集中的样本越集中于某一类或少数类别，其纯度越高，其信息熵则越小。

例 7.1： 设某属性节点数据集有 4 类样本（$k=1,2,3,4$），我们从下面三种情况分析

纯度。

1）如果每类的概率相等（不确定性较大），即 p_k 都等于 1/4，其纯度为

$$\text{Purity}(\mathcal{D})=-\sum_{k=1}^{4}p_k\log_2(p_k)=-4\times\frac{1}{4}\log_2\left(\frac{1}{4}\right)=2$$

2）如果这 4 类的概率分布为$\{0.02,0.9,0.03,0.05\}$，样本集中在第 2 类，则其纯度为

$$\begin{aligned}\text{Purity}(\mathcal{D})=&-0.02\log_2(0.02)-0.9\log_2(0.9)\\&-0.03\log_2(0.03)-0.05\log_2(0.05)=0.6175\end{aligned}$$

3）如果这 4 类的概率分布为$\{0.00,1.0,0.00,0.00\}$，即所有样本属于同类，纯度为零。

例 7.2：**表 7.1** 所示决策树的数据集 $\mathcal{D}=\{1,2,\cdots,15\}$ 共 15 个输入图像，其中正例“上课”和负例“自习”分别为 8 张和 7 张。那么信息熵为

$$H(\mathcal{D})=-\frac{8}{15}\log_2\left(\frac{8}{15}\right)-\frac{7}{15}\log_2\left(\frac{7}{15}\right)=0.9968$$

设样本集 $\mathcal{D}$ 有 N 个样本数据，属性 A 有 d 个不同测度值$\{a_1,a_2,\cdots,a_d\}$。依据不同属性值，样本集 $\mathcal{D}$ 可以分成 d 个属性样本子集$\{\mathcal{D}_1,\mathcal{D}_2,\cdots,\mathcal{D}_d\}$，子集 $\mathcal{D}_i$对应属性值 a_i。

设 $\mathcal{D}_i$中正类样本和负类样本数量分别为 P_i和 N_i，则**属性样本子集**的**信息熵**为

$$H(\mathcal{D}_i)=-\frac{P_i}{P_i+N_i}\log_2\left(\frac{P_i}{P_i+N_i}\right)-\frac{N_i}{P_i+N_i}\log_2\left(\frac{N_i}{P_i+N_i}\right) \tag{7.7}$$

2. 属性条件熵和固有值

把在给定属性 A 的条件下样本集 $\mathcal{D}$ 的期望信息熵称为**属性条件熵** $H(\mathcal{D}|A)$，表达如下：

$$H(\mathcal{D}|A)=\sum_{i=1}^{d}\frac{P_i+N_i}{N}H(\mathcal{D}_i) \tag{7.8}$$

把属性 A 的 d 个测度值在数据集 $\mathcal{D}$ 的信息熵定义为属性 A 的**固有值（Intrinsic Value, IV）**，表达如下：

$$\text{IV}(A)=-\sum_{i=1}^{d}\frac{P_i+N_i}{N}\log_2\left(\frac{P_i+N_i}{N}\right) \tag{7.9}$$

例 7.3：**表 7.1** 所示分类任务中，我们从下面三种情况分析固有值。

1）如果以场景属性对数据集 $\mathcal{D}$ 进行分割，则可分成三个样本子集，分别记为 $\mathcal{D}_1$、$\mathcal{D}_2$ 和 $\mathcal{D}_3$。每个样本子集列于**表 7.2**，它们的信息熵分别为

$$H(\mathcal{D}_1)=-\frac{5}{7}\log_2\left(\frac{5}{7}\right)-\frac{2}{7}\log_2\left(\frac{2}{7}\right)=0.8631$$

$$H(\mathcal{D}_2)=-\frac{1}{3}\log_2\left(\frac{1}{3}\right)-\frac{2}{3}\log_2\left(\frac{2}{3}\right)=0.9183$$

$$H(\mathcal{D}_3)=-\frac{2}{5}\log_2\left(\frac{2}{5}\right)-\frac{3}{5}\log_2\left(\frac{3}{5}\right)=0.9710$$

表 7.2　属性“场景”样本情况

样本子集	正例	负例	总数
教室：$\mathcal{D}_1$	5	2	7
宿舍：$\mathcal{D}_2$	1	2	3
户外：$\mathcal{D}_3$	2	3	5

“场景”的属性条件熵和固有值分别为

$$H(\mathcal{D}\mid A)=\frac{7}{15}\times 0.8631+\frac{3}{15}\times 0.9183+\frac{5}{15}\times 0.9710=0.9101$$

$$\mathrm{IV}(A)=-\frac{7}{15}\log_2\left(\frac{7}{15}\right)-\frac{3}{15}\log_2\left(\frac{3}{15}\right)-\frac{5}{15}\log_2\left(\frac{5}{15}\right)=1.5058$$

2）如果以教师属性对数据集 $\mathcal{D}$ 进行分割，则可分成两个样本子集，分别记为 $\mathcal{D}_1$ 和 $\mathcal{D}_2$。每个样本子集列于表 7.3，它们的信息熵分别为

$$H(\mathcal{D}_1)=-\frac{8}{10}\log_2\left(\frac{8}{10}\right)-\frac{2}{10}\log_2\left(\frac{2}{10}\right)=0.9219$$

$$H(\mathcal{D}_2)=-\frac{0}{5}\log_2\left(\frac{0}{5}\right)-\frac{5}{5}\log_2\left(\frac{5}{5}\right)=0$$

$$H(\mathcal{D}\mid A)=\frac{10}{15}\times 0.9219+\frac{5}{15}\times 0.0=0.6146$$

$$\mathrm{IV}(A)=-\frac{10}{15}\log_2\left(\frac{10}{15}\right)-\frac{5}{15}\log_2\left(\frac{5}{15}\right)=0.9183$$

表 7.3　属性“教师”样本情况

样本子集	正　例	负　例	总　数
有：$\mathcal{D}_1$	8	2	10
无：$\mathcal{D}_2$	0	5	5

3）如果以学生属性对数据集 $\mathcal{D}$ 进行分割，则可分成两个样本子集，分别记为 $\mathcal{D}_1$ 和 $\mathcal{D}_2$。每个样本子集列于表 7.4，它们的信息熵分别为

$$H(\mathcal{D}_1)=-\frac{7}{13}\log_2\left(\frac{7}{13}\right)-\frac{6}{13}\log_2\left(\frac{6}{13}\right)=0.9957$$

$$H(\mathcal{D}_2)=-\frac{1}{2}\log_2\left(\frac{1}{2}\right)-\frac{1}{2}\log_2\left(\frac{1}{2}\right)=1$$

$$H(\mathcal{D}\mid A)=\frac{13}{15}\times 0.9957+\frac{2}{15}\times 1=0.9963$$

$$\mathrm{IV}(A)=-\frac{13}{15}\log_2\left(\frac{13}{15}\right)-\frac{2}{15}\log_2\left(\frac{2}{15}\right)=0.5665$$

表 7.4　属性“学生”样本情况

样本子集	正　例	负　例	总　数
有：$\mathcal{D}_1$	7	6	13
无：$\mathcal{D}_2$	1	1	2

通常，属性的取值数目越多，固有值越大。如此例所示：场景属性取值有 3 个，其固有值为 1.5058；学生属性只有 2 个值，其固有值为 0.5665。

3. 信息增益和信息增益比

把样本集 $\mathcal{D}$ 的信息熵 $H(\mathcal{D})$ 与属性条件熵 $H(\mathcal{D}\mid A)$ 之差定义为属性 A 对训练集 $\mathcal{D}$ 的信

息增益 InforGain($\mathcal{D},A$)，即

$$\text{InforGain}(\mathcal{D},A)=H(\mathcal{D})-H(\mathcal{D}\mid A) \tag{7.10}$$

信息增益衡量一个属性 A 对数据集 $\mathcal{D}$ 信息量的贡献。属性 A 的信息增益越大，意味着：当该属性确定后，数据集的信息量变得越小，剩余样本集的纯度越高。

例 7.4：给定属性“场景”后，数据集 $\mathcal{D}$ 的信息增益为

$$\text{InforGain}(\mathcal{D},A)=H(\mathcal{D})-H(\mathcal{D}\mid A)=0.9968-0.9101=0.0867$$

同理，也可以计算出在其他属性给定条件下的信息增益，它们列于表 7.5。

表 7.5　数据集 $\mathcal{D}$ 的信息增益和信息增益比，$H(\mathcal{D})=0.9968$

属性集 $\boldsymbol{\mathcal{A}}$	{场景,	教师,	学生}
属性条件熵	0.9101	0.6146	0.9963
信息增益	0.0867	**0.3822**	0.0005
固有值	1.5058	0.9183	0.5665
信息增益比	0.0576	**0.4162**	0.0009

在 ID3，选择用信息增益最大的属性进行决策树分支划分，即

$$A^*=\arg\max_{A\in\mathcal{A}}\text{InforGain}(\mathcal{D},A) \tag{7.11}$$

在 C4.5，首先计算**信息增益比** InforGainRatio($\mathcal{D},A$)，

$$\text{InforGainRatio}(\mathcal{D},A)=\frac{\text{InforGain}(\mathcal{D},A)}{\text{IV}(A)} \tag{7.12}$$

然后，从属性集 $\mathcal{A}$ 中选择信息增益大于平均值的属性 A 作为候选属性集 $\ddot{\mathcal{A}}$；最后，从候选属性中选择信息增益比最大的属性作为划分依据。即

$$A^*=\arg\max_{A\in\ddot{\mathcal{A}}}\text{InforGainRatio}(\mathcal{D},A) \tag{7.13}$$

样本集 $\mathcal{D}$ 的属性条件熵、信息增益、固有值和信息增益比都列于表 7.5。

例 7.5：根据表 7.5 所示，在样本集 $\mathcal{D}$ 下三个属性 $\boldsymbol{\mathcal{A}}=\{$场景,教师,学生$\}$ 的信息增益平均值为 0.1580。相对于“场景”和“学生”，给定“教师”下信息增益和信息增益比最大。根据 ID3 或 C4.5 样本集划分原则，我们选择“$\mathcal{A}_1=\{$教师$\}$”属性的两个属性值“有，无”将样本集 $\mathcal{D}$ 划分成两个子集：$\mathcal{D}_1=\{1,2,3,4,5,8,10,11,12,13\}$ 和 $\mathcal{D}_2=\{6,7,9,14,15\}$。以样本集 $\mathcal{D}$ 为决策树根节点，通过“是否有教师”来决策根节点的 2 条输出分支。第 2 条分支到 $\mathcal{D}_2$ 节点，由于 $\mathcal{D}_2$ 中所有样本属于同一类“自习”，将 $\mathcal{D}_2$ 节点设为叶节点。

根节点 $\mathcal{D}$ 输出的第 1 条分支到 $\mathcal{D}_1$ 节点，由于 $\mathcal{D}_1$ 既包含“上课”类也包含“自习”类样本，而且属性集非空，$\boldsymbol{\mathcal{A}}=\boldsymbol{\mathcal{A}}\setminus\mathcal{A}_1=\{$场景,学生$\}$，则需要计算在样本子集下的信息增益或信息增益比，其相关数值见表 7.6。

表 7.6　经教师属性分割后数据子集 $\mathcal{D}_1$ 的信息增益和信息增益比，$H(\mathcal{D}_1)=0.7219$

教师：$\mathcal{A}_1$	{场景,	学生}
属性条件熵	0.4755	0.6349
信息增益	**0.2464**	0.0870
固有值	1.4855	0.7219
信息增益比	**0.1658**	0.1205

选择 $\mathcal{A}_2=\{场景\}$ 对 $\mathcal{D}_1$ 进行划分，划分成 3 个子集节点：$\mathcal{D}_{11}$、$\mathcal{D}_{12}$ 和 $\mathcal{D}_{13}$。其中，场景中的教室属性值分支的 $\mathcal{D}_{11}$ 仅包含同一类的样本，所以将 $\mathcal{D}_{11}$ 设为叶节点，其类别为上课。

接下来，根据算法 7.1 对 $\mathcal{D}_{12}$ 和 $\mathcal{D}_{13}$ 继续生成子树。

之后 $\boldsymbol{\mathcal{A}}=\boldsymbol{\mathcal{A}}\setminus\mathcal{A}_2=\{学生\}$。

最后，输出一棵完整决策树，如**图 7-6** 所示。

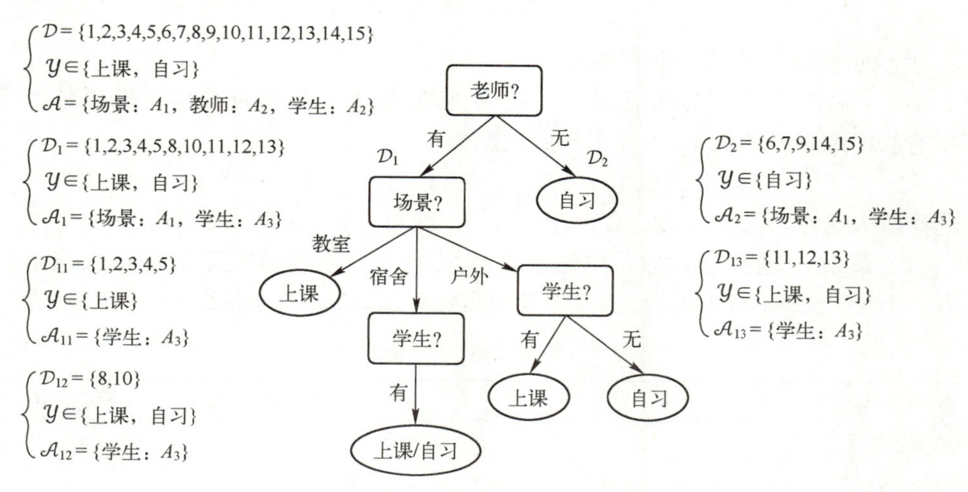

图 7-6　表 7.1 分类任务的完整决策树

7.3.3　分类回归树

1984 年 Breiman 等人提出的分类回归树（Classification and Regression Tree，CART）算法既能分类又可回归。分类树针对于离散目标，而回归树则是针对连续目标。在分类树中，叶节点表示的是对应的类别，而在回归树中叶节点表示的是对应的预测值。在建模分类树时，应选择具有最小 **GINI 指数**的属性进行划分子集，而建模 CART 回归树时，需采用样本**最小误差平方和**。

1. CART 分类树

CART 分类树节点输出分支时用**基尼指数**(Gini Index）进行决策：在所有可能的属性值中，选择基尼指数最小的属性及其对应的切分点作为最优属性和最优切分点。

设样本集 $\mathcal{D}=\{(\boldsymbol{x}_n,y_n),n=1,2,\cdots,N\}$ 包含 K 类样本，$y_n\in\mathcal{Y}=\{1,2,\cdots,K\}$，其类概率分布为 $\{p_k,k=1,2,\cdots,K\}$，则该样本集的**基尼值（Gini value）**定义为

$$\text{Gini}\{\mathcal{D}\}=\sum_{i=1}^{K}p_i(1-p_i)=1-\sum_{i=1}^{K}p_i^2=\sum_{i=1}^{K}\sum_{j\neq i}p_ip_j \tag{7.14}$$

$\text{Gini}\{\mathcal{D}\}$ 衡量了从样本集中随机抽取两个不一样样本的概率，所以基尼值越小，样本集的纯度越高；基尼值越大，样本集中样本的不确定性越大。

对二分类问题，样本集 D 的基尼值为

$$\text{Gini}\{\mathcal{D}\}=2p(1-p) \tag{7.15}$$

设样本的某属性 $\mathcal{A}_i$ 有多个可能取值。当 $\mathcal{A}_i=a$ 时，把样本集 $\mathcal{D}$ 分成 $\mathcal{D}_1$ 和 $\mathcal{D}_2$，两个子集的基尼值分别为 $\text{Gini}\{\mathcal{D}_1\}$ 和 $\text{Gini}\{\mathcal{D}_2\}$。样本集 $\mathcal{D}$ 的**基尼指数**定义为在属性 $\mathcal{A}=a$ 条件下 $\mathcal{D}_i$，$i=1,2$ 的期望基尼值，即

$$\text{GiniIndex}(\mathcal{D} \mid \mathcal{A}=a)=\sum_{i=1}^{2} \frac{|\mathcal{D}_i|}{|\mathcal{D}|}\text{Gini}\{\mathcal{D}_i\} \tag{7.16}$$

式中，$|\mathcal{D}|$表示样本集 $\mathcal{D}$ 中样本的个数。基尼指数越小，不纯度越低，特征也越好。

在划分样本集时，CART 从候选属性集$\boldsymbol{\mathcal{A}}$中选择基尼指数最小的属性，即

$$(\mathcal{A}_i, a_{i,j})=\arg\min_{\substack{\mathcal{A}_i \in \boldsymbol{\mathcal{A}} \\ a_{i,j} \in \mathcal{A}_i}} \text{GiniIndex}(\mathcal{D} \mid \mathcal{A}_i=a_{i,j}) \tag{7.17}$$

式中，$a_{i,j}$表示属性 $\mathcal{A}_i$中的第 j 个属性值。

例 7.6：（强调一下：实际应用不一定要随机抽取）本例为后续随机森林准备，从**表 7.1** 中有放回地随机抽取 15 个样本构成数据集

$$\mathcal{D}=\{1,2,2,4,6,7,7,8,10,11,11,13,14,14,15\}$$

并随机选择两个属性，$\boldsymbol{\mathcal{A}}=\{$场景:$A_1$，老师:$A_2\}$，试画出其 CART 分类树。

解：（1）属性 A_1的基尼指数，根据数据集统计 A_1取不同值时正负样本数列于**表 7.7**。由于 A_1有三个取值，而 CART 树为二叉树，所以需要对 A_1划分成三种情况，见**表 7.8~表 7.10**。

表 7.7　属性“场景”样本情况

样本子集	正　例	负　例	总　数
教室：$\mathcal{D}_1$	5	2	7
宿舍：$\mathcal{D}_2$	0	2	2
户外：$\mathcal{D}_3$	2	4	6

1）$A_{11}=\{$教室,其他$\}$，见**表 7.8**：

表 7.8　属性“场景：教室”样本情况

样本子集	正　例	负　例	总　数
教室：$\mathcal{D}_1$	5	2	7
其他：$\mathcal{D}_2$	2	6	8

$$\text{Gini}\{\mathcal{D}_1\}=1-\left(\frac{5}{7}\right)^2-\left(\frac{2}{7}\right)^2=\frac{20}{49}$$

$$\text{Gini}\{\mathcal{D}_2\}=1-\left(\frac{2}{8}\right)^2-\left(\frac{6}{8}\right)^2=\frac{24}{64}$$

$$\text{GiniIndex}(\mathcal{D} \mid A=A_{11})=\sum_{i=1}^{2}\frac{|\mathcal{D}_i|}{|\mathcal{D}|}\text{Gini}\{\mathcal{D}_i\}=\frac{7}{15}\times\frac{20}{49}+\frac{8}{15}\times\frac{24}{64}=0.390$$

2）$A_{12}=\{$宿舍,其他$\}$，见**表 7.9**：

表 7.9　属性“场景：宿舍”样本情况

样本子集	正　例	负　例	总　数
宿舍：$\mathcal{D}_1$	0	2	2
其他：$\mathcal{D}_2$	5	6	13

$$\text{Gini}\{\mathcal{D}_1\}=1-\left(\frac{0}{2}\right)^2-\left(\frac{2}{2}\right)^2=0$$

$$\mathrm{Gini}\{\mathcal{D}_2\}=1-\left(\frac{5}{13}\right)^2-\left(\frac{6}{13}\right)^2=\frac{108}{169}$$

$$\mathrm{GiniIndex}(\mathcal{D}\mid A=A_{12})=\sum_{i=1}^{2}\frac{|\mathcal{D}_i|}{|\mathcal{D}|}\mathrm{Gini}\{\mathcal{D}_i\}=\frac{2}{15}\times 0+\frac{13}{15}\times\frac{108}{169}=0.554$$

3）$A_{13}=\{$户外,其他$\}$，见表 7.10：

表 7.10 属性“场景：户外”样本情况

样本子集	正例	负例	总数
户外：$\mathcal{D}_1$	2	4	6
其他：$\mathcal{D}_2$	5	4	9

$$\mathrm{Gini}\{\mathcal{D}_1\}=1-\left(\frac{2}{6}\right)^2-\left(\frac{4}{6}\right)^2=\frac{16}{36}$$

$$\mathrm{Gini}\{\mathcal{D}_2\}=1-\left(\frac{5}{9}\right)^2-\left(\frac{4}{9}\right)^2=\frac{40}{81}$$

$$\mathrm{GiniIndex}(\mathcal{D}\mid A=A_{13})=\sum_{i=1}^{2}\frac{|\mathcal{D}_i|}{|\mathcal{D}|}\mathrm{Gini}\{\mathcal{D}_i\}=\frac{6}{15}\times\frac{16}{36}+\frac{9}{15}\times\frac{40}{81}=0.474$$

（2）再计算属性 A_2 的基尼指数，根据数据集统计 A_1 取不同值时正负样本数列于表 7.11。

表 7.11 属性“老师”样本情况

样本子集	正例	负例	总数
有：$\mathcal{D}_1$	7	2	9
无：$\mathcal{D}_2$	0	6	6

$$\mathrm{Gini}\{\mathcal{D}_1\}=1-\left(\frac{7}{9}\right)^2-\left(\frac{2}{9}\right)^2=\frac{28}{81}$$

$$\mathrm{Gini}\{\mathcal{D}_2\}=1-\left(\frac{0}{6}\right)^2-\left(\frac{6}{6}\right)^2=0$$

$$\mathrm{GiniIndex}(\mathcal{D}\mid A=A_2)=\sum_{i=1}^{2}\frac{|\mathcal{D}_i|}{|\mathcal{D}|}\mathrm{Gini}\{\mathcal{D}_i\}=\frac{9}{15}\times\frac{28}{81}+\frac{6}{15}\times 0=0.207$$

（3）比较上述基尼指数，$\mathrm{GiniIndex}(\mathcal{D}\mid A=A_2)=0.207$ 为最小，所以，采用 A_2 作为**根节点**的切分点将 $\mathcal{D}$ 分成两个子集：有老师集 $\mathcal{D}_1$ 和无老师集 $\mathcal{D}_2$。

$$\mathcal{D}_1=\{1,2,2,4,8,10,11,11,13\}$$

$$\mathcal{D}_2=\{6,7,7,14,14,15\}$$

（4）分析 $\mathcal{D}_1$ 和 $\mathcal{D}_2$ 的样本类别，发现 $\mathcal{D}_2$ 中样本全为负例“自习”，所以设 $\mathcal{D}_2$ 为叶节点。而 $\mathcal{D}_1$ 中既有正例又有负例，所以设为**中间节点**。

（5）由于属性“老师”已经使用过，采用属性“场景”对 $\mathcal{D}_1$ 再次切分（见表 7.12～表 7.14）。以“有老师下不同场景”为例，依据求基尼指数公式获得：有老师下在教室、宿舍和户外的基尼指数分别为 0.244，0.302 和 0.333。所以我们选择“有老师下在教室”对 $\mathcal{D}_1$ 进一步切分为 $\mathcal{D}_{11}$ 和 $\mathcal{D}_{12}$。

表 7.12 “有老师下在教室”样本情况

样本子集	正例	负例	总数
教室：$\mathcal{D}_{11}$	4	0	4
其他：$\mathcal{D}_{12}$	3	2	5

表 7.13 “有老师下在宿舍”样本情况

样本子集	正例	负例	总数
宿舍：$\mathcal{D}_{11}$	1	1	2
其他：$\mathcal{D}_{12}$	6	1	7

表 7.14 “有老师下在户外”样本情况

样本子集	正例	负例	总数
户外：$\mathcal{D}_{11}$	2	1	3
其他：$\mathcal{D}_{12}$	5	1	6

$$\mathcal{D}_{11}=\{1,2,2,4\},\mathcal{D}_{12}=\{8,10,11,11,13\}$$

其中，$\mathcal{D}_{11}$中样本全部为“上课”，所以将$\mathcal{D}_{11}$设为叶节点。

如果对$\mathcal{D}_{12}$通过户外和宿舍进行切分，则可切分为$\mathcal{D}_{121}=\{8,10\}$和$\mathcal{D}_{122}=\{11,11,13\}$，即便如此，不能准确划分上课还是自习，将其类别定义为类别样本较多的类。

(6) 至此，所有属性用完，树生长停止。

如果实际应用中遇到属性的取值是连续的，如身高，那么该如何进行切分呢？此时，需将属性值排序，在每两个相邻数值的中间点分别计算基尼指数，从中找出最优切分点。

2. CART 回归树

设训练样本集$\mathcal{D}=\{(\boldsymbol{x}_n,y_n),n=1,2,\cdots,N\}$，$y_n$是连续值。将输入样本对应空间称为输入空间$\mathcal{X}$，假设输入空间被划分为$\mathcal{X}_1,\mathcal{X}_2,\cdots,\mathcal{X}_M$个区域，落入每个区域的样本$\boldsymbol{x}_n$对应一个固定输出值，分别设为$\omega_1,\omega_2,\cdots,\omega_M$，CART 回归树模型表达式为

$$\text{CART}(\boldsymbol{x};\boldsymbol{\theta})=\sum_{m=1}^{M}\omega_m I(\boldsymbol{x}\in\mathcal{X}_m) \tag{7.18}$$

式中，$\boldsymbol{\theta}=\{(\mathcal{X}_m,\omega_m)\}_{m=1}^{M}$为模型参数。

CART 回归树首先判断输入样本$\boldsymbol{x}$所属区域$\mathcal{X}_m$，然后用该区域对应输出值ω_m作为对该样本的预测值。所以，误差平方和定义为

$$E_m=\sum_{\boldsymbol{x}_i\in\mathcal{X}_m}(y_i-\text{CART}(\boldsymbol{x}_i;\boldsymbol{\theta}))^2=\sum_{\boldsymbol{x}_i\in\mathcal{X}_m}(y_i-\omega_m)^2 \tag{7.19}$$

式中，y_i和$\text{CART}(\boldsymbol{x}_i;\boldsymbol{\theta})$分别为样本$\boldsymbol{x}_i$的真实值和对样本$\boldsymbol{x}_i$的预测值$\omega_m$。

在划分子集$\mathcal{X}_m$时，希望误差平方和最小。令$\partial E_m/\partial\omega_m=0$，易得

$$\hat{\omega}_m=\frac{1}{|\mathcal{X}_m|}\sum_{\boldsymbol{x}_i\in\mathcal{X}_m}y_i \tag{7.20}$$

式中，$|\mathcal{X}_m|$表示样本集$\mathcal{D}$中样本落入区域$\mathcal{X}_m$的样本个数。

在学习 CART 回归模型时用预测结果均值作为叶节点，此时子集$\mathcal{X}_m$的预测误差平方和为

$$E_m = \sum_{x_i \in \mathcal{X}_m} (y_i - \hat{\omega}_m)^2 \tag{7.21}$$

同 CART 分类树一样，设样本某属性 $\mathcal{A}_i$ 有多个可能取值。当 $\mathcal{A}_i = a_{i,j}$ 时把输入空间分成 $\mathcal{X}_1$ 和 $\mathcal{X}_2$ 两个区域，定义两个区域分别为

$$\mathcal{X}_1(\mathcal{A}_i = a_{i,j}) = \{\boldsymbol{x}_n \mid s_{n,j} \leqslant a_{i,j}\}, \quad \mathcal{X}_2(\mathcal{A}_i = a_{i,j}) = \{\boldsymbol{x}_n \mid s_{n,j} > a_{i,j}\} \tag{7.22}$$

式中，$a_{i,j}$ 表示属性 $\mathcal{A}_i$ 中的第 j 个属性值；$s_{n,j}$ 表示样本 $\boldsymbol{x}_n$ 的第 j 个属性值。

称 $\mathcal{A}_i$ 为**切分属性**，称 $a_{i,j}$ 为**切分点**。如此切分后，误差平方和为

$$E = \sum_{x_n \in \mathcal{X}_1} (y_n - \omega_1)^2 + \sum_{x_n \in \mathcal{X}_2} (y_n - \omega_2)^2 \tag{7.23}$$

CART 回归树模型的优化函数为

$$\min_{a_{i,j}}\left[\min_{\omega_1} \sum_{x_n \in \mathcal{X}_1} (y_n - \omega_1)^2 + \min_{\omega_2} \sum_{x_n \in \mathcal{X}_2} (y_n - \omega_2)^2\right] \tag{7.24}$$

7.3.4 剪枝

理想情况下，所有样本都能被决策树精确预测，即生成决策树叶节点都有确定类型。但实际上决策树可能存在过多节点，导致过度拟合。常见原因有：样本中存在噪声和样本不具有代表性。因此，实际中常常进行枝叶裁剪。决策树的剪枝基本策略有**预剪枝**和**后剪枝**。

1. 预剪枝

在构造决策树的过程中，提前停止节点生长，直接将节点标记为叶节点，并将该叶节点决策为该节点样本集中样本数量最多的类。预剪枝的简单方法有：①设置决策树生长高度，当决策树达到该高度时就停止决策树的生长；②当节点样本子集中所有样本属于同一类时自行停止，属于不同类但具有相同属性值停止生长；③设置一个节点最少样本数量阈值，当节点样本数量小于阈值时停止生长；④通过验证集，对该节点停止生长与继续生长两种树的泛化性能进行评估，如果没有提升，则停止生长。

2. 后剪枝

当构建好整棵决策树后，自底向上对**非叶节点**进行评估。如果将该节点下的子树换为叶节点能提升决策树的泛化性能，则把该子树替换为叶节点。**图 7-7** 所示的完整 CART 分类树用 $\mathcal{T}_0$ 表示，考虑中间节点“户外?”。设有一组验证集，在“有老师不在教室情况下”有 10 个样本。如果在 $\mathcal{T}_0$ 下进行分类，正确率为 0.5。如果把中间节点“户外?”换成叶节点，正确率为 0.6。那么，可以对 $\mathcal{T}_0$ 进行剪枝成**图 7-8** 所示的 CART 树，用 $\mathcal{T}_1$ 表示。接下来，可以考虑对中间节点“教室?”剪枝成 $\mathcal{T}_2$。如此反复直至根节点。

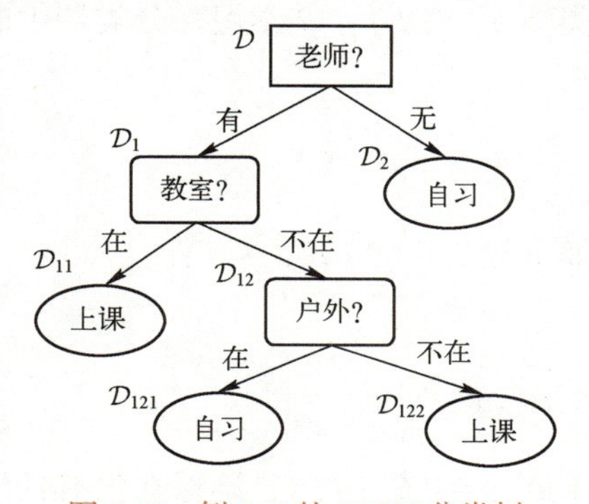

图 7-7　例 7.6 的 CART 分类树

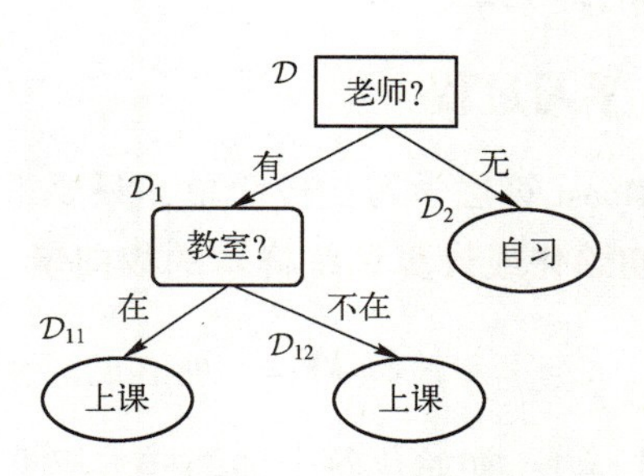

图 7-8　后剪枝 CART 分类树 $\mathcal{T}_1$

7.4 随机森林

随机森林（Random Forest）是装袋学习机制的一种进阶。在随机森林中，每个基映射函数都是一棵决策树，然后将多棵决策树集成为一个强映射函数，既可实现分类，也可实现回归。其伪码参见算法 7.2。

算法 7.2 随机森林

		注释
输入：	训练集 $\mathcal{D}=\{(\boldsymbol{x}_n,y_n),n=1,2,\cdots,N\}$，$\boldsymbol{x}_n=(a_{n,1},a_{n,2},\cdots,a_{n,d})$，$l\ll d$	
过程：	从训练集 $\mathcal{D}$ 随机生成 T 个训练子集 $\mathcal{D}_t,t=1,2,\cdots,T$	# 采用自助采样法
	for $t=1:1:T$	
	从样本的 d 个属性值中随机抽取 l 个属性值	
	以随机抽取 l 个属性值为依据，用 $\mathcal{D}_t$ 训练一棵决策树 $\mathcal{T}_t(\boldsymbol{x};\boldsymbol{\theta}_t)$	# 不需剪枝
	endfor	
输出：	随机森林 $\mathcal{RFT}(\boldsymbol{x};\boldsymbol{\theta})$	#

为保证模型的泛化能力，随机森林从两个方面实现“随机性”：

1）随机抽取样本，采用自助采样法建立训练子集。

2）随机抽取特征，设每个样本的特征维度为 d，那么随机从特征中抽取 l 个特征，$l<d$。

一旦生成 T 棵 $\mathcal{RFT}(\boldsymbol{x};\boldsymbol{\theta})$ 后，将每棵子树输出结果按一定方式组合成最终结果。

7.5 自适应助推

自适应助推（Adaptive Boosting，AdaBoost）是 Freund 等人对 Boosting 算法改进而提出的一种助推机制算法，主要应用于二分类任务，$\mathcal{Y}\in\{-1,1\}$。

设有 T 个弱分类器 $h_t(\boldsymbol{x};\boldsymbol{\theta}_t),t=1,2,\cdots,T$，AdaBoost 算法用一组系数 $\alpha_t,t=1,2,\cdots,T$，将这 T 个弱分类器通过线性组合方式集成为一个强分类器，即

$$H(\boldsymbol{x};\boldsymbol{\theta})=\operatorname{sign}\left(\sum_{t=1}^{T}\alpha_t h_t(\boldsymbol{x};\boldsymbol{\theta}_t)\right) \tag{7.25}$$

为此，需要解决两个问题：①学习 T 个弱分类器 $h_t(\boldsymbol{x};\boldsymbol{\theta}_t)$；②学习强分类器中的加权系数，$\alpha_t\geqslant 0,t=1,2,\cdots,T$。

7.5.1 学习过程

AdaBoost 算法学习比较简单，只要重复 T 次如下过程，$t=1,2,\cdots,T$：

1. 初始化或计算训练样本的权向量

$$\mathcal{W}_t=(w_{t,1},w_{t,2},\cdots,w_{t,n},\cdots,w_{t,N}),\ \sum_{n=1}^{N}w_{t,n}=1$$

如果 $t=1$，初始化每个训练样本权重，$w_{1,n}=1/N,n=1,2,\cdots,N$，确保在没有任何先验知识情况下对每个样本的关注度相同；

如果 $t>1$，则更新权重

$$w_{t,n}=w_{t-1,n}\cdot\exp\left(-\frac{1}{2}y_n\cdot\alpha_{t-1}\cdot h_{t-1}(\boldsymbol{x}_n;\boldsymbol{\theta}_{t-1})\right)=w_{t-1,n}\cdot\beta_{t-1,n} \tag{7.26}$$

式中，$\beta_{t-1,n}$为训练第 t 个弱分类器时对样本 $\boldsymbol{x}_n$的关注度系数，且

$$\beta_{t-1,n}=\exp\left[-\frac{1}{2}y_n\cdot\alpha_{t-1}\cdot h_{t-1}(\boldsymbol{x}_n;\boldsymbol{\theta}_{t-1})\right] \tag{7.27}$$

并进行归一化处理，得

$$\mathcal{W}_t=\frac{(w_{t,1},w_{t,2},\cdots,w_{t,n},\cdots,w_{t,N})}{\sum_{n=1}^{N}w_{t,n}} \tag{7.28}$$

训练样本权重更新分析：

1）当样本 $\boldsymbol{x}_n$能被 $h_{t-1}(\boldsymbol{x}_n;\boldsymbol{\theta}_{t-1})$正确预测时，$y_nh_{t-1}(\boldsymbol{x}_n;\boldsymbol{\theta}_{t-1})=1$，则有

$$y_n\cdot h_{t-1}(\boldsymbol{x}_n;\boldsymbol{\theta}_{t-1})=1$$

$$\Rightarrow\exp\left[-\frac{1}{2}y_n\cdot\alpha_{t-1}\cdot h_{t-1}(\boldsymbol{x}_n;\boldsymbol{\theta}_{t-1})\right]=\exp\left(-\frac{1}{2}\alpha_{t-1}\right)<1$$

$$\Rightarrow w_{t,n}=w_{t-1,n}\cdot\beta_{t-1,n}<w_{t-1,n}$$

所以，样本 $\boldsymbol{x}_n$的权重 $w_{t,n}$乘以一个小于 1 的关注度系数 $\beta_{t-1,n}$，关注度减少。

2）当样本 $\boldsymbol{x}_n$能被 $h_{t-1}(\boldsymbol{x}_n;\boldsymbol{\theta}_{t-1})$错误预测时，$y_nh_{t-1}(\boldsymbol{x}_n;\boldsymbol{\theta}_{t-1})=-1$，则有

$$y_n\cdot h_{t-1}(\boldsymbol{x}_n;\boldsymbol{\theta}_{t-1})=-1$$

$$\Rightarrow\exp\left[-\frac{1}{2}y_n\cdot\alpha_{t-1}\cdot h_{t-1}(\boldsymbol{x}_n;\boldsymbol{\theta}_{t-1})\right]=\exp\left(\frac{1}{2}\alpha_{t-1}\right)>1$$

$$\Rightarrow w_{t,n}=w_{t-1,n}\cdot\beta_{t-1,n}>w_{t-1,n}$$

所以，样本 $\boldsymbol{x}_n$的权重 $w_{t,n}$乘以一个大于 1 的关注度系数 $\beta_{t-1,n}$，关注度增加。

2. 通过最小化加权错误，获取第 t 个弱分类器 $h_t(x;\theta_t)$

$$\begin{cases}J_t(\boldsymbol{\theta}_t)=\sum_{n=1}^{N}w_{t,n}I(h_t(\boldsymbol{x}_n;\boldsymbol{\theta}_t)\neq y_n)\\ I(h_t(\boldsymbol{x}_n;\boldsymbol{\theta}_t)\neq y_n)=\begin{cases}1, & h_t(\boldsymbol{x}_n;\boldsymbol{\theta}_t)\neq y_n\\0, & h_t(\boldsymbol{x}_n;\boldsymbol{\theta}_t)=y_n\end{cases}\end{cases} \tag{7.29}$$

式中，$I(\cdot)$为指示函数，错分为 1，正确为 0；J_t为第 t 个弱分类器的代价函数。

计算 $h_t(\boldsymbol{x}_n;\theta_t)$的误差率 ϵ_t和第 t 个弱分类器集成权重系数 α_t，得

$$\begin{cases}\epsilon_t=\dfrac{\sum_{n=1}^{N}w_{t,n}I(h_t(\boldsymbol{x}_n;\boldsymbol{\theta}_t)\neq y_n)}{\sum_{n=1}^{N}w_{t,n}}=\sum_{n=1}^{N}w_{t,n}I(h_t(\boldsymbol{x}_n;\boldsymbol{\theta}_t)\neq y_n)\\ \alpha_t=\ln\left(\dfrac{1-\epsilon_t}{\epsilon_t}\right)\end{cases} \tag{7.30}$$

由于每个弱分类器（二分类）的分类性能要好于随机猜测，所以误差率 $\epsilon_t<0.5$。

如图 7-9 所示，α_t随着 ϵ_t的减小而增大，所以，正确率高的弱分类器，其权重也高，而正确率较低的弱分类器，其权重也较低，从而达到获得强学习器的目的。

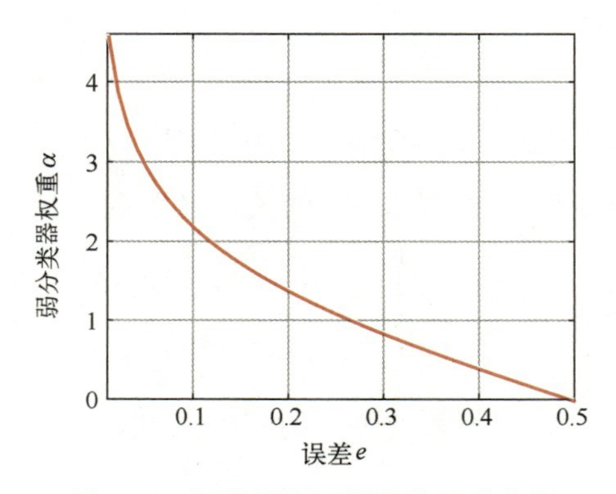

图 7-9　权重系数与误差的关系曲线

7.5.2　基本原理

在训练第 t 个弱分类器之前，需要通过式（7.26）调整对训练集 $\mathcal{D}$ 各样本关注度的权重。这里推导一下获得式（7.26）和式（7.30）的过程。

将前 t 个弱分类器集成的分类器表示为

$$h_t(\boldsymbol{x}) = \frac{1}{2}\sum_{i=1}^{t}\alpha_i h_i(\boldsymbol{x};\boldsymbol{\theta}_i) \tag{7.31}$$

并用指数函数定义 $h_t(\boldsymbol{x}_n)$ 的损失函数

$$\mathcal{L}_t = \sum_{n=1}^{N}\exp(-y_n h_t(\boldsymbol{x}_n)) \tag{7.32}$$

$$\begin{cases}\mathcal{L}_t = \sum_{n=1}^{N}\exp(-y_n h_{t-1}(\boldsymbol{x}_n) - \frac{1}{2}y_n\alpha_t h_t(\boldsymbol{x}_n;\boldsymbol{\theta}_t)) = \sum_{n=1}^{N} l_{t-1,n}\cdot\exp\left(-\frac{1}{2}y_n\,\alpha_t h_t(\boldsymbol{x}_n;\boldsymbol{\theta}_t)\right)\\ l_{t-1,n} = \exp(-y_n h_{t-1}(\boldsymbol{x}_n))\end{cases}$$

在训练 $h_t(\boldsymbol{x};\boldsymbol{\theta}_t)$ 时，已训练前 $t-1$ 个预测器，因此 $\exp(-y_n h_{t-1}(\boldsymbol{x}_n))$ 为常数，设为 $l_{t-1,n}$。接下来只需优化 α_t 和 $h_t(\boldsymbol{x}_n;\boldsymbol{\theta}_t)$，即

$$(\alpha_t,\boldsymbol{\theta}_t) = \arg\min_{\alpha,\boldsymbol{\theta}}\sum_{n=1}^{N} l_{t-1,n}\cdot\exp\left(-\frac{1}{2}y_n\cdot\alpha\cdot h_t(\boldsymbol{x}_n;\boldsymbol{\theta})\right) \tag{7.33}$$

对分类器 $h_t(\boldsymbol{x})$ 的损失函数进行简化推导，得

$$\begin{aligned}\mathcal{L}_t(\alpha) &= \sum_{n=1}^{N} l_{t-1,n}\cdot\exp\left(-\frac{1}{2}y_n\,\alpha h_t(\boldsymbol{x}_n;\boldsymbol{\theta}_t)\right)\\ &= \mathrm{e}^{-\alpha/2}\sum_{n=1}^{N} l_{t-1,n}\cdot I(y_n = h_t(\boldsymbol{x}_n;\boldsymbol{\theta}_t)) +\\ &\quad \mathrm{e}^{\alpha/2}\sum_{n=1}^{N} l_{t-1,n}\cdot I(y_n \neq h_t(\boldsymbol{x}_n;\boldsymbol{\theta}_t))\end{aligned}$$

$$\mathcal{L}_t(\alpha) = \mathrm{e}^{-\alpha/2}\sum_{n=1}^{N} l_{t-1,n} + (\mathrm{e}^{\alpha/2} - \mathrm{e}^{-\alpha/2})\sum_{n=1}^{N} l_{t-1,n}\cdot I(y_n \neq h_t(\boldsymbol{x}_n;\boldsymbol{\theta}_t))$$

对 $\mathcal{L}(\alpha)$ 求导得

$$\frac{\partial\mathcal{L}(\alpha)}{\partial\alpha} = -\frac{1}{2}\mathrm{e}^{-\alpha/2}\sum_{n=1}^{N} l_{t-1,n} + \frac{1}{2}(\mathrm{e}^{\alpha/2} + \mathrm{e}^{-\alpha/2})\sum_{n=1}^{N} l_{t-1,n}\cdot I(y_n \neq h_t(\boldsymbol{x}_n;\boldsymbol{\theta}_t))$$

设 $w_{t,n}=l_{t-1,n}$，则

$$\begin{cases}\epsilon_t=\dfrac{\sum_{n=1}^{N}w_{t,n}I(y_n\neq h_t(\boldsymbol{x}_n;\boldsymbol{\theta}_t))}{\sum_{n=1}^{N}w_{t,n}}=\sum_{n=1}^{N}w_{t,n}I(y_n\neq h_t(\boldsymbol{x}_n;\boldsymbol{\theta}_t))\\ \dfrac{\partial\mathcal{L}(\alpha)}{\partial\alpha}=-\dfrac{1}{2}\mathrm{e}^{-\frac{\alpha}{2}}+\dfrac{1}{2}(\mathrm{e}^{\frac{\alpha}{2}}+\mathrm{e}^{-\frac{\alpha}{2}})\epsilon_t\end{cases}$$

令 $\dfrac{\partial\mathcal{L}(\alpha)}{\partial\alpha}=0$，得 $-\dfrac{1}{2}\mathrm{e}^{-\alpha/2}+\dfrac{1}{2}(\mathrm{e}^{\alpha/2}+\mathrm{e}^{-\alpha/2})\epsilon_t=0$，求得

$$\alpha_t=\ln\left(\frac{1-\epsilon_t}{\epsilon_t}\right)$$

由于 $w_{t,n}=l_{t-1,n}=\exp(-y_nh_{t-1}(\boldsymbol{x}_n))$，所以

$$\begin{aligned}w_{t,n}&=\exp(-y_n\cdot h_{t-1}(\boldsymbol{x}_n))=\exp\left[-y_n\cdot\left(h_{t-2}(\boldsymbol{x}_n)+\frac{1}{2}\alpha_{t-1}\cdot h_{t-1}(\boldsymbol{x}_n;\boldsymbol{\theta}_{t-1})\right)\right]\\&=\exp\left[-y_n\cdot h_{t-2}(\boldsymbol{x}_n)-\frac{1}{2}\alpha_{t-1}\cdot h_{t-1}(\boldsymbol{x}_n;\boldsymbol{\theta}_{t-1})\right]\\&=\exp[-y_n\cdot h_{t-2}(\boldsymbol{x}_n)]\cdot\exp\left[-\frac{1}{2}y_n\cdot\alpha_{t-1}\cdot h_{t-1}(\boldsymbol{x}_n;\boldsymbol{\theta}_{t-1})\right]\\&=w_{t-1,n}\cdot\exp\left[-\frac{1}{2}y_n\cdot\alpha_{t-1}\cdot h_{t-1}(\boldsymbol{x}_n;\boldsymbol{\theta}_{t-1})\right]=w_{t-1,n}\cdot\beta_{t-1,n}\end{aligned}$$

根据图 7-10 分析 $\beta_{t,n}$，α_t 和 ϵ_t 的关系，图中横坐标为误差，误差越大，说明弱分类器性能越差，否则性能越好。

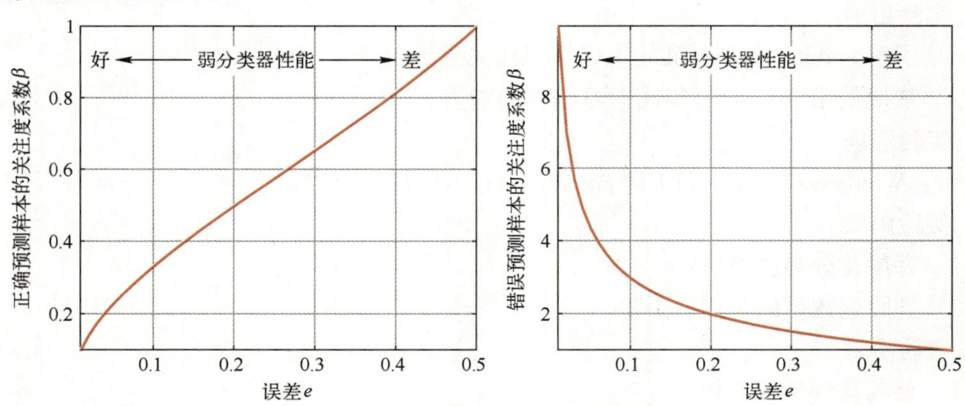

图 7-10　误差与关注度系数的关系

1）当样本 $\boldsymbol{x}_n$ 被 $h_t(\boldsymbol{x}_n;\boldsymbol{\theta}_t)$ 正确预测时，$y_nh_t(\boldsymbol{x}_n;\boldsymbol{\theta}_t)=1$，则

$$\beta_{t,n}=\exp\left(-\frac{1}{2}\alpha_t\right)=\sqrt{\frac{\epsilon_t}{1-\epsilon_t}}\tag{7.34}$$

关注度系数 $\beta_{t,n}$ 与该弱分类器性能有关。图 7-10 表明：如果样本 $\boldsymbol{x}_n$ 被一个性能好的弱分类器正确预测，那么关注度系数 $\beta_{t,n}$ 较小，意味着该样本被正确识别，下一个弱分类器关注度减少。可以理解为性能优异的分类器决策结果可信度高；如果样本 $\boldsymbol{x}_n$ 被一个性能差的

弱分类器正确预测，那么关注度系数$\beta_{t,n}$较大，意味着该样本即便被正确识别，下一个弱分类器还是会继续关注。可以理解为性能差的分类器，决策结果可信度低。

2）当样本$\boldsymbol{x}_n$被$h_t(\boldsymbol{x}_n;\boldsymbol{\theta}_t)$错误预测时，$y_n h_t(\boldsymbol{x}_n;\boldsymbol{\theta}_t)=-1$，则

$$\beta_{t,n}=\exp\left(\frac{1}{2}\alpha_t\right)=\sqrt{\frac{1-\epsilon_t}{\epsilon_t}} \tag{7.35}$$

图 7-10 中曲线表示：如果样本$\boldsymbol{x}_n$不能被性能优良的弱分类器正确预测，那么该样本的关注度系数$\beta_{t,n}$较大（如大于6），以便下一个弱分类器相对容易关注；如果样本$\boldsymbol{x}_n$不能被本身性能中等的弱分类器正确预测，那么该样本乘以较小的关注度系数$\beta_{t,n}$（如小于2）即可，因为下一个弱分类器需要关注的样本较多。

7.6 小结与拓展

集成学习构造一系列弱分类器提升模型性能，是一种机器学习范式。其中，决策树采用“如果……，则……”模式可解释性强且计算快，但是决策树有一个局限性：如果树太深容易导致过拟合问题，如果树太浅容易导致欠拟合问题。这也诠释了“天下没有免费的午餐”。

在大数据时代，海量数据的多元异构性已经成为大数据智能处理的瓶颈。集成学习适合用于多元数据融合和挖掘。在集成学习里，集成器由一组单一的弱学习器构成，每个弱学习器对应每个来源的数据，并自动地提取该数据源所蕴含的价值规律。

实验七：集成学习实验

扫码看视频

1. 实验目的

1.1 了解 Scikit-learn 提供的集成学习相关函数；

1.2 掌握采用 Python 对集成学习编程的能力。

2. 实验环境

平台：Windows/Linux；编程语言：Python。

3. 实验内容

3.1 鸢尾花分类决策树；

3.2 乳腺癌数据的集成分类器。

4. 实验步骤

4.1 鸢尾花分类决策树

DecisionTreeClassifier( )可进行两类或两类以上的决策分类。

> *class* sklearn. tree. **DecisionTreeClassifier**(**, criterion='gini', splitter='best', max_depth=None, min_samples_split=2, min_samples_leaf=1, min_weight_fraction_leaf=0. 0, max_features=None, random_state=None, max_leaf_nodes=None, min_impurity_decrease=0. 0, class_weight=None, ccp_alpha=0. 0)*

➢ **criterion**: {***"gini", "entropy", "log_loss"***}, ***default="gini"***

➢ **splitter**: {***"best", "random"***}, ***default="best"***

绘制决策树：

sklearn. tree. **plot_tree**(*decision_tree*, *, *max_depth*=*None*, *feature_names*=*None*, *class_names*=*None*, *label*='*all*', *filled*=*False*, *impurity*=*True*, *node_ids*=*False*, *proportion*=*False*, *rounded*=*False*, *precision*=*3*, *ax*=*None*, *fontsize*=*None*)

➢ **feature_names: if default=None, names will be used ("X[0]", "X[1]", …).**

图 7-11 表示了由代码 7.1 获得的决策树的部分（深度为 2），根节点显示了测试样本共有 112 个，三类分别为[37,34,41]。

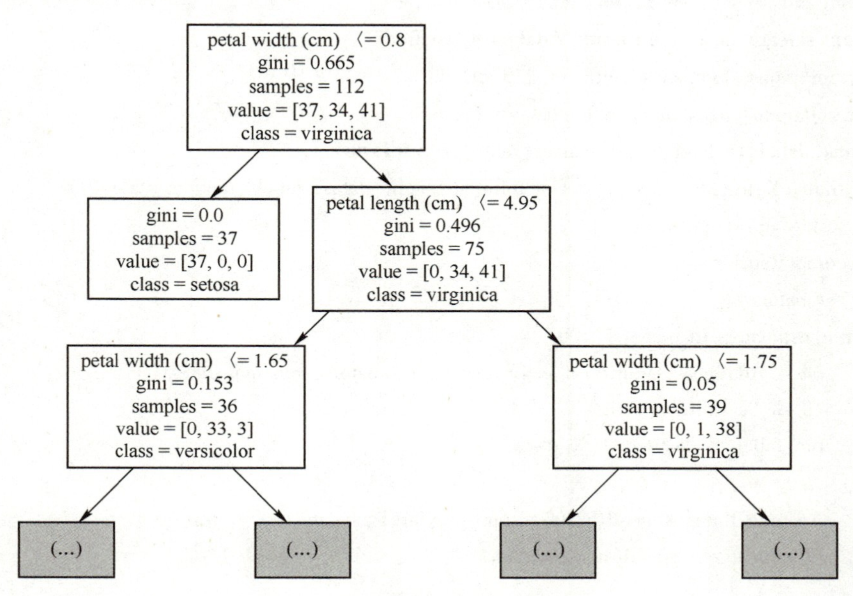

图 7-11　鸢尾花分类决策树

代码 7.1　鸢尾花分类决策树代码

```
from sklearn import tree
from sklearn. tree import plot_tree
from sklearn. datasets import load_iris
from sklearn. model_selection import train_test_split
from matplotlib import pyplot as plt
plt. rcParams['font. sans-serif'] = ['SimHei']            # 中文显示
plt. rcParams['axes. unicode_minus'] = False              # 中文显示
X, y = iris. data, iris. target
X_train, X_test, y_train, y_test = train_test_split(X, y, random_state=0)
clf = tree. DecisionTreeClassifier(random_state=0)
clf = clf. fit(X_train, y_train)
y_pre = clf. predict(X_test)
plt. figure()
plot_tree(clf, max_depth=2,                               # 最大深度
    filled=False,                                         # 不填充颜色
    fontsize=12,                                          # 节点中字体大小
    feature_names=iris. feature_names,
```

```
        class_names=iris.target_names)                    # 类名
plt.title(u'鸢尾花分类决策树')
```

4.2 乳腺癌数据的集成分类器

本实验采用 AdaBoost 分类，其参考程序见代码 7.2。

代码 7.2 乳腺癌数据 AdaBoost 分类代码

```
from sklearn.datasets import load_breast_cancer
from sklearn.ensemble import AdaBoostClassifier
plt.rcParams['font.sans-serif'] = ['SimHei']          # 中文显示
plt.rcParams['axes.unicode_minus'] = False            # 中文显示
datas, labels = load_breast_cancer(return_X_y=True)
X_train, X_test, y_train, y_test = train_test_split(datas, labels,random_state=0)
N_test = np.shape(X_test)[0]
AccuracyRates = []
N_estimators=[]
for n_estimators in range(1,200):
    clf = AdaBoostClassifier(n_estimators=n_estimators, random_state=0)
    clf.fit(X_train, y_train)
    pre_label = clf.predict(X_test)

    AccuracyRates.append((100 * sum(pre_label==y_test))/N_test)
    N_estimators.append(n_estimators)
plt.figure()
plt.plot(N_estimators, AccuracyRates,c='red')
# plt.xlabel('弱分类器数量',fontsize=12)
```

在 Scikit-learn 模块内置的乳腺癌数据集中，每个样本数据都有来自乳房肿块图像的测量值以及它是否癌变。此例目标是用测量值预测肿块是否癌变。

数据集共有 569 个样本数据，每个数据测量乳房的半径、纹理和周长等 10 个属性。每个属性都会获得多个值，从而计算其平均值、标准误差和最差值。所以每个数据有 30 个特征值（10×3）。该数据集总共有良性和恶性肿瘤 2 大类，良性肿瘤有 357 个样本，恶性肿瘤有 212 个样本。表 7.15 给出了两列数据。

表 7.15 乳腺癌数据集中数据示意

序号	Mean radius	Mean texture	Mean perimeter	…	Worst concave points	Worst symmetry	Worst fractal dimension	标签
0	17.99	10.38	122.8	…	0.26540	0.46010	0.11890	0（良性）
				⋮				
37	13.03	18.42	82.61	…	0.05013	0.19870	0.06169	1（恶性）
				⋮				

采用 AdaBoost 对乳腺癌数据进行分类。

sklearn.ensemble.**AdaBoostClassifier**(*base_estimator=None*, *, *n_estimators=50*, *learning_rate=1.0*, *algorithm='SAMME.R'*, *random_state=None*)

图 7-12 所示曲线表示：随着弱分类器数量的增加，对乳腺癌数据的准确判断率呈上升趋势，集成学习器性能得到了改善。但是，当弱分类器数目增大到一定数目时，集成学习器的性能改善不再明显。

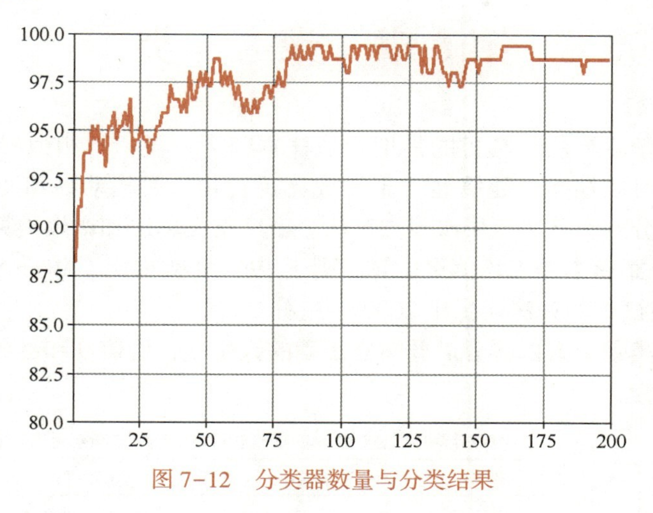

图 7-12 分类器数量与分类结果

习题

1. 设计一应用场景，收集相关数据，计算纯度、信息增益比、基尼指数等。

2. 给定训练数据样本见表 7.16。试用 AdaBoost 算法设计一个强分类器，使其在训练集的分类误差最低。

表 7.16 习题 2 训练数据集

序号	1	2	3	4	5	6	7	8	9	10
x	0.2	0.3	0.35	0.4	0.5	0.6	0.7	0.8	0.9	0
y	1	1	1	−1	−1	1	1	1	−1	1

3. 分析 Boosting 与 AdaBoost 的异同点。

4. 比较 CART 与 ID3 和 C4.5 的异同点。

参考文献

[1] LEO B. Bagging Predictors [J]. Machine Learning, 1996, 24 (2): 123-140.

[2] DAVID H W. Stacked Generalization [J]. Neural Networks, 1992, 5 (2): 241-259.

[3] ROBERT E S. The Strength of Weak Learnability [J]. Machine Learning, 1990, 5 (2): 197-227.

[4] YOAV F, ROBERT E S. Experiments with a new boosting algorithm [C]// Machine Learning, Proceedings of the Thirteenth International Conference, Bari: Morgan Kaufmann, 1996.

[5] DASARATHY BV, SHEELA BV. A Composite Classifier System Design: Concepts and Methodology [J]. Proceedings of the IEEE, 1979, 67 (5): 708-713.

第8章　聚　　类

聚类是无监督学习算法，其目的是把相似样本归为一类，不相似样本归为另一类。例如，将动物聚类，可以根据“腿属性”聚类成无足动物、两腿动物和四腿动物。聚类算法大体可分为区域划分聚类算法、层次聚类算法、密度聚类算法和谱聚类算法。层次聚类算法可追溯到1963年，最著名的k均值聚类算法则于1967年被提出，Mean Shift算法于1975年由Fukunaga提出，谱聚类算法诞生于2000年左右。

俗话说：物以类聚，人以群分。要树立正确的人生观、价值观和世界观。

本章思维导图为：

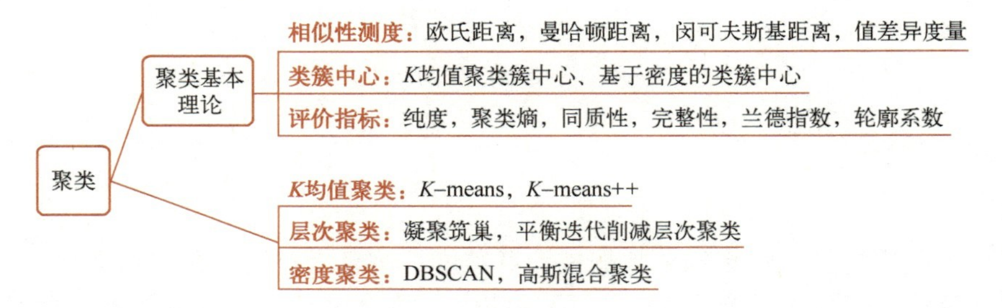

8.1　聚类基本理论

8.1.1　聚类的性质

对样本数据集$\mathcal{X}=\{\boldsymbol{x}_1,\boldsymbol{x}_2,\cdots,\boldsymbol{x}_N\}$聚类成$K$个样本簇：$\{\mathcal{X}_1,\mathcal{X}_2,\cdots,\mathcal{X}_K\}$，需满足下列三个性质：

- 非空性：$\mathcal{X}_k\neq\varnothing$，$k=1,2,\cdots,K$。
- 不相交：$\mathcal{X}_k\cap\mathcal{X}_l=\varnothing$，$k,l=1,2,\cdots,K,k\neq l$。
- 全覆盖：$\bigcup\limits_{k=1}^{K}\mathcal{X}_k=\mathcal{X}$。

聚类簇$\mathcal{X}_k$中样本在某个属性或某些属性指导下彼此“相似”而物以类聚；异簇之间样本“不相似”而敬而远之。实际上，聚类结果未必全满足上述三个条件。如图8-1所示，如果把图中黑色点当作噪声样本，显然上述三个条件全满足。如果不是噪声点，1号黑色样本点可能同时被划归为$\mathcal{X}_2$和$\mathcal{X}_3$，2号黑色样本点不被任何簇吸收。

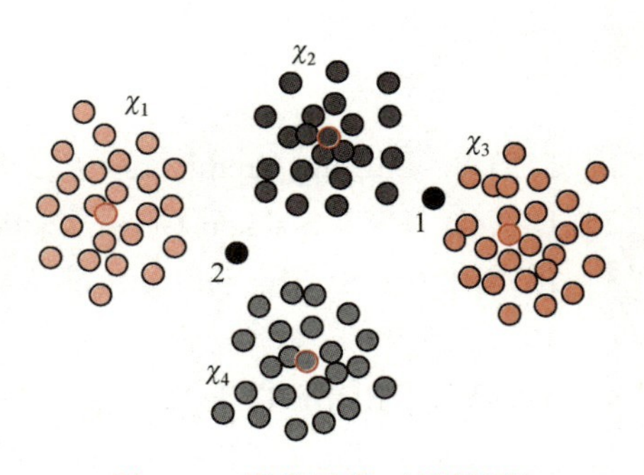

图8-1　聚类示意（见插页）

8.1.2　相似性测度

1. 相似性测度的性质

在聚类算法中，样本间的**相似性**通常需要采用两个样本之间的“距离测度（Distance Metric，DM）”进行衡量。设两个向量 $\boldsymbol{x}=(x_1,x_2,\cdots,x_d)^{\mathrm{T}}$，$\boldsymbol{y}=(y_1,y_2,\cdots,y_d)^{\mathrm{T}}$，则它们之间的距离用 $\mathrm{DM}(\boldsymbol{x},\boldsymbol{y})$ 表示。距离测度应该具有如下性质。

- **非负性**，距离不能是负数：$\mathrm{DM}(\boldsymbol{x},\boldsymbol{y})\geqslant 0$。
- **同一性**，具有相同属性向量的两个样本的距离等于零：$\mathrm{DM}(\boldsymbol{x},\boldsymbol{x})=0$。
- **无向性或对称性**，$\boldsymbol{x}$ 到 $\boldsymbol{y}$ 与 $\boldsymbol{y}$ 到 $\boldsymbol{x}$ 的距离相等：$\mathrm{DM}(\boldsymbol{x},\boldsymbol{y})=\mathrm{DM}(\boldsymbol{y},\boldsymbol{x})$。
- **直递性**，三角不等式：$\mathrm{DM}(\boldsymbol{x},\boldsymbol{y})\leqslant \mathrm{DM}(\boldsymbol{x},\boldsymbol{z})+d(\boldsymbol{z},\boldsymbol{y})$，$\boldsymbol{z}=(z_1,z_2,\cdots,z_d)^{\mathrm{T}}$。

2. 常见距离测度

1）欧氏距离（Euclidean distance）

$$\mathrm{DM}(\boldsymbol{x},\boldsymbol{y})=l_2=\sqrt{\left(\sum_{i=1}^{d}(x_i-y_i)^2\right)} \tag{8.1}$$

2）曼哈顿距离（Manhattan distance）

$$\mathrm{DM}(\boldsymbol{x},\boldsymbol{y})=l_1(\boldsymbol{x},\boldsymbol{y})=\sum_{i=1}^{d}|x_i-y_i| \tag{8.2}$$

3）闵可夫斯基距离（Minkowski distance）

$$\mathrm{DM}(\boldsymbol{x},\boldsymbol{y})=l_p(\boldsymbol{x},\boldsymbol{y})=\left(\sum_{i=1}^{d}(x_i-y_i)^p\right)^{\frac{1}{p}} \tag{8.3}$$

式中，当 $p=1$ 时，闵可夫斯基距离即为曼哈顿距离；

当 $p=2$ 时，闵可夫斯基距离则为欧氏距离。

图 8-2 显示了二维空间中样本点 $(x_{i,1},x_{i,2})$ 取不同值时，与原点(0,0)的距离为 1（$l_p=1$）的点的图形。

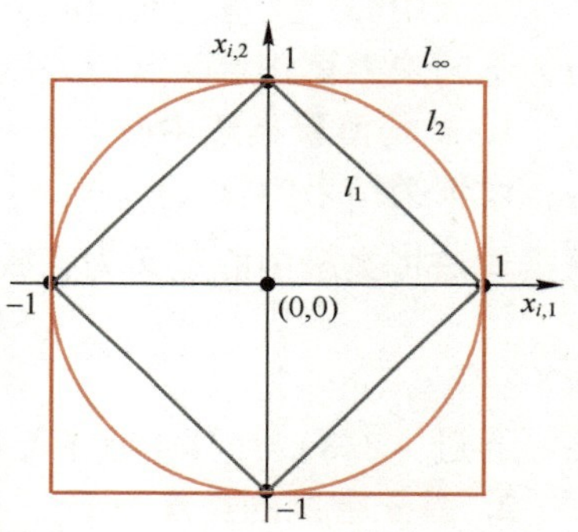

图 8-2　闵可夫斯基距离图形（见插页）

3. 不同量纲间距离测度

计算上述距离时，隐含一个假设：各属性分量的量纲（单位）相同。然而如果属性分量的单位不相同，则各分量的分布（期望、方差等特性）可能不同。举个例子：二维样本（身高，体重），其中身高范围是 150~190 cm，体重范围是 50~60 kg。现有三个样本：张三（160,50），李四（170,50），王五（160,60）。那么张三与李四之间的闵可夫斯基距离等于张三与王五之间的闵可夫斯基距离，但是身高的 10 cm 并不一定等价于体重的 10 kg。

针对量纲不同的属性，通常采用下列两种方式进行标准化。

1）采用每个属性值的标准差进行归一，即

$$\mathrm{DM}(\boldsymbol{x},\boldsymbol{y})=\left(\sum_{i=1}^{d}\left(\frac{x_i-y_i}{s_i}\right)^p\right)^{\frac{1}{p}} \tag{8.4}$$

式中，s_i 表示第 i 维的标准差。

2）标准化属性尺度是把所有属性取值缩放到相同区间[0,1]上，即

$$x=\frac{x-\min(x)}{\max(x)-\min(x)} \tag{8.5}$$

4. 值差异度量（Value Difference Metric，VDM）

无序属性采用**值差异度量**（VDM）。

在 K 个类簇中，设$m_{a,x}$是属性 a 上取值为 x 的样本数，$m_{a,x,k}$表示在第 k 类样本簇中属性 a 上取值为 x 的样本数，则属性 a 上取值为 x_1和 x_2的 VDM 定义为

$$\mathrm{VDM}_p(x_1,x_2)=\sum_{k=1}^{K}\left|\frac{m_{a,x_1,k}}{m_{a,x_1}}-\frac{m_{a,x_2,k}}{m_{a,x_2}}\right|^p \tag{8.6}$$

设样本的 d 属性向量中有 d_c个有序属性，$d-d_c$个无序属性，则样本 $\boldsymbol{x}$，$\boldsymbol{y}$ **的闵可夫斯基距离**定义为

$$\mathrm{DM}(\boldsymbol{x},\boldsymbol{y})=\left(\sum_{i=1}^{d_c}(x_i-y_i)^p+\sum_{i=d_c+1}^{d}\mathrm{VDM}_p(x_i,y_i)\right)^{\frac{1}{p}} \tag{8.7}$$

当不同属性的重要性不同时，可乘权重系数 $w_i\geqslant 0$，$\sum_{i=1}^{d}w_i=1$。

8.1.3 类簇中心

类簇中心，又称为簇质心，定义为簇内样本分布**中心**，如**图 8-1** 中每簇的中心点。然而，不同聚类算法定义有所差别，简单分为下列两种。

1. K 均值聚类簇中心

设聚类结果为$\{\mathcal{X}_1,\mathcal{X}_2,\cdots,\mathcal{X}_K\}$，第 k 类的样本数量为 N_k，则$\mathcal{X}_k=\{x_1,x_2,\cdots,x_{N_k}\}$，**$K$ 均值聚类算法**将**类簇中心**定义为各簇中样本点的平均值，即

$$\boldsymbol{\mu}_k=\boldsymbol{\mu}(\mathcal{X}_k)=\frac{1}{N_k}\sum_{n=1}^{N_k}\boldsymbol{x}_n \tag{8.8}$$

通过（8.8）计算类簇中心符合最优理论。

2. 基于密度的类簇中心

Alex Rodriguez 和 Alessandro Laio 在 *Science* 期刊文章中提出：类簇中心周围都是密度比其低的点，同时这些点距离该类簇中心的距离相比于其他聚类中心最近。

设样本集$\mathcal{X}=\{\boldsymbol{x}_1,\boldsymbol{x}_2,\cdots,\boldsymbol{x}_N\}$中样本间距离为 $\mathrm{DM}(\boldsymbol{x}_n,\boldsymbol{x}_m)$，样本索引集 $Id=\{1,2,\cdots,N\}$。对于样本 $\boldsymbol{x}_n$，首先计算其**局部密度**ρ_n和**距离** d_n。

（1）样本 $\boldsymbol{x}_n$的局部密度 ρ_n

局部密度定义为以 $\boldsymbol{x}_n$ 为中心、ϵ 为半径的邻域 $N_\epsilon(\boldsymbol{x}_n)$内样本点的数量（不包括 $\boldsymbol{x}_n$本身）。根据邻域内外分界方式，可分为硬截断（Cut-off kernel）和高斯平滑截断（Gaussian kernel）两种模式。

1）硬截断

$$\boldsymbol{\rho}_n=\sum_{m\in Id\setminus\{n\}}\boldsymbol{I}(\mathrm{DM}(\boldsymbol{x}_n,\boldsymbol{x}_m)-\epsilon) \tag{8.9}$$

式中，

$$\boldsymbol{I}(x)=\begin{cases}1, & x<0\\ 0, & x\geqslant 0\end{cases}$$

把邻域半径 ϵ 称为截断距离。

2）高斯平滑截断

$$\boldsymbol{\rho}_n=\sum_{m\in Id\setminus\{n\}}\exp\left[-\left(\frac{\mathrm{DM}(x_n,x_m)}{\epsilon}\right)^2\right] \tag{8.10}$$

计算局部密度的目的是依据密度大小寻找类簇中心，为此希望样本点的局部密度尽可能不相等。显然，高斯平滑截断具有两个优点：①具有相同局部密度的概率小；②邻域$N_\epsilon(x_n)$内样本点数越多，局部密度越大。

（2）距离 d_n

当获得$\mathcal{X}=\{\boldsymbol{x}_n\}_{n=1}^{N}$的密度集$\{\rho_n\}_{n=1}^{N}$后，则$\boldsymbol{x}_n$的**距离** $\boldsymbol{d}_n$定义为$\boldsymbol{x}_n$与密度大于ρ_n的样本子集中样本$\boldsymbol{x}_m$的最小距离，即

$$\boldsymbol{d}_n=\min_{m\in Id_{\mathcal{X}}^{n}}\{\mathrm{DM}(\boldsymbol{x}_n,\boldsymbol{x}_m)\},\quad Id_{\mathcal{X}}^{n}\neq\varnothing \tag{8.11}$$

式中，$Id_{\mathcal{X}}^{n}=\{m\mid\rho_m>\rho_n\}$表示样本集$\mathcal{X}$中密度$\rho_m$大于$\rho_n$的样本$\boldsymbol{x}_m$的索引集。

然而，当$\rho_n=\max_{m\in Id_{\mathcal{X}}}\{\rho_n\}_{n=1}^{N}$时，则$\boldsymbol{x}_n$的**距离** $\boldsymbol{d}_n$定义为

$$\boldsymbol{d}_n=\max_{m\in Id_{\mathcal{X}}}\{\mathrm{DM}(\boldsymbol{x}_n,\boldsymbol{x}_m)\},\quad Id_{\mathcal{X}}^{n}=\varnothing \tag{8.12}$$

式中，$Id_{\mathcal{X}}=\{1,2,\cdots,N\}$为样本集$\mathcal{X}=\{\boldsymbol{x}_n\}_{n=1}^{N}$中每个样本的索引集。

图 8-3 展示了一个决策类簇中心的例子，图中样本点为二维属性向量。**图 8-3a** 所示为 28 个样本点分布。直观上，容易发现点 1 和点 10 可作为类簇中心。

图 8-3b 所示是由（局部密度，距离），即(ρ,d)，构建的类簇中心决策图。从图中不难发现，点 1 和点 10 在决策图中分布在右上角，即不仅局部密度较大，而且距离也较大。

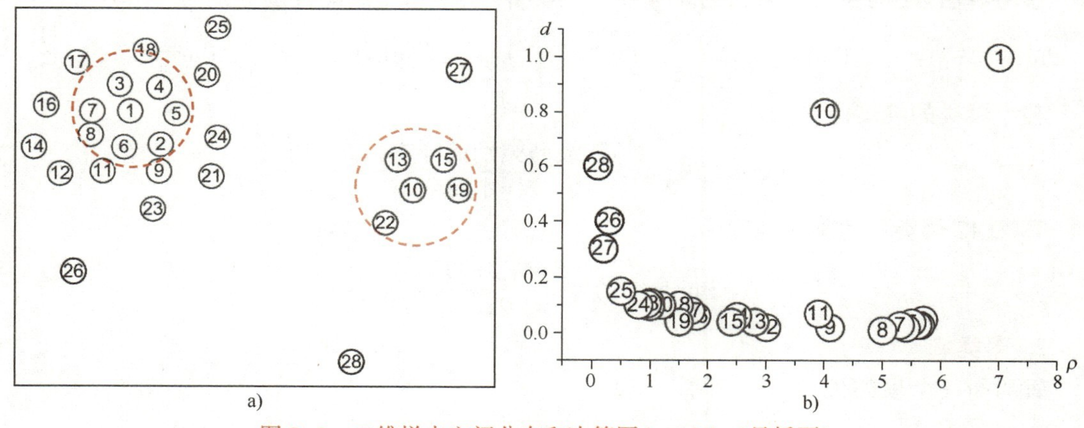

图 8-3　二维样本空间分布和决策图(ρ_n,d_n)（见插页）

尽管ρ_9和ρ_{10}相差不大，但是d_9和d_{10}却有很大差别：点 9 属于点 1 的类簇，在其附近还有几个更高的局部密度的点，因此d_9较小；在点 10 附近不存在有更高密度的点，比点 10 密度更高的点处于其他类簇。所以，点 10 是类簇中心而点 9 不是。

此外，点 26、点 27 和点 28 是孤立的，尽管有相对较高的距离值，但是它们的局部密度值很低。这些点称为**异常点**，可当作噪声点，也可作为单个点构成的簇。

综上所述，只有同时具有较高局部密度和距离的点才是非孤立点的类簇中心。

8.1.4　聚类算法评价指标

扫码看视频

如**图 8-4** 所示，假设两种聚类算法 $A1$ 和 $A2$ 对$\mathcal{X}=\{\boldsymbol{x}_1,\boldsymbol{x}_2,\cdots,\boldsymbol{x}_{21}\}$的聚类结果分别为

$$C=\{C_1,C_2,C_3,C_4\}$$

$$\mathcal{K}=\{\mathcal{K}_1,\mathcal{K}_2,\mathcal{K}_3,\mathcal{K}_4,\mathcal{K}_5\}$$

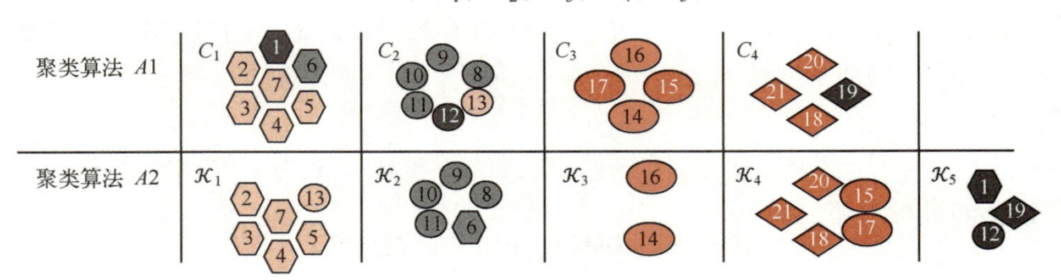

图 8-4　聚类算法评价指标（见插页）

为了表述方便，假设算法 A1 的聚类结果是期望结果，称每个聚类为一个**类**；聚类算法 A2 的结果则需要进行评价，称每个聚类为一个**簇**。

实际应用中存在许多聚类算法的评价指标，这里主要介绍以下几种。

1. 纯度

将每个簇内频数最高的样本类别作为正确的类簇，则每**簇纯度**（Purity）定义为

$$\text{Purity}(\mathcal{K}_k)=\frac{\text{该簇正确样本数}}{\text{该簇样本总数}} \tag{8.13}$$

参考算法 A1 的聚类结果，图 8-4 所示聚类算法 A2 每个簇的纯度分别为

$$\text{Purity}(\mathcal{K}_1)=\frac{5}{6},\ \text{Purity}(\mathcal{K}_2)=\frac{4}{5},\ \text{Purity}(\mathcal{K}_3)=\frac{2}{2},\ \text{Purity}(\mathcal{K}_4)=\frac{3}{5},\ \text{Purity}(\mathcal{K}_5)=\frac{1}{3}$$

整个**聚类的纯度**定义为

$$\text{Purity}(\mathcal{K})=\frac{\text{频数最高类别的样本数之和}}{\text{样本总数}} \tag{8.14}$$

算法 A2 聚类后的整体纯度为

$$\text{Purity}(\mathcal{K})=\frac{5+4+2+3+1}{21}=\frac{15}{21}$$

2. 聚类熵

针对每一个聚类簇 $\mathcal{K}_k$，其熵定义为

$$\text{Entropy}(\mathcal{K}_k)=-\sum_{s=1}^{S}p_{ks}\log(p_{ks})=-\sum_{s=1}^{S}\frac{|\mathcal{K}_k\cap C_s|}{|\mathcal{K}_k|}\log\left(\frac{|\mathcal{K}_k\cap C_s|}{|\mathcal{K}_k|}\right) \tag{8.15}$$

式中，S 表示聚类算法的类别数；p_{ks}是簇$\mathcal{X}_k$中样本属于类 C_s的概率。当 $\mathcal{K}_k$来自同一个 C_s时，其熵等于 0，这是最理想的聚类。

图 8-4 所示聚类算法 A2 的聚类结果每个簇的熵分别为

$$\text{Entropy}(\mathcal{K}_1)=-\frac{5}{6}\log\left(\frac{5}{6}\right)-\frac{1}{6}\log\left(\frac{1}{6}\right),\quad \text{Entropy}(\mathcal{K}_2)=-\frac{4}{5}\log\left(\frac{4}{5}\right)-\frac{1}{5}\log\left(\frac{1}{5}\right)$$

$$\text{Entropy}(\mathcal{K}_3)=-\frac{2}{2}\log\left(\frac{2}{2}\right)=0,\quad \text{Entropy}(\mathcal{K}_4)=-\frac{3}{5}\log\left(\frac{3}{5}\right)-\frac{2}{5}\log\left(\frac{2}{5}\right)$$

$$\text{Entropy}(\mathcal{K}_5)=-\frac{1}{3}\log\left(\frac{1}{3}\right)-\frac{1}{3}\log\left(\frac{1}{3}\right)-\frac{1}{3}\log\left(\frac{1}{3}\right)$$

3. 同质性

同质性也叫作均一性，一个类簇中仅有一个类别的样本，同质性最高。它相当于**精确**

率，表达如下：

$$\text{Accuracy}=\frac{1}{K}\sum_{k=1}^{K}\frac{\text{正确聚类为第 }k\text{ 簇的样本数量}}{\text{聚类为第 }k\text{ 簇的样本总数}} \tag{8.16}$$

假设 $\mathcal{K}_5$ 为噪声簇，图 8-4 所示聚类算法 $A2$ 结果的同质性为

$$\frac{1}{5}\left(\frac{5}{6}+\frac{4}{5}+\frac{2}{2}+\frac{3}{5}+\frac{1}{3}\right)$$

有时，同质性度量还用条件熵定义为 h 值，且

$$h=1-\frac{H(\mathcal{K}\mid C)}{H(C)} \tag{8.17}$$

式中，$H(\mathcal{K}\mid C)$ 为在给定类别条件下聚类簇的条件熵，且

$$H(\mathcal{K}\mid C)=-\sum_{s=1}^{S}\sum_{k=1}^{K}\frac{n_{s,k}}{n}\log\left(\frac{n_{s,k}}{n_k}\right)$$

$$H(C)=-\sum_{s=1}^{S}\frac{n_s}{n}\log\left(\frac{n_s}{n}\right)$$

式中，K 表示聚类算法的簇数；n 是总实例数；n_s 和 n_k 分别表示类 C_s 和簇 $\mathcal{K}_k$ 的实例数；$n_{s,k}$ 是类 C_s 中样本划分给簇 $\mathcal{K}_k$ 的实例数。

图 8-4 所示的熵和条件熵分别为

$$H(C)=-\frac{7}{21}\log\left(\frac{7}{21}\right)-\frac{6}{21}\log\left(\frac{6}{21}\right)-\frac{4}{21}\log\left(\frac{4}{21}\right)-\frac{4}{21}\log\left(\frac{4}{21}\right)$$

$$\begin{aligned}H(\mathcal{K}\mid C)=&-\frac{5}{21}\log\left(\frac{5}{6}\right)-\frac{1}{21}\log\left(\frac{1}{5}\right)-\frac{0}{21}\log\left(\frac{0}{2}\right)-\frac{0}{21}\log\left(\frac{0}{5}\right)-\frac{1}{21}\log\left(\frac{1}{3}\right)-\\&\frac{1}{21}\log\left(\frac{1}{6}\right)-\frac{4}{21}\log\left(\frac{4}{5}\right)-\frac{0}{21}\log\left(\frac{0}{2}\right)-\frac{0}{21}\log\left(\frac{0}{5}\right)-\frac{1}{21}\log\left(\frac{1}{3}\right)-\\&\frac{0}{21}\log\left(\frac{0}{6}\right)-\frac{0}{21}\log\left(\frac{0}{5}\right)-\frac{2}{21}\log\left(\frac{2}{2}\right)-\frac{2}{21}\log\left(\frac{2}{5}\right)-\frac{0}{21}\log\left(\frac{0}{3}\right)-\\&\frac{0}{21}\log\left(\frac{0}{6}\right)-\frac{0}{21}\log\left(\frac{0}{5}\right)-\frac{0}{21}\log\left(\frac{0}{2}\right)-\frac{3}{21}\log\left(\frac{3}{5}\right)-\frac{1}{21}\log\left(\frac{1}{3}\right)\end{aligned}$$

4. 完整性

同类别的样本被归类到同一聚类簇中，则满足完整性。它相当于召回率，表达如下：

$$\text{Recall}=\frac{1}{S}\sum_{s=1}^{S}\frac{\text{正确聚类为第 }s\text{ 簇的样本数量}}{\text{聚类为第 }s\text{ 簇的样本总数}} \tag{8.18}$$

假设 $\mathcal{K}_5$ 为噪声簇，图 8-4 所示聚类算法 $A2$ 结果前 4 簇的完整性为

$$\frac{1}{4}\left(\frac{5}{7}+\frac{4}{6}+\frac{2}{4}+\frac{3}{4}\right)$$

有时，完整性度量也用条件熵定义为 c 值，且

$$c=1-\frac{H(C\mid \mathcal{K})}{H(\mathcal{K})} \tag{8.19}$$

同质性和完整性都是基于两个类别划分间的条件熵：已知某一类别划分后，计算另一类别划分的不确定性程度。不确定性越小，两个类别划分越接近，h 值或 c 值就越大。

V-Measure 是同质性和完整性的调和平均值（Harmonic Mean），表达式为

$$v=\frac{(1+\beta)\times h\times c}{\beta\times h+c} \tag{8.20}$$

5. 兰德指数和调整兰德指数

考虑$\mathcal{X}=\{x_n\}_{n=1}^{N}$中任意两个互异样本$x_n$和$x_m$，按照它们在聚类算法$A1$和$A2$的聚类结果中是否属于同一个类簇，存在以下四种关系。

- SS：x_n和x_m在$A1$和$A2$都属于同类簇，即“同类同簇”，

$$\mathrm{SS}=\{(x_n,x_m)\mid(x_n,x_m\in C_i)\cap(x_n,x_m\in\mathcal{K}_k)\}$$

- SD：x_n和x_m在$A1$属于同类，但在$A2$属于不同簇，即“同类但不同簇”，

$$\mathrm{SD}=\{(x_n,x_m)\mid(x_n,x_m\in C_i)\cap(x_n\in\mathcal{K}_k,x_m\in\mathcal{K}_l,k\neq l)\}$$

- DS：x_n和x_m在$A1$属于不同类簇，但在$A2$属于同类簇，即“不同类但同簇”，

$$\mathrm{DS}=\{(x_n,x_m)\mid(x_n\in C_i,x_m\in C_j,i\neq j)\cap(x_n,x_m\in\mathcal{K}_k)\}$$

- DD：x_n和x_m在$A1$和$A2$均属于不同类簇，即“不同类不同簇”，

$$\mathrm{DD}=\{(x_n,x_m)\mid(x_n\in C_i,x_m\in C_j,i\neq j)\cap(x_n\in\mathcal{K}_k,x_m\in\mathcal{K}_l,k\neq l)\}$$

用a、b、c和d分别表示上述四种关系的数量。

接下来，结合图 8-4 给出计算过程：

$$a=\mathrm{C}_5^2+\mathrm{C}_4^2+\mathrm{C}_2^2+\mathrm{C}_3^2+\mathrm{C}_2^2=21$$

其中，$\mathrm{C}_3^2+\mathrm{C}_2^2$来自于$\mathcal{K}_4$。

b、c和d无法单独计算，需要采用组合方式，即

SS+DS：同一簇中任取两个样本点来自同类和非同类，

$$a+c=\mathrm{C}_6^2+\mathrm{C}_5^2+\mathrm{C}_2^2+\mathrm{C}_5^2+\mathrm{C}_3^2=39$$

SS+SD：任意两个同类样本点被聚类到同簇和非同簇，

$$a+b=\mathrm{C}_7^2+\mathrm{C}_6^2+\mathrm{C}_4^2+\mathrm{C}_4^2=48$$

$$a+b+c+d=\mathrm{C}_{21}^2=210$$

可得$a=21$，$b=27$，$c=18$，$d=144$。

进一步制定混淆矩阵（Pair Confusion Matrix），得

	同簇	非同簇	
同类	$a=\lvert\mathrm{SS}\rvert$	$b=\lvert\mathrm{SD}\rvert$	$a+b$
非同类	$c=\lvert\mathrm{DS}\rvert$	$d=\lvert\mathrm{DD}\rvert$	$c+d$
	$a+c$	$b+d$	

	同簇	非同簇	
同类	21	27	48
非同类	18	144	162
	39	171	

基于a、b、c和d，定义如下四种指数：

（1）兰德指数（Rand Index，RI）

$$\mathrm{RI}=\frac{a+d}{a+b+c+d}=\frac{a+d}{\frac{N(N-1)}{2}}=\frac{a+d}{\mathrm{C}_N^2} \tag{8.21}$$

（2）Jaccard Coefficient

$$\mathrm{JC}=\frac{a}{a+b+c} \tag{8.22}$$

（3）Fewlkes and Mallows index

$$\mathrm{FM}=\sqrt{\frac{a}{a+b}\cdot\frac{a}{a+c}} \tag{8.23}$$

上述三个系数的范围是[0,1]，值越大，划分越好。

然而，即便随机划分，RI 值也未必接近于 0。于是 1985 年 Hubert 和 Arabie 提出了**调整兰德指数**：假设聚类算法 $A1$ 和 $A2$ 为随机划分，各类别和各簇的样本数是固定的。

（4）调整兰德指数（Adjusted Rand Index，ARI）

$$\mathrm{ARI}=\frac{\mathrm{RI}-E(\mathrm{RI})}{\max(\mathrm{RI})-E(\mathrm{RI})} \tag{8.24}$$

采用调整兰德指数是为了消除随机标签对于兰德指数评估结果的影响。

计算 ARI 的另一种方法是根据**列联表**（Contingency Table），即

	C_1	C_2	…	C_s	sum
$\mathcal{K}_1$	n_{11}	n_{12}	…	n_{1s}	a_1
$\mathcal{K}_2$	n_{21}	n_{22}	…	n_{2s}	a_2
$\mathcal{K}_3$	n_{31}	n_{32}	…	n_{3s}	a_3
⋮	⋮	⋮		⋮	⋮
$\mathcal{K}_k$	n_{k1}	n_{k2}	…	n_{ks}	a_k
sum	b_1	b_2	…	b_s	

	C_1	C_2	C_3	C_4	sum
$\mathcal{K}_1$	5	1	0	0	6
$\mathcal{K}_2$	1	4	0	0	5
$\mathcal{K}_3$	0	0	2	0	2
$\mathcal{K}_4$	0	0	2	3	5
$\mathcal{K}_5$	1	1	0	1	3
sum	7	6	4	4	

表中，n_{ks}表示同时落入 $\mathcal{K}_k$和 C_s中的样本数量，$n_{ks}=|\mathcal{K}_k\cap C_s|$。

为此，基于列联表的调整兰德指数计算公式为

$$\mathrm{ARI}=\frac{\sum_k\sum_s \mathrm{C}_{n_{ks}}^2-\left(\sum_k \mathrm{C}_{a_k}^2\sum_s \mathrm{C}_{b_s}^2\right)/\mathrm{C}_N^2}{\frac{1}{2}\left(\sum_k \mathrm{C}_{a_k}^2+\sum_s \mathrm{C}_{b_s}^2\right)-\left(\sum_k \mathrm{C}_{a_k}^2\sum_s \mathrm{C}_{b_s}^2\right)/\mathrm{C}_N^2} \tag{8.25}$$

调整兰德指数的范围是[-1,1]，负数代表聚类结果不好，越接近于 1 越好。

对任意数量的聚类中心和样本数，随机聚类的 ARI 都非常接近于 0。

图 8-4 所示的 ARI 的计算过程如下：

$$a=\sum_k\sum_s \mathrm{C}_{n_{ks}}^2=\mathrm{C}_5^2+\mathrm{C}_4^2+\mathrm{C}_2^2+\mathrm{C}_2^2+\mathrm{C}_3^2=21$$

$$a+c=\sum_k \mathrm{C}_{a_k}^2=\mathrm{C}_6^2+\mathrm{C}_5^2+\mathrm{C}_2^2+\mathrm{C}_5^2+\mathrm{C}_3^2=39$$

$$a+b=\sum_s \mathrm{C}_{b_s}^2=\mathrm{C}_7^2+\mathrm{C}_6^2+\mathrm{C}_4^2+\mathrm{C}_4^2=48$$

$$\mathrm{ARI}=\frac{21-(39\times48)/210}{\frac{1}{2}(39+48)-(39\times48)/210}=0.349$$

上述四个指数越大表明 $A1$ 和 $A2$ 的聚类结果吻合程度越高，聚类效果越好。

6. 轮廓系数（Silhouette Coefficient，SC）

x_n的轮廓系数定义为

$$
\mathrm{SC}(x_n)=\frac{b(x_n)-a(x_n)}{\max\{b(x_n),a(x_n)\}}=\begin{cases}1-\dfrac{a(x_n)}{b(x_n)}, & a(x_n)<b(x_n)\\ 0, & a(x_n)=b(x_n)\\ \dfrac{b(x_n)}{a(x_n)}-1, & a(x_n)>b(x_n)\end{cases} \tag{8.26}
$$

式中，$a(x_n)$为样本x_n到同一簇内其他样本的平均距离，体现了样本x_n的**簇内不相似度**，$a(x_n)$越小，表示x_n越应该聚类到该簇；$b(x_n)=\min\{b_{\mathcal{X}_1}(x_n),b_{\mathcal{X}_2}(x_n),\cdots,b_{\mathcal{X}_K}(x_n)\}$越大，表示$x_n$越不应该属于其他簇；其中，$b_{\mathcal{X}_k}(x_n)$表示样本$x_n$到簇$\mathcal{K}_k$内样本的平均距离，反映样本$x_n$与$\mathcal{K}_k$的不相似度，$b_{\mathcal{X}_k}(x_n)$越大，表示$x_n$越不应该聚类到该簇$\mathcal{K}_k$。

若$\mathrm{SC}(x_n)$接近1，则说明样本x_n聚类合理；若$\mathrm{SC}(x_n)$接近-1，则说明样本x_n更应该分类到其他簇；若$\mathrm{SC}(x_n)$近似为0，则说明样本x_n在两个簇的边界上。

所有样本的轮廓系数的均值称为聚类结果的轮廓系数。

8.2 K均值聚类

K均值（K-means）聚类算法的基本思路是：依据距离相似度将样本集聚类成K个簇，致使簇内样本距离尽可能小，簇间距离尽可能大。

1. K均值聚类的基本步骤

算法8.1是K均值聚类的伪代码。

首先，通常依据对样本集的先验知识选择一个合适的K值。然后，对簇中心初始化处理。随后进入迭代过程，直至收敛。

K均值聚类算法通常选择如下几种方式之一作为迭代收敛条件：

算法8.1　K均值聚类

输入： 样本集$\mathcal{X}\in\mathbf{R}^{d\times N}$，$\mathcal{X}=\{\boldsymbol{x}_1,\boldsymbol{x}_2,\cdots,\boldsymbol{x}_N\}$，参数$K$。

过程： 1. 生成K个中心点$\{\boldsymbol{\mu}_1,\boldsymbol{\mu}_2,\cdots,\boldsymbol{\mu}_K\}$；

2. 重复下述过程直至收敛：

（1）依据$\arg\min\limits_{1\leqslant k\leqslant K}\mathrm{MD}(\boldsymbol{x}_n,\boldsymbol{\mu}_k),n=1,2,\cdots,N$将所有样本划分到与之距离最近中心点$\boldsymbol{\mu}_k$对应簇$\mathcal{X}_k$；

（2）重新计算中心点$\bar{\boldsymbol{\mu}}_k=\boldsymbol{\mu}(\mathcal{K}_k)$；

（3）修正中心点$\boldsymbol{\mu}_k=\bar{\boldsymbol{\mu}}_k$；

（4）如果收敛，跳出循环至（3），否则重复迭代

3. 终止。

输出： 聚类结果$\{\mathcal{K}_1,\mathcal{K}_2,\cdots,\mathcal{K}_K\}$。

1）聚类中心不再有变化，或者变化很小，即

$$
\max_{1\leqslant k\leqslant K}\mathrm{DM}(\bar{\boldsymbol{\mu}}_k,\boldsymbol{\mu}_k)\leqslant\varepsilon \tag{8.27}
$$

式中，ε为预设的一个非常小值。

2）各样本到对应簇中心距离之和 Sum_{DM} 不再发生变化，或变化很小，即

$$\text{Sum}_{\text{DM}} = \sum_{k=1}^{K} \sum_{\boldsymbol{x} \in X_k} \text{DM}(\boldsymbol{x}, \boldsymbol{\mu}_k) \tag{8.28}$$

3）类内距离总和 SOD 不再发生变化。

每轮迭代需要计算全部样本点到所有质心的距离，计算量大且耗时。后来，Charles Elkan 利用“两边之和大于或等于第三边”和“两边之差小于第三边”两个性质改进了 K-means，被称为 Elkan K-means，该算法减少不必要的距离计算。已知 $\text{MD}(\boldsymbol{\mu}_i, \boldsymbol{\mu}_j)$，如果 $2\text{MD}(\boldsymbol{x}, \boldsymbol{\mu}_i) \leqslant \text{MD}(\boldsymbol{\mu}_i, \boldsymbol{\mu}_j)$，则 $\text{MD}(\boldsymbol{x}, \boldsymbol{\mu}_i) \leqslant \text{MD}(\boldsymbol{x}, \boldsymbol{\mu}_j)$，不需要再计算 $\text{MD}(\boldsymbol{x}, \boldsymbol{\mu}_j)$；$\text{MD}(\boldsymbol{x}, \boldsymbol{\mu}_j) \geqslant \max\{0, \text{MD}(\boldsymbol{x}, \boldsymbol{\mu}_i) - \text{MD}(\boldsymbol{\mu}_i, \boldsymbol{\mu}_j)\}$。

2. K-means++算法

在 K 均值聚类算法中，K 个初始中心点对最后的聚类结果和运行时间有很大影响。如果完全随机选择，可能导致算法收敛较慢。K-means++算法对中心点选择进行了优化，优化步骤如下：

1）从样本集中随机选择一个点作为第一个聚类中心 $\boldsymbol{\mu}_1$。

2）计算所有样本 $\boldsymbol{x}_n$ 与已选择的聚类中心的距离，并将其归为距离最小的对应簇。

3）选择一个距离较大的样本作为新的聚类中心。

4）重复 2）和 3）直到选择出 K 个聚类中心。

3. 小批量 K 均值聚类

当样本数量非常大时，如 10 万以上，传统 K-means 算法的计算量非常大，因为每轮迭代都要计算全部样本点到所有中心的距离。即便采用 Elkan K-means，计算量仍然很大。后来有人提出小批量 K 均值（Mini Batch K-Means）聚类：

1）从样本集中随机抽取小批量样本分配给最近的中心。

2）更新中心。

3）重复 1）和 2），直至达到收敛条件。

相对于传统 K 均值聚类算法，小批量 K 均值聚类算法的收敛速度提高了，但聚类精确度有所降低。

尽管 K 均值聚类算法被普遍使用，但是始终存在 K 值选择和初始聚类中心点选择的问题。为了避免这些问题，可以选择另一种比较实用的聚类算法——层次聚类算法。

8.3　层次聚类

层次聚类（Hierarchical Clustering）是基于簇间的相似度的树形聚类算法。一般有两种划分策略：自底向上的**凝聚策略**和自顶向下的**分拆策略**。

1）凝聚策略。初始时将每个样本点当作一个类簇，然后依据相似度准则合并相似度最大的类簇，直到达到终止条件。

2）分拆策略。初始时将所有的样本归为一个类簇，然后依据某种相似度准则找出簇中最不相似的两个样本 $\boldsymbol{x}_i$ 和 $\boldsymbol{x}_j$，分别以这两个样本为中心构建两个簇，计算其他样本到中心的距离，将其他样本划分为距离最小的簇。重复上述过程，直至达到终止条件。

8.3.1 凝聚筑巢

凝聚筑巢（Agglomerative Nesting，AGNES）是一种自底向上的层次聚类算法。其伪代码参见算法 8.2。

算法 8.2 AGNES 算法

输入： 样本集$\mathcal{X}\in\mathbf{R}^{d\times N}$，$\mathcal{X}=\{\boldsymbol{x}_1,\boldsymbol{x}_2,\cdots,\boldsymbol{x}_N\}$，参数 K。

过程： 1. 将每个样本作为一个初始簇，即 N 个初始簇，$\{\mathcal{X}_1,\mathcal{X}_2,\cdots,\mathcal{X}_N\},k=N$；

2. 重复下述过程，直至收敛：

（1）计算任意两个簇间相似度 $\mathrm{DM}\{\mathcal{X}_i,\mathcal{X}_j\}$，$k=k-1$

（2）合并相似度最大的两个簇，获得新的聚类$\{\mathcal{X}_1,\mathcal{X}_2,\cdots,\mathcal{X}_k\}$；

（3）如果满足终止条件，跳出循环至输出；否则重复迭代；

输出： 聚类结果$\{\mathcal{X}_1,\mathcal{X}_2,\cdots,\mathcal{X}_K\}$。

---

1. 基本步骤

1）每个样本作为一个初始聚类簇。

2）根据相似度准则将两个最相似簇合并成一个聚类簇。

3）重复 2）直到满足终止条件。

如图 8-5 所示，由颜色和形状属性构成样本的特征向量。在初始层，每个样本之间存在一定差异，一个样本一个叶节点，共 6 个簇。由于样本 $\boldsymbol{x}_2$和 $\boldsymbol{x}_3$在“形状”属性上完全相同，“颜色”属性上也相似，它们的相似度最高，所以把样本 $\boldsymbol{x}_2$和 $\boldsymbol{x}_3$聚成同一簇。由此，经过第一轮聚类后，得到 5 个簇：$\{\boldsymbol{x}_1\}$、$\{\boldsymbol{x}_2,\boldsymbol{x}_3\}$、$\{\boldsymbol{x}_4\}$、$\{\boldsymbol{x}_5\}$和$\{\boldsymbol{x}_6\}$；接下来，在这 5 个簇中合并两个相似度最高的簇$\{\boldsymbol{x}_1\}$和$\{\boldsymbol{x}_2,\boldsymbol{x}_3\}$，则进一步聚类成 4 个簇：$\{\boldsymbol{x}_1,\boldsymbol{x}_2,\boldsymbol{x}_3\}$、$\{\boldsymbol{x}_4\}$、$\{\boldsymbol{x}_5\}$和$\{\boldsymbol{x}_6\}$；采用相同方式，继续将$\{\boldsymbol{x}_4\}$和$\{\boldsymbol{x}_5\}$合并成$\{\boldsymbol{x}_4,\boldsymbol{x}_5\}$；达到终止条件时，终止聚类。

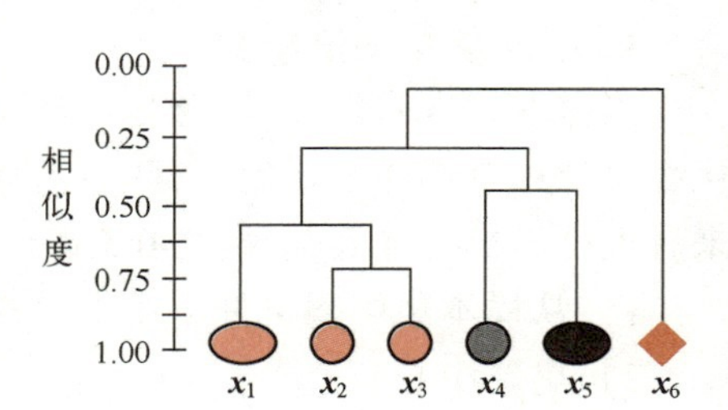

图 8-5 基于凝聚策略的层次聚类示意图（见插页）

在此聚类算法中，需要考虑两个核心因素：**簇间相似度**和**终止条件**。

2. 簇间相似度

依据相似度的不同定义，层次聚类算法主要有单链式、全链式、均链接和非链接四种。

（1）单链式（Single-linkage）

簇间距离定义为分处两簇的样本间的**最小距离**，即

$$\mathrm{DM}\{\mathcal{X}_i,\mathcal{X}_j\}=\min_{\boldsymbol{x}\in\mathcal{X}_i,\boldsymbol{z}\in\mathcal{X}_j}\mathrm{DM}(\boldsymbol{x},\boldsymbol{z}) \tag{8.29}$$

如图 8-6 所示，红色双箭头表示两簇$\mathcal{X}_i$和$\mathcal{X}_j$的簇间距，距离越大，相似度越小。簇间距离较大时，单链式聚类能很好地区分不同簇的形状，如图 8-6a 和图 8-6b。但是，当簇类间含有噪声样本时，如图 8-6c 所示，单链式聚类却不能进行有效聚类。

（2）全链式（Complete-linkage）

簇间距离定义为分处两簇的样本间的最大距离，即

$$\mathrm{DM}\{\mathcal{X}_i,\mathcal{X}_j\}=\max_{\boldsymbol{x}\in\mathcal{X}_i,\boldsymbol{z}\in\mathcal{X}_j}\mathrm{DM}(\boldsymbol{x},\boldsymbol{z}) \tag{8.30}$$

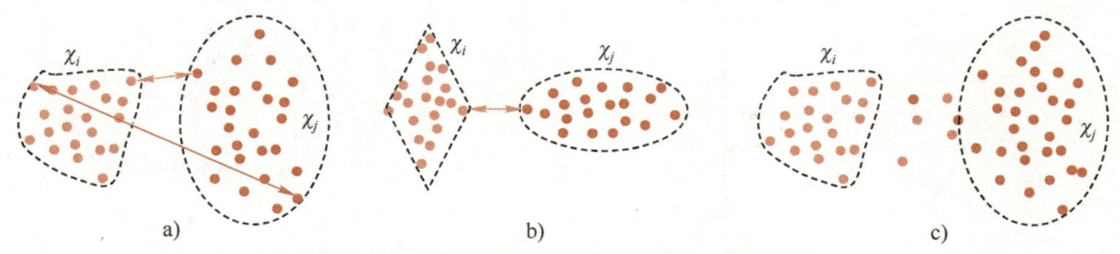

图 8-6　簇类间距离计算示意图（见插页）

如图 8-6 所示，蓝色双箭头表示两簇$\mathcal{X}_i$和$\mathcal{X}_j$的簇间距。

（3）均链接（Average-linkage）

簇间距离定义为分处两簇的样本间距离的平均值，即

$$\mathrm{DM}\{\mathcal{X}_i,\mathcal{X}_j\} = \frac{1}{|\mathcal{X}_i||\mathcal{X}_j|}\sum_{x\in\mathcal{X}_i}\sum_{z\in\mathcal{X}_j}\mathrm{DM}(\boldsymbol{x},\boldsymbol{z}) \tag{8.31}$$

（4）非链接（Ward-linkage）

非链接的目标是每个类簇的方差最小。

3. 终止条件

除了设置固定簇数量终止外，还可以设置距离上限：如果在某一轮迭代中，所有簇间距离都超过该阈值，则停止聚类。在采用这种停止准则时，隐含了一种假设：簇内样本在特征空间上距离很近，而异簇内样本间距离较大。

8.3.2　平衡迭代削减层次聚类

平衡迭代削减层次聚类（Balanced Iterative Reducing and Clustering Using Hierarchies，BIRCH）单次扫描样本集构建聚类特征树（Clustering Feature Tree，CFT），随后进行优化（可选）即可完成聚类。其运行速度快，适合数据量大、类别数较多的情况。

1. 聚类特征

设用样本集$\mathcal{X}=\{\boldsymbol{x}_1,\boldsymbol{x}_2,\cdots,\boldsymbol{x}_N\}$构成一个聚类特征(Clustering Feature,CF)，其中，每个样本$\boldsymbol{x}_n$是d维属性向量，用一个三元组定义一个 CF，即

$$\mathrm{CF}=(M,\boldsymbol{LS},SS) \tag{8.32}$$

式中，M是该 CF 包含样本的数目，$M=N$；$\boldsymbol{LS}$为 CF 中所有样本的特征向量和，

$$\boldsymbol{LS} = \sum_{n=1}^{N}\boldsymbol{x}_n = \left(\sum_{n=1}^{N}\boldsymbol{x}_{n1},\sum_{n=1}^{N}\boldsymbol{x}_{n2},\cdots,\sum_{n=1}^{N}\boldsymbol{x}_{nd}\right)^{\mathrm{T}} \tag{8.33}$$

SS是 CF 中所有样本的特征值平方和，

$$SS = \sum_{n=1}^{N}(\boldsymbol{x}_n)^2 = \sum_{n=1}^{N}\sum_{i=1}^{d}(x_{ni})^2 \tag{8.34}$$

显然，聚类特征 CF 具有可加性。图 8-7 对此进行了说明。

对于两个不相交的簇$\mathcal{X}_i$和$\mathcal{X}_j$，已知$\mathrm{CF}_i=(M_i,\boldsymbol{LS}_i,SS_i)$，$\mathrm{CF}_j=(M_j,\boldsymbol{LS}_j,SS_j)$，则由簇$\mathcal{X}_i$和$\mathcal{X}_j$合并成的簇$\mathcal{X}_i+\mathcal{X}_j$的$\mathrm{CF}=\mathrm{CF}_i+\mathrm{CF}_j=(M_i+M_j,\boldsymbol{LS}_i+\boldsymbol{LS}_j,SS_i+SS_j)$。

（1）簇质心

$$\boldsymbol{\mu} = \frac{1}{M}\sum_{m=1}^{M}\boldsymbol{x}_m = \frac{\boldsymbol{LS}}{M} \tag{8.35}$$

（2）簇半径　簇半径是簇中样本到质心的平均距离，且

$$R = \sqrt{\frac{1}{M}\sum_{m=1}^{M}(\boldsymbol{x}_m-\boldsymbol{\mu})^2} = \sqrt{\frac{M\cdot SS-\boldsymbol{LS}^2}{M^2}} \tag{8.36}$$

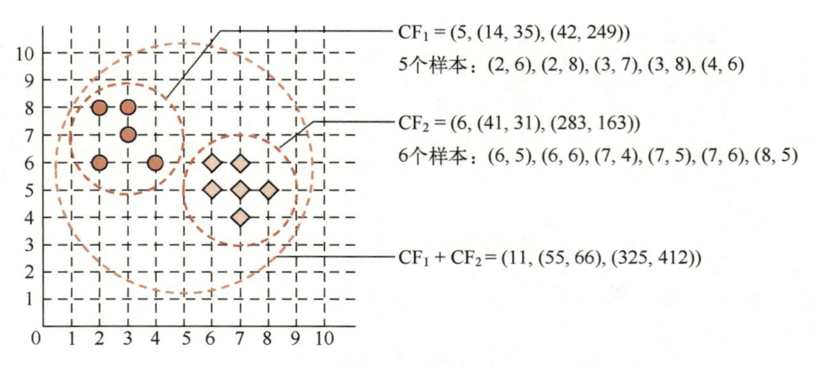

图 8-7 聚类特征 CF 和可加性示列

（3）簇直径 簇直径是簇中两两样本之间距离的平均值，且

$$D=\sqrt{\frac{1}{M(M-1)}\sum_{i=1}^{M}\sum_{j=1}^{M}(\boldsymbol{x}_i-\boldsymbol{x}_j)^2}=\sqrt{\frac{2\cdot M\cdot SS-2\cdot \boldsymbol{LS}^2}{M(M-1)}} \tag{8.37}$$

一个 CF 拥有的样本集构成一个簇。CF 存储的是簇中所有样本属性的统计和，当给某个簇添加新样本时，新样本的属性值并入 CF 中，不再需要存储到内存。因此，BIRCH 在很大程度上对样本集进行了压缩。

2. 聚类特征树生成

和决策树类似，聚类特征树仍然分为：根节点、中间节点（枝节点）和叶节点。在构造树结构之前，需要提前定义三个重要参数。

（1）枝平衡因子 β

每个枝节点不得多于 β 个分支，即树中每个节点最多包含 β 个子节点，$\mathrm{CF}_i, 1\leqslant i\leqslant\beta$，$\mathrm{CF}_i$ 为该节点中第 i 个子簇的聚类特征。

（2）叶平衡因子 λ

叶节点允许包含的最大 CF 数。

（3）空间阈值 γ

叶节点中每个 CF 的超球体的最大半径，所有类簇的半径不得大于 γ。

下面简单介绍聚类特征树的生成过程：设样本集 $\mathcal{X}=\{\boldsymbol{x}_1,\boldsymbol{x}_2,\cdots,\boldsymbol{x}_N\}$，$\beta=2$，$\lambda=3,\gamma=\tau$。

如图 8-8a 所示，读入样本 $\boldsymbol{x}_1$，在根节点构造 CF_1，将 $\boldsymbol{x}_1$ 放入 CF_1 对应的子簇 sc_1，子簇处于叶节点中，此时 CF_1 的 $M=1$。

如图 8-8b 所示，读入样本 $\boldsymbol{x}_2$，判断 $\boldsymbol{x}_2$ 与 $\boldsymbol{x}_1$ 是否同处一个半径为 γ 的超球体。如果是，则把 $\boldsymbol{x}_2$ 也放入 sc_1，更新 CF_1，$M=2$。

如图 8-8c 所示，读入样本 $\boldsymbol{x}_3$ 时，判断 $\boldsymbol{x}_3$ 是否与 sc_1 处于同一超球体。如果是，则并入 CF_1。这里假设不是，则需要在根节点新增一个 CF_2 和 sc_2 来容纳 $\boldsymbol{x}_3$，CF_2 的 $M=1$。

如图 8-8d 所示，读入样本 $\boldsymbol{x}_4$ 时，设 $\boldsymbol{x}_4$ 与 $\boldsymbol{x}_3$ 在同一个超球体内，将 $\boldsymbol{x}_4$ 并入 CF_2，更新 CF_2，$M=2$。为了简洁，用黑点代表样本点。

如图 8-8e 所示，继续读入一系列能被 sc_1 和 sc_2 吸收的样本后，读入了一个不能被 sc_1 和 sc_2 吸收的 $\boldsymbol{x}_i$。由于 $\beta=2$，所以，不能在根节点开设新 CF_3，只能向下分裂。设 $\boldsymbol{x}_i$ 与根节点中的 CF_2 最近，所以在 CF_2 下生成两个分支：CF_3 和 CF_4。之前 CF_2 的子簇归入 CF_3，$\boldsymbol{x}_4$ 落入 CF_4

对应的子簇 sc_3 中。计算 CF_3 和 CF_4 的参数，更新 CF_2 的参数。事实上，每读入一个样本，插入相应节点后，都要更新相应的 CF 及其先辈的 CF 的参数。

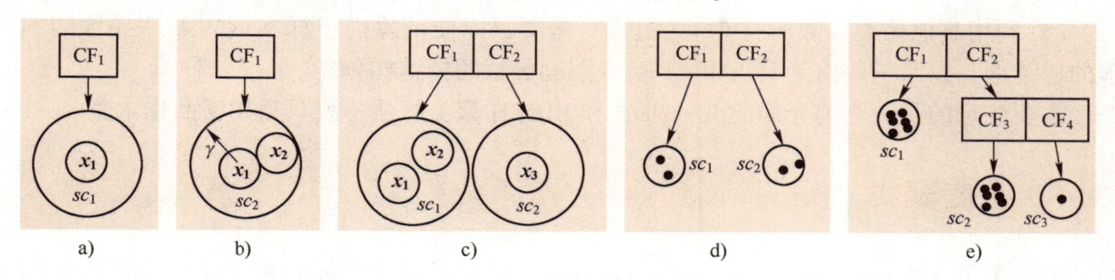

图 8-8　聚类特征树的生成过程

继续读入样本能被 sc_1、sc_2 或 sc_3 吸收。之后形成了**图 8-9a** 所示的小树 CFT，树的高度为 2，此树包含一个根节点 RN 和两个叶节点（LN_1 和 LN_2）。注意：这里把下标重新进行了排列，实际样本所属关系与**图 8-8** 一致。RN 包含 2 个 CF(CF_1, CF_2)。叶节点 LN_1 拥有 2 个 CF(CF_3, CF_4)，LN_2 拥有 3 个 CF(CF_5, CF_6, CF_7)。根据聚类特征的可加性，$CF_1=CF_3+CF_4$，$CF_2=CF_5+CF_6+CF_7$。

如**图 8-9b** 所示，再读入一个 $\boldsymbol{x}_j$，且 $\boldsymbol{x}_j$ 距叶节点 LN_2 最近，可能被 CF_5，CF_6 或 CF_7 吸收。但是，$\boldsymbol{x}_j$ 不在这三个子簇下的任一个超球体内，按**图 8-8c** 所示步骤，需要在 LN_2 新增一个 CF_8。可是存在 $\lambda=3$ 的限制，即叶节点最多 3 个 CF，怎么办？可以**分裂叶节点**。

在 LN_2 所有 CF 和新增的 CF_8 之中，找到两个距离最大的 CF 作为两个新叶节点（LN_2 和 LN_3）的种子，然后将 CF_5、CF_6、CF_7 和 CF_8 重新分配给两个新的叶节点上。

细心的读者会发现：出现了新问题——根节点出现了 3 个分支，不符合题设 $\beta=2$ 的要求。怎么办？可以**分裂根节点**。

方法与分裂叶节点一样。从而获得**图 8-9c** 所示的树，此时树的高度为 3。此树包括 1 个根节点、2 个中间节点（非叶节点：NLN_1 和 NLN_2）、3 个叶节点（LN_1、LN_2 和 LN_3）。其中，根节点包括 CF_{10} 和 CF_{11} 两个子簇。各节点的聚类特征关系为

$$CF_{10}=CF_1=CF_3+CF_4,\quad CF_{11}=CF_2+CF_9=CF_5+CF_6+CF_7+CF_8$$

至此，读入样本后，从上到下依次从根节点和中间节点寻找最近分支，最后在叶节点寻找最近的 CF。直至扫描完所有样本，建立一棵聚类特征树 CFT。

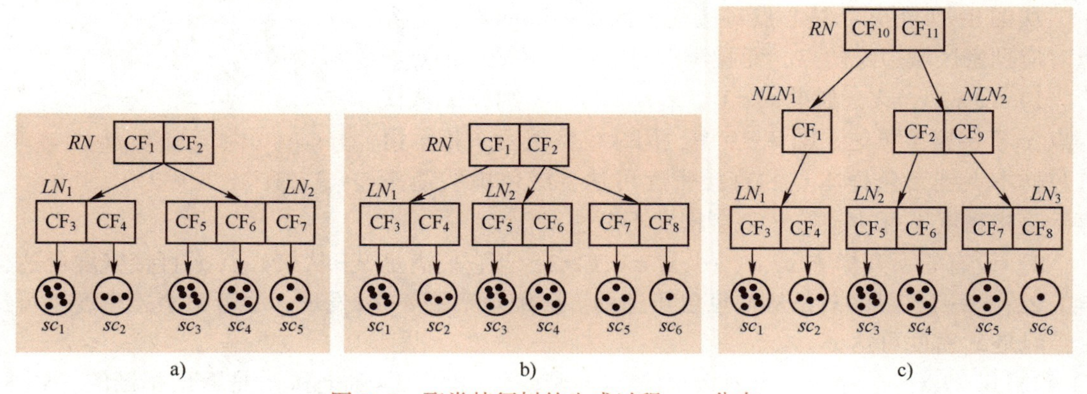

图 8-9　聚类特征树的生成过程——分支

当扫描完所有样本，在内存建立一棵 CFT 树后，可以考虑进行如下优化：

1）去除一些异常 CF，异常 CF 包含样本点很少，可以将其合并到最近的超球体。

2）利用其他聚类算法所有 CF 元组进行聚类，以便消除由于样本读入顺序导致的不合理的树结构，以及一些由于节点中 CF 个数限制导致的树结构分裂。

需要注意的是，之前介绍的 K-means 和 BIRCH 聚类算法一般只适用于凸样本集。

8.4 密度聚类

密度聚类（Density-Based Spatial Clustering）是一种基于密度的聚类算法。它既适用于凸样本集，也适用于非凸样本集。

8.4.1 DBSCAN

DBSCAN（Density-Based Spatial Clustering of Applications with Noise）是密度聚类的一个代表性的算法，通过样本间的**可连接性**来定义相似性。

1. 基本概念

给定样本集$\mathcal{X}=\{\boldsymbol{x}_1,\boldsymbol{x}_2,\cdots,\boldsymbol{x}_N\}$，一个样本相当于一个点，对于样本集中样本 $\boldsymbol{z}\in\mathcal{X}$，称 $N_\epsilon(\boldsymbol{z})=\{\boldsymbol{x}_n\in\mathcal{X}\mid DM(\boldsymbol{z},\boldsymbol{x}_n)\leqslant\epsilon\}$ 为 $\boldsymbol{z}$ 的**半径 ϵ 邻域**，图 8-10 中虚线圆圈表示以红色样本点为中心、ϵ 为半径的邻域，细实线箭头表示半径 ϵ；称邻域 $N_\epsilon(\boldsymbol{z})$ 中样本数量 $\rho(\boldsymbol{z})=|N_\epsilon(\boldsymbol{z})|$ 为 $\boldsymbol{z}$ 的**密度**。

图 8-10 中，$\rho(\boldsymbol{z})=6$，$\rho(\boldsymbol{x}_1)=4$；如 $\rho(\boldsymbol{z})>\rho_{th}$，则称 $\boldsymbol{z}$ 为**核心点**。图 8-10 中红色点都是阈值为 4 的核心点；令$\mathcal{X}_c$为$\mathcal{X}$所有核心点构成的集合，则非核心点构成的集合为

$$\mathcal{X}_{nc}=\mathcal{X}\setminus\mathcal{X}_c \tag{8.38}$$

若 $\boldsymbol{b}\in\mathcal{X}_{nc}\cap N_\epsilon(\boldsymbol{z})$，$\boldsymbol{z}$ 为核心点，在核心点 ϵ 邻域内的非核心点 $\boldsymbol{b}$ 定义为$\mathcal{X}$的**边界点**。$\mathcal{X}$中所有边界点构成的集合表示为$\mathcal{X}_b$。图 8-10 中紫色点都为边界点。

一个边界点可能同时落入多个核心点的 $N_\epsilon(\boldsymbol{x})$ 内。

在$\mathcal{X}$中既不是核心点又不是边界点的点为**噪声点**，如图 8-10 中浅灰色样本点。

由噪声点构成的集合记为

$$\mathcal{X}_n=\mathcal{X}\setminus(\mathcal{X}_c\cup\mathcal{X}_b) \tag{8.39}$$

从图 8-10 可知：核心点对应稠密区域内部的点，边界点对应稠密区域边缘的点，而噪声点对应稀疏区域中的点。

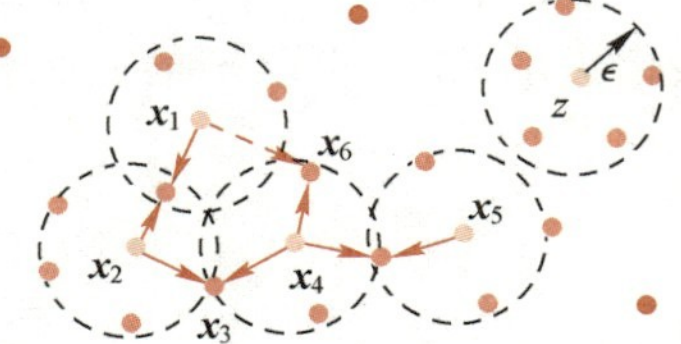

图 8-10　核心点、边界点、噪声点和直接密度可达（见插页）

1）设 $\boldsymbol{x}_i,\boldsymbol{x}_j\in\mathcal{X}$，如果 $\boldsymbol{x}_i\in\mathcal{X}_c$，$\boldsymbol{x}_j\in N_\epsilon(\boldsymbol{x}_i)$，则称 $\boldsymbol{x}_j$从核心点 $\boldsymbol{x}_i$**直接密度可达**。图 8-10 中，用绿色实线箭头指示由红色样本点到紫色样本点的直接密度可达，绿色虚线箭头表示直接密度不可达，如 $\boldsymbol{x}_1$直接密度不可达 $\boldsymbol{x}_6$。

2）设有一系列样本 $\boldsymbol{x}_1,\boldsymbol{x}_2,\cdots,\boldsymbol{x}_k\in\mathcal{X},k\geqslant2$，若它们满足 $\boldsymbol{x}_{i+1}$从核心点 $\boldsymbol{x}_i$直接密度可达，$i=1,2,\cdots,k-1$，则称 $\boldsymbol{x}_k$是从 $\boldsymbol{x}_1$密度可达的。仔细观察图 8-10 发现，尽管 $\boldsymbol{x}_1$直接密度不可达 $\boldsymbol{x}_6$，但是 $\boldsymbol{x}_1$密度可达 $\boldsymbol{x}_6$。

3）设 $\boldsymbol{x}_i,\boldsymbol{x}_j,\boldsymbol{x}_k\in\mathcal{X}$，若 $\boldsymbol{x}_j$和 $\boldsymbol{x}_k$均是从 $\boldsymbol{x}_i$密度可达的，则称 $\boldsymbol{x}_j$和 $\boldsymbol{x}_k$是**密度相连的**。显然，**密度相连具有对称性**。

上述概念归结为：1 个概念（密度）、2 个参数（邻域半径和密度阈值）、3 种类型点（核心点、边界点和噪声点）和 4 类关系（直接密度可达、直接密度不可达、密度可达、密度相连）。

对非空集合$\mathcal{X}_k \subset \mathcal{X}$，$\boldsymbol{x}_i, \boldsymbol{x}_j \in \mathcal{X}$，如果满足：①最大性：若 $x_i \in \mathcal{X}_k$，且 x_j是从 x_i密度可达的，则 $x_j \in \mathcal{X}_k$；②连接性：若 $x_i, x_j \in \mathcal{X}_k$，则 x，y 是**密度相连**的；则称$\mathcal{X}_k$是$\mathcal{X}$ 的一个**类簇**。

2. 密度聚类过程

图 8-11 描绘了密度聚类的基本过程。图中黑色填充点表示未被访问的样本，红色边框点表示已经被访问过，紫色填充点表示为噪声点或临时定位噪声点，蓝色填充点表示已经决策为某簇的样本，绿色填充点表示已经决策为另外一簇的样本。

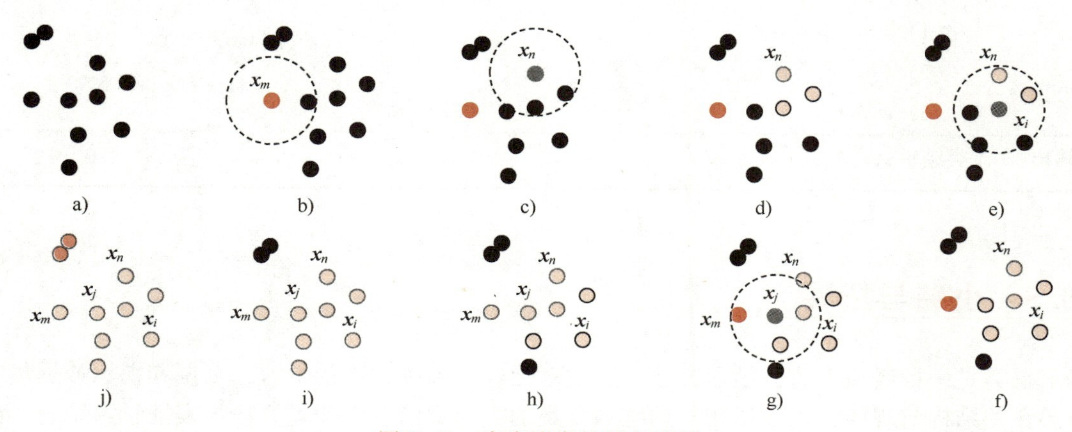

图 8-11　密度聚类的基本过程

1）从$\mathcal{X}$ 中随机选择一个未被访问的样本点。如果该点不是核心点（如图 8-11 中 $\boldsymbol{x}_m$），将该点暂时标注为噪声点，并另外选择一个没有被访问过的样本点；如果该点是核心点（如图 8-11 中 $\boldsymbol{x}_n$），建立新簇$\mathcal{X}_k$，将 $N_\epsilon(\boldsymbol{x}_n)$中的所有点加入候选集$\mathcal{X}_k$。

2）对于$\mathcal{X}_k$中所有尚未被处理的样本（如图 8-11 中 $\boldsymbol{x}_i$），如果是核心点，则将 $N_\epsilon(\boldsymbol{x}_i)$中所有样本并入$\mathcal{X}_k$；如果不是核心点，而且 $\boldsymbol{x}_i$已经被并入噪声集，则从噪声集中剔除。

3）重复步骤 2），直至$\mathcal{X}_k$不再有未被处理的样本。

4）设置 $k=k+1$，重复步骤 1）~3），直到$\mathcal{X}$ 不再有未被访问的样本。

8.4.2　高斯混合聚类

与 K 均值聚类相似，高斯混合模型（Gaussian Mixture Model，GMM）聚类将样本聚类到子簇$\mathcal{X}_k, k=1,2,\cdots,K$。$K$ 均值是基于距离进行聚类，对圆形分布的样本聚类效果好，而 GMM 是基于估计密度进行聚类，不仅适合对圆形分布样本的聚类，也适合对非圆形分布样本的聚类。

在第 3 章我们已经介绍了学习高斯混合模型的算法。一旦获得高斯混合模型，对$\mathcal{X}=\{\boldsymbol{x}_1, \boldsymbol{x}_2, \cdots, \boldsymbol{x}_N\}$，即可按算法 8.3 进行聚类，将 $\boldsymbol{x}_n$聚类到 $p_{\text{GMM}}(\boldsymbol{x}_n \in \mathcal{X}_k)$最大类簇。

算法 8.3　GMM 聚类

输入： 数据集$\mathcal{X} \in \mathbf{R}^{d\times N}$，$\mathcal{X}=\{\boldsymbol{x}_1,\boldsymbol{x}_2,\cdots,\boldsymbol{x}_N\}$

过程： 1. 初始化高斯混合模型参数(w_k,μ_k,Σ_k)，$k=1,2,\cdots,K$

2. 重复　　　　# 参数估计

　(1) 在当前模型参数下，计算$\mathcal{X}$中所有样本的后验概率$p_{\text{GMM}}(\boldsymbol{x}_n \in \mathcal{X}_k)$；

　(2) 依次估计新的μ_k,Σ_k,w_k　　　　# 估计后面参数时可以采用之前估计的参数

　(3) 如果达到最大循环次数或$LL(\mathcal{X})$不再增长或很小时，终止循环，跳至聚类；

3. $\mathcal{X}_k=\phi$，$k=1,2,\cdots,K$　　　　# 开始聚类

4. *for* $n=1,2,\cdots,N$

　(1) 算$p_{\text{GMM}}(\boldsymbol{x}_n \in \mathcal{X}_k)$；

　(2) 将$\boldsymbol{x}_n$聚类到$p_{\text{GMM}}(\boldsymbol{x}_n \in \mathcal{X}_k)$最大类簇；

　(3) *endfor*　　　　# 结束聚类

输出： 聚类结果$\{\mathcal{X}_1,\mathcal{X}_2,\cdots,\mathcal{X}_K\}$

8.5　小结与拓展

聚类是一种经典无监督学习方法，通过对无标记训练样本的学习，发掘和揭示数据集本身潜在的结构与规律，即不依赖于训练数据集的类标记信息。聚类算法与表征学习结合，以便有效挖掘出实例间的复杂关系。近年来，随着人工神经网络的发展，深度聚类（Deep Clustering）也成了聚类算法中的研究方向。利用神经网络强大的学习能力实现优化表征学习和聚类。

实验八：聚类实验

扫码看视频

1. 实验目的

1.1　了解 Scikit-learn 提供的聚类算法相关函数；

1.2　掌握采用 Python 对聚类算法（K-means 和高斯混合模型）编程的能力。

2. 实验环境

平台：Windows/Linux；编程语言：Python。

3. 实验内容

3.1　常见聚类算法性能比较实验；

3.2　手写数字聚类实验。

4. 实验步骤

4.1　常见聚类算法性能比较实验

首先，用 make_blobs 生成 4 个类中心的高斯分布数据：[-1,-1]，[-1,1]，[1.5,-0.5]，[1.5,0.5]。

sklearn. datasets. **make_blobs**(*n_samples* = 100, *n_ features* = 2, ＊, *centers* = *None*, *cluster_std* = *1. 0*, *center_box* = (*-10. 0*, *10. 0*), *shuffle* = *True*, *random_state* = *None*, *return_centers* = *False*)

X, y = make_blobs(n_samples=1000, n_features=2,centers = [[-1,-1],[-1,1], [1.5,-0.5], [1.5,0.5]],cluster_std = [[0.45, 0.2], [0.25,0.5], 0.25, 0.3], random_state=10)

然后，分别用如下聚类算法进行聚类：

- KMeans(n_clusters=n_classes, random_state=random_state).fit_predict(X)
- GaussianMixture(n_components=n_classes, covariance_type="spherical", max_iter=50, random_state=random_state).fit_predict(X)
- AgglomerativeClustering(linkage="average", n_clusters = n_classes).fit_predict(X)
- Birch(n_clusters = n_classes,branching_factor =5,threshold = 0.5).fit_predict(X)
- DBSCAN(eps=0.4,min_samples=9).fit_predict(X)

图 8-12 第一行为上述 5 种聚类算法对这 4 类高斯分布数据的聚类结果。AGNES 和 DBSCAN 把分布有重叠的样本聚成了一类。

最后，通过上述算法（BIRCH 除外）对三个圆形分布数据进行聚类比较，如图 8-12 第二行所示。AGNES 和 DBSCAN 能把圆环分布数据准确聚类，而 KMeans 和 GMM 却不具备此聚类能力。

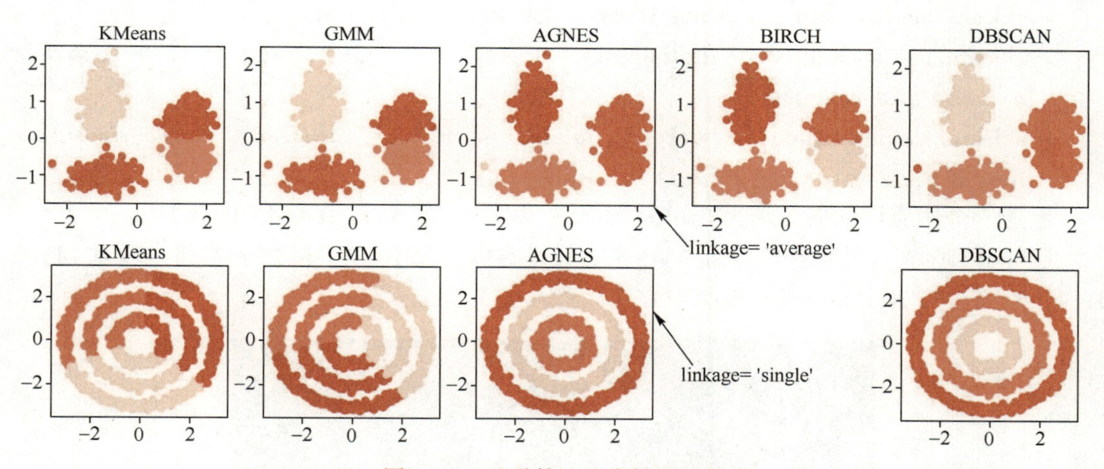

图 8-12　几种算法聚类结果比较

本实验代码相对简单，读者可以应用以往实验自行编写。这里附上环形数据生成代码 8.1。

代码 8.1　环形数据生成代码

```
import scipy.io as sio
def ThreeCircles():
    path = u'cluster_data/ThreeCircles.mat'
    ThreeCircles = sio.loadmat(path)['ThreeCircles']
    ThreeCircles = ThreeCircles[0::3, :]                    # 每隔 3 行取一个数据
    data = ThreeCircles
```

```
    data = np.array([data[:, 1], data[:, 2], data[:, 0]]).T        # list 与 array 互换
    return data
```

代码中，所用 ThreeCircles. mat，读者须事先在网上搜索下载。

4.2 手写数字聚类实验

首先，用 PCA 将 64 维数据降成 2 维，手写数字数据相关代码见实验五。

reduced_data = PCA(n_components=2).fit_transform(data)

然后，用 **K-means++**对降维后的数据进行聚类。

class sklearn. cluster. **KMeans**(*n_clusters=8*, ∗, *init='k-means++'*, *n_init=10*, *max_iter=300*, *tol=0. 0001*, *verbose=0*, *random_state=None*, *copy_x=True*, *algorithm*='lloyd')

- init{'k-means++', 'random'}
- algorithm{"lloyd", "elkan", "auto", "full"}

接下来，用如下函数对聚类结果进行性能评估：

- sklearn. metrics. **homogeneity_score**(*labels_true*, *labels_pred*)
- sklearn. metrics. **completeness_score**(*labels_true*, *labels_pred*)
- sklearn. metrics. **v_measure_score**(*labels_true*, *labels_pred*, ∗, *beta=1. 0*)
- sklearn. metrics. **adjusted_rand_score**(*labels_true*, *labels_pred*)
- sklearn. metrics. **adjusted_mutual_info_score**(*labels_true*, *labels_pred*, ∗, *average_method='arithmetic'*)
- sklearn. metrics. **silhouette_score**(*X*, *labels*, ∗, *metric='euclidean'*, *sample_size=None*, *random_state=None*, ∗∗*kwds*)

上述六个性能评估值分别为 0. 653，0. 683，0. 668，0. 539，0. 664，0. 167。

图 8-13 所示为实验结果。图中 10 个背景，颜色代表 10 个手写数字类别，即 0，1，2，3，4，5，6，7，8，9；×表示聚类中心。

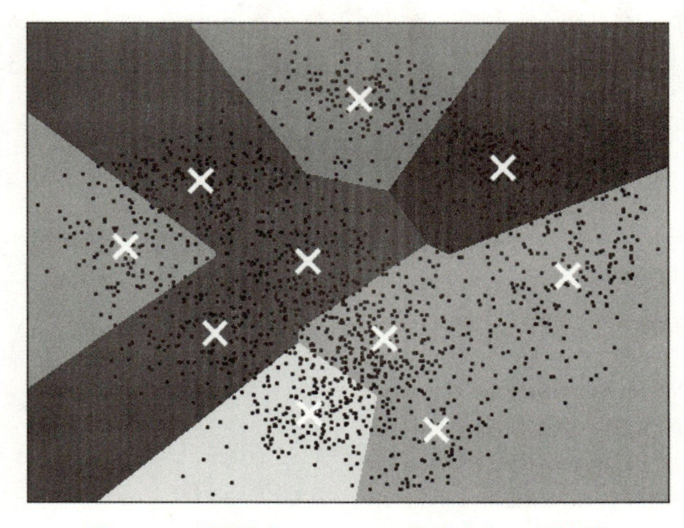

图 8-13　手写数字 K-means++聚类分布（见插页）

习题

1. 分析 K 均值聚类与高斯混合模型的异同点。

2. 从自己研究领域收集相关数据，计算同质性、完整性、兰德指数、轮廓系数等。

3. 给定 5 个样本的集合，样本间的欧氏距离分别为 $d_{12}=d_{21}=5$，$d_{13}=d_{31}=4$，$d_{14}=d_{41}=2$，$d_{15}=d_{51}=6$，$d_{23}=d_{32}=1$，$d_{24}=d_{42}=5$，$d_{25}=d_{52}=8$，$d_{34}=d_{43}=1$，$d_{35}=d_{53}=8$，$d_{45}=d_{54}=7$，试选择一种聚类算法，对其进行聚类。

参考文献

[1] CHARLES E. Using the Triangle Inequality to Accelerate-Means [EB/OL]. [2024-04-27]. https://cseweb. ucsd. edu//-elkan/kmeansicm103. pdf.

[2] MARTIN E, HANS P K, JöRG S, et al. A Density-Based Algorithm for Discovering Clusters in Large Spatial Databases with Noise [J]. Proceedings of 2nd Intemational Conference on Knowledge Discovery and Data Mining (KDD-96), 1996: 226-231.

[3] ALEXR, ALESSANDROL. Clustering by Fast Search and Find of Density Peaks [J]. Science, 2014, 344: 1492-1496.

第 9 章　概率图模型

概率图模型（Probabilistic Graphic Models，PGM）是在概率论和图论基础之上构建的一个可进行统计推理和学习的描述框架。1988 年，Judea Pearl 教授提出的信念传播（Belief Propagation，BP）算法把全局概率推理转化为局部变量间的消息传递，降低了推理的复杂度。2003 年，Wainwright 等人提出树重置权重信念传播算法：将概率图模型分解为若干生成树的加权和；2008 年，Globerson 等人提出基于线性规划松弛和对偶分解的推理算法，把推理问题转化为一个优化问题。经过几十年的发展，概率图模型已得到广泛应用。

本章思维导图为：

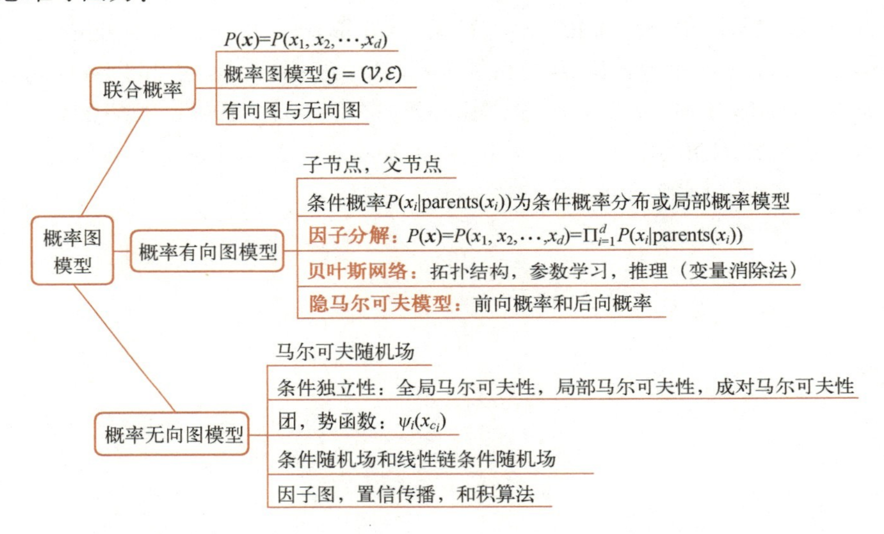

9.1　联合概率

设随机样本 $\boldsymbol{x}=(x_1,x_2,\cdots,x_d)^{\mathrm{T}}$是由 d 个随机变量表示成的随机向量，则定义样本向量 $\boldsymbol{x}$ 的 d 维**联合概率**为

$$P(\boldsymbol{x})=P(x_1,x_2,\cdots,x_d) \tag{9.1}$$

设每个属性 x_n有 N_n种可能取值，那么，d 维向量则有 $N_d N_{d-1}\cdots N_1$种组合。显然，维数越高，取值可能数量就越多，统计获得 $P(x_1,x_2,\cdots,x_d)$就越难。怎么办？

1）第一种方法， 如果 $x_1,x_2,\cdots,x_d$相互独立，则

$$P(x_1,x_2,\cdots,x_d)=P(x_1)P(x_2)\cdots P(x_d) \tag{9.2}$$

2）第二种方法， 根据链式法则进行因子分解成条件概率的乘积，即

$$P(x_1,x_2,\cdots,x_d)=P(x_d|x_1,x_2,\cdots,x_{d-1})\cdots P(x_2|x_1)P(x_1) \tag{9.3}$$

如果属性中存在条件独立关系，可进一步简化。

例如，设给定变量 x_2 的条件下，x_1 关于 x_3 独立，那么

$$P(x_1,x_2,x_3)=P(x_3|x_1,x_2)P(x_2|x_1)P(x_1)=P(x_3|x_2)P(x_2|x_1)P(x_1)$$

简化后的联合概率模型参数可以得到降低。

3）第三种方法，采用概率图模型（Probabilistic Graphic Models，PGM）。

根据图论，样本 $\boldsymbol{x}=(x_1,x_2,\cdots,x_d)^{\mathrm{T}}$ 建模成

$$\mathcal{G}=(\mathcal{V},\mathcal{E}) \tag{9.4}$$

式中，$\mathcal{V}$ 表示事物、对象或随机变量的节点（Vertex/Nodes），每个节点 x_i 表示样本的一种属性（随机变量）；$\mathcal{E}$ 为节点间条件概率依赖关系，用边（Edge）表示。

在概率图模型框架下，联合概率分布能够表示成局部变量势函数连乘积形式，从而避免了对复杂系统的概率分布直接建模，也容易引入先验知识，将知识表示和推理分离开来。

从结构上来说，概率图模型可表示成有向图（Directed graph）和无向图（Undirected graph）两类。

9.2　概率有向图模型

扫码看视频

概率有向图模型（Probabilistic Directed Graphical Models，PDGM）的边为有向边，如**图 9-1** 所示。PDGM 利用有向边刻画属性（随机变量）之间的**依赖关系**。

9.2.1　基本概念

在**图 9-1** 中，6 个节点构成节点集 $\mathcal{V}$，用变量名 x_i 表示节点，则有

$$\mathcal{V}=\{x_1,x_2,x_3,x_4,x_5,x_6\}$$

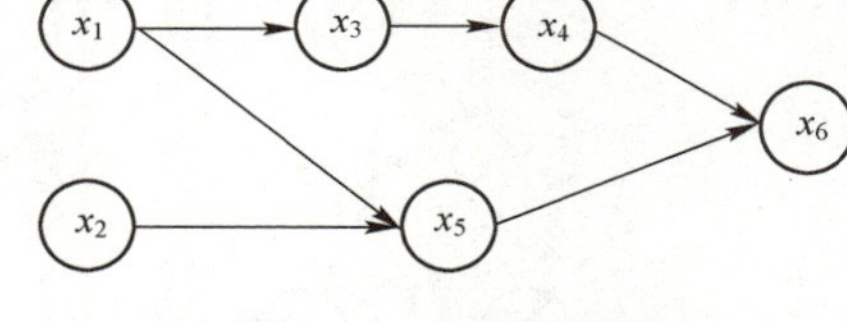

图 9-1　有向无环图

其中有向边集合 $\mathcal{E}$ 包括 $x_1\to x_3, x_2\to x_5, x_5\to x_6, x_1\to x_5, x_3\to x_4, x_4\to x_6$。

把有向边箭头离开的节点称为箭头指向节点 x_i 的**父节点**。$\mathrm{parent}(x_i)$ 表示节点 x_i 的所有父节点集合。例如，$\mathrm{parent}(x_5)=\{x_1,x_2\}$。如果当前节点没有父节点，则用先验概率 $P(x_i)$。

父节点变量为“因”，当前节点变量为“果”，表示成**条件概率** $P(x_i|\mathrm{parents}(x_i))$。

把有向边箭头所指向节点称为箭头离开节点 x_i 的**子节点** $\mathrm{child}(x_i)$，所有子节点集合表示为 $\mathrm{children}(x_i)$，如 $\mathrm{children}(x_1)=\{x_3,x_5\}$。所有后代节点称为子孙节点 $\mathrm{descendants}(x_i)$，如 $\mathrm{descendants}(x_3)=\{x_4,x_6\}$。

设有向图模型 M_{PDGM} 的节点集 $\mathcal{V}=\{x_1,x_2,\cdots,x_d\}$，联合概率分布 $P(x_1,x_2,\cdots,x_d)$ **因子分解**（Factorization）为各节点条件概率的乘积（链式法则），即

$$P(\boldsymbol{x})=P(x_1,x_2,\cdots,x_d)=\prod_{i=1}^{d}P(x_i|\mathrm{parents}(x_i)) \tag{9.5}$$

称 $P(x_i|\mathrm{parents}(x_i))$ 为**条件概率分布**（CPD）或**局部概率模型**。

通过因子分解后，计算图模型对应联合概率的参数将明显减少。

图 9-1 图模型的联合概率为 $P(\boldsymbol{x})=P(x_1,x_2,\cdots,x_6)$。设每个变量仅有两个离散取值，那么，6 个变量将有 $2^6=64$ 个概率值（参数）。如果将联合概率分解成

$$P(\boldsymbol{x})=P(x_1,x_2,\cdots,x_6)=P(x_1)P(x_2)P(x_3|x_1)P(x_4|x_3)P(x_5|x_1,x_2)P(x_6|x_4,x_5)$$

那么，需要的参数仅有 2+2+4+4+8+8=28。

一般地，一个具有 n 个二元随机变量的联合概率分布需要 2^n-1 个参数进行表示。如采用贝叶斯网络建模，设每个节点最多 k 个父节点，则所需参数为$n\times2^k$，大幅降低了参数个数。通常每个变量的局部依赖于少数变量，容易引入先验知识，降低模型复杂度。

9.2.2 有向分离

随机变量 B,C 相互独立的条件，需满足下列等式之一：

$$P(B,C)=P(B)P(C),\quad P(B|C)=P(B),\quad P(C|B)=P(C)$$

在概率图模型中，可以利用图模型中的**条件独立性**（Conditional Independence）进一步降低联合概率模型复杂度。**条件独立性**是概率有向图模型通过因子分解减少参数的理论基础。

在给定变量 A 条件下，若事件 B 与 C 满足下列等式之一：

$$P(BC|A)=P(B|A)P(C|A),P(B|A,C)=P(B|A),P(C|A,B)=P(C|A) \tag{9.6}$$

则称 B 与 C 在给定条件 A 下**相互独立**。

1. 条件独立

有向分离（directed Separation）是判断有向无环图 DAG 中变量是否条件独立的图形化方法。

图 9-2 描述了应用有向分离的三种节点类型，分别对应三种条件独立：

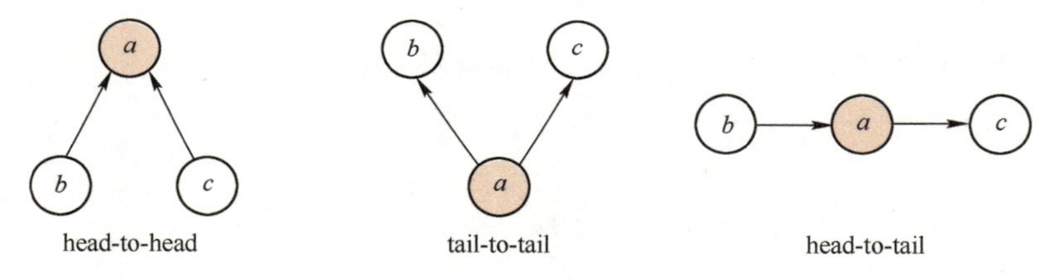

图 9-2　节点类型

（1）head-to-head 型节点（节点 a 连接两个箭头头部）　a,b,c 的联合概率为

$$P(a,b,c)=P(a|b,c)P(b)P(c)$$

下面分两种情况进行讨论：

1）在未给定 a 条件下，计算上式等号两边关于 a 的边缘概率，有

$$\sum_a P(a,b,c)=\sum_a P(a|b,c)P(b)P(c)\Rightarrow P(b,c)=P(b)P(c)$$

所以，$P(b,c)$分解成 $P(b)P(c)$，相当于 b,c 被 a 阻断后独立，b,c 之间概率互不影响，记为 $b\perp c|\varnothing$，称为 head-to-head 条件独立。

2）在给定 a 条件下，通常

$$P(b,c|a)=\frac{P(a,b,c)}{P(a)}=\frac{P(b)P(c)P(a|b,c)}{P(a)}\neq P(b|a)P(c|a)$$

显然，b 和 c 没被 a 阻断，b,c 在给定 a 条件下不独立，b,c 之间概率会有影响。

例 9.1： 假设老师给学生机器学习课程评价，其依据是课题难易和完成情况（见图 9-3）。

在评价等级未知情况下，选择难课题，完成情况可能好也可能不好；选择易课题，完成情况也可能好或不好。反过来，完成情况好的可能是易课题，也可能是难课题。所以，选择课题难易和完成情况好坏之间概率互不影响。

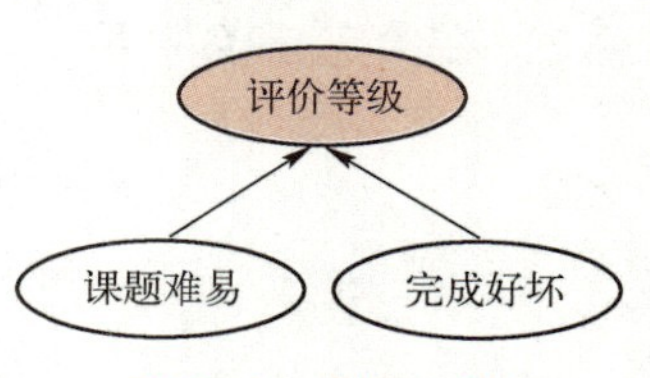

图 9-3　例 9.1 图

在等级已知情况下，等级最高：选择最难课题而且完成最好；等级较高：选择难课题而且完成较好；等级较低：选择难课题而且完成不好；等级最低：选择最易课题而且完成又最不好。显然，课题难易和完成情况因等级确定而相互影响。

（2）tail-to-tail 型节点（与节点 a 连接的是两个箭头尾部）

1）在未给定 a 条件下，根据式（9.6）有

$$P(a,b,c)=P(b|a)P(c|a)P(a)$$

计算上式两边关于 a 的边缘概率，有

$$P(b,c)=\sum_a P(b|a)P(c|a)P(a) \nRightarrow P(b,c)=P(b)P(c)$$

即联合概率 $P(b,c)$ 未必能因子分解成 $P(b)P(c)$，所以此时 b,c 不独立。

2）在给定 a 条件下，b,c 的联合概率为

$$P(b,c|a)=\frac{P(a,b,c)}{P(a)}$$

整理后得

$$P(b,c|a)=P(b|a)P(c|a)$$

由于 b 和 c 在 a 条件下相互独立，所以有

$$P(c|a,b)=P(c|a),P(b|a,c)=P(b|a) \tag{9.7}$$

例 9.2： 试分析图 9-4 所示的有向图。

如节点“智商”给定为高智商，即便考试成绩不理想，也不会影响他选择课题，他可能选择难课题也可能选择易课题；同样即便他选择了易课题，也不会影响他的考试成绩，可能考好或考砸。选题难易和考试成绩因智商确定而互不影响，相互独立。

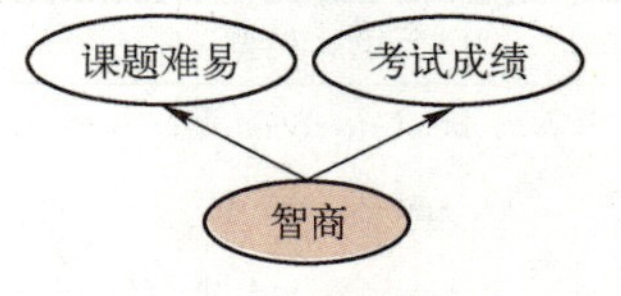

图 9-4　例 9.2 图

如果节点“智商”未给定，选择难课题的学生通常智商高而考试成绩高；选择易课题的学生通常智商低而考试成绩也低。反过来，考试成绩高的学生通常智商高，容易选择高难度课题；考试成绩低的学生通常智商低，容易选择容易度课题。所以，课题难易与考试成绩之间存在某种潜在关系（智商可高可低）而相互影响。注意：以上为本书假设的情况。

（3）head-to-tail 型节点（与节点 a 连接的两个箭头，一个来自父节点，一个指向子节点）

1）在未给定 a 条件下，根据式（9.6）有

$$P(a,b,c)=P(b)P(a|b)P(c|a)$$

计算上式两边关于 a 的边缘概率，得

$$P(b,c)=\sum_a P(b)P(a|b)P(c|a)=P(b)\sum_a P(a|b)P(c|a)$$

同样 $P(b,c)$ 不能因子分解成 $P(b)P(c)$，所以 b,c 不独立。

2）在给定 a 条件下，

$$P(b,c|a)=\frac{P(a,b,c)}{P(a)}$$

$$P(b,a)=P(b|a)P(a)=P(a|b)P(b)$$

$$P(b,c|a)=\frac{P(b)P(a|b)P(c|a)}{P(a)}=\frac{P(b,a)P(c|a)}{P(a)}=P(b|a)P(c|a)$$

所以，在给定 a 条件下，b,c 被 a 阻断后独立，称为 head-to-tail 条件独立，记为 $b\perp c|a$。

例 9.3：令 $b=\{$沉溺游戏$\}$，$a=\{$无心学习$\}$，$c=\{$成绩高低$\}$，如图 9-5 所示。

图 9-5　例 9.3 图

一般情况下，沉溺游戏会增加无心学习的概率，无心学习增加成绩较差的概率。此时，a,b,c 构成了 head-to-tail 条件独立形式，$b\to a\to c$。

在已知无心学习的条件下，沉溺游戏与成绩较差就无关了，即在给定条件 a 下，b 和 c 条件独立。

2. 有向分离判别准则

综上所述，推广到节点集，则有**向分离判别准则，见表 9.1**。

在复杂 DAG 节点集 A,B,C 中，考察所有 B 中任意节点到 C 中任意节点的路径，如果

1）B 到 C 的路径中 head-to-tail 型或 tail-to-tail 型节点 a 在 A 中，或者

2）B 到 C 的路径中 head-to-head 型节点 a 不在 A 或 A 的子孙节点，

则 B 到 C 的所有路径被**阻断**，而是无效路径（无效迹），称 B 和 C 在 A 条件下独立，记为 $B\perp C|A$；否则，B 到 C 存在有效迹，B 和 C 不是在 A 条件下独立。

表 9.1　A,B,C 阻断/独立性判决

节点 a 类型	$a\in A$，即给定 A 下	$a\notin A$，即不给定 A 下
head-to-head 型	存在有效迹，B,C 不独立	阻断/$B\perp C\|A\{a\cup \text{descendants}(a)\}\notin A$
tail-to-tail 型	阻断/$B\perp C\|A$	存在有效迹，B,C 不独立
head-to-tail 型	阻断/$B\perp C\|A$	存在有效迹，B,C 不独立

定理 9.1　在父节点给定下，该节点与其所有非后代节点（Non-descendants）条件独立。

在图 9-1 中节点 x_3，$\text{parents}(x_3)=\{x_1\}$，$\text{descendants}(x_3)=\{x_4,x_6\}$，$\text{nondescendants}(x_3)=\{x_2,x_5\}$，根据定理 9.1 有，$x_3\perp\{x_2,x_5\}|x_1$。

例 9.4：判断图 9-6 中 $A=\{a\},B=\{b_1,b_2\},C=\{c\}$，依次分析下列问题：

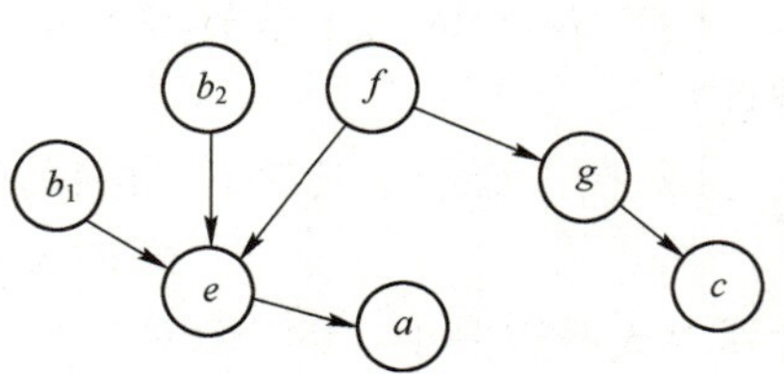

图 9-6　一个有向网络

（1）B 与 C 是否在 A 条件下独立？

先考虑 B 中节点 b_1 和 c 之间的路径：b_1-e-f-g-c

1）节点 e 为 head-to-head 型，且 $\text{descendants}(e)=$

$a \in A$，根据表 9.1，e 不阻塞该路径。

2）节点 f 为 tail-to-tail 型，且 $f \notin A$，根据表 9.1，f 不阻塞该路径。

3）节点 g 为 head-to-tail 型，且 $g \notin A$，根据表 9.1，g 不阻塞该路径。

显然，在 b_1-e-f-g-c 路径上所有中间节点都不阻断该路径。同理，b_2-e-f-g-c 路径上所有中间节点都不阻断该路径。所以，B 与 C 在 A 条件下不独立。

（2）B 与 C 是否在 $F=\{f\}$ 条件下独立？

先考虑 B 中节点 b_1 和 c 之间的路径：b_1-e-f-g-c

1）节点 e 为 head-to-head 型，且 $\{a,f\} \notin F$，根据表 9.1，e 阻塞该路径。

2）节点 f 为 tail-to-tail 型，且 $f \in F$，根据表 9.1，f 阻塞该路径。

3）节点 g 为 head-to-tail 型，且 $g \notin F$，根据表 9.1，g 不阻塞该路径。

所以，在 $b_1(b_2)$-e-f-g-c 路径被阻断，使 B 与 C 在 F 条件下独立。

9.2.3　贝叶斯网络

R. Howard 和 J. Matheson 在 1981 年提出的贝叶斯网络（Bayesian Networks）亦称贝叶斯信念网（Bayesian Belief Networks，BBN），是一个**有向无环图**（Directed Acyclic Graph，DAG），即在有向图中从某个节点出发经过若干条边无法回到该节点。

1. 贝叶斯网络表示

贝叶斯网络模型通常由领域专家根据研究对象先验知识进行建立。

一般分为三个步骤：确定变量集和变量域设计节点，设计网络结构定义变量之间的依赖关系和参数学习表示联合概率分布（包括局部概率分布或局部密度函数）。

我们通过一个机器学习课程综合评级系统进行阐述。

例 9.5：学生机器学习课程的综合评级（G,grade）分三个等级：1 表示中，2 表示良，3 表示优。由 4 个随机变量确定，设每个变量都只有 2 种状态：

- 课题的难度（D,difficulty）：取两个值，0 表示低难度，1 表示高难度。
- 学生的智商（I,intelligene）：取两个值，0 表示不聪明，1 表示聪明。
- 考试成绩（S,score）：取两个值，0 表示低分，1 表示高分。
- 学生的情商（E,emotion）：取两个值，0 表示师生互动差，1 表示师生互动活跃。

（1）确定 5 个随机变量 $\{G,D,S,E,I\}$

需要 5 个节点，分别用变量名表示，如图 9-7 所示。根据链式法则式（9.3），5 个随机变量的联合概率可分解为 $P(D,E,I,G,S)=P(E)P(I|E)P(D|E,I)P(S|D,E,I)P(G|D,E,I,S)$。

（2）依据变量之间的依赖关系**设计网络拓扑结构**

如有可能根据 D 分离判别准则简化条件概率：

1）“情商”和“智商”不依赖其他任何变量且没有给定 D，它们相互独立，有

$$P(I|E)=P(I)$$

2）学生的选题由学生的情商和智商决定，即为 $P(D|E,I)$。

3）学生的考试成绩高低概率为 $P(S|D,E,I)$，其中 I 是 S 的父节点，根据定理 9.1 有“给定 I 下，S 与 D,E 相互独立”，所以

$$P(S|D,E,I)=P(S|I)$$

4）教师给学生的综合评级为 $P(G|D,E,I,S)$。

	D
P(D|E, I)	{0, 1}
P(D|0,0)	{0.77, 0.23}
P(D|0,1)	{0.45, 0.55}
P(D|1,0)	{0.61, 0.39}
P(D|1,1)	{0.06, 0.94}

E={0, 1}
P(E)={0.6, 0.4}

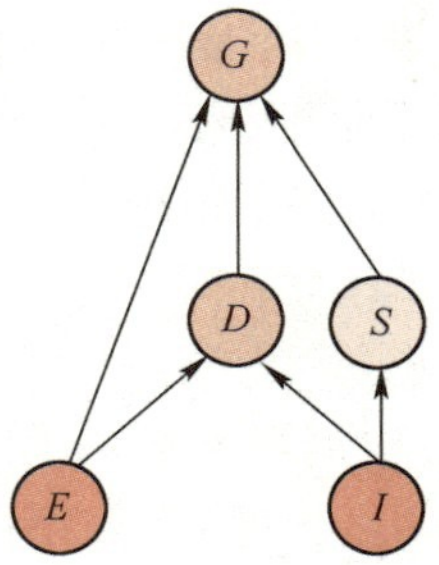

	S
P(S|I)	{0, 1}
P(S|0)	{0.75, 0.25}
P(S|1)	{0.32, 0.68}

I={0, 1}
P(I)={0.8, 0.2}

	G
P(G|E, D, S)	{0, 1, 2}
P(G|0,0,0)	{0.93, 0.05, 0.02}
P(G|0,0,1)	{0.70, 0.18, 0.12}
P(G|0,1,0)	{0.68, 0.27, 0.15}
P(G|0,1,1)	{0.21, 0.42, 0.37}
P(G|1,0,0)	{0.75, 0.20, 0.05}
P(G|1,0,1)	{0.23, 0.39, 0.38}
P(G|1,1,0)	{0.20, 0.45, 0.35}
P(G|1,1,1)	{0.00, 0.15, 0.85}

图 9-7　例 9.5 机器学习课程综合等级评定贝叶斯网络图

根据图示拓扑结构，G 和 I 之间路径的变量集合为$\{D,S\}$，G 和 I 之间路径属于 head-to-tail 型。根据**表 9.1**，在给定$\{D,S\}$下，G 和 I 之间无任何有效迹，相互独立，所以有

$$P(G|D,E,I,S)=P(G|E,D,S)$$

至此，此例贝叶斯网络所对应的联合概率分布为

$$P(D,E,I,G,S)=P(E)P(I)P(D|E,I)P(S|I)P(G|E,D,S) \tag{9.8}$$

上述过程说明：通过链式法则式（9.3）由条件独立性简化为链式法则式（9.5）的原理应用。实际应用中，可直接根据变量间依赖关系的拓扑图写出因子分解后的联合概率分布。

（3）采用概率理论进行**参数学习**

如果变量是连续型的，则学习条件概率密度函数（有父节点）或概率密度函数（无父节点）所需参数。本例随机变量是离散型的，为此我们学习每个**节点的条件概率分布** CPD 的参数。

节点 E 和 I 无父节点，它们的 CPD 为先验概率 $P(E)$ 和 $P(I)$。

假设根据训练数据已经获得 $P(E=0)=0.6$，$P(E=1)=0.4$；$P(I=0)=0.8$，$P(I=1)=0.2$。将其写成概率分布形式为 $P(E)=\{0.6,0.4\}$，$P(I)=\{0.8,0.2\}$。

节点 D、G 和 S 有父节点，需要学习获得它们的条件概率分布。我们以 D 为例。

由于 $\text{parents}(D)=\{E,I\}$，而 E,I 为二值，所以有 4 种组合，即 4 种条件：

$$(E=0,I=0),(E=0,I=1),(E=1,I=0),(E=1,I=1)$$

每种条件对应一个条件概率分布，如$\{P(D=0|E=0,I=0),P(D=1|E=0,I=0)\}=\{0.77,0.23\}$，智商和情商都比较低的条件下选容易课题的概率大于选难课题的概率。图中简记为 $P(D|0,0)=\{0.77,0.23\}$。

本例贝叶斯网络图共有 16 个条件概率分布和 40 个参数需要估计。如采用(G,D,E,I,S)联合概率，由于(D,E,I,S)为二值变量需要 2^4 个参数，再与三值变量 G 组合，则需要 3×2^4 个变量。概率图模型优势开始显现。

既有离散型随机变量又有连续型随机变量的网络称为**混合贝叶斯网络**。

2. 贝叶斯网络推理

设贝叶斯网络 M_{bn} 的变量集 $\mathcal{X}$ 含有 N 个随机变量，可分为两个不相交子集 $\boldsymbol{\chi}_u$ 和 $\boldsymbol{\chi}_e$，即

$$\mathcal{X}=\{x_1,x_2,\cdots,x_N\}=\boldsymbol{\chi}_u\cup\boldsymbol{\chi}_z \tag{9.9}$$

式中，$\boldsymbol{\chi}_z$为已观测到的数据，属于已知变量，称为**证据**(Evidence)；$\boldsymbol{\chi}_u$为未观测到的数据，属于未知变量。

计算某些未知变量的后验概率推理，

$$P(\boldsymbol{\chi}_q|\boldsymbol{\chi}_z,M_{bn}),\quad \boldsymbol{\chi}_q\subseteq\boldsymbol{\chi}_u \tag{9.10}$$

表示通过证据$\boldsymbol{\chi}_z$在此贝叶斯模型 M_{bn}下推断未知变量$\boldsymbol{\chi}_q$。

如果存在$\boldsymbol{\chi}_z\rightarrow\boldsymbol{\chi}_u$拓扑关系，则为因果推理（Causal Reasoning），应顺着箭头方向推断；

如果存在$\boldsymbol{\chi}_u\rightarrow\boldsymbol{\chi}_z$拓扑关系，则为证据推理（Evidential Reasoning），应逆着箭头方向推断；

如没有上述单纯拓扑关系，则为交叉因果推断（Intercausal Reasoning），应双向箭头推断。

例 9.6：在图 9-7 所示贝叶斯网络模型中，已知某学生情商变量 $E=0$，且考试成绩为优秀 $S=1$ 的证据下，推算该学生选择课题难易程度的概率分布 $P(D|E=0,S=1)$。

解：根据贝叶斯准则有

$$P(D|E=0,S=1)=\frac{P(D,E=0,S=1)}{P(E=0,S=1)}$$

欲计算此条件概率，需要分三步。

(1) 先计算分子部分 $P(D,E=0,S=1)$。

根据 $P(D,E,I,G,S)$，简单粗暴方式是穷举(E,I,G,S)所有可能组合，然后计算 $P(D,E=0,S=1)$。由于 G,I 与联合概率 $P(D,E=0,S=1)$无关，我们只要在 $P(D,E,I,G,S)$上对这些无关变量边际化（求和或积分）即可计算 $P(D,E=0,S=1)$的概率分布。

这种通过边际化无关变量的求解过程称为**变量消除法**（Variable Elimination，VE）。

$$P(D,E=0,S=1)=\sum_{G,I}P(E=0)P(I)P(D|E=0,I)P(S=1|I)P(G|E=0,D,S=1)$$

因为 $P(E)$与未知变量 G,I 无关，可以把它从求和中提取出来。查节点 E 的条件概率表，$P(E=0)=0.6$，所以上式简化为

$$P(D,E=0,S=1)=0.6\sum_{G,I}P(I)P(D|E=0,I)P(S=1|I)P(G|E=0,D,S=1)$$

建立一个因子集，得

$$\mathcal{F}=\{P(I),P(D|E=0,I),P(S=1|I),P(G|E=0,D,S=1)\}$$

1) 先消除无关变量 I，将与 I 的因子抽出构成函数

$$\psi_1(D,E=0,S=1)=\sum_{I}P(I)P(D|E=0,I)P(S=1|I)$$

根据图 9-7 给定的条件概率表，I 仅有 0 和 1 两个值。

- $P(I=0)P(D|E=0,I=0)P(S=1|I=0)=0.8\times P(D|E=0,I=0)P(S=1|I=0)$，还有 1 个变量 D，可分以下 2 种情况：

  $P(I=0)\times P(D=0|E=0,I=0)P(S=1|I=0)=0.8\times0.77\times0.25=0.154$

  $P(I=0)\times P(D=1|E=0,I=0)P(S=1|I=0)=0.8\times0.23\times0.25=0.046$

- $P(I=1)P(D|E=0,I=1)P(S|I=1)=0.2\times P(D|E=0,I=1)P(S=1|I=1)$，还有 1 个变量 D，可分以下 2 种情况：

$$P(I=1)\times P(D=0|E=0,I=1)P(S=1|I=1)=0.2\times0.45\times0.68=0.0612$$
$$P(I=1)\times P(D=1|E=0,I=1)P(S=1|I=1)=0.2\times0.55\times0.68=0.0748$$

对 I 求和后得

$$\psi_1(D=0,E=0,S=1)=0.154+0.0612=0.2152$$
$$\psi_1(D=1,E=0,S=1)=0.046+0.0748=0.1208$$

至此，因消除了变量 I，而分子项 $P(D,E=0,S=1)$ 的联合概率简化为

$$P(D,E=0,S=1)=0.6\sum_{G}P(G|E=0,D,S)\psi_1(D,E=0,S=1)$$
$$=0.6\times\psi_1(D,E=0,S=1)\times\sum_{G}P(G|E=0,D,S)$$

因子集简化为 $\mathcal{F}=\{P(G|E=0,D,S=1),\psi_1(D,E=0,S=1)\}$

2）再消除无关变量 G，将与 G 的因子抽出构成函数

$$\psi_2(D,E=0,S=1)=\sum_{G}P(G|D,E=0,S=1)$$

根据**图 9-7 给定的条件概率表，**G 仅有 0、1 和 2 三个值：

- $P(G=0|E=0,D,S=1)$，还有 1 个变量 D，可分以下 2 种情况：

$$P(G=0|D=0,E=0,S=1)=0.70$$
$$P(G=0|D=1,E=0,S=1)=0.21$$

- $P(G=1|E=0,D,S=1)$，还有 1 个变量 D，可分以下 2 种情况：

$$P(G=1|D=0,E=0,S=1)=0.18$$
$$P(G=1|D=1,E=0,S=1)=0.42$$

- $P(G=2|E=0,D,S=1)$，还有 1 个变量 D，可分以下 2 种情况：

$$P(G=2|D=0,E=0,S=1)=0.12$$
$$P(G=2|D=1,E=0,S=1)=0.37$$

对 G 求和消除变量 G，得

$$\psi_2(D=0,E=0,S=1)=0.70+0.18+0.12=1$$
$$\psi_2(D=1,E=0,S=1)=0.21+0.42+0.37=1$$

至此，得到了无关变量的因子集

$$\mathcal{F}=\{\psi_1(D,E=0,S=1),\psi_2(D,E=0,S=1)\}$$

而且，已经取得 ψ_1 和 ψ_2 关于变量 D 的概率分布。

3）最后获得分子的联合概率分布。

由于

$$P(D,E=0,S=1)=0.6\times\psi_1(D,E=0,S=1)\times\psi_2(D,E=0,S=1)$$

式中变量 E,S 取值已经确定，仅有一个随机变量 D。所以，$P(D,E=0,S=1)$ 的概率分布为

$$P(D=0,E=0,S=1)=0.6\times\psi_1(D=0,E=0,S=1)\times\psi_2(D=0,E=0,S=1)$$
$$=0.6\times0.2152\times1=0.12912$$
$$P(D=1,E=0,S=1)=0.6\times\psi_1(D=1,E=0,S=1)\times\psi_2(D=1,E=0,S=1)$$
$$=0.6\times0.1208\times1=0.07248$$

（2）再计算分母部分

$P(E=0,S=1)$。

由于分母 $P(E=0,S=1)$ 与分子 $P(D,E=0,S=1)$ 仅相差一个变量，所以我们可以在分子的联合概率分布基础上通过消除无关变量 D 来获得分母的联合概率分布为

$$\begin{aligned}P(E=0,S=1) &= \sum_D P(D,E=0,S=1)\\ &= 0.6\times\sum_D \psi_1(D,E=0,S=1)\times\psi_2(D,E=0,S=1)\\ &= 0.6\times\psi_1(D=0,E=0,S=1)\times\psi_2(D=0,E=0,S=1)+\\ &\quad 0.6\times\psi_1(D=1,E=0,S=1)\times\psi_2(D=1,E=0,S=1)\\ &= 0.6\times 0.2152\times 1+0.6\times 0.1208\times 1=0.2016\end{aligned}$$

(3) 计算条件概率分布 $P(D|E=0,S=1)$，得

$$P(D=0|E=0,S=1)=\frac{P(D=0,E=0,S=1)}{P(E=0,S=1)}=\frac{0.12912}{0.2016}=0.64$$

$$P(D=1|E=0,S=1)=\frac{P(D=1,E=0,S=1)}{P(E=0,S=1)}=\frac{0.07248}{0.2016}=0.36$$

变量消除法存在的缺点：①没有对中间变量进行存储，导致重复计算；②变量消除的顺序会影响计算效率，而找到最优的变量消除顺序是 NP-Hard 问题。

除了上述介绍的推理外，贝叶斯网络还可以进行最大后验概率、边缘概率和模型似然推理。本书不再介绍，感兴趣的读者可查阅相关资料。

9.2.4　隐马尔可夫模型

隐马尔可夫模型（Hidden Markov Model，HMM）是描述隐含未知参数的马尔可夫过程，是一种结构最简单的动态贝叶斯网络（Dynamic Bayesian Network，DBN）。

马尔可夫链（Markov Chain）：是一个由一系列状态节点串联的链式模型，第 $t+1$ 时刻系统状态 z_{t+1} 仅与当前状态 z_t 有关，与以往状态 $(z_i, i\leqslant t-1)$ 无关，即

$$P(z_{t+1}|z_t,z_{t-1},\cdots,z_1)=P(z_{t+1}|z_t) \tag{9.11}$$

1. 隐马尔可夫模型建模

隐马尔可夫模型有**两组变量**：状态变量和观测变量。

- **状态变量** $\mathcal{Z}=\{z_1,z_2,\cdots,z_T\}$，也称为**状态序列**。

$z_t\in\mathcal{S}$，表示第 t 时刻的系统状态，是不可测的，称为**隐变量**（Hidden Variable）。系统中每个时刻状态从离散状态空间 $\mathcal{S}=\{s_1,s_2,\cdots,s_N\}$ 中选取。

- **观测变量** $\mathcal{X}=\{x_1,x_2,\cdots,x_T\}$，也称为**观测序列**。

$x_t\in\mathcal{O}$，表示第 t 时刻的观测值。观测值可以是连续的，也可以是离散的。为了方便讨论，仅考虑离散型观测变量，由 M 个离散值构成的空间称为观测空间，用 $\mathcal{O}$ 表示为 $\mathcal{O}=\{o_1,o_2,\cdots,o_M\}$。

每一个状态对应一个观测值，或生成一个观测值，如图 9-8 所示。

(1) 隐马尔可夫模型参数

隐马尔可夫模型的所有变量的联合概率分布为

$$P(z_T,x_T,z_{T-1},x_{T-1},\cdots,z_1,x_1)=$$

$$P(x_1)P(x_1|z_1)\prod_{t=2}^{T}P(z_t|z_{t-1})P(x_t|z_t) \tag{9.12}$$

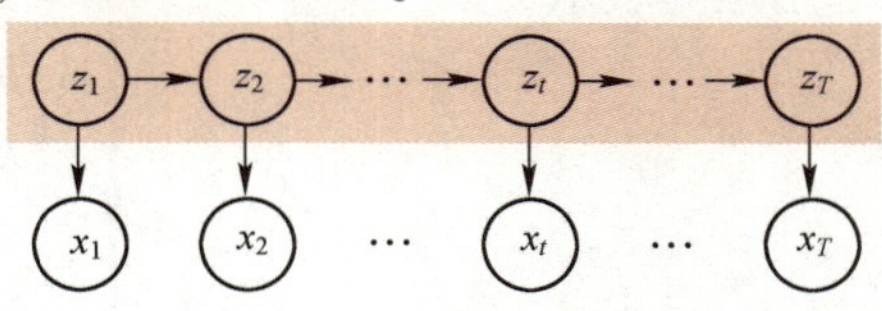

图 9-8　隐马尔可夫模型图

由此可知：除了网络结构，隐马尔可夫模型还需要确定下列三组参数。

1）状态转移概率，或状态转移概率矩阵。

将模型状态空间 $\mathcal{S}=\{s_1,s_2,\cdots,s_N\}$ 中各状态之间的转换概率表示成矩阵，得

$$\boldsymbol{S}=(p_{i,j})_{N\times N}=\begin{pmatrix} p_{1,1} & p_{1,2} & \cdots & p_{1,N} \\ p_{2,1} & p_{2,2} & \cdots & p_{2,N} \\ \vdots & \vdots & & \vdots \\ p_{N,1} & p_{N,2} & \cdots & p_{N,N} \end{pmatrix},\quad 1\leqslant i,j\leqslant N \tag{9.13}$$

式中，$p_{i,j}$表示从状态 s_i到状态 s_j的转移概率，且

$$p_{ij}=P(z_{t+1}=s_j\,|\,z_t=s_i),\quad 1\leqslant i,j\leqslant N \tag{9.14}$$

图 9-9 给出了含有四个状态(s_1,s_2,s_3,s_4)的状态转移图示例。其状态转移概率矩阵为

$$\begin{pmatrix} p_{1,1} & p_{1,2} & p_{1,3} & p_{1,4} \\ p_{2,1} & p_{2,2} & p_{2,3} & p_{2,4} \\ p_{3,1} & p_{3,2} & p_{3,3} & p_{3,4} \\ p_{4,1} & p_{4,2} & p_{4,3} & p_{4,4} \end{pmatrix}$$

可以给状态转移概率矩阵赋予具体概率值，如

$$\begin{pmatrix} 0.1 & 0.4 & 0.1 & 0.4 \\ 0.6 & 0 & 0.4 & 0 \\ 0 & 0.5 & 0.5 & 0 \\ 0.2 & 0 & 0 & 0.8 \end{pmatrix}$$

其中，$p_{1,2}=0.4$ 表明从状态 s_1 转移到 s_2 的概率为 0.4，$p_{2,2}=0$ 说明从状态 s_1 转移到 s_2 的概率为 0。

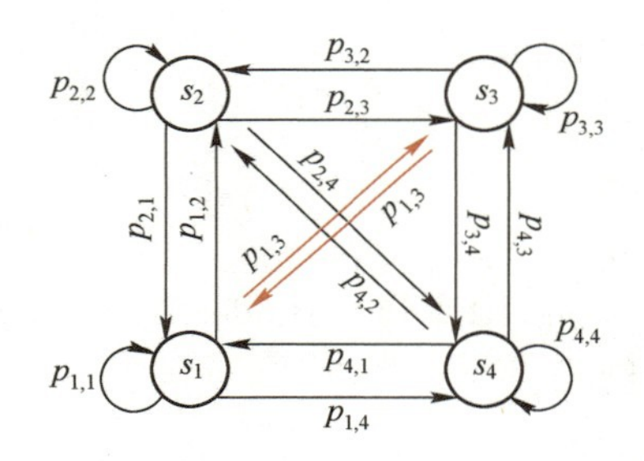

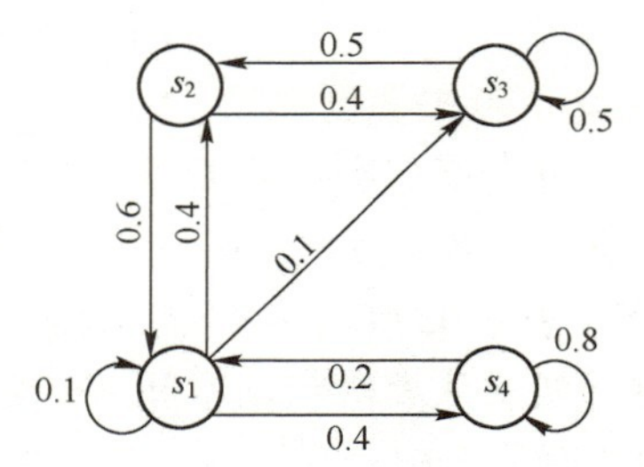

图 9-9　状态转移图示例

2）观测概率，或观测概率矩阵。

从状态空间 $\mathcal{S}=\{s_1,s_2,\cdots,s_N\}$ 中状态 s_i到观测空间 $\mathcal{O}=\{o_1,o_2,\cdots,o_M\}$ 可能取值o_j的条件概率用矩阵表示为

$$\boldsymbol{B}=\begin{pmatrix} b_{1,1} & b_{1,2} & \cdots & b_{1,M} \\ b_{2,1} & b_{2,2} & \cdots & b_{2,M} \\ \vdots & \vdots & & \vdots \\ b_{N,1} & b_{N,2} & \cdots & b_{N,M} \end{pmatrix} \tag{9.15}$$

$$b_{i,l}=P(x_t=o_l|z_t=s_i),\quad 1\leqslant i\leqslant N,1\leqslant l\leqslant M \tag{9.16}$$

观测概率矩阵确定了如何从状态生成观测。

3）初始状态概率，或初始状态概率分布。

状态空间 $\mathcal{S}=\{s_1,s_2,\cdots,s_N\}$ 中各状态在初始时刻出现的概率，记为 $\boldsymbol{\pi}=\{\pi_1,\pi_2,\cdots,\pi_N\}$，且

$$\pi_i=P(z_1=s_i),\quad 1\leqslant i\leqslant N \tag{9.17}$$

通常，隐马尔可夫模型用其参数 $M_{hmm}=(\boldsymbol{S},\boldsymbol{B},\boldsymbol{\pi})$ 指代。

例 9.7：某宿舍有熊大、熊二、张三和李四 4 人，从中随机抽取 2 人参加机器学习创新大赛，成绩分金、银和铜三个等级。在揭晓之前，参赛名单未知，为隐变量。

状态空间 $\mathcal{S}=\{$熊大,熊二,张三,李四$\}$。

设其初始概率 $\boldsymbol{\pi}=\{0.15,0.2,0.25,0.4\}$。

设其**状态转移矩阵**为 $\boldsymbol{S}=\begin{pmatrix}0.1&0.4&0.1&0.4\\0.6&0.0&0.4&0.0\\0.0&0.5&0.5&0.0\\0.2&0.0&0.0&0.8\end{pmatrix}$。

状态转移矩阵的行号表示当前状态，列号表示下一状态。如第一行表示当前抽到熊大，接下来抽到熊大、熊二、张三和李四的概率分别为 0.1，0.4，0.1 和 0.4。

实际参赛名单是长度为 2 的状态序列。假设本次竞赛抽取名单为 $\boldsymbol{Z}=\{$熊大,李四$\}$。

观测空间 $\mathcal{O}=\{$金,银,铜$\}$。

设由状态到观测值的概率矩阵为 $\boldsymbol{B}=\begin{pmatrix}0.2&0.1&0.7\\0.1&0.3&0.6\\0.4&0.5&0.1\\0.6&0.2&0.2\end{pmatrix}$。

概率矩阵的行号表示当前状态，列号表示该状态下获得观测空间某元素的概率。如第一行“熊大”获得金、银和铜奖的概率分别为 0.2，0.1 和 0.7。

参赛结果序列为观测序列。假设本次比赛结果 $\boldsymbol{x}=\{$铜,金$\}$，被随机抽取参加比赛的两人中一人获得铜牌，另一人获得金牌。在后面相关内容中，我们以此例展开分析。

（2）相关概率定义

在给定 $M_{hmm}=(\boldsymbol{S},\boldsymbol{B},\boldsymbol{\pi})$ 下，除了以上三组参数外，还可以定义一些概率，具体如下：

1）前向概率和后向概率。

在给定 M_{hmm} 下，到 t 时刻观测序列 $\boldsymbol{x}_T=\{x_1,x_2,\cdots,x_t\}$，$t\leqslant T$ 且 $z_t=s_i$ 的**前向概率**为

$$\alpha_t(s_i)=P(x_1,x_2,\cdots,x_t,z_t=s_i|M_{hmm}),\quad i=1,2,\cdots,N \tag{9.18}$$

定义 $z_t=s_i$ 和 t 时刻之后观测序列为 $\boldsymbol{x}_T=\{x_{t+1},x_{t+2},\cdots,x_T\}$ 的概率为**后向概率**，且

$$\beta_t(s_i)=P(x_{t+1},x_{t+2},\cdots,x_T|z_t=s_i,M_{hmm}),\quad i=1,2,\cdots,N \tag{9.19}$$

由上述定义可以推导，得

$$P(z_t=s_i,\boldsymbol{x}_T|M_{hmm})=\alpha_t(s_i)\beta_t(s_i) \tag{9.20}$$

$$P(\boldsymbol{x}_T|M_{hmm})=\sum_{i=1}^{N}\alpha_t(s_i)\beta_t(s_i) \tag{9.21}$$

$$P(z_t=s_i,z_{t+1}=s_j,\boldsymbol{x}_T|M_{hmm})=\alpha_t(s_i)p_{i=s_i,j=s_j}b_{j=s_j,l=o_l}\beta_{t+1}(s_j) \tag{9.22}$$

2）**在给定** M_{hmm} 和**观测序列** $\boldsymbol{x}_T=\{x_1,x_2,\cdots,x_T\}$ 下，$z_t=s_i$ 的概率记为

$$\gamma_t(s_i)=P(z_t=s_i \mid M_{hmm},\boldsymbol{x}_T),\quad i=1,2,\cdots,N \tag{9.23}$$

利用边缘概率理论，可以推导得

$$\gamma_t(s_i)=\frac{P(z_t=s_i,\boldsymbol{x}_T \mid M_{hmm})}{P(\boldsymbol{x}_T \mid M_{hmm})}=\frac{\alpha_t(s_i)\beta_t(s_i)}{\sum\limits_{i=1}^{N}\alpha_t(s_i)\beta_t(s_i)} \tag{9.24}$$

3）**在给定** M_{hmm} 和**观测序列** $\boldsymbol{x}_T=\{x_1,x_2,\cdots,x_T\}$ 下，$z_t=s_i$ 且 $z_{t+1}=s_j$ 的概率记为

$$\xi_t(s_i,s_j)=P(z_t=s_i,z_{t+1}=s_j \mid M_{hmm},\boldsymbol{x}_T),\quad i,j=1,2,\cdots,N \tag{9.25}$$

利用边缘概率理论，可以推导得

$$\begin{aligned}\xi_t(s_i,s_j)&=\frac{P(z_t=s_i,z_{t+1}=s_j,\boldsymbol{x}_T \mid M_{hmm})}{P(\boldsymbol{x}_T \mid M_{hmm})}\\&=\frac{P(z_t=s_i,z_{t+1}=s_j,\boldsymbol{x}_T \mid M_{hmm})}{\sum\limits_{i=1}^{N}\sum\limits_{j}^{N}P(z_t=s_i,z_{t+1}=s_j,\boldsymbol{x}_T \mid M_{hmm})}\\&=\frac{\alpha_t(s_i)p_{i=s_i,j=s_j}b_{j=s_j,l=o_l}\beta_{t+1}(s_j)}{\sum\limits_{i=1}^{N}\sum\limits_{j}^{N}\alpha_t(s_i)p_{i=s_i,j=s_j}b_{j=s_j,l=o_l}\beta_{t+1}(s_j)}\end{aligned}$$

图 9-10 给出了前向概率、后向概率和 $\xi_t(s_i,s_j)$ 的计算示意图。

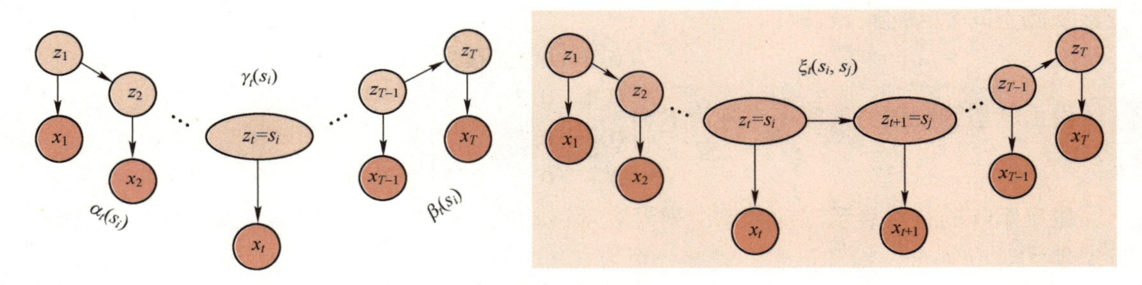

图 9-10　前向概率、后向概率和 $\xi_t(s_i,s_j)$ 的计算示意图

2. 隐马尔可夫模型学习

为了学习隐马尔可夫模型 M_{hmm} 中的三类基本参数：状态转移矩阵 $\boldsymbol{S}$、观测概率矩阵 $\boldsymbol{B}$ 和初始状态概率 $\boldsymbol{\pi}$，需要建立 N 段长度为 T 的数据集，即

$$\mathcal{D}=\{(z_t,x_t)\}_{t=1}^{T},\quad z_t\in\mathcal{S}=\{s_1,s_2,\cdots,s_N\},\quad x_t\in\mathcal{O}=\{o_1,o_2,\cdots,o_M\}$$

此时，转移概率和观测概率可以通过频数估计而得，每个状态 π_i 的初始概率则由 N 段样本数据的初始状态确定。这属于监督学习，然而其状态标注需要大量人工。

为此，通常采用非监督学习。此时 N 段长度为 T 的数据集中仅有观测序列 $\boldsymbol{x}_T$，而没有相应状态序列 z_T。为简化起见，我们将所有观测数据整合成

$$\mathcal{X}=\{(x_t)\}_{t=1}^{T},\quad x_t\in\mathcal{O}=\{o_1,o_2,\cdots,o_M\}$$

状态序列则是不可观测的隐数据，且

$$\mathcal{Z}=\{(z_t)\}_{t=1}^{T},\quad z_t\in\mathcal{S}=\{s_1,s_2,\cdots,s_N\}$$

隐马尔可夫模型对应一个含有隐变量 z 的概率模型，即

$$P(\boldsymbol{x}|M_{hmm}) = \sum_{z} P(\boldsymbol{x}|M_{hmm},z)P(z|M_{hmm}) \tag{9.26}$$

通常用 Baum-Welch 算法学习模型参数。Baum-Welch 算法是 EM 算法的一个特殊应用。具体步骤如下：

1）初始化，即 $n=0$ 时 $p_{i,j}^{(0)},b_{i,l}^{(0)},\boldsymbol{\pi}_i^{(0)}$ 的取值，获得隐马尔可夫模型的初始模型

$$M_{hmm}^{(0)} = (\boldsymbol{S}^{(0)},\boldsymbol{B}^{(0)},\boldsymbol{\pi}^{(0)})$$

2）递推，对 $n=1,2,\cdots$ 有

$$p_{i,j}^{(n+1)} = \frac{\sum_{t=1}^{T-1} P(z_t = s_i, z_{t+1} = s_j, \boldsymbol{x}_T | M_{hmm}^{(n)})}{\sum_{t=1}^{T-1} P(z_t = s_i, \boldsymbol{x}_T | M_{hmm}^{(n)})} = \frac{\sum_{t=1}^{T-1} \xi_t(s_i,s_j)}{\sum_{t=1}^{T-1} \gamma_t(s_i)} \tag{9.27}$$

$$b_{i,l}^{(n+1)} = \frac{\sum_{t=1}^{T} P(z_t = s_i, \boldsymbol{x}_T | M_{hmm}^{(n)}) I(x_t = o_l)}{\sum_{t=1}^{T} P(z_t = s_i, \boldsymbol{x}_T | M_{hmm}^{(n)})} = \frac{\sum_{t=1}^{T} \gamma_t(s_i)}{\sum_{t=1}^{T} \gamma_t(s_i)} \tag{9.28}$$

$$\boldsymbol{\pi}_i^{(n+1)} = P(z_1 = s_i, \boldsymbol{x}_T | M_{hmm}^{(n)}) I(x_t = o_l) = \gamma_1(s_i) \tag{9.29}$$

式中，$I(x_t=o_l)$ 为指示函数，且

$$I(x_t=o_l) = \begin{cases} 1, & x_t=o_l, \\ 0, & x_t \neq o_l, \end{cases} \quad o_k \in \{o_1,o_2,\cdots,o_M\}$$

即 t 时刻的观测数据，必须是输出空间中的某一元素。

3）终止，得到模型参数

$$M_{hmm}^{(n+1)} = (\boldsymbol{S}^{(n+1)},\boldsymbol{B}^{(n+1)},\boldsymbol{\pi}^{(n+1)})$$

3. 隐马尔可夫模型应用

一旦建立模型 HMM 后，$M_{hmm}=(\boldsymbol{S},\boldsymbol{B},\boldsymbol{\pi})$，可以进行如下应用。

（1）评估（Evaluation） 给定观测序列 $\boldsymbol{x}_T$，计算该序列的概率 $P(\boldsymbol{x}_T|M_{hmm})$。

由于按概率公式直接进行计算，计算量大，通常采用**前向-后向算法**。

图 9-11 所示 M_{hmm}，其中观测空间 $\mathcal{O}=\{o_1,o_2,\cdots,o_l,\cdots,o_m,\cdots,o_n,\cdots,o_M\}$。设有一长度为 T 的观测序列 $\boldsymbol{x}_T=\{x_1,\cdots,x_t,x_{t+1},\cdots,x_T\}=\{o_l,\cdots,o_n,o_m,\cdots,o_c\}$，**前向概率**迭代步骤如下：

1）计算 $t=1$ 时的初始数据概率值

$$\alpha_1(z_1=s_i,x_1=o_l)=\pi_i b_{i,l}, \quad b_{i,l}=P(x_1=o_l|z_1=s_i), \quad i=1,2,\cdots,N \tag{9.30}$$

2）设已知 $\alpha_t(z_t=s_j,x_t=o_n)$，计算 $\alpha_{t+1}(z_{t+1}=s_k,x_{t+1}=o_m)$，得

$$\alpha_{t+1}(z_{t+1} = s_k, x_{t+1} = o_m) = \left[\sum_{j=1}^{N} \alpha_t(z_t = s_j, x_t = o_n) p_{j,k}\right] b_{k,m}, \quad k = 1,2,\cdots,N \tag{9.31}$$

3）观测序列的前向概率为

$$\alpha_T(\boldsymbol{x}_T|M_{hmm}) = \sum_{j=1}^{N} \alpha_T(z_T = s_j, x_T = o_l) \tag{9.32}$$

例 9.8：承接**例 9.7**，计算观测序列 $\boldsymbol{x}=\{铜,金\}$ 的前向概率。

解：如**图 9-12** 所示，计算步骤如下：

$$\alpha_1(z_1=熊大,x_1=铜)=0.15\times0.7=0.105$$

$$\alpha_1(z_1=熊二,x_1=铜)=0.20\times0.6=0.120$$

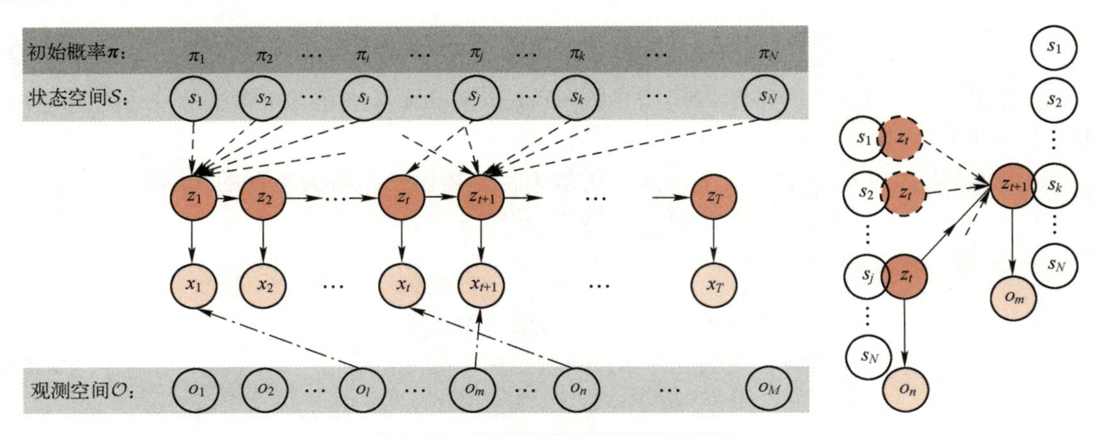

图 9-11 前向概率迭代计算示意图

$$\alpha_1(z_1=张三,x_1=铜)=0.25\times0.1=0.025$$
$$\alpha_1(z_1=李四,x_1=铜)=0.40\times0.2=0.080$$
$$\alpha_1(z_1=熊大,x_1=铜)p_{j=熊大,k=熊大}=0.0105$$
$$\alpha_1(z_1=熊二,x_1=铜)p_{j=熊二,k=熊大}=0.072$$
$$\alpha_1(z_1=张三,x_1=铜)p_{j=张三,k=熊大}=0.000$$
$$\alpha_1(z_1=李四,x_1=铜)p_{j=李四,k=熊大}=0.016$$

$$\begin{aligned}&\alpha_2(z_2=熊大,x_2=金)\\&=[\alpha_1(z_1=熊大,x_1=铜)p_{j=熊大,k=熊大}+\alpha_1(z_1=熊二,x_1=铜)p_{j=熊二,k=熊大}+\\&\alpha_1(z_1=张三,x_1=铜)p_{j=张三,k=熊大}+\\&\alpha_1(z_1=李四,x_1=铜)p_{j=李四,k=熊大}]b_{k=熊大,m=金}=0.0985\times0.2=0.0197\end{aligned}$$

同理，得

$$\alpha_2(z_2=熊二,x_2=金)=0.0545\times0.1=0.00545$$
$$\alpha_2(z_2=张三,x_2=金)=0.0710\times0.4=0.02840$$
$$\alpha_2(z_2=李四,x_2=金)=0.1060\times0.6=0.06360$$

最后，获得观测序列的前向概率 $\alpha_2(\boldsymbol{x}=\{铜,金\}|M_{hmm})=0.11715$。

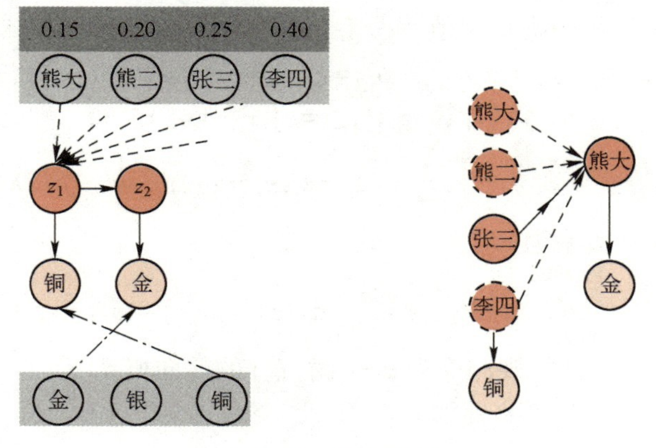

图 9-12 例 9.8 图

图 9-13 与**图 9-11** 所示是同一个 M_{hmm} 和相同的观测序列 $\boldsymbol{x}_T=\{o_l,\cdots,o_n,o_m,\cdots,o_c\}$，**后向概率**迭代步骤如下：

1）计算 $t=T$ 时的终止数据的概率值

$$\beta_T(z_T=s_r,x_T=o_c)=1,\quad r=1,2,\cdots,N \tag{9.33}$$

2）设已知 $\beta_{t+1}(z_{t+1}=s_k,x_{t+1}=o_m)$，计算 $\beta_t(z_t=s_j,x_t=o_n)$，得

$$\beta_t(z_t=s_j,x_t=o_n)=\sum_{k=1}^{N}p_{j,k}b_{k,m}\beta_{t+1}(z_{t+1}=s_k,x_{t+1}=o_m),\quad j=1,2,\cdots,N \tag{9.34}$$

3）观测序列的后向概率为

$$\beta_1(\boldsymbol{x}_T\,|\,M_{hmm})=\sum_{i=1}^{N}\pi_i b_{i,l}\beta_1(z_1=s_i,x_1=o_l) \tag{9.35}$$

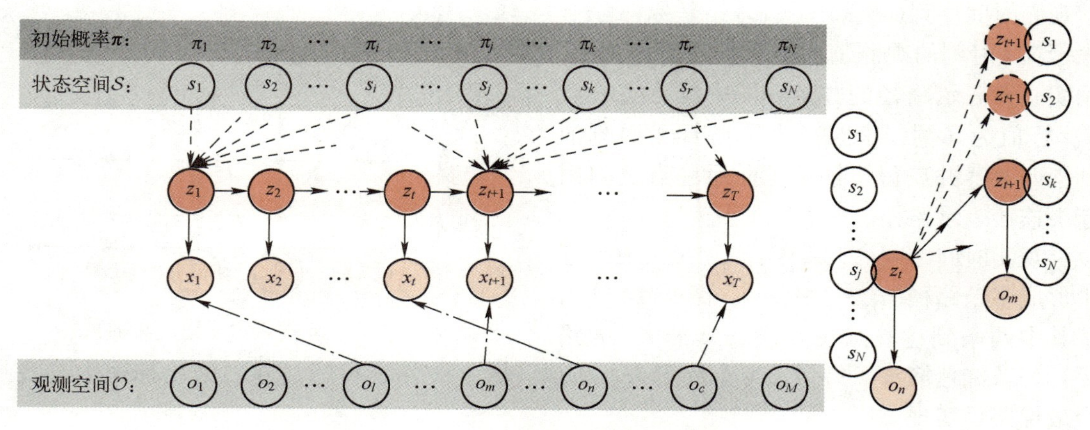

图 9-13　后向概率迭代计算示意图

例 9.9：承接**例 9.7**，计算观测序列 $\boldsymbol{x}=\{铜,金\}$ 的后向概率。

解：$T=2$ 时，计算步骤如下：

$$\beta_2(z_2=熊大,x_2=金)=1;\quad \beta_2(z_2=熊二,x_2=金)=1$$

$$\beta_2(z_2=张三,x_2=金)=1;\quad \beta_2(z_2=李四,x_2=金)=1$$

$$p_{j=熊大,k=熊大}b_{k=熊大,m=金}\beta_2(z_2=熊大,x_2=金)=0.1\times0.2\times1=0.02$$

$$p_{j=熊大,k=熊二}b_{k=熊二,m=金}\beta_2(z_2=熊二,x_2=金)=0.4\times0.1\times1=0.04$$

$$p_{j=熊大,k=张三}b_{k=张三,m=金}\beta_2(z_2=张三,x_2=金)=0.1\times0.4\times1=0.04$$

$$p_{j=熊大,k=李四}b_{k=李四,m=金}\beta_2(z_2=李四,x_2=金)=0.4\times0.6\times1=0.24$$

$$\beta_1(z_1=熊大,x_1=铜)=\sum_{k=1}^{N}p_{j=熊大,k}b_{k,m=金}\beta_2(z_2=s_k,x_2=金)$$

$$=0.02+0.04+0.04+0.24=0.34$$

同理，得

$$\beta_1(z_1=熊二,x_1=铜)=0.28$$

$$\beta_1(z_1=张三,x_1=铜)=0.25$$

$$\beta_1(z_1=李四,x_1=铜)=0.52$$

最后，获得观测序列的后向概率

$\beta_1(\boldsymbol{x}=\{铜,金\}\,|\,M_{hmm})$

$= 0.15\times0.7\times0.34+0.2\times0.6\times0.28+0.25\times0.1\times0.25$

$+0.4\times0.2\times0.52=0.0357+0.0336+0.00625+0.0416=0.11715$

前向概率和后向概率相等，即在此模型下某宿舍连续两次比赛依次获得铜牌和金牌的概率为 0.11715。

(2) 解码 (Decoding) 给定 M_{hmm} 和观测序列 $\mathcal{X}$，计算可能性最大的状态序列

$$\hat{\mathcal{Z}}=\underset{\mathcal{S}}{\operatorname{argmax}}P(\mathcal{Z} \mid M_{hmm},\mathcal{X}) \tag{9.36}$$

即如何找到与此观测序列最匹配的状态序列 $\hat{\mathcal{Z}}$。

采用 **Viterbi 搜索算法**，用动态规划求取概率最大的路径，即**最优路径**。

在**图 9-14**，我们用纵坐标表示状态空间，每个状态 s_i 固定于纵坐标一个值；横坐标表示观测时间序列 $(x_1,x_2,\cdots,x_T)$。坐标 (x_t,z_t) 表示在 t 时刻的观测值为 x_t、其状态值为 z_t，用实心点表示路径的驻点。图中红色实心点 1 坐标值为（铜，李四）表示在 $t=1$ 时刻抽到李四参赛并获得了铜奖。前后驻点之间用箭头连接表示路径。

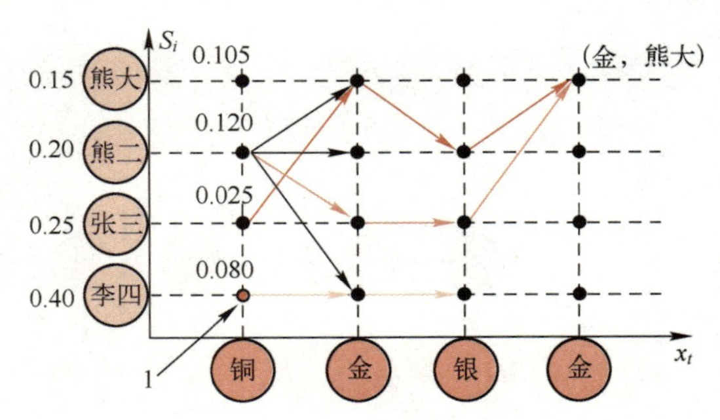

图 9-14 Viterbi 搜索示意图（见插页）

观测时间序列 $(x_1,x_2,\cdots,x_T)$ 在二维坐标中形成多条路径 $(z_1,z_2,\cdots,z_T)$。**图 9-14** 画出了其中两条到达驻点 $(x_t=\text{金},z_t=\text{熊大})$ 的路径：一条红色箭头，另一条为蓝色箭头。所以，式（9.28）可通过在二维坐标图中寻找一个最优路径实现。

我们把每条到达 $(x_t,z_t=s_i)$ 路径的概率表示为

$$P(z_1,z_2,\cdots,z_{t-1},z_t=s_i \mid M_{hmm},x_1,x_2,\cdots,x_t)$$

并将 t 时刻状态为 s_i 的所有到达路径中概率最大值定义为

$$\delta_t(s_i)=\max_{z_1,z_2,\cdots,z_{t-1}\in\mathcal{S}}P(z_1,z_2,\cdots,z_{t-1},z_t=s_i \mid M_{hmm},x_1,x_2,\cdots,x_t) \tag{9.37}$$

Viterbi 搜索步骤如下：

1）当 $t=1$ 时，初始概率为

$$\delta_1(s_i)=\pi_i b_{i,l},\quad i=1,2,\cdots,N \tag{9.38}$$

已知 $\delta_t(s_i)$，到达驻点 $(x_{t+1},z_{t+1}=s_j)$ 路径的概率为

$$P(z_1,z_2,\cdots,z_{t-1},z_t,z_{t+1}=s_j \mid M_{hmm},x_1,x_2,\cdots,x_t,x_{t+1})=\delta_t(s_i)p_{i,j}b_{j,l}$$

从而得到

$$\delta_{t+1}(s_j)=\max_{z_1,z_2,\cdots,z_{t-1},z_t\in\mathcal{S}}P(z_1,z_2,\cdots,z_t,z_{t+1}=s_j \mid M_{hmm},x_1,x_2,\cdots,x_{t+1}) \tag{9.39}$$

2）递推直到 $t=T$，获得 M 个 $\delta_T(s_j)$，$j=1,2,\cdots,M$。

3）最后，从这 M 个 $\delta_T(s_j)$ 选择最大值，令

$$\delta_T(s_m)=\max\{\delta_T(s_1),\delta_T(s_2),\cdots,\delta_T(s_M)\}$$

其中，$\delta_T(s_m)$ 对应路径即为最优路径。

例 9.10：承接**例 9.9**，假设观测时间序列为 $x_3=\{\text{铜},\text{金},\text{银}\}$。

1）计算初始概率 $\delta_1(s_n)$，$x_1=\text{铜}$。为了直观，观测概率 $b_{n,l}$ 下标表示为 $l=\text{铜}$，于是有

$$\delta_1(\text{熊大})=\pi_1 b_{n=\text{熊大},l=\text{铜}}=0.15\times0.7=0.105$$

$$\delta_1(\text{熊二})=\pi_2 b_{n=\text{熊二},l=\text{铜}}=0.20\times0.6=0.120$$
$$\delta_1(\text{张三})=\pi_3 b_{n=\text{张三},l=\text{铜}}=0.25\times0.1=0.025$$
$$\delta_1(\text{李四})=\pi_4 b_{n=\text{李四},l=\text{铜}}=0.40\times0.2=0.080$$

2）计算 $t=2$ 时的 $\delta_2(s_n)$：δ_2(熊大)，δ_2(熊二)，δ_2(张三)和 δ_2(李四)。

- 先计算 δ_2(熊大)，此时 x_1 = 铜，x_2 = 金，则有

$$P(z_1,z_2=\text{熊大}\mid M_{hmm},\text{铜},\text{金})=\delta_1(z_1)p_{i=z_1,j=z_2}b_{j=z_2,l=\text{金}}$$
$$P(\text{熊大},\text{熊大}\mid M_{hmm},\text{铜},\text{金})=\delta_1(\text{熊大})p_{i=\text{熊大},j=\text{熊大}}b_{j=\text{熊大},l=\text{金}}=0.105\times0.1\times0.2=0.0021$$
$$P(\text{熊二},\text{熊大}\mid M_{hmm},\text{铜},\text{金})=\delta_1(\text{熊二})p_{i=\text{熊二},j=\text{熊大}}b_{j=\text{熊大},l=\text{金}}=0.120\times0.6\times0.2=0.0144$$
$$P(\text{张三},\text{熊大}\mid M_{hmm},\text{铜},\text{金})=\delta_1(\text{张三})p_{i=\text{张三},j=\text{熊大}}b_{j=\text{熊大},l=\text{金}}=0.025\times0.0\times0.2=0.0000$$
$$P(\text{李四},\text{熊大}\mid M_{hmm},\text{铜},\text{金})=\delta_1(\text{李四})p_{i=\text{李四},j=\text{熊大}}b_{j=\text{熊大},l=\text{金}}=0.080\times0.2\times0.2=0.0032$$

所以，从 $t=1$ 时四个驻点到 $t=2$ 时驻点(金,熊大)有四条路径，其中概率最大的是

$$\delta_2(\text{熊大})=P(\text{熊二},\text{熊大}\mid M_{hmm},\text{铜},\text{金})=0.0144$$

- 同理，

$$\delta_2(\text{熊二})=P(\text{熊大},\text{熊二}\mid M_{hmm},\text{铜},\text{金})=0.0042$$
$$\delta_2(\text{张三})=P(\text{熊二},\text{张三}\mid M_{hmm},\text{铜},\text{金})=0.0192$$
$$\delta_2(\text{李四})=P(\text{李四},\text{李四}\mid M_{hmm},\text{铜},\text{金})=0.0384$$

3）计算 $t=3$ 时的 $\delta_3(s_n)$：δ_3(熊大)，δ_3(熊二)，δ_3(张三)和 δ_3(李四)。

- 先计算 δ_3(熊大)，此时 x_1 = 铜，x_2 = 金，x_3 = 银，则有

$$P(z_1,z_2,z_3=\text{熊大}\mid M_{hmm},\text{铜},\text{金},\text{银})=\delta_2(z_2)p_{i=z_2,j=z_3}b_{j=z_3,l=\text{银}}$$
$$\begin{aligned}P(\text{熊二},\text{熊大},\text{熊大}\mid M_{hmm},\text{铜},\text{金},\text{银})&=\delta_2(\text{熊大})p_{i=\text{熊大},j=\text{熊大}}b_{j=\text{熊大},l=\text{银}}\\&=0.0144\times0.1\times0.2=0.000288\end{aligned}$$
$$\begin{aligned}P(\text{熊大},\text{熊二},\text{熊大}\mid M_{hmm},\text{铜},\text{金},\text{银})&=\delta_2(\text{熊二})p_{i=\text{熊二},j=\text{熊大}}b_{j=\text{熊大},l=\text{银}}\\&=0.0042\times0.6\times0.2=0.000504\end{aligned}$$
$$\begin{aligned}P(\text{熊二},\text{张三},\text{熊大}\mid M_{hmm},\text{铜},\text{金},\text{银})&=\delta_2(\text{张三})p_{i=\text{张三},j=\text{熊大}}b_{j=\text{熊大},l=\text{银}}\\&=0.0192\times0.0\times0.2=0.000000\end{aligned}$$
$$\begin{aligned}P(\text{李四},\text{李四},\text{熊大}\mid M_{hmm},\text{铜},\text{金},\text{银})&=\delta_2(\text{李四})p_{i=\text{李四},j=\text{熊大}}b_{j=\text{熊大},l=\text{银}}\\&=0.0384\times0.2\times0.2=0.001536\end{aligned}$$
$$\delta_3(\text{熊大})=P(\text{李四},\text{李四},\text{熊大}\mid M_{hmm},\text{铜},\text{金},\text{银})=0.001536$$

- 同理，

$$\delta_3(\text{熊二})=P(\text{熊二},\text{张三},\text{熊二}\mid M_{hmm},\text{铜},\text{金},\text{银})=0.002880$$
$$\delta_3(\text{张三})=P(\text{熊二},\text{张三},\text{张三}\mid M_{hmm},\text{铜},\text{金},\text{银})=0.004800$$
$$\delta_3(\text{李四})=P(\text{李四},\text{李四},\text{李四}\mid M_{hmm},\text{铜},\text{金},\text{银})=0.006144$$

4）为实现观测序列 x_3 = {铜,金,银}，找出最优路径的概率为

$$\delta_{T=3}(s_m)=\max\{\delta_3(\text{熊大}),\delta_3(\text{熊二}),\delta_3(\text{张三}),\delta_3(\text{李四})\}=\delta_3(\text{李四})$$

最优路径为 $\boldsymbol{z}_3$ = {李四,李四,李四}，所以与观测序列 x_3 = {铜,金,银} 最匹配的状态序列是 $\boldsymbol{z}_3$ = {李四,李四,李四}，如**图 9-14** 中紫色箭头所示。

感兴趣的读者，可以接着推算观测序列为 x_4 = {铜,金,银,金} 最匹配的状态序列。

9.3 概率无向图模型

概率无向图模型（Probabilistic Undirected Graphical Model，PUGM）又称为**马尔可夫随机场**（Markov Random Field，MRF），对联合概率分布建模。PUGM 的每个节点对应一个变量或一组变量，节点间的连线是无向边，如图 9-15 所示。

随机场描述一组随机变量在某个样本空间上的分布，而这些随机变量定义在一组位置上，每个位置都可能赋予特定值。当给每一个位置中按照某种分布随机赋予一个值之后，其全体就叫作**随机场**。

马尔可夫随机场是随机场的特例：假设随机场中某一个位置的赋值仅仅和它之前的位置的值有关，和与其不相邻的位置的赋值无关。

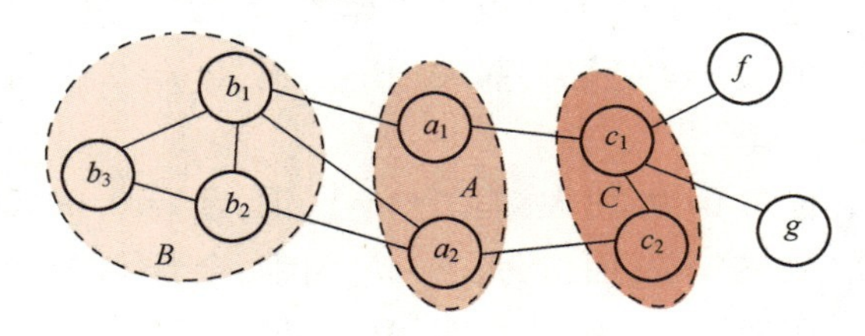

图 9-15　全局马尔可夫性

9.3.1 条件独立性

在概率无向图中，不分父节点和子节点，也没有 head-to-head 型节点。概率无向图模型的独立性表现为以下三种情况。

1. 全局马尔可夫性

图 9-15 中有三个节点集：A,B,C。如果 B 中所有节点到 C 中所有节点的路径经过 A 中一个或一个以上的节点，则认为在给定 A 条件下，B,C 被阻断而条件独立，记为 $B\perp C|A$，且

$$P(B,C|A)=P(B|A)P(C|A) \tag{9.40}$$

2. 局部马尔可夫性

如图 9-16 所示，设变量 b 的所有邻接变量集合 $A=\{a_1,a_2,\cdots\}$，则在给定 A 条件下，b 条件独立于其他变量 $C=\{c_1,c_2,\cdots\}$，记为 $b\perp C|A$，且

$$P(b,C|A)=P(b|A)P(C|A) \tag{9.41}$$

3. 成对马尔可夫性

如图 9-17 所示，设两个非邻接变量 b 和 c，其他变量集 $A=\{a,e.f,g,\cdots\}$，$b,c\notin A$，则给定 A 条件下，b 和 c 条件独立，记为 $b\perp c|A$，且

$$P(b,c|A)=P(b|A)P(c|A),b,c\notin A \tag{9.42}$$

于是，联合概率分布的分解一定要让 b,c 不出现在同一个划分中，从而让属于该图的所有可能概率分布都满足条件独立性质。

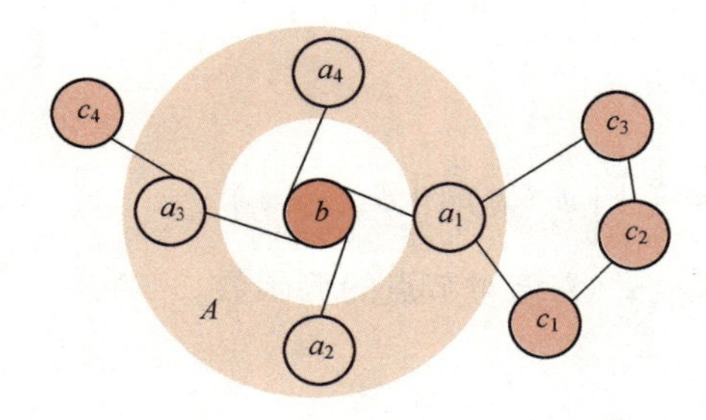

图 9-16　局部马尔可夫性

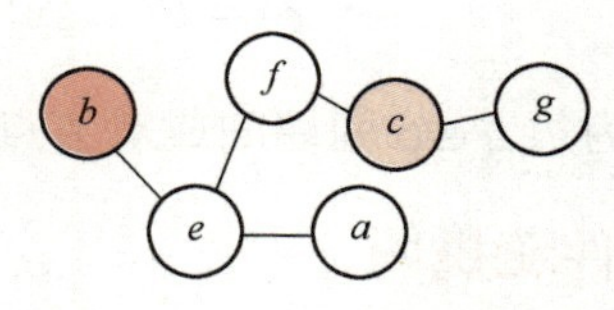

图 9-17　成对马尔可夫性

9.3.2　团和势函数

团（Clique）是概率图中的节点子集，该子集中任意两节点间都有边相连，即两两相连。

最小团是两个相连接节点，如**图 9-15** 中$\{a_1,b_1\}$和$\{a_1,c_1\}$等。

若在一个团中加入其他任何节点都不再形成团，则称该团为**极大团**。

图 9-15 中，存在$\{a_1,c_1\}$，$\{b_1,b_2,b_3\}$，$\{b_1,b_2,a_2\}$等极大团，而$\{b_1,b_2,b_3,a_2\}$不是极大团，因为b_3，a_2间没有边相连。

一般化，$\mathcal{C}_i$为一个**极大团**，用$x_{\mathcal{C}_i}$表示该团中的节点，用$\psi_i(x_{\mathcal{C}_i})$表示该团的势函数。

定理 9.2（Hammersley-Clifford 定理）　概率无向图模型的联合概率分布可被因子分解为所有极大团的**局部势函数**乘积，即

$$P(\boldsymbol{x})=P(x_1,x_2,\cdots)=\frac{1}{Z}\prod_{\mathcal{C}}\psi_i(x_{\mathcal{C}_i}),\quad \mathcal{C}=\{\mathcal{C}_1,\mathcal{C}_2,\cdots\} \tag{9.43}$$

式中，Z 为归一化因子，通常称为配分函数（Partition Function），确保$P(\boldsymbol{x})$求和为 1，且

$$Z=\sum_{x}\prod_{\mathcal{C}}\psi_i(x_{\mathcal{C}i}),\quad \mathcal{C}=\{\mathcal{C}_1,\mathcal{C}_2,\cdots\} \tag{9.44}$$

$\psi_i(x_{\mathcal{C}_i})$称为**势函数**（Potential Function）或因子，从极大团中变量到非负实域的映射，用于定义概率分布函数。

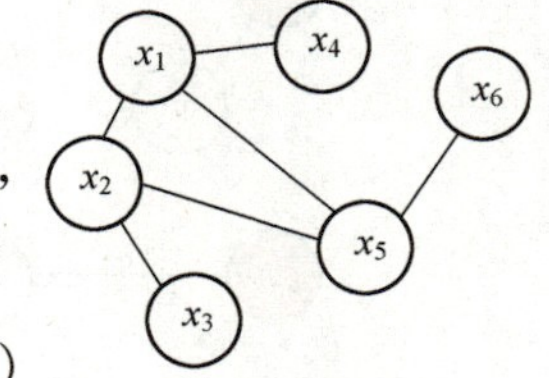

图 9-18　例 9.11 图

例 9.11：试分析**图 9-18** 所示 MRF。

分析：极大团有 $\mathcal{C}_1=\{x_1,x_2,x_5\}$，$\mathcal{C}_2=\{x_2,x_3\}$，$\mathcal{C}_3=\{x_1,x_4\}$，$\mathcal{C}_4=\{x_5,x_6\}$，其联合概率分布为

$$P(\boldsymbol{x})=P(x_1,x_2,x_3,x_4,x_5,x_6)=\frac{1}{Z}\psi_1(x_1,x_2,x_5)\psi_2(x_2,x_3)\psi_3(x_1,x_4)\psi_4(x_5,x_6)$$

如果映射 $\psi_2(x_2,x_3)=\begin{cases}1.8, & x_2=x_3\\ 0.1, & x_2\neq x_3\end{cases}$，则二随机值变量$x_2$，$x_3$的四种组合对应的实数值和归一化后的概率见**表 9.2**。

表 9.2　映射 $\psi_2(x_2,x_3)$

x_2	x_3	$\psi_2(x_2,x_3)$	$P(x_2,x_3)$
0	0	1.8	0.47
0	1	0.1	0.03
1	0	0.1	0.03
1	1	1.8	0.47

为确保势函数严格为正实数，通常采用指数势函数

$$\psi(x_{\mathcal{C}_i})=\mathrm{e}^{-E(x_{\mathcal{C}_i})} \tag{9.45}$$

式中，$E(x_{\mathcal{C}_i})$为能量函数。实际上，势函数不局限于

极大团，还可定义节点势函数。

对于成对马尔可夫随机场，有

$$P(\boldsymbol{x})=P(x_1,x_2,\cdots)=\frac{1}{Z}\prod_{i\in\mathcal{V}}\psi_i(x_i)\prod_{ij\in\mathcal{E}}\psi_{ij}(x_i,x_j) \tag{9.46}$$

式中，x_i,x_j为边 $ij\in\mathcal{E}$ 两端的成对节点；$\psi_{ij}(x_i,x_j)$为该对节点的势函数。

9.3.3 条件随机场

条件随机场（Conditional Random Field，CRF）是 Lafferty 于 2001 年在最大熵模型和隐马尔可夫模型基础之上建立的一种判别式概率无向图模型，对条件概率分布进行建模。

设 X 与 Z 是随机变量，且无向图 $\mathcal{G}=(\mathcal{V},\mathcal{E})$ 由随机变量 Z 构成，若

$$P(Z_v|X,Z_{\mathcal{V}\backslash v})=P(Z_v|X,Z_{\boldsymbol{\omega}}) \tag{9.47}$$

对任意节点 $v\in\mathcal{V}$ 成立，则称条件概率 $P(Z|X)$为**条件随机场**。

结合图 9-19，对式（9.47）中的变量解释如下：

- $\boldsymbol{\omega}$ 为在 $\mathcal{G}$ 中与节点 v 有边连接的所有节点集合，如图中红色区域节点，$\boldsymbol{\omega}=\{\omega_1,\omega_2,\omega_3,\omega_4\}$。
- $\mathcal{V}\backslash v$ 为图 $\mathcal{G}$ 中除节点 v 之外的所有节点集合，$\mathcal{V}\backslash v=\boldsymbol{\omega}\cup\{e,f,g,h\}$。
- X 表示观测随机变量。

由此可知：条件随机场中节点仅与与之直接相连的节点和观测随机变量 X 有关。

假设观测序列 $X=\{x_T,x_{T-1},\cdots,x_2,x_1\}$ 与状态序列 $Z=\{z_T,z_{T-1},\cdots,z_2,z_1\}$ 构成图 9-20 所示的概率图。如果条件概率分布 $P(Z|X)$是条件随机场，且满足如下马尔可夫性：

$$P(x_t|X,z_T,\cdots,z_{t+1},z_{t-1},\cdots,z_1)=P(z_t|X,z_{t+1},z_{t-1}),\quad t=1,2,\cdots,T \tag{9.48}$$

则称此条件随机场 $P(Z|X)$为**线性链条件随机场**。其中，$P(z_t|X,z_{t+1},z_{t-1}),t=2,\cdots,T-1$ 为双边，而 $P(z_1|X,z_2)$和 $P(z_T|X,z_{T-1})$仅为单边。

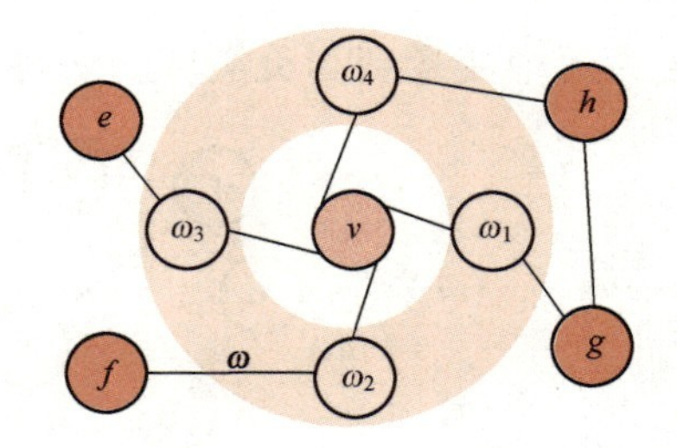

图 9-19　式（9.47）示意图（见插页）

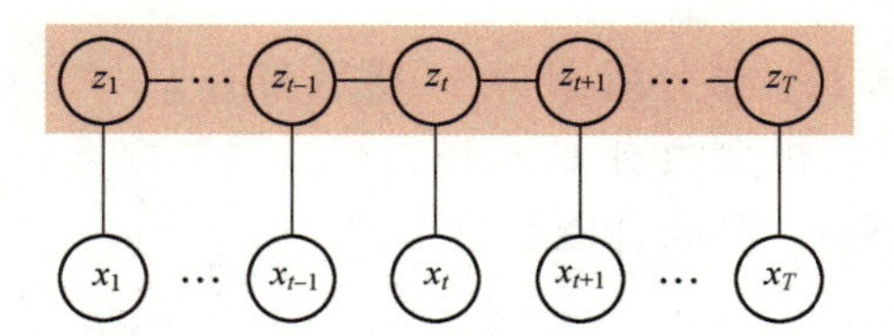

图 9-20　线性链条件随机场

根据定理 9.2，线性链条件随机场 $P(Z|X)$表示为：在随机变量 X 取值为 x 条件下，随机变量 Z 取值为 z 的条件概率，即

$$P(Z|X)=\frac{1}{A(x)}\exp\left(\sum_{t,k}\lambda_k\psi_k(z_{t-1},z_t,x,t)+\sum_{t,l}\mu_l\phi_l(z_t,x,t)\right) \tag{9.49}$$

$$A(X)=\sum_z\exp\left(\sum_{t,k}\lambda_k\psi_k(z_{t-1},z_t,x,t)+\sum_{t,l}\mu_l\phi_l(z_t,x,t)\right) \tag{9.50}$$

式中，$\psi_k(z_{t-1},z_t,x,t)$为定义在边上的特征函数，称为**转移特征函数**，依赖于相邻两个状态，且

$$\psi_k(z_{t-1},z_t,x,t)=\begin{cases}1, & \text{满足条件}\\0, & \text{其他}\end{cases}$$

$\phi_l(z_t,x,t)$为定义在节点上的特征函数，称为**状态特征函数**，仅依赖于当前状态 z_t，且

$$\phi_l(z_t,x,t)=\begin{cases}1, & \text{满足条件}\\0, & \text{其他}\end{cases}$$

λ_k和μ_l为对应的权重。

转移特征函数和状态特征函数如**图 9-21** 所示。

设线性链共有 T 个状态、K 个转移特征函数和 L 个状态特征函数，则式（9.49）可改写为

$$P(Z|X)=\frac{1}{A(x)}\exp\left(\sum_{k=1}^{K}\lambda_k\sum_{t=2}^{T}\psi_k(z_{t-1},z_t,x,t)+\sum_{l=1}^{L}\mu_l\sum_{t=1}^{T}\phi_l(z_t,x,t)\right)\tag{9.51}$$

将转移特征函数和状态特征函数统称为特征函数（Feature Function），可表示成

$$f_n(z_{t-1},z_t,x,t)=\begin{cases}\psi_k(z_{t-1},z_t,x,t), & n=1,2,\cdots,K\\ \phi_l(z_t,x,t), & n=K+l,l=1,2,\cdots,L\end{cases}$$

将所有 T 个状态特征函数求和后表示为

$$f_n(z,x)=\sum_{t=1}^{T}f_n(z_{t-1},z_t,x,t)$$

并设 $N=K+l$，则线性链条件转移概率简化为

$$P(Z|X)=\frac{1}{A(x)}\exp\left(\sum_{n=1}^{N}w_nf_n(z,x)\right)\tag{9.52}$$

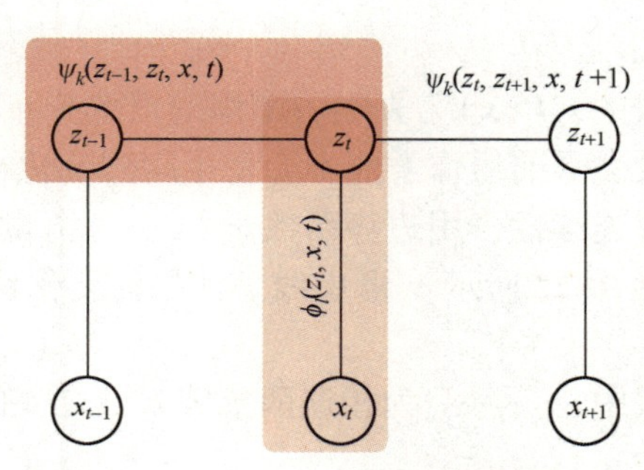

图 9-21　转移特征函数和状态特征函数

$$A(X)=\sum_{z}\exp\left(\sum_{n=1}^{N}w_nf_n(z,x)\right)\tag{9.53}$$

其中，w_n为$f_n(z,x)$的权重，且

$$w_n=\begin{cases}\lambda_k, & n=1,2,\cdots,K\\ \mu_l, & n=K+l,l=1,2,\cdots,L\end{cases}$$

9.3.4　马尔可夫随机场在图像处理中的应用

我们把自然图像的像素表示成马尔可夫随机场的节点，一个像素对应一个节点。除图像边对应的节点外，其位置上的每个节点与其紧邻上下左右节点都有边相连。每条边的参数衡量了相邻像素取值的连续性，意思是：图像中某一点的特征（如像素点灰度值等）与其邻域。

将所有像素表示成一个向量 $\boldsymbol{x}=(x_1,x_2,\cdots)$，图像用成对马尔可夫随机场建模为

$$P(\boldsymbol{x})=P(x_1,x_2,\cdots)=\frac{1}{Z}\prod_{i\in\mathcal{V}}\psi_i(x_i)\prod_{ij\in\mathcal{E}}\psi_{ij}(x_i,x_j)$$

式中，$\psi_i(x_i)$为每个像素对应节点的势函数；$\psi_{ij}(x_i,x_j)$为成对节点间边的势函数。

图像处理问题转化为马尔可夫随机场的最大后验概率推理问题，得

$$\boldsymbol{x}^*=\underset{\boldsymbol{x}}{\operatorname{argmax}}P(\boldsymbol{x})$$

式中，$\boldsymbol{x}^*$为处理后的图像。

如果令 $\varphi_i(x_i)=-\log\psi_i(x_i)$，$\varphi_{ij}(x_i,x_j)=-\log\psi_{ij}(x_i,x_j)$，则上式的最大后验概率推理问题转化为**能量最小化**问题，即

$$\boldsymbol{x}^*=\underset{x}{\operatorname{argmin}}E(\boldsymbol{x}) \tag{9.54}$$

$$E(\boldsymbol{x})=\sum_{i\in\mathcal{V}}\varphi_i(x_i)+\sum_{ij\in\mathcal{E}}\varphi_{ij}(x_i,x_j) \tag{9.55}$$

在图像去噪应用中，设 $\boldsymbol{x}$ 和 $\boldsymbol{z}$ 分别为去噪后图像和有噪声图像，输入有噪声图像 $\boldsymbol{z}$ 后利用最大后验概率实现去噪，得

$$P(\text{去噪后图像}\mid\text{有噪声图像})=P(\boldsymbol{x}\mid\boldsymbol{z})=\frac{P(\boldsymbol{z}\mid\boldsymbol{x})P(\boldsymbol{x})}{P(\boldsymbol{z})}\propto P(\boldsymbol{z}\mid\boldsymbol{x})P(\boldsymbol{x})$$
$$=P(\text{去噪后图像}\mid\text{有噪声图像})P(\boldsymbol{x})$$

从而最大后验概率转化为能量最小问题，有

$$E(\boldsymbol{x})=\sum_{i\in\mathcal{V}}\varphi_i(x_i)+\sum_{ij\in\mathcal{E}}\varphi_{ij}(x_i,x_j)=-\log P(\boldsymbol{z}\mid\boldsymbol{x})-\log P(\boldsymbol{x}) \tag{9.56}$$

式中，$P(\boldsymbol{x})$ 为去噪后图像的概率分布；$-\log P(\boldsymbol{z}\mid\boldsymbol{x})$ 衡量去噪前后图像间的关联性。通常假设去噪前后像素值不会发生剧烈变化，即 x_i 接近 z_i。通常，假设去噪后图像中相邻像素值具有连续性，用边势函数 $\varphi_{ij}(x_i,x_j)$ 衡量其连续性，显然像素值相差越大，势函数值越大，如**图 9-22** 所示 V 形虚线。如果需要保留边缘特征，边势函数通常定义为

$$\varphi_{ij}(x_i,x_j)=\min(|x_i-x_j|,d) \tag{9.57}$$

式中，$|x_i-x_j|$ 为相连两个像素值之差的绝对值；d 为**图 9-22** 中实线对应数值。

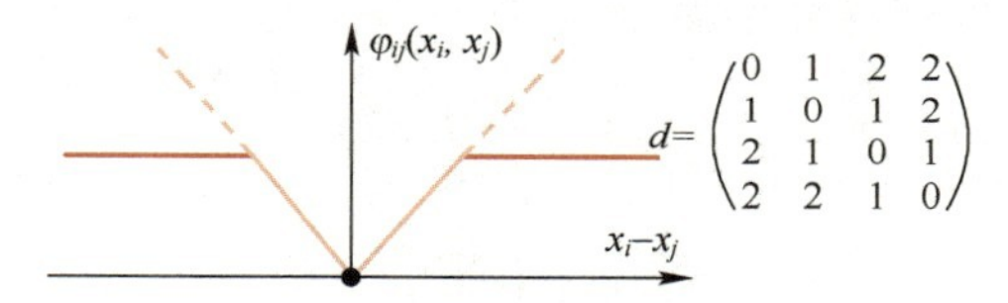

图 9-22　一个序列标注转移函数

9.3.5　条件随机场在自然语言处理中的应用

序列标注（Sequence Labeling）：为输入序列 $X=\{x_T,x_{T-1},\cdots,x_2,x_1\}$ 的每个位置标注一个相应的标签 $Z=\{z_T,z_{T-1},\cdots,z_2,z_1\}$，是一个从序列到序列的过程。序列标注是自然语言处理中的基础问题，包括（中文）分词、命名实体识别和词性标注等。其中，中文分词旨在辨别由连续字符组成的中文句子中的词边界。

条件随机场 CRF 把分词当作字的**词位**分类问题，通常定义字的词位信息如下：词首（常用 B 表示）、词中（常用 M 表示）、词尾（常用 E 表示）和单字词（常用 S 表示）。

一个词位为一个标签，共有 4 个标签，需定义 16 个标签之间的特征（Label-label Features），也是转移特征函数，对应**图 9-23** 中 16 条虚线。此外，还需定义标签与词之间的特征函数（Label-word Features），即状态特征。有些词大概率为词首，有些词大概率为词尾等。

随后，进行条件随机场推理。既可以采用最大后验概率，也可以用信念传播（BP）进行求解。

设输入序列：我喜欢机器学习；则输出序列应为：*SBEBMME*。

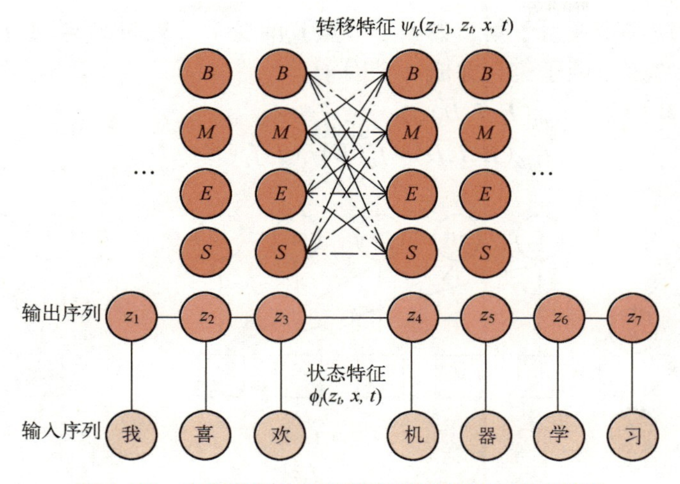

图 9-23　中文分词中条件随机场结构图（见插页）

CRF 分词标注结果：我/S 喜/B 欢/E 机/B 器/M 学/M 习/E。

分词结果：我/喜欢/机器学习。

9.4　因子图与和积算法

前面介绍的有向图和无向图都可以转化成因子图，因子图是无向图。

9.4.1　因子图

设变量集 $\boldsymbol{x}=\{x_1,x_2,\cdots,x_N\}$，该变量集在有向图或无向图的全局函数为 $f(x_1,x_2,\cdots,x_N)$。设 $\boldsymbol{x}_k$ 为变量集 $\boldsymbol{x}$ 的一个子集，其局部函数为 $f_k(\boldsymbol{x}_k)$，称 $f_k(\boldsymbol{x}_k)$ 为子集 $\boldsymbol{x}_k$ 的**因子**。设有 K 个子集，全局函数能因子分解为 K 个因子的乘积，即因子积

$$f(\boldsymbol{x})=f(x_1,x_2,\cdots,x_N)=\prod_{k=1}^{K}f_k(\boldsymbol{x}_k) \tag{9.58}$$

则式（9.58）可表示成**因子图（Factor Graph）**，用 $\mathcal{G}_{FG}=(\mathcal{V},\mathcal{E})$ 表示。因子图是一个无向图的二分图，有两类节点：**变量节点**和**因子节点**。每个变量 x_n 用圆表示，每个局部函数 $f_k(\boldsymbol{x}_k)$ 用方形表示，简单标为 f_k。变量节点和因子节点间由无向边相连。

1. 概率图转因子图

在实际应用中为了计算边缘概率，获得一个高效且准确的推理算法，以及为了让一些边缘概率可以共享，避免较多的重复计算，通常需要将原始图（有向图和无向图）转化为**因子图**。

（1）有向图 ⇒因子图

例 9.5 贝叶斯网络图的联合概率因子分解后表达式为

$$P(D,E,I,G,S)=P(E)P(I)P(D|E,I)P(S|I)P(G|E,D,S)$$

用每个节点的局部条件概率作为因子节点的局部函数，则因子积是

$$f(E,I,D,S,G)=f_E(E)f_I(I)f_D(E,I,D)f_S(I,S)f_G(E,D,S,G) \tag{9.59}$$

式中，变量集 $\boldsymbol{x}=\{E,I,D,S,G\}$，与变量集 $\boldsymbol{x}$ 相关的因子节点集

$$\mathcal{V}(\boldsymbol{x})=\{f_E,f_I,f_D,f_S,f_G\}$$

每一个因子节点对应一个变量子集，如因子节点f_D的变量子集为$\boldsymbol{x}_D=\{E,I,D\}$。

此外，还可以将多个因子集合并成一个因子。

例如，图 9-24 中因子$f_{EID}(E,I,D)$为

$$f_{EID}(E,I,D)=f_E(E)f_I(I)f_D(E,I,D)$$

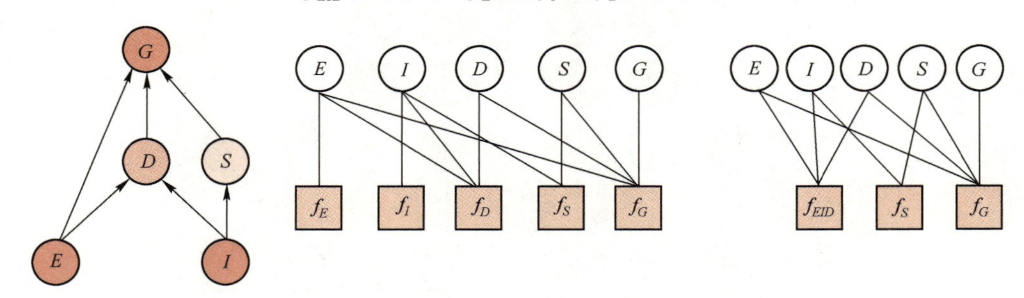

图 9-24　有向图转因子图

此时，因子积为

$$f(E,I,D,S,G)=f_{EID}(E,I,D)f_S(I,S)f_G(E,D,S,G) \tag{9.60}$$

式中，因子节点集只有三个节点：$\mathcal{V}(\boldsymbol{x})=\{f_{EID},f_S,f_G\}$。

由此可知：有相同变量的子集$\boldsymbol{x}_D=\boldsymbol{x}_{EID}=\{E,I,D\}$，可表示成两种不同的因子。

（2）无向图⇒因子图

因子节点可以对应极大团，也可不对应极大团。如果因子节点对应极大团，则相应的因子为该极大团的势函数。由无向图 9-25a 转换而成的因子图为图 9-25b，因子图中所有因子节点都对应一个极大团，于是有

$$P(\boldsymbol{x})=\frac{1}{Z}f_1(x_1,x_2,x_5)f_2(x_2,x_3)f_3(x_1,x_4)f_4(x_5,x_6)$$

而图 9-25c 中的因子节点f_5则是极大团中的两个变节点集合$\{x_1,x_2\}$，于是有

$$P(\boldsymbol{x})=\frac{1}{Z}f_1(x_1,x_2,x_5)f_2(x_2,x_3)f_3(x_1,x_4)f_4(x_5,x_6)f_5(x_1,x_2)$$

显然，同一无向图可以有不同的因子图。

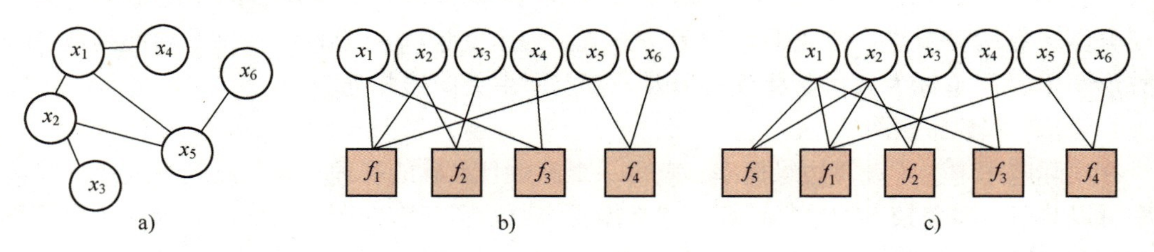

图 9-25　无向图转因子图

2. FFG

因子图的典型代表是 Forney-style Factor Graph，简称 FFG，用$\mathcal{G}_{\text{FFG}}=(\mathcal{V},\mathcal{E})$表示。

由原始因子图$\mathcal{G}_{FG}$构成$\mathcal{G}_{FFG}$的规则如下：

1）因子节点被保留，简称节点。所有节点构成顶点集$\mathcal{V}$；

例如，在图 9-26 中，$\mathcal{V}=\{f_E,f_I,f_D,f_S,f_G\}$。

2）变量节点则演化为边缘，连接两个节点的变量称为边缘，仅有一个节点与之相连则称为半边缘；边缘和半边缘构成边缘集 $\mathcal{E}$，用边缘集替代原始因子图中的边集；变量数等于边缘或半边缘数，即 $\mathcal{E}=\boldsymbol{x}$。

在图 9-26 中，变量 G 为半边，其余变量都为边，则 $\mathcal{E}=\boldsymbol{x}=\{E,I,D,S,G\}$。

3）某边 x_n 与某节点 f_k 相连，当且仅当该变量 x_n 在该因子 f_k 中出现。

在图 9-26 中，节点 f_D 的变量子集为 $\boldsymbol{x}_D=\{E,I,D\}$，所以与之相连的边有 E,I,D。

FFG 支持分层建模，并兼容标准框图。

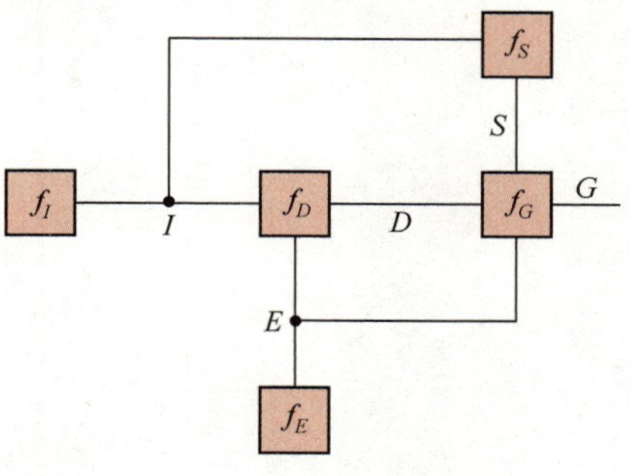

图 9-26　一个 FFG 因子图

9.4.2　置信传播

置信传播（Belief Propagation，BP）又称为概率传播算法（Probability Propagation）或**积算法**（Sum-product Algorithm），是一种在图模型上进行推理的消息传递算法。消息传递的主要目的是用来计算**边际函数** $\hat{f}_k(\boldsymbol{x}_k)$。在全局函数上对无关变量进行求**和**（Summations），得

$$\hat{f}_k(\boldsymbol{x}_k)=\sum_{\boldsymbol{x}\setminus\boldsymbol{x}_k} f(x_1,x_2,\cdots,x_N) \tag{9.61}$$

式中，$\boldsymbol{x}\setminus\boldsymbol{x}_k$ 表示不包含 $\boldsymbol{x}_k$ 的其余变量子集。

将式（9.58）的因子积代入式（9.61）得

$$\hat{f}_k(\boldsymbol{x}_k)=\sum_{\boldsymbol{x}\setminus\boldsymbol{x}_k}\prod_{k=1}^{K} f_k(\boldsymbol{x}_k) \tag{9.62}$$

式（9.62）的计算顺序为：**先乘积再求和**。

如果 $f(x_1,x_2,\cdots,x_N)=f_1(\boldsymbol{x}_1)f_2(\boldsymbol{x}_2)\cdots f_k(\boldsymbol{x}_k)\cdots f_K(\boldsymbol{x}_K)$，那么

$$\begin{aligned}\hat{f}_k(\boldsymbol{x}_k)&=\sum_{\boldsymbol{x}_1}\cdots\sum_{\boldsymbol{x}_{k-1}}\sum_{\boldsymbol{x}_{k+1}}\cdots\sum_{\boldsymbol{x}_K} f_1(\boldsymbol{x}_1)f_2(\boldsymbol{x}_2)\cdots f_k(\boldsymbol{x}_k)\cdots f_K(\boldsymbol{x}_K)\\&=\left(\sum_{\boldsymbol{x}_1} f_1(\boldsymbol{x}_1)\right)\cdots\left(\sum_{\boldsymbol{x}_{k-1}} f_{k-1}(\boldsymbol{x}_{k-1})\right)f_k(\boldsymbol{x}_k)\left(\sum_{\boldsymbol{x}_{k+1}} f_{k+1}(\boldsymbol{x}_{k+1})\right)\cdots\left(\sum_{\boldsymbol{x}_K} f_K(\boldsymbol{x}_K)\right)\end{aligned} \tag{9.63}$$

经此处理后，边际函数则可通过**先求和再乘积**求取。**和积算法**由此而得名。

图 9-27 所示为 FFG 因子图，$\mathcal{E}=\boldsymbol{x}=\{x_1,x_2,x_3,x_4,x_5,x_6,x_7\}$，$\mathcal{V}(\boldsymbol{x})=\{f_1,f_2,f_3,f_4,f_5,f_6,f_7\}$，其中局部函数为

$$\begin{aligned}&f_1(\boldsymbol{x}_1)=f_1(x_1,x_2), && \boldsymbol{x}_1=\{x_1,x_2\}\\&f_2(\boldsymbol{x}_2)=f_2(x_2,x_3,x_4), && \boldsymbol{x}_2=\{x_2,x_3,x_4\}\\&f_3(\boldsymbol{x}_3)=f_3(x_3), && \boldsymbol{x}_3=\{x_3\}\\&f_4(\boldsymbol{x}_4)=f_4(x_4,x_5,x_6), && \boldsymbol{x}_4=\{x_4,x_5,x_6\}\\&f_5(\boldsymbol{x}_5)=f_5(x_5), && \boldsymbol{x}_5=\{x_5\}\\&f_6(\boldsymbol{x}_6)=f_6(x_6,x_7), && \boldsymbol{x}_6=\{x_6,x_7\}\\&f_7(\boldsymbol{x}_7)=f_7(x_7), && \boldsymbol{x}_7=\{x_7\}\end{aligned}$$

显然，图 9-27 所示的全局函数为

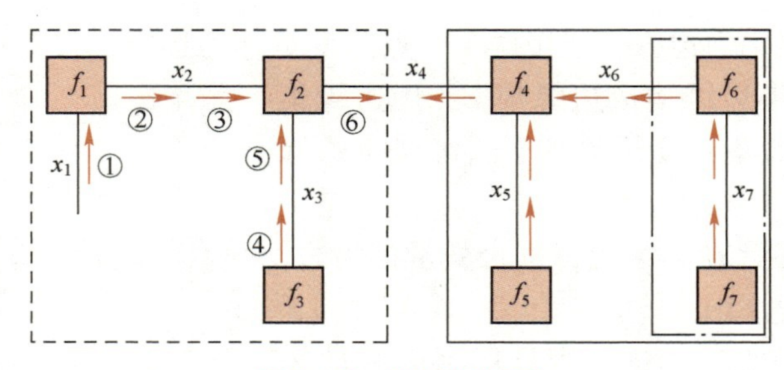

图 9-27　FFG 因子图

$$f(x_1,x_2,\cdots,x_7)=f_1(\boldsymbol{x}_1)f_2(\boldsymbol{x}_2)\cdots f_7(\boldsymbol{x}_7)=f_1(x_1,x_2)f_2(x_2,x_3,x_4)\cdots f_7(x_7)$$

例 9.12： 计算**图 9-27** 所示因子图中变量 x_4 的**边缘函数** $\hat{f}_4(x_4)$。

1）提取“公因子”实现“分配”。

以边 x_4 为界将因子图分成两大盒，即图中虚线盒和实线盒，其中实线盒还可进一步分割出一个小盒，即图中点画线盒。

根据盒子界定，将全局函数分配成不同求和项，得

$$\hat{f}_4(x_4)=\sum_{x_1}\sum_{x_2}\sum_{x_3}\sum_{x_5}\sum_{x_6}\sum_{x_7}f_1(\boldsymbol{x}_1)\cdots f_4(\boldsymbol{x}_4)\cdots f_7(\boldsymbol{x}_7)=\sum_{\boldsymbol{x}\backslash x_4}f_1(\boldsymbol{x}_1)\cdots f_4(\boldsymbol{x}_4)\cdots f_7(\boldsymbol{x}_7)$$

$$=\left(\sum_{x_1,x_2,x_3}f_1(x_1,x_2)f_2(x_2,x_3,x_4)f_3(x_3)\right)\left(\sum_{x_5,x_6}f_4(x_4,x_5,x_6)f_5(x_5)\left(\sum_{x_7}f_6(x_6,x_7)f_7(x_7)\right)\right)$$

2）采用“消息传递”。

- **从节点 f_k 沿着边 x 传递出去的消息是由沿着与节点 f_k 相连的除边 x 之外所有其余边传入消息的乘积，然后对其余相连边对应变量进行求和的结果。** 即

$$\mathcal{M}_{f_k\to x}=\sum_{\boldsymbol{x}_k\backslash x}f_k(\boldsymbol{x}_k)\mathcal{M}_{\boldsymbol{x}_k\backslash x\to f_k}\tag{9.64}$$

式中，$\boldsymbol{x}_k$ 表示与节点 f_k 相连变量的子集；$\mathcal{M}_{x\to f_n}$ 表示从边到节点的消息传递。

图 9-27 中②号箭头所示消息传递是节点 f_1 沿边 x_2 传递消息，即

$$\mathcal{M}_{f_1\to x_2}=\sum_{\boldsymbol{x}_1}f_1(x_1,x_2)\mathcal{M}_{x_1\to f_1}$$

同理，图中⑥号箭头所示消息传递是节点 f_2 沿边 x_4 传递消息，即

$$\mathcal{M}_{f_2\to x_4}=\sum_{x_1,x_2,x_3}f_2(x_2,x_3,x_4)\ \mathcal{M}_{x_2\to f_2}\mathcal{M}_{x_3\to f_2}$$

图中④号箭头所示消息传递是节点 f_3 沿边 x_3 传递消息，即

$$\mathcal{M}_{f_3\to x_3}=f_3(x_3)$$

- **从变量 x 到节点 f_k 的消息定义为所有与 x 相连且 f_k 除外的其余节点传入该变量 x 消息的乘积。**

如**图 9-28** 所示，$x_k\to f_k$ 的消息传递为

$$\mathcal{M}_{x_k\to f_k}=\prod_{\substack{f_i\in\mathcal{V}(x_k)\\ k\neq i}}\mathcal{M}_{f_i\to x_k},i=1,2,\cdots,n$$

式中，$\mathcal{V}(x_k)=\{f_1,f_2,\cdots,f_i,\cdots f_n,f_k\}$。

回头看**图 9-27**①号箭头所示消息传递为从 x_1 输送给 f_1 消息，因为 x_1 是半边缘，所以

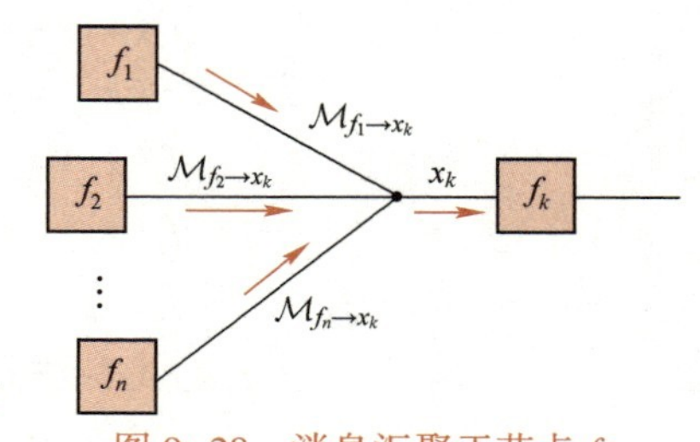

图 9-28　消息汇聚于节点 f_k

$$\mathcal{M}_{x_1 \to f_1} = 1$$

③ 号箭头消息传递为从 x_2 输送给 f_2 消息，因为与 x_2 相连的节点只有 f_2，所以

$$\mathcal{M}_{x_2 \to f_2} = \mathcal{M}_{f_1 \to x_2}$$

用同样方法，计算从其他节点流入变量 $x_i(i=3,4,5,6,7)$ 的消息。

3）最后将所有流入变量 $x_i(i=1,2,3,4,5,6,7)$ 的消息相乘，即可得到所求的边缘函数。图 9-27 对 x_4 的边缘函数为

$$\hat{f}_4(x_4) = \mathcal{M}_{f_2 \to x_4} \mathcal{M}_{f_4 \to x_4}$$

从计算来看，和积算法可以保存计算需要的中间量，这对计算多个概率分布更有效。和积算法有些类似动态规划的思想：将一个概率分布写成两个因子的乘积，而这两个因子可以继续分解或通过已知得到。无环因子图可以得到任意一个变量的边缘分布的准确解；有环因子图则无法用和积算法准确计算边缘分布。如果因子图中存在环，消息传递将无限循环。解决方法有两种：①重新构建无环因子图或无环网络；②选择 Loopy belief propagation 算法，可理解为和积算法的迭代，其缺点是不能确保收敛。如果将式（9.61）的求和换成求最大值 max，sum-product 算法则变换成 max-product 算法。这里不再赘述。

9.5　小结与拓展

本章从有向和无向概率图两个大类介绍了相关概率图模型。由网络结果和参数表示的概率图模型能有效处理不确定推理，被广泛应用于需要推理的场合，如计算机视觉和自然语言处理。然而，概率图模型的推理算法仍存在需要进一步探索的问题：如变分近似推理优化和抽样推理的理论研究。此外，在样本不够充分/不完备条件下，概率图模型的结构学习难以获得预期网络结构。近年来，深度概率图模型也得到了关注：将贝叶斯框架引入到神经网络，如贝叶斯神经网络；将深度神经网络作为通用函数近似并应用到概率图模型，如变分自动编码器（Variational Auto-Encoder）；将神经网络中节点之间或层之间的确定性连接（Deterministic Connection）改为依概率连接（Probabilistic Connection），如深度玻尔兹曼机（Deep Boltzmann Machine）和深度信念网络（Deep Belief Network）。

实验九：概率图模型实验

扫码看视频

1. 实验目的

1.1　了解 pgmpy 提供的概率图模型相关函数；

1.2　掌握采用 Python 对概率图模型编程的能力。

2. 实验环境

平台：Windows/Linux；编程语言：Python。

3. 实验内容

3.1　贝叶斯网络参数学习；

3.2　马尔可夫随机场的图像去噪实验。

4. 实验步骤

4.1　贝叶斯网络参数学习

pgmpy 是一个针对贝叶斯网络的纯 Python 实现，专注于模块化和可扩展性。可实现结

构学习、参数估计、近似（基于采样）和精确推断以及因果推断的各种算法。在 PyCharm 中安装 pgmpy 之前，需先安装 Pytorch。

按下列步骤用 Python 编程实现一个贝叶斯网络参数学习实例，相关变量从下面代码中整理。

➢ **首先，**输入数据。

```
data = pd.DataFrame(data={'学生': ["吴零", "熊大", "熊二", "张三", "李四", "王五","贺六", "田七", "八戒", "崔九", "杜十", "井百", "张千", "万安", "杨亿"],
        '情商': ["沉稳", "正常", "正常", "正常", "沉稳", "正常", "正常", "沉稳",
            "正常", "沉稳", "正常", "沉稳", "正常", "正常", "沉稳"],
        '智商': ["正常", "正常", "天才", "正常", "正常", "正常", "正常", "天才",
            "正常", "正常", "正常", "天才", "正常", "正常", "正常"],
        '选题': ["难", "易", "难", "易", "易", "难", "易", "难",
            "易", "易", "易", "难", "难", "易", "易"],
        '成绩': ["及格", "及格", "优秀", "及格", "及格", "优秀", "及格", "优秀",
            "优秀", "及格", "及格", "及格", "及格", "优秀", "及格"],
        '综评': ["A", "C", "A", "C", "B", "B", "C", "A",
            "B", "C", "C", "C", "C", "B", "C"]})
```

➢ **然后**，构建贝叶斯网络，确立各变量之间的依赖关系。

```
from pgmpy.models import BayesianNetwork
model = BayesianNetwork([('情商', '综评'), ('情商', '选题'),('智商', '选题'),('智商', '成绩'),
            ('选题', '综评'),('成绩', '综评')])        # 情商 -> 综评 <- 选题
  成绩 -> 综评
```

➢ **最后**，计算参数，即概率或条件概率。

```
from pgmpy.estimators import ParameterEstimator
pe = ParameterEstimator(model, data)
```

➢ **输出结果。**

```
print("\n", pe.state_counts('选题'))   # conditional on 情商 and 智商
+--------+--------+--------+--------+--------+
|情商     | 情商(正常) | 情商(正常) | 情商(沉稳) | 情商(沉稳) |
+--------+--------+--------+--------+--------+
|智商     | 智商(天才) | 智商(正常) | 智商(天才) | 智商(正常) |
+--------+--------+--------+--------+--------+
|选题(易) | 0.0      | 0.75     | 0.0      | 0.75     |
+--------+--------+--------+--------+--------+
|选题(难) | 1.0      | 0.25     | 1.0      | 0.25     |
+--------+--------+--------+--------+--------+
```

注：输入数据不同，结果与**例 9.5** 不一致。

4.2　马尔可夫随机场的图像去噪实验

用 X,Y 和 Z 分别表示去噪后图像、真实图像（无噪声图像）和有噪声图像。其马尔可夫随机场如图 9-29 所示，其极大团是任意一条边连接的两个顶点。

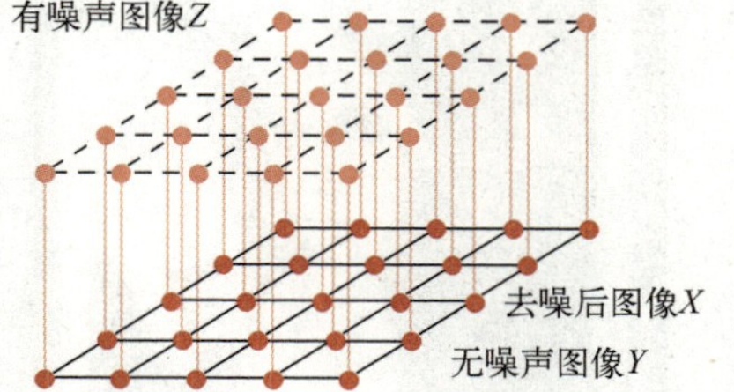

图 9-29　图像马尔可夫随机场（见插页）

1）观测变量 Z_{ij} 和无噪声变量 Y_{ij} 之间的势函数定义为指数形式，即

$$\psi_{ij}(Z_{ij},Y_{ij})=\exp(\alpha Z_{ij}Y_{ij}) \tag{9.65}$$

2）在无噪声变量之间，未观测点 Y_{ij} 与其直接相邻点之间的势函数定义为指数形式，即

$$\psi_{ij}(Y_{ij},\check{Y}_{ij})=\exp(\beta Y_{ij}\check{Y}_{ij}) \tag{9.66}$$

式中，$\check{Y}_{ij}$ 为 Y_{ij} 的邻居点，$\check{Y}_{ij}\in\{Y_{i-1,j},Y_{i+1,j},Y_{i,j-1},Y_{i,j+1}\}$。

设图像为二值图像，0 表示黑，1 表示白。

通常在二值图像中，用 0 表示黑，1 表示白。本实验采用势函数见表 9.3，实验中用-1 表示黑。当 Z_{ij} 与 Y_{ij} 相同时，积为 1；当 Z_{ij} 与 Y_{ij} 不相同时，积为 0。这一点符合一个直觉：噪声图像上的像素点应与其在真实图像对应像素点取值相同。根据式（9.65），追求 $\psi_{ij}(Z_{ij},Y_{ij})$ 最大。

表 9.3　势函数

Z_{ij}	Y_{ij}	$Z_{ij}Y_{ij}$
-1	-1	1
-1	1	-1
1	-1	-1
1	1	1

根据相邻像素间的相关性有：真实图像的像素点应与其邻域内的像素点的取值相同或相近。所以，同样追求最大化 $\psi_{ij}(Y_{ij},\check{Y}_{ij})$。

对势函数取对数后，将最大化问题转换为最小化问题，得

$$X=\underset{Y_{ij}\in(-1,1)}{\arg\min}\left(\alpha\sum_{i,j}Z_{ij}Y_{ij}+\beta\sum_{ij}Y_{ij}(Y_{i-1,j}+Y_{i+1,j}+Y_{i,j-1}+Y_{i,j+1})\right) \tag{9.67}$$

这是一个 NP-Hard 问题，没办法得到其精确解。为了获得去噪图像 X，引入迭代条件模式（Iterated Conditional Modes，ICM）算法：每次只优化一个变量。

图 9-30 所示为本例迭代 260 万次后的去噪结果，$\alpha=8,\beta=10$。相关参考程序见代码 9.1。

代码 9.1　马尔可夫随机场的图像去噪实验的部分代码

```
import matplotlib.image as mpimg                          # 用于读取图像
plt.rcParams['font.sans-serif'] = ['simhei']              # 设置中文字体为黑体
plt.rcParams['axes.unicode_minus'] =False
orig_image = Image.open('lena512.tiff').convert("L")      # 读取图像
img_binary = np.asarray(orig_image).astype(int)
img_binary.flags.writeable = True
img_binary[img_binary <128] = -1                           # 将灰度图转成二值图像
img_binary[img_binary >= 128] = 1
image_binary = np.concatenate((img_binary,np.ones((512,25),dtype=int),      # 拼接图像
        img_binary_noise,np.ones((512,25),dtype=int),
        img_binary_denoised), axis = 1)
```

图 9-30 马尔可夫随机场图像去噪结果

习题

1. 简述有向图模型和无向图模型的异同点，它们各有哪些常用概率图网络。

2. 说说有哪些计算多变量联合概率的方法，各有什么优缺点？

3. 某宿舍有熊大、熊二和张三 3 人，从中随机抽取 1 人参加机器学习创新大赛，每次比赛成绩分金和银两个等级。其隐马尔可夫模型表示为

$$M_{hmm}=(\boldsymbol{S},\boldsymbol{B},\boldsymbol{\pi})$$

$$\boldsymbol{S}=\begin{pmatrix}0.2&0.1&0.7\\0.3&0.5&0.2\\0.2&0.3&0.5\end{pmatrix},\boldsymbol{B}=\begin{pmatrix}0.5&0.5\\0.4&0.6\\0.7&0.3\end{pmatrix},\boldsymbol{\pi}=\begin{pmatrix}0.2\\0.5\\0.3\end{pmatrix}$$

设在最近连续三次比赛中，获得奖牌序列为 $\boldsymbol{x}_T=\{金,银,金\}$，试用 Viterbi 搜索算法求最优状态序列 $\hat{z}$。

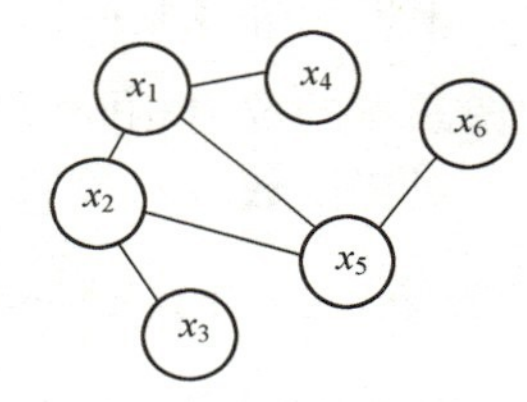

图 9-31 习题 4 图

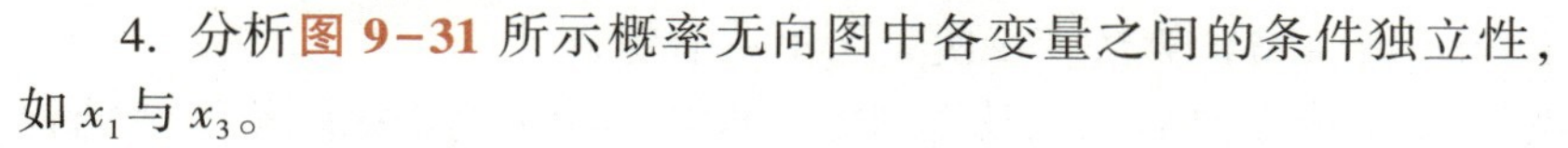

4. 分析图 9-31 所示概率无向图中各变量之间的条件独立性，如 x_1 与 x_3。

参考文献

[1] FRANK R K, Brendan J F, HANS A L. Factor Graphs and the Sum-Product Algorithm [J]. IEEE Transactions on Information Theory, 2001, 47 (2): 498-519.

[2] 李航. 统计学习方法 [M]. 2 版. 北京：清华大学出版社，2021.

[3] WAINWRIGHT M J, JORDAN M I. Graphical Models, Exponential Families, and Variational Inference [J]. Foundations and Trends in Machine Learning, 2008, 1 (1/2): 1-305.

[4] CHARLES S, ANDREW M. An Introduction to Conditional Random Fields [J]. Foundations and Trends in Machine Learning, 2011, 4 (4): 267-373.

[5] PEARL J. Probabilistic Reasoning in Intelligent Systems: Networks of Plausible Inference [M]. San Francisco: Morgan Kaufmann, 1988.

第 10 章　人工神经网络

1943 年，美国心理学家 Warren S. McCulloch 和数理逻辑学家 Walter Pitts 首先提出人工神经网络（Artificial Neural Network，ANN），并给出人工神经元的数学模型，从此开启人工神经网络研究。1949 年，心理学家 D. O. Hebb 在“The Organization of Behavior”论文中描述了神经元学习法则。1957 年，Rosenblatt 建立了感知机模型。几十年后，得益于计算机技术提高，从 2010 年后人工神经网络进入深度神经网络时代。其标志性成果是由 Geoffrey Hinton 和 Alex Krizhevsky 于 2012 年建立的 AlexNet，以及由**我国年轻学者何恺明**于 2016 年建立的残差神经网络。

本章主要介绍人工神经网络的基本原理、前馈神经网络（Feedforward Neural Network，FNN）和卷积神经网络（Convolutional Neural Network，CNN）。本章思维导图为：

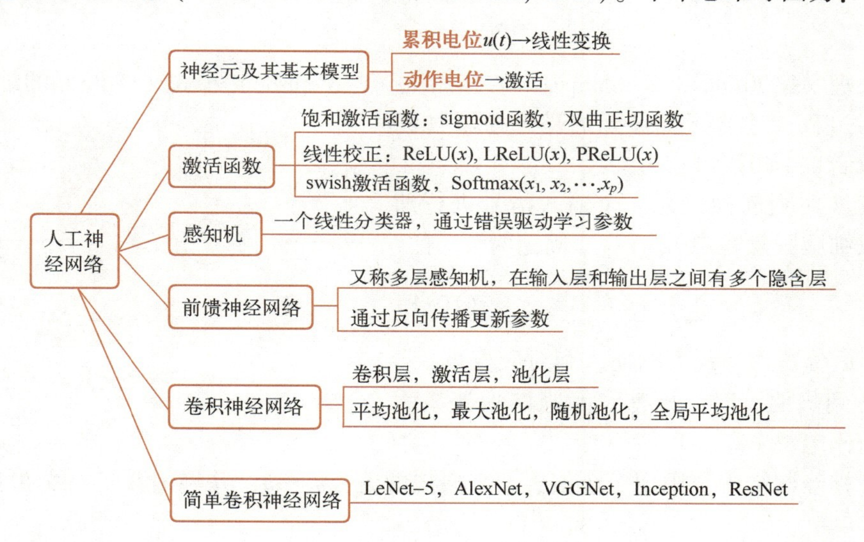

10.1　神经元及其基本模型

图 10-1 所示神经元（Neuron）是人脑神经系统的基本单元，负责接收和传递神经信号。在神经元胞体（Soma）附近有许多树突（Dendrite），神经元通过树突与上一层神经元连接。每个神经元通常被认为有且仅有一根轴突（Axon）。轴突是从神经元胞体开始延伸的神经纤维，在轴突终端形成许多分支，这些分支通过突触（Synapse）与下一层神经元的树突连接起来，从而构成基本神经通路。如果将神经元建模成一个系统，设系统函数为 $h(t)$，那么与当前神经元相连的上一层神经元输出为系统的输入或激励 $x(t)$ 或 $x^l(t)$，而当前神经元在突触前沿信号为系统响应 $y(t)$ 或 $y^l(t)$，用 l 表示当前神经元处于第 l 层。当神经元膜电位较低时，神经元处于静息状态。每个树突接收到的神经信号在神经元胞体内进行累加，致

使神经元膜电位增加。随着膜电位的增加，神经元产生神经冲动（激活）可能性增大。当膜电位累加达到阈值，神经元随即产生一个动作电位（Action Potential）。动作电位信号经轴突传递到轴突分支终端，经突触传送给与之相连的神经元。当细胞膜产生动作电位后，膜电位恢复到静息电位状态。

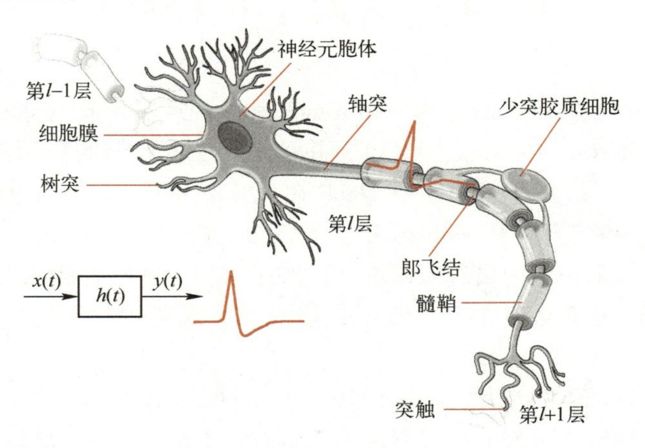

图 10-1　神经元

美国心理学家 Frank Rosenblatt 提出的感知机（Perceptron）模拟了神经元的细胞膜电位累加和激活过程，建立了**神经元的基本模型（线性变换**和**激活）**，如**图 10-2** 所示。

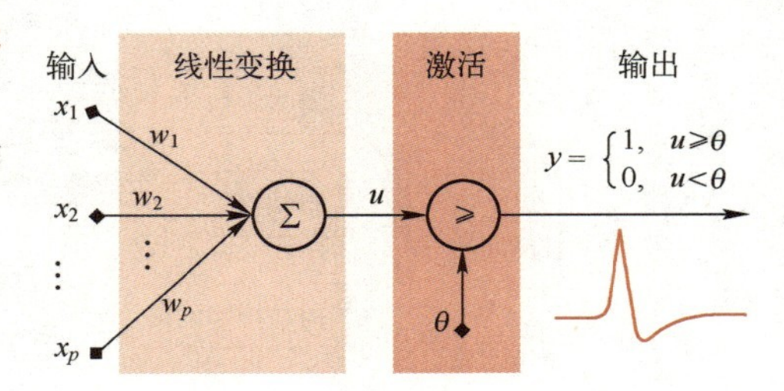

图 10-2　神经元基本模型

线性变换对当前神经元 p 个输入信号进行加权和，形成细胞膜**累积电位** $u(t)$，简记为 u，且

$$u=\sum_{i=1}^{p} w_i x_i \qquad (10.1)$$

式中，x_i和 w_i分别为神经元的输入和对应权重。

当 u 达到阈值 θ 时，该神经元胞体则被**激活**产生 1 个**动作电位** y。

在人工神经网络中，则用一个偏置 b 来模拟阈值，$\theta=-b$，并将偏置归入线性变换，得

$$z=\sum_{i=1}^{p} w_i x_i+b \qquad (10.2)$$

设置 $w_0=b$，$x_0=+1$，则式（10.2）整合成

$$z=\sum_{i=0}^{p} w_i x_i \qquad (10.3)$$

用向量表示成

$$z=\boldsymbol{wx}=(w_0,w_1,w_2,\cdots,w_p)\begin{pmatrix}1\\x_1\\x_2\\\vdots\\x_p\end{pmatrix}=\sum_{i=0}^{p} w_i x_i$$

此时，只要信号 $z\geq0$，激活神经元则产生一个动作电位，否则处于静息状态。

在人工神经网络中，则用一个**激活函数** $f(\cdot)$ 来模拟神经元的激活过程，则有

$$\tilde{y}=f(\boldsymbol{wx}) \tag{10.4}$$

其基本模型如**图 10-3** 所示。

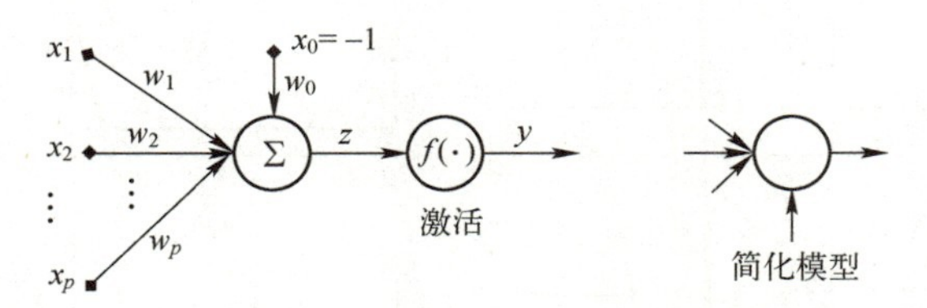

图 10-3　人工神经网络神经元基本模型

10.2 激活函数

激活函数 $f(\cdot)$ 主要有饱和型与校正线性单元型两种类型。

10.2.1 饱和激活函数

早期激活函数模拟神经元的非线性特性，将神经元输出幅度限制在一定范围内，如(0,1)或(-1,+1)。除硬限幅函数 hardlim(x)和斜面函数 ramp(x)外，还有经典的 **sigmoid 函数**，即

$$y=\mathrm{sigm}(x)=\frac{1}{1+\mathrm{e}^{-x}} \tag{10.5}$$

sigm(x)是光滑的，且处处可导，其导函数为

$$\frac{\partial y}{\partial x}=\frac{1}{1+\mathrm{e}^{-x}}\left(1-\frac{1}{1+\mathrm{e}^{-x}}\right)=y(1-y) \tag{10.6}$$

其输出值 $0\leqslant y\leqslant 1$ 类似于概率，可以较好地解释神经细胞的激活过程：随着膜电位的增加，神经元被激活的概率越来越大。另一饱和激活函数是**双曲正切函数**，即

$$y=\tanh(x)=\frac{\mathrm{e}^{x}-\mathrm{e}^{-x}}{\mathrm{e}^{x}+\mathrm{e}^{-x}} \tag{10.7}$$

双曲正切函数也是光滑的，且处处可导，其导函数为

$$\frac{\partial y}{\partial x}=\frac{4}{(\mathrm{e}^{x}+\mathrm{e}^{-x})^{2}}=1-y^{2} \tag{10.8}$$

与 sigm(x)不同，双曲正切函数值在-1 和 1 之间。

图 10-4 展示了上述 4 种饱和激活函数波形。饱和激活函数存在如下缺点：

- 当 $|x|$ 逐渐增大到一定数值时，y 则趋近于一个确定数值（-1,0 或 1）不再发生变化，从而进入饱和状态。这种饱和现象将导致**梯度消失**。
- 输出表达能力受到限制，值域范围仅 $0\leqslant y\leqslant 1$，或 $-1\leqslant y\leqslant 1$。
- 计算量大。尤其是反向传播求误差梯度时，由于求导涉及除法，因而计算量相对大。

因此，现在 sigmoid 和 tanh 仅用于某些需要特定输出范围的场合，如概率输出和 LSTM 中的门函数。当作为概率输出时，loss 函数中的 log 操作能抵消其梯度消失。

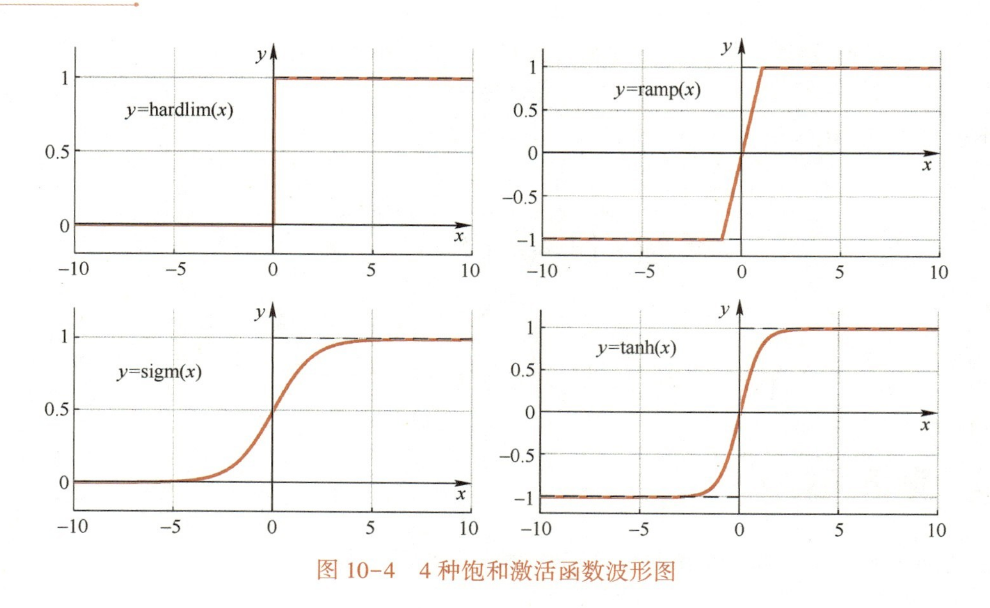

图 10-4　4 种饱和激活函数波形图

10.2.2　校正线性单元

2010 年，Vinod Nair 等人在校正线性单元（Rectified Linear Unit，ReLU）基础之上，提出了 Noisy ReLU。ReLU 也叫作修正线性单元，其表达式为

$$y=\mathrm{ReLU}(x)=\max(0,x) \tag{10.9}$$

sigmoid 和 tanh 在求导时含有指数运算，而 ReLU 只需要一个阈值就可以得到激活值，几乎不存在计算量。$\mathrm{ReLU}(x)$的主要变化是：

- 输入信号 $x>0$ 时才传播（前向和后向），这是 ReLU 的**单侧抑制性**和**稀疏激活性**，不仅有利于网络性能提升，而且神经元的低激活率更符合神经科学。
- 相对宽阔的兴奋边界，当 $x>0$ 时激活函数的梯度保持为 1，有利于输入信号一致传递，避免梯度消失。

2012 年，Alex Krizhevsky 提出的 Alexnet 采用 ReLU 可以帮助训练快速收敛。从此之后，ReLU 在深度学习中普遍使用。

然而，输入信号 $x\leqslant 0$ 时输出为零，即便有很大梯度传播过来到此将终止传播，这个问题被称为 Dying ReLU。Andrew Ng 提出了渗漏校正线性单元（Leaky ReLU，LReLU），即在输入小于零的区域，用一个低斜率的线性函数替代，于是有

$$y=\mathrm{LReLU}(x)=\begin{cases}x, & x\geqslant 0\\ \alpha x, & x<0\end{cases} \tag{10.10}$$

式中，$\alpha\in(0,1)$是一个非常小的固定值，原文作者建议 $\alpha=0.01$。在 Kaggle 的 NDSB 竞赛中，有人提出随机渗漏校正线性单元（Randomized LReLU）：训练阶段 α 按高斯分布或均匀分布随机取值，测试/验证过程中取平均值。

既然小于零的区域斜率可以通过先验知识赋值，于是何恺明等人提出了参数化校正线性单元（Parametric ReLU，PReLU），即 $\alpha\leqslant 1$ 不再固定而是一个可以优化的参数，通过学习获得。与 ReLU 相比，PReLU 收敛速度更快，因为其输出均值更接近零。在 2015 年 ImageNet 分类竞赛时，Russakovsky 等人指出：PReLU 是超越人类分类水平的关键所在。

不论是 ReLU，还是 PReLU，在 $x=0$ 处均不平滑。

2000 年，Bengio 等人在 NIPS 上介绍了软加函数 Softplus，即

$$y=\ln(1+e^x) \tag{10.11}$$

如果将 $\alpha \geqslant 0$ 设定为一个可调参数，然后将输入值 x 换成指数形式，则演变成指数线性单元（Exponential Linear Unit，ELU），其定义如下：

$$y=\mathrm{ELU}(x)=\begin{cases} x, & x \geqslant 0 \\ \alpha(e^x-1), & x<0 \end{cases} \tag{10.12}$$

综上所述，ReLU 族属于非饱和激活函数，解决了梯度消失原则是靠梯度等于或接近于 1，从而避免了连续相乘的结果衰减。图 10-5 展示了 4 种 ReLU 族激活函数波形。

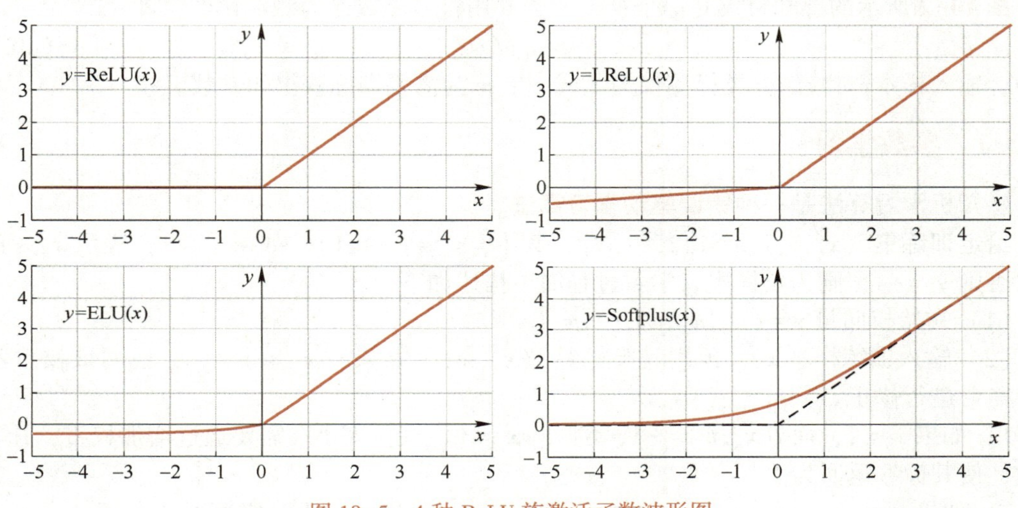

图 10-5　4 种 ReLU 族激活函数波形图

10.2.3　swish 激活函数

2017 年，研究人员 Google Brain 经过大规模搜索发现一种在许多任务上比 ReLU 性能更好的非线性激活函数，称为 swish 激活函数，其定义如下：

$$y=\mathrm{swish}(x)=x \cdot \mathrm{sigm}(\beta x) \tag{10.13}$$

式中，β 可设置为固定值 1，也可以作为参数通过训练学习获得。

图 10-6 中 swish 函数 $\beta=1$，而且函数当 $x<0$ 时呈现非单调性，有助于提高网络的非线性。

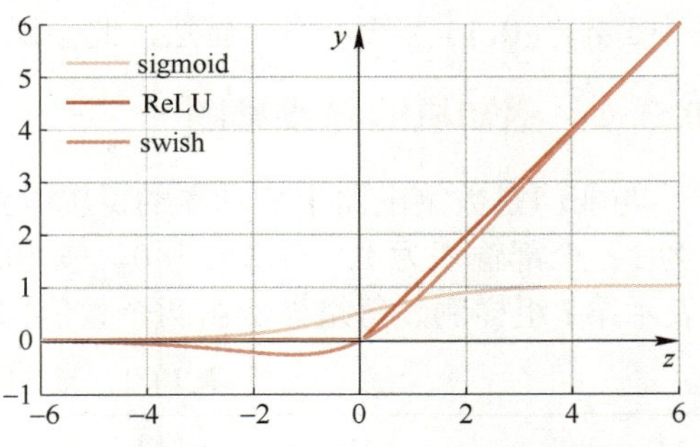

图 10-6　swish 与 sigmoid 和 ReLU 激活函数（见插页）

10.2.4　其他激活函数

最大输出函数

$$y=\mathrm{maxout}(\boldsymbol{x})=\max(x_1, x_2, \cdots, x_p) \tag{10.14}$$

软最大输出函数

$$y = \text{Softmax}(x_1, x_2, \cdots, x_p) = \frac{(\exp(x_i))_{p\times 1}}{\sum_{i=1}^{p} \exp(x_i)} \tag{10.15}$$

Softmax($\boldsymbol{x}$)输出概率向量。在神经网络中，Softmax 通常将单独一层作为输出层。在分类问题中，它常与交叉熵损失配合使用，以达到更好的训练效果。

10.3 感知机

感知机是 1957 年 Frank Rosenblatt 在 MP 模型基础之上建立的一个线性分类器。

图 10-2 所示的感知机仅有一个神经元，并用符号函数作为激活函数，即

$$\tilde{y} = \text{sign}(\boldsymbol{wx}) \tag{10.16}$$

式中，输入样本$\tilde{y}$对应的分类标签仅为 1 或-1；$\boldsymbol{w}$ 为需要训练获得的参数。

10.3.1 参数学习

感知机学习算法是一种**错误驱动学习算法**。

给定训练集$\{(\boldsymbol{x}_n, y_n), n=1,2,\cdots,N\}$，其中，$y_n \in (-1,1)$。如果 $y_n=1$，表示 $\boldsymbol{x}_n$为正样本；否则 $y_n=-1$，则为负样本。学习过程简单描述如下：

(1) 初始权向量 $\boldsymbol{w}=(w_0, w_1, w_2, \cdots, w_p)$。

(2) 输入训练样本 $\boldsymbol{x}_n$，预测其类标签 $f(\boldsymbol{x}_n, \boldsymbol{w})$。如果 $f(\boldsymbol{x}_n, \boldsymbol{w}) \neq y_n$，说明该权重不合适，需要进行修正。

1) 如果 $y_n=1$，而 $f(\boldsymbol{x}_n, \boldsymbol{w})=-1$，说明 $\boldsymbol{wx}_n \leqslant \boldsymbol{0}$，权重太小。需要通过增加权重，让 $\boldsymbol{wx}_n$增大，使其标签返回为 1。

2) 如果 $y_n=-1$，而 $f(\boldsymbol{x}_n, \boldsymbol{w})=-1$，说明 $\boldsymbol{wx}_n>\boldsymbol{0}$，权重太大。需要减少权重，让 $\boldsymbol{wx}_n$减少，使其标签返回为-1。

3) $f(\boldsymbol{x}_n, \boldsymbol{w})=y_n$正确预测，权重不需要修正。

(3) 如果所有样例 $f(\boldsymbol{x}_n, \boldsymbol{w})=y_n$，则该权向量适合该样本，不需要修正。

基于上述分析，权重修正可以根据下式来执行：

$$\boldsymbol{w} \leftarrow \boldsymbol{w} + \eta [y_n - f(\boldsymbol{x}_n, \boldsymbol{w})] \boldsymbol{x}_n$$

式中，$\eta \in (0,1)$为学习率。显然，此错误驱动学习算法为**梯度下降法**。

10.3.2 感知机的异或难题

与非门是数字电路中最基本的逻辑电路，其逻辑功能是输入(A，B)有一个为 0，则输出 Y 为 1；全部输入为 1，则输出为 0。表 10.1 给出了与非门、或门和异或门的真值表。表中 e_i表示第 i 组样例。每组样例由两个数值构成二维输入列向量，即 $\boldsymbol{e}_i=(x_2\ x_1)^{\mathrm{T}}$。

表 10.1 与非门、或门和异或门真值表

样　例	$x_2(A)$	$x_1(B)$	$h_2=Y=\overline{AB}$	$h_1=Y=A+B$	$Y=A\oplus B$
e_1	0	0	1	0	0
e_2	0	1	1	1	1
e_3	1	0	1	1	1
e_4	1	1	0	1	0

用实心点表示输出为 1，用星✦表示输出为 0。与非门、或门和异或门的输出与输入的分布关系如图 10-7 所示。从图可知，感知机可以轻松实现与非门和或门。

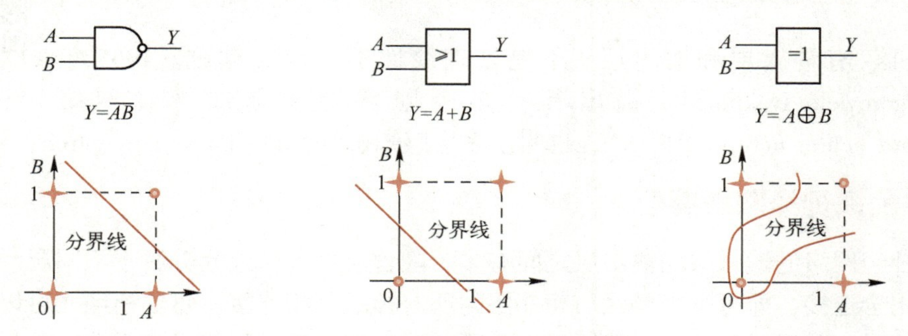

图 10-7　感知机与逻辑门

接下来，表 10.2 详细描述两输入与非门感知机的学习过程。该感知机的映射函数为

$$\tilde{y}=\text{sign}(w_2x_2+w_1x_1+w_0)$$

在初始化权重(−0.5,−0.75,0.6)和学习率设为 0.3 的前提下，经过两次循环学习，即为感知机学习了一组能够实现与非门的参数(−0.5,−0.45,0.9)。感知机的分类模型为

$$\tilde{y}=\begin{cases}1, & -0.5x_2-0.45x_1+0.9>0\\0, & -0.5x_2-0.45x_1+0.9\leqslant 0\end{cases}$$

采用同样的学习过程，可构建一个或门感知器。其学习过程请读者自行分析。

单层感知机可以轻松实现具有线性可分性的与非门和或门。但是单层感知机无法实现异或门，需要采用多层感知机。

表 10.2　与非门感知机学习过程（学习率 $\eta=0.3$）

	$x_2(A)$	$x_1(B)$	w_2	w_1	w_0	预测值$\tilde{y}$	真实值 y	$y-\tilde{y}$
初始参数（随机产生）			−0.5	−0.75	0.6			
e_1	0	0				1	1	0
参数更新			−0.5	−0.75	0.6			
e_2	0	1				0	1	1
参数更新			−0.5	−0.45	0.9			
e_3	1	0				1	1	0
参数更新			−0.5	−0.45	0.9			
e_4	1	1				0	0	0
参数更新			−0.5	−0.45	0.9			
e_1	0	0				1	1	0
参数更新			−0.5	−0.45	0.9			
e_2	0	1				1	1	0
参数更新			−0.5	−0.45	0.9			
e_3	1	0				1	1	0
参数更新			−0.5	−0.45	0.9			
e_4	1	1				0	0	0
参数更新			−0.5	−0.45	0.9			

注：对输入值不为零对应的参数进行更新，输入值为零对应的参数保持不变。

10.4 前馈神经网络

扫码看视频

感知机仅有输入层和输出层，不能处理线性不可分类问题。1965 年 Alexey Grigorevich Ivakhnenko 提出具有多个隐含层的前馈神经网络（Feedforward neural network，FNN），也叫作多层感知机（Multi-Layer Perceptron，MLP）。

10.4.1 前馈神经网络模型

前馈神经网络的输入层和输出层之间有多个隐含层，各神经元分属于不同层。相邻两层神经元采用全连接，即每个神经元与相邻层的所有神经元相连接。每层神经元可以接收前一层神经元信号，并形成新信号，然后输出到下一层。整个神经网络没有反馈，信号从输入层向输出层单向传播。图 10-8 用有向无环图表示了前馈神经网络的局部网络。其中，$f_j^l(\cdot)$ 为第 l 层第 j 个神经元的激活函数，z_j^l 是第 l 层第 j 个神经元激活函数的净输入信号，是来自上一层神经元输出 y_i^{l-1} 的加权累积信号 u_j^l 与偏置 b_j^l 之和（见图 10-9）。

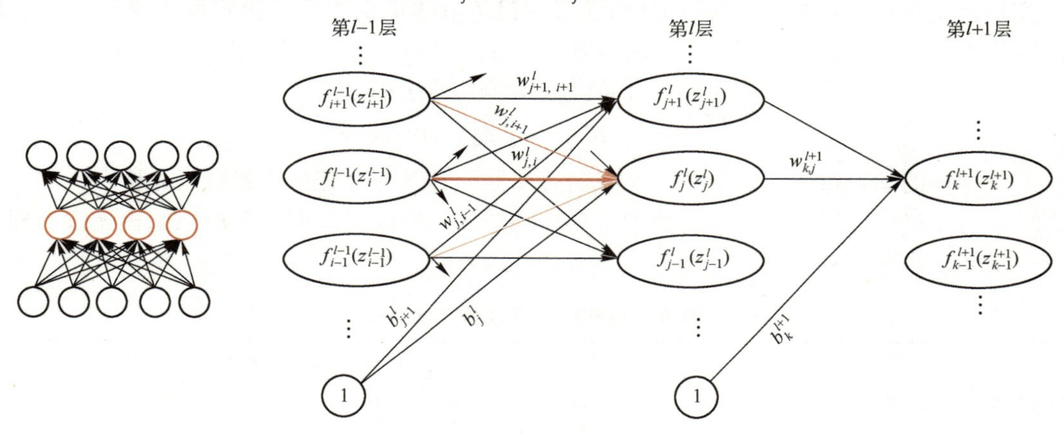

图 10-8 前馈神经网络示意图

1. 单个神经元与前一层神经元的信息传递关系

图 10-9 描绘了前馈神经网络中第 l 层第 j 个神经元的模型，并用**计算图**表示信息前向传递线路（带箭头的虚线）。在计算图中，一个节点表示一个变量。变量可以是标量、向量、矩阵、高维张量（Tensor）或者零一类型变量。

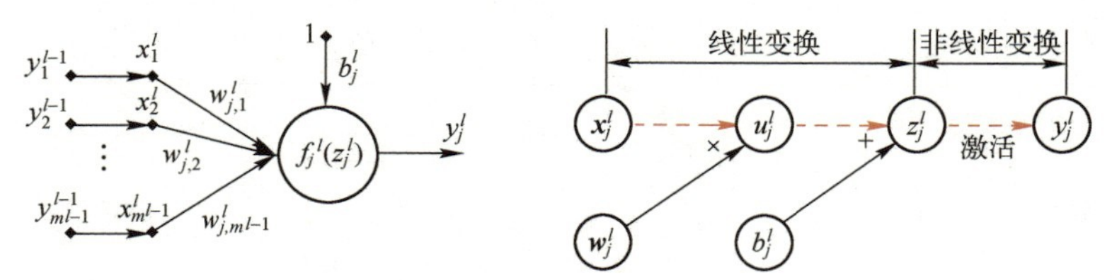

图 10-9 第 l 层中第 j 个神经元的计算图

注：图中×表示向量相乘。

设 y_i^{l-1} 为第 $l-1$ 层第 i 个神经元的输出信号，x_i^l 表示第 l 层第 i 个神经元的输入信号，则 $x_i^l=y_i^{l-1}, i=1,2,\cdots,m^{l-1}$。$m^{l-1}$ 为第 $l-1$ 层神经元数量。于是 z_j^l 与 y_i^{l-1} 的映射关系为

$$z_j^l = u_j^l + b_j^l = \sum_{i=1}^{m^{l-1}} w_{j,i}^l y_i^{l-1} + b_j^l,\quad i = 1,2,\cdots,m^{l-1};\ j = 1,2,\cdots,m^l \tag{10.17}$$

式中，$w_{j,i}^l$表示第 l-1 层第 i 个神经元与第 l 层中第 j 个神经元连接的权重，如图 10-8 中带箭头的粗实线；b_j^l为第 l 层第 j 个神经元的偏置；净输入信号 z_j^l经激活函数形成输出信号 y_j^l，且

$$y_j^l = f_j^l(z_j^l) = f_j^l\left(\sum_{i=1}^{m^{l-1}} w_{j,i}^l x_i^l + b_j^l\right) = f_j^l\left(\sum_{i=1}^{m^{l-1}} w_{j,i}^l y_i^{l-1} + b_j^l\right) \tag{10.18}$$

其向量形式为

$$y_j^l = f_j^l(z_j^l) = f_j^l(\boldsymbol{w}_j^l \boldsymbol{x}^l + b_j^l) = f_j^l(\boldsymbol{w}_j^l \boldsymbol{y}^{l-1} + b_j^l) \tag{10.19}$$

式中，$\boldsymbol{x}^l$为第 l 层第 j 个神经元的输入向量，且

$$(x_1^l, x_2^l, \cdots, x_{m^{l-1}}^l)^{\mathrm{T}} = \boldsymbol{x}^l = \boldsymbol{y}^{l-1} = (y_1^{l-1}, y_2^{l-1}, \cdots, y_{m^{l-1}}^{l-1})^{\mathrm{T}}$$

$\boldsymbol{w}_j^l$为神经元与上一层神经元连接的权重向量，且

$$\boldsymbol{w}_j^l = (w_{j,1}^l, \cdots, w_{j,i}^l, \cdots, w_{j,m^{l-1}}^l)$$

2. 当前层所有神经元与前一层神经元的信息传递

设第 l 层有 m^l个神经元，每个神经元的净输入信号构成向量

$$\boldsymbol{z}^l = (z_1^l, z_2^l, \cdots, z_{m^l}^l)^{\mathrm{T}}$$

于是 $\boldsymbol{y}^{l-1}$到 $\boldsymbol{y}^l$之间的信息传递关系可表示为

$$\boldsymbol{z}^l = \begin{pmatrix} z_1^l \\ z_2^l \\ \vdots \\ z_{m^l}^l \end{pmatrix} = \begin{pmatrix} w_{1,1}^l & w_{1,2}^l & \cdots & w_{1,m^{l-1}}^l \\ w_{2,1}^l & w_{2,2}^l & \cdots & w_{2,m^{l-1}}^l \\ \vdots & \vdots & & \vdots \\ w_{m^l,1}^l & w_{m^l,2}^l & \cdots & w_{m^l,m^{l-1}}^l \end{pmatrix} \begin{pmatrix} y_1^{l-1} \\ y_2^{l-1} \\ \vdots \\ y_{m^{l-1}}^{l-1} \end{pmatrix} + \begin{pmatrix} b_1^l \\ b_2^l \\ \vdots \\ b_{m^l}^l \end{pmatrix} \tag{10.20}$$

$$\boldsymbol{y}^l = f^l(\boldsymbol{z}^l) \tag{10.21}$$

式中，偏置向量 $\boldsymbol{b}^l = (b_1^l, b_2^l, \cdots, b_{m^l}^l)^{\mathrm{T}}$；第 l-1 层到第 l 层的权重矩阵

$$\boldsymbol{W}^l = \begin{pmatrix} w_{1,1}^l & w_{1,2}^l & \cdots & w_{l,m^{l-1}}^l \\ w_{2,1}^l & w_{2,2}^l & \cdots & w_{2,m^{l-1}}^l \\ \vdots & \vdots & & \vdots \\ w_{m^l,1}^l & w_{m^l,2}^l & \cdots & w_{m^l,m^{l-1}}^l \end{pmatrix}$$

则式（10.20）可表示为

$$\boldsymbol{z}^l = \boldsymbol{W}^l \boldsymbol{x}^l + \boldsymbol{b}^l = \boldsymbol{W}^l \boldsymbol{y}^{l-1} + \boldsymbol{b}^l \tag{10.22}$$

显然，输入层（即第 0 层）的输出等于输入，即

$$\boldsymbol{y}^0 = \boldsymbol{x}^0 = (x_1^0, x_2^0, \cdots, x_{m^0}^0)$$

与图 10-8 对应的计算图如图 10-10 所示。

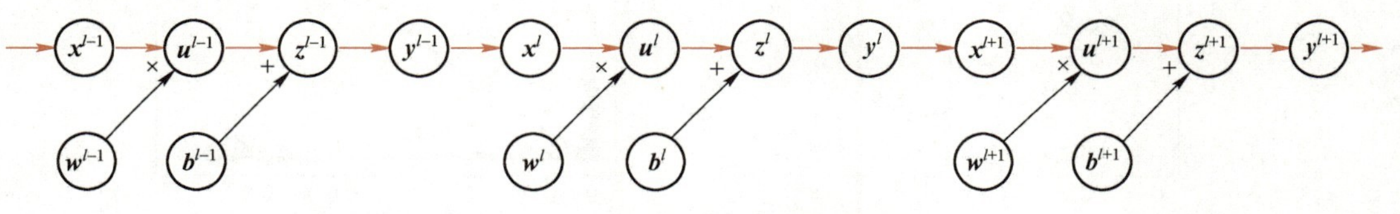

图 10-10　三层前向神经网络的计算图

一般地，假设一个 L 层前向神经网络，则用 $f^0, f^1, \cdots, f^L$ 表示每层激活函数，f^0 为输入层，f^L 为输出层，根据上述分析，可以将这个前馈神经网络连接在一个链上，即

$$\boldsymbol{x}=\boldsymbol{y}^0 \to \boldsymbol{x}^1 \to \boldsymbol{y}^1 \to \boldsymbol{x}^2 \to \cdots \to \boldsymbol{y}^{L-1} \to \boldsymbol{x}^L \to \tilde{\boldsymbol{y}}=\boldsymbol{y}^L=f(\boldsymbol{x};\boldsymbol{W},\boldsymbol{b}) \tag{10.23}$$

式中，$\boldsymbol{W},\boldsymbol{b}$ 表示网络中所有层的连接权重和偏置。链的长度为网络**深度**（Depth），单隐含层的神经元数量决定了网络**宽度**（Width），从而构成一个复合函数

$$\tilde{\boldsymbol{y}}=f(\boldsymbol{x};\boldsymbol{\theta})=f^L(f^{L-1}(\cdots f^1(f^0(\boldsymbol{x});\boldsymbol{\theta}^1);\cdots;\boldsymbol{\theta}^{L-1});\boldsymbol{\theta}^L) \tag{10.24}$$

式中，$\boldsymbol{\theta}$ 为包括 $\boldsymbol{W},\boldsymbol{b}$ 的总称，称为前馈神经网络**模型参数**。

10.4.2 三层前向神经网络实现异或门

前面已分析，没有隐含层的感知机不能实现异或门，但三层前向神经网络可轻松实现异或门。

如图 10-11 所示，三层前向神经网络的隐含层由两个感知机组成，分别用 h_2 和 h_1 表示，输出层仅有一个节点。设感知机 h_2 和 h_1 分别实现与非门和或门。如果用 h_2 和 h_1 的输出值分别表示纵坐标和横坐标。结合真值表 10.1 可知，在输入空间的四个点，经过两个隐含神经元实现坐标变换。在输入空间只能用曲线分类的异或门，在隐含空间则可以用直线进行分类，隐含层实现了将非线性分类问题变换成线性分类问题。下面来看图 10-12 展示的线性不可分问题。显然，采用单根直线已经无法实现分界，所以不能用感知机实现非线性分类。类似于异或门实现（见图 10-11），二维输入数据(x_1, x_2)经两个隐含感知机 h_1 和 h_2 完成一次非线性映射，转换成二维隐藏数据(h_1, h_2)。在隐藏空间坐标系中，尽管输入空间平面被严重扭曲，但是经扭曲之后的空间样本变得线性可分。星号样本被“挤压”分布在隐藏坐标系的左下角，空心圆样本则被“挤压”分布在左上角和右下角（见图 10-12 右图）。此时，输入空间坐标系中弯曲的分界线，在隐藏空间坐标系中变成近似直线。

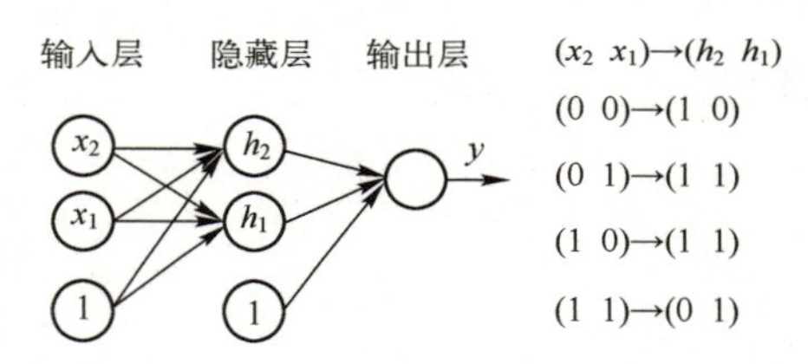

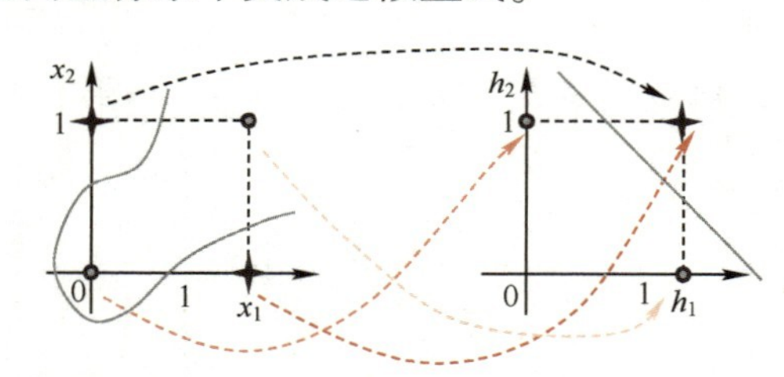

图 10-11　三层感知机实现异或门

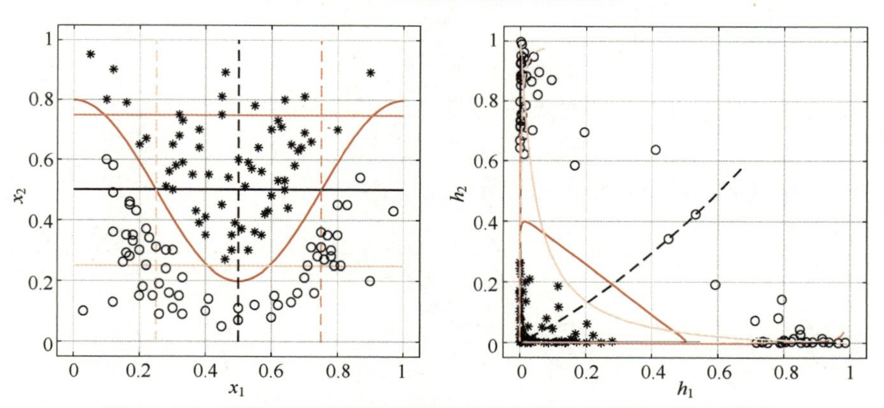

图 10-12　线性不可分样本经隐反射变换转换为线性可分示意图

10.4.3　反向传播算法

反向传播算法（Back Propagation，BP）是由 Rumelhart 和 McClelland 为首的科学家于 1986 年提出的概念，其目的是利用误差逆向传播训练神经网络，获得模型参数 $\boldsymbol{W}$ 和 $\boldsymbol{b}$。

在前馈神经网络中，输入信息 $\boldsymbol{x}_n$ 经输入层传播到每一层神经元，在输出层形成预测输出 $\tilde{y}_n$，称此过程为前向传播（Forward Propagation，FP）。

在训练过程中，每个或每批训练样本的预测标签 $\tilde{y}_n$ 与真实标签 y_n 之差形成代价函数 $\mathcal{L}(y_n,\tilde{y}_n|\boldsymbol{W},\boldsymbol{b})$，简写为 $\mathcal{L}$。对于多类问题，每个样本的标签通常表示成向量 $\boldsymbol{y}_n$ 和 $\tilde{\boldsymbol{y}}_n$。

举例说明：一个 5 类别分类器，如果样本属于第 3 类。

1）对 sigmoid 激活函数。真实标签向量为 $\boldsymbol{y}_3=(0,0,1,0,0)^{\mathrm{T}}$，预测标签向量可能为 $\tilde{\boldsymbol{y}}_3=(0.01,0.02,0.8,0.1,0.07)^{\mathrm{T}}$。

2）对 tanh 激活函数。真实标签向量 $\boldsymbol{y}_3=(-1,-1,1,-1,-1)^{\mathrm{T}}$，预测标签向量可能为 $\tilde{\boldsymbol{y}}_3=(0.01,-0.3,0.8,0.1,-0.7)^{\mathrm{T}}$。

我们将代价函数对预测值的导数称为系统输出**残差**，即 $\boldsymbol{\delta}^o=\partial\mathcal{L}/\partial\tilde{\boldsymbol{y}}$。

将残差沿着前向传播途径反向传播到每层，最后传至输入层的过程称为**反向传播**。图 10-13 中细实线箭头表示信息前向传播路径，而粗实线箭头表示损失信息反向传播路径。

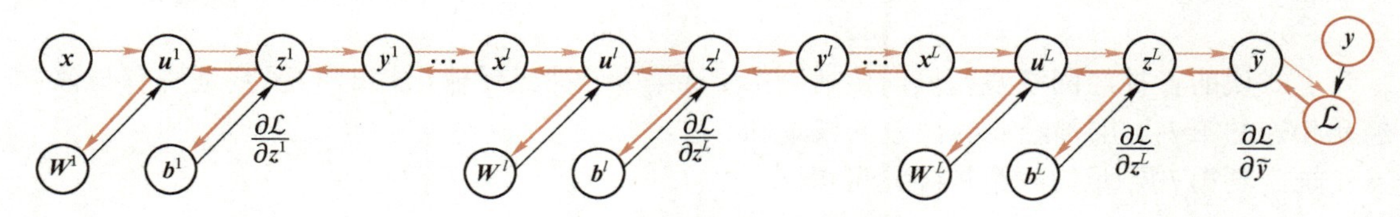

图 10-13　前向神经网络的计算图

BP 算法的基础是梯度下降法。为更新参数 $\boldsymbol{W}$ 和 $\boldsymbol{b}$，需要为每层计算代价函数关于参数的梯度。根据复合函数求导和反向传播链路，我们可以推得两个导数公式：

$$\frac{\partial\mathcal{L}}{\partial\boldsymbol{W}^l}=\frac{\partial\boldsymbol{z}^l}{\partial\boldsymbol{W}^l}\frac{\partial\mathcal{L}}{\partial\boldsymbol{z}^l}\tag{10.25}$$

$$\frac{\partial\mathcal{L}}{\partial\boldsymbol{b}^l}=\frac{\partial\boldsymbol{z}^l}{\partial\boldsymbol{b}^l}\frac{\partial\mathcal{L}}{\partial\boldsymbol{z}^l}\tag{10.26}$$

显然，欲计算梯度 $\dfrac{\partial\mathcal{L}}{\partial\boldsymbol{W}^l}$ 和 $\dfrac{\partial\mathcal{L}}{\partial\boldsymbol{b}^l}$，需先求 $\dfrac{\partial\mathcal{L}}{\partial\boldsymbol{z}^l}$。

把偏导数 $\partial\mathcal{L}/\partial\boldsymbol{z}^l$ 称为第 l 层的**误差**，用列向量 $\boldsymbol{\delta}^l\in\mathbf{R}^{m^l\times1}$ 表示为

$$\boldsymbol{\delta}^l=\frac{\partial\mathcal{L}}{\partial\boldsymbol{z}^l}=\left(\frac{\partial\mathcal{L}}{\partial z_1^l},\cdots,\frac{\partial\mathcal{L}}{\partial z_i^l},\cdots,\frac{\partial\mathcal{L}}{\partial z_{m^l}^l}\right)^{\mathrm{T}}$$

误差值 $\mathcal{L}/\partial z_i^l$ 反映了损失函数对第 l 层神经元的敏感程度。

图 10-14 描绘了残差从第 $l+1$ 层的所有神经元向第 l 层第 i 个神经元的传递途径。

因为 $z_j^{l+1}=w_{j,1}^{l+1}y_1^l+\cdots+w_{j,i}^{l+1}y_i^l+\cdots+w_{j,m^l}^{l+1}y_{m^l}^l+b_j^{l+1}$，所以 $\partial z_j^{l+1}/\partial y_i^l=w_{j,i}^{l+1}$。

根据复合函数求导理论，可得

$$\frac{\partial\mathcal{L}}{\partial y_i^l}=\frac{\partial\mathcal{L}}{\partial z_1^{l+1}}\frac{\partial z_1^{l+1}}{\partial y_i^l}+\cdots+\frac{\partial\mathcal{L}}{\partial z_j^{l+1}}\frac{\partial z_j^{l+1}}{\partial y_i^l}+\cdots+\frac{\partial\mathcal{L}}{\partial z_{m^{l+1}}^{l+1}}\frac{\partial z_{m^{l+1}}^{l+1}}{\partial y_i^l}$$

$$=\frac{\partial \mathcal{L}}{\partial z_1^{l+1}}w_{1,i}^{l+1}+\cdots+\frac{\partial \mathcal{L}}{\partial z_j^{l+1}}w_{j,i}^{l+1}+\cdots+\frac{\partial \mathcal{L}}{\partial z_{m^{l+1}}^{l+1}}w_{m^{l+1},i}^{l+1}=\frac{\partial \boldsymbol{z}^{l+1}}{\partial y_i^l}\ \frac{\partial \mathcal{L}}{\partial \boldsymbol{z}^{l+1}}$$

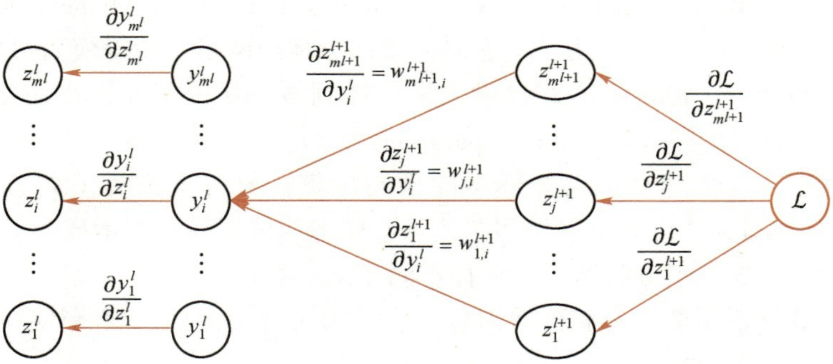

图 10-14　残差从第 l+1 层向第 l 层反向传播途径

式中，

$$\frac{\partial \boldsymbol{z}^{l+1}}{\partial y_i^l}=(w_{1,i}^{l+1},\cdots,w_{j,i}^{l+1},\cdots,w_{m^{l+1},i}^{l+1})$$

$$\frac{\partial \mathcal{L}}{\partial \boldsymbol{z}^{l+1}}=\left(\frac{\partial \mathcal{L}}{\partial z_1^{l+1}},\cdots,\frac{\partial \mathcal{L}}{\partial z_j^{l+1}},\cdots,\frac{\partial \mathcal{L}}{\partial z_{m^{l+1}}^{l+1}}\right)^{\mathrm{T}}=\boldsymbol{\delta}^{l+1}$$

上式说明：神经网络残差反向传播到第 l 层第 i 个神经元输出端时的误差是所有与该神经元相连的第 l+1 层神经元的误差的权重和。

推广到第 l 层所有 m^l 个神经元可得

$$\frac{\partial \boldsymbol{z}^{l+1}}{\partial \boldsymbol{y}^l}=\begin{pmatrix}\frac{\partial \boldsymbol{z}^{l+1}}{\partial y_1^l}\\ \vdots\\ \frac{\partial \boldsymbol{z}^{l+1}}{\partial y_i^l}\\ \vdots\\ \frac{\partial \boldsymbol{z}^{l+1}}{\partial y_{m^l}^l}\end{pmatrix}=\begin{pmatrix}\frac{\partial z_1^{l+1}}{\partial y_1^l} & \cdots & \frac{\partial z_j^{l+1}}{\partial y_1^l} & \cdots & \frac{\partial z_{m^{l+1}}^{l+1}}{\partial y_1^l}\\ \vdots & & \vdots & & \vdots\\ \frac{\partial z_1^{l+1}}{\partial y_i^l} & \cdots & \frac{\partial z_j^{l+1}}{\partial y_i^l} & \cdots & \frac{\partial z_{m^{l+1}}^{l+1}}{\partial y_i^l}\\ \vdots & & \vdots & & \vdots\\ \frac{\partial z_1^{l+1}}{\partial y_{m^l}^l} & \cdots & \frac{\partial z_j^{l+1}}{\partial y_{m^l}^l} & \cdots & \frac{\partial z_{m^{l+1}}^{l+1}}{\partial y_{m^l}^l}\end{pmatrix}=\begin{pmatrix}w_{1,1}^{l+1} & \cdots & w_{j,1}^{l+1} & \cdots & w_{m^{l+1},1}^{l+1}\\ & & \vdots & & \\ w_{1,i}^{l+1} & \cdots & w_{j,i}^{l+1} & \cdots & w_{m^{l+1},i}^{l+1}\\ & & \vdots & & \\ w_{1,m^l}^{l+1} & \cdots & w_{j,m^l}^{l+1} & \cdots & w_{m^{l+1},m^l}^{l+1}\end{pmatrix}=(\boldsymbol{W}^{l+1})^{\mathrm{T}}$$

$$\frac{\partial \mathcal{L}}{\partial \boldsymbol{y}^l}=\begin{pmatrix}\frac{\partial \mathcal{L}}{\partial y_1^l}\\ \vdots\\ \frac{\partial \mathcal{L}}{\partial y_i^l}\\ \vdots\\ \frac{\partial \mathcal{L}}{\partial y_{m^l}^l}\end{pmatrix}=\begin{pmatrix}\frac{\partial z_1^{l+1}}{\partial y_1^l}\frac{\partial \mathcal{L}}{\partial z_1^{l+1}}+\cdots+\frac{\partial z_j^{l+1}}{\partial y_1^l}\frac{\partial \mathcal{L}}{\partial z_j^{l+1}}+\cdots+\frac{\partial z_{m^{l+1}}^{l+1}}{\partial y_1^l}\frac{\partial \mathcal{L}}{\partial z_{m^{l+1}}^{l+1}}\\ \vdots\\ \frac{\partial z_1^{l+1}}{\partial y_i^l}\frac{\partial \mathcal{L}}{\partial z_1^{l+1}}+\cdots+\frac{\partial z_j^{l+1}}{\partial y_i^l}\frac{\partial \mathcal{L}}{\partial z_j^{l+1}}+\cdots+\frac{\partial z_{m^{l+1}}^{l+1}}{\partial y_i^l}\frac{\partial \mathcal{L}}{\partial z_{m^{l+1}}^{l+1}}\\ \vdots\\ \frac{\partial z_1^{l+1}}{y_{m^l}^l}\frac{\partial \mathcal{L}}{\partial z_1^{l+1}}+\cdots+\frac{\partial z_j^{l+1}}{y_{m^l}^l}\frac{\partial \mathcal{L}}{\partial z_j^{l+1}}+\cdots+\frac{\partial z_{m^{l+1}}^{l+1}}{\partial y_{m^l}^l}\frac{\partial \mathcal{L}}{\partial z_{m^{l+1}}^{l+1}}\end{pmatrix}$$

$$
=\begin{pmatrix} w_{1,1}^{l+1} & \cdots & w_{j,1}^{l+1} & \cdots & w_{m^{l+1},1}^{l+1} \\ \vdots & & \vdots & & \vdots \\ w_{1,i}^{l+1} & \cdots & w_{j,i}^{l+1} & \cdots & w_{m^{l+1},i}^{l+1} \\ \vdots & & \vdots & & \vdots \\ w_{1,m^l}^{l+1} & \cdots & w_{j,m^l}^{l+1} & \cdots & w_{m^{l+1},m^l}^{l+1} \end{pmatrix} \begin{pmatrix} \dfrac{\partial \mathcal{L}}{\partial z_1^{l+1}} \\ \vdots \\ \dfrac{\partial \mathcal{L}}{\partial z_j^{l+1}} \\ \vdots \\ \dfrac{\partial \mathcal{L}}{\partial z_{m^{l+1}}^{l+1}} \end{pmatrix} = (\boldsymbol{W}^{l+1})^{\mathrm{T}} \boldsymbol{\delta}^{l+1}
$$

又因为第 l 层的 m^l 个神经元的激活函数导数向量为

$$
\frac{\partial \boldsymbol{y}^l}{\partial \boldsymbol{z}^l} = \left(\frac{\partial f_1^l}{\partial z_1^l}, \cdots, \frac{\partial f_i^l}{\partial z_i^l}, \cdots, \frac{\partial f_{m^l}^l}{\partial z_{m^l}^l} \right)^{\mathrm{T}}
$$

所以，可以得到误差反向传递的递推关系

$$
\boldsymbol{\delta}^l = \frac{\partial \mathcal{L}}{\partial \boldsymbol{z}^l} = \left(\frac{\partial \boldsymbol{z}^{l+1}}{\partial \boldsymbol{y}^l} \frac{\partial \mathcal{L}}{\partial \boldsymbol{z}^{l+1}} \right) \odot \frac{\partial \boldsymbol{y}^l}{\partial \boldsymbol{z}^l} = ((\boldsymbol{W}^{l+1})^{\mathrm{T}} \boldsymbol{\delta}^{l+1}) \odot \frac{\partial \boldsymbol{y}^l}{\partial \boldsymbol{z}^l} \tag{10.27}
$$

式中，“$\odot$”表示按元素乘积，又称为 Hadamard 乘积或 Schur 乘积。

式（10.27）表明：第 l 层第 i 个神经元的误差是第 $l+1$ 层的所有与该神经元相连的神经元的误差的权重和，再乘以该神经元激活函数的梯度。

接下来可以推导$\partial\mathcal{L}/\partial\boldsymbol{W}^l$和$\partial\mathcal{L}/\partial\boldsymbol{b}^l$，过程从略。

$$
\frac{\partial \boldsymbol{z}^l}{\partial \boldsymbol{W}^l} = \begin{pmatrix} \dfrac{\partial z_1^l}{\partial w_{1,1}^l} & \dfrac{\partial z_1^l}{\partial w_{1,2}^l} & \cdots & \dfrac{\partial z_1^l}{\partial w_{1,m^{l-1}}^l} \\ \dfrac{\partial z_2^l}{\partial w_{2,1}^l} & \dfrac{\partial z_2^l}{\partial w_{2,2}^l} & \cdots & \dfrac{\partial z_2^l}{\partial w_{2,m^{l-1}}^l} \\ \vdots & \vdots & & \vdots \\ \dfrac{\partial z_{m^l}^l}{\partial w_{m^l,1}^l} & \dfrac{\partial z_{m^l}^l}{\partial w_{m^l,2}^l} & \cdots & \dfrac{\partial z_{m^l}^l}{\partial w_{m^l,m^{l-1}}^l} \end{pmatrix} = \begin{pmatrix} y_1^{l-1} & y_2^{l-1} & \cdots & y_{m^{l-1}}^{l-1} \\ y_1^{l-1} & y_2^{l-1} & \cdots & y_{m^{l-1}}^{l-1} \\ \vdots & \vdots & & \vdots \\ y_1^{l-1} & y_2^{l-1} & \cdots & y_{m^{l-1}}^{l-1} \end{pmatrix}_{m^l \times m^{l-1}}
$$

从而，有

$$
\frac{\partial \mathcal{L}}{\partial \boldsymbol{W}^l} = \begin{pmatrix} \dfrac{\partial \mathcal{L}}{\partial z_1^l} \dfrac{\partial z_1^l}{\partial w_{1,1}^l} & \dfrac{\partial \mathcal{L}}{\partial z_1^l} \dfrac{\partial z_1^l}{\partial w_{1,2}^l} & \cdots & \dfrac{\partial \mathcal{L}}{\partial z_1^l} \dfrac{\partial z_1^l}{\partial w_{1,m^{l-1}}^l} \\ \dfrac{\partial \mathcal{L}}{\partial z_2^l} \dfrac{\partial z_2^l}{\partial w_{2,1}^l} & \dfrac{\partial \mathcal{L}}{\partial z_2^l} \dfrac{\partial z_2^l}{\partial w_{2,2}^l} & \cdots & \dfrac{\partial \mathcal{L}}{\partial z_2^l} \dfrac{\partial z_2^l}{\partial w_{2,m^{l-1}}^l} \\ \vdots & \vdots & & \vdots \\ \dfrac{\partial \mathcal{L}}{\partial z_{m^l}^l} \dfrac{\partial z_{m^l}^l}{\partial w_{m^l,1}^l} & \dfrac{\partial \mathcal{L}}{\partial z_{m^l}^l} \dfrac{\partial z_{m^l}^l}{\partial w_{m^l,2}^l} & \cdots & \dfrac{\partial \mathcal{L}}{\partial z_{m^l}^l} \dfrac{\partial z_{m^l}^l}{\partial w_{m^l,m^{l-1}}^l} \end{pmatrix} = \begin{pmatrix} \dfrac{\partial \mathcal{L}}{\partial z_1^l} y_1^{l-1} & \dfrac{\partial \mathcal{L}}{\partial z_1^l} y_2^{l-1} & \cdots & \dfrac{\partial \mathcal{L}}{\partial z_1^l} y_{m^{l-1}}^{l-1} \\ \dfrac{\partial \mathcal{L}}{\partial z_2^l} y_1^{l-1} & \dfrac{\partial \mathcal{L}}{\partial z_2^l} y_2^{l-1} & \cdots & \dfrac{\partial \mathcal{L}}{\partial z_2^l} y_{m^{l-1}}^{l-1} \\ \vdots & \vdots & & \vdots \\ \dfrac{\partial \mathcal{L}}{\partial z_{m^l}^l} y_1^{l-1} & \dfrac{\partial \mathcal{L}}{\partial z_{m^l}^l} y_2^{l-1} & \cdots & \dfrac{\partial \mathcal{L}}{\partial z_{m^l}^l} y_{m^{l-1}}^{l-1} \end{pmatrix}
$$

$$
\frac{\partial \mathcal{L}}{\partial \boldsymbol{W}^l} = \left(\frac{\partial \mathcal{L}}{\partial z_1^l}, \frac{\partial \mathcal{L}}{\partial z_2^l}, \cdots, \frac{\partial \mathcal{L}}{\partial z_{m^l}^l} \right)^{\mathrm{T}} (y_1^{l-1}, y_2^{l-1}, \cdots, y_{m^{l-1}}^{l-1})
$$

所以，

$$\frac{\partial \mathcal{L}(y_n,\widetilde{y}_n)}{\partial \boldsymbol{W}^l}=\boldsymbol{\delta}^l(y_1^{l-1},y_2^{l-1},\cdots,y_{m^{l-1}}^{l-1}) \tag{10.28}$$

最后，由于$\partial z_i^l/b_i^l=1,i=1,2,\cdots,m^l$，所以，

$$\frac{\partial \mathcal{L}(y_n,\widetilde{y}_n)}{\partial \boldsymbol{b}^l}=\frac{\partial \mathcal{L}(y_n,\widetilde{y}_n)}{\partial \boldsymbol{z}^l}\frac{\partial \boldsymbol{z}^l}{\partial \boldsymbol{b}^l}=\boldsymbol{\delta}^l \tag{10.29}$$

至此，将式（10.27）~式（10.29）结合梯度下降法可以训练神经网络参数。

10.5 卷积神经网络

扫码看视频

卷积神经网络（CNN）是一种具有局部连接、权重共享等特性的前馈神经网络。

10.5.1 互相关和卷积

用$f(n,m)$和$h(n,m)$分别表示图像和滤波器核，则互相关和卷积分别定义为

$$x(n,m)=f(n,m)\circ h(n,m)=\sum_{k=-a}^{a}\sum_{l=-b}^{b}f(k,l)h(n+k,m+l) \tag{10.30}$$

$$y(n,m)=f(n,m)\otimes h(n,m)=\sum_{k=-a}^{a}\sum_{l=-b}^{b}f(k,l)h(n-k,m-l) \tag{10.31}$$

式中，(n,m)表示图像中像素的空间位置。如果将$f(n,m)$视为激励，则可将滤波器核$h(n,m)$理解为系统函数。式（10.31）右边减号“-”表示滤波器模板旋转180°。

卷积与互相关有相似操作，即滤波器模板中心遍历图像所有像素(n,m)，并计算每个像素位置与滤波器模板中心重合时被模板覆盖的图像块与模板（或旋转模板）进行点乘求和处理。当模板扫描至图像边界时，需要在图像外侧相应位置进行填充，通常进行零填充。

卷积与互相关不同之处在于：卷积需要将滤波器模板旋转180°，而互相关操作则不需要。显然，当滤波器核是关于核中心点对称时，如高斯函数，互相关和卷积的结果完全一致。

此外，卷积满足交换律而互相关不满足交换律，则有

$$h(n,m)\otimes f(n,m)=f(n,m)\otimes h(n,m) \tag{10.32}$$

为此，既可以让图像旋转180°，也可令滤波器模板旋转180°。实际应用中，通常对尺寸小的滤波器模板进行旋转。在机器视觉应用中，卷积输出$y(n,m)$称为特征映射（Feature map），$h(n,m)$也称为核函数（Kernel function）或卷积核，也常表示为$K\times K$加权矩阵$\boldsymbol{W}$，其中K通常为奇数。于是

$$\boldsymbol{W}=\begin{pmatrix} w_{0,0} & w_{0,1} & \cdots & w_{0,K-1} \\ w_{1,0} & w_{1,1} & \cdots & w_{1,K-1} \\ \vdots & \vdots & & \vdots \\ w_{K-1,0} & w_{K-1,1} & \cdots & w_{K-1,K-1} \end{pmatrix} \tag{10.33}$$

用$\boldsymbol{Z}$表示被卷积核覆盖的图像区域，则该图像区域可简单表示为

$$\boldsymbol{Z}=\begin{pmatrix} z_{0,0} & z_{0,1} & \cdots & z_{0,K-1} \\ z_{1,0} & z_{1,1} & \cdots & z_{1,K-1} \\ \vdots & \vdots & & \vdots \\ z_{K-1,0} & z_{K-1,1} & \cdots & z_{K-1,K-1} \end{pmatrix} \tag{10.34}$$

互相关操作**点乘和**表示为

$$\begin{aligned} S_x = & z_{0,0}w_{0,0}+z_{0,1}w_{0,1}+\cdots+z_{0,K-1}w_{0,K-1}+ \\ & z_{1,0}w_{1,0}+z_{1,1}w_{1,1}+\cdots+z_{1,K-1}w_{1,K-1}+ \\ & \vdots \\ & z_{K-1,0}w_{K-1,0}+z_{K-1,1}w_{K-1,1}+\cdots+z_{K-1,K-1}w_{K-1,K-1} \end{aligned}$$

将加权矩阵 $\boldsymbol{W}$ 旋转 180°后得

$$\widetilde{\boldsymbol{W}}=\begin{pmatrix} w_{K-1,K-1} & w_{K-1,K-2} & \cdots & w_{K-1,0} \\ w_{K-2,K-1} & w_{K-2,K-2} & \cdots & w_{K-2,0} \\ \vdots & \vdots & & \vdots \\ w_{0,K-1} & w_{0,K-2} & \cdots & w_{0,0} \end{pmatrix} \tag{10.35}$$

根据定义，**卷积**操作**点乘和**表示为

$$\begin{aligned} S_y = & z_{0,0}w_{K-1,K-1}+z_{0,1}w_{K-1,K-2}+\cdots+z_{0,K-1}w_{K-1,0}+ \\ & z_{1,0}w_{K-2,K-1}+z_{1,1}w_{K-2,K-2}+\cdots+z_{1,K-1}w_{K-2,0}+ \\ & \vdots \\ & z_{K-1,0}w_{0,K-1}+z_{K-1,1}w_{0,K-2}+\cdots+z_{K-1,K-1}w_{0,0} \end{aligned}$$

图 10-15 给出了互相关和卷积操作的一个示例，加权矩阵为

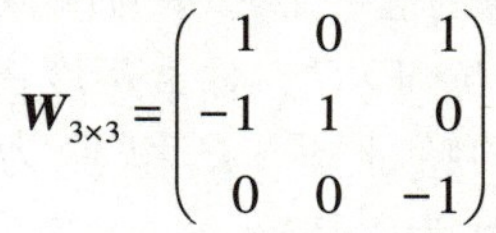

$$\boldsymbol{W}_{3\times3}=\begin{pmatrix} 1 & 0 & 1 \\ -1 & 1 & 0 \\ 0 & 0 & -1 \end{pmatrix}$$

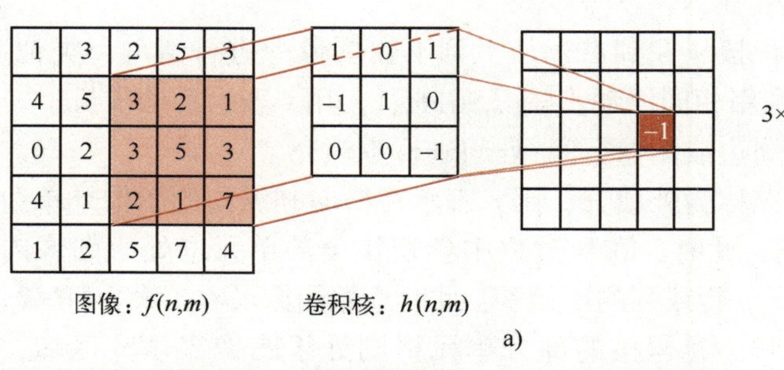

a)

3×(−1)+3×0+2×1+2×0+5×1+
1×0+1×0+3×(−1)+7×1=8

b)

图 10-15　互相关与卷积操作示意图

10.5.2　卷积神经网络架构

卷积神经网络的基本结构由卷积层、激活层和池化层构成，如图 10-16 所示。

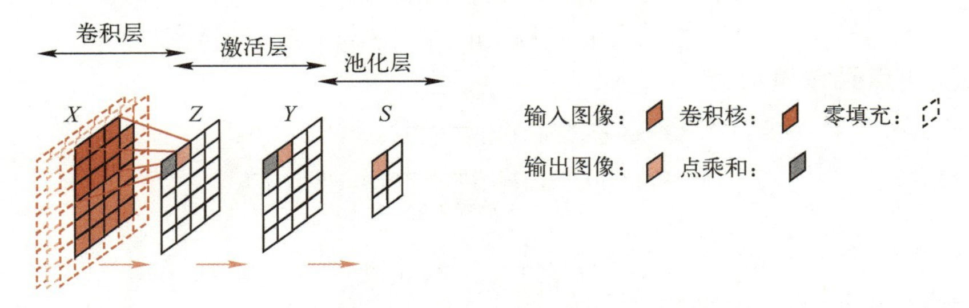

图 10-16　卷积神经网络基本结构（见插页）

每个小格代表一个神经元，或特征图中的一个像素。

X 代表卷积的输入特征图，可以是单张图 $X\in\mathbf{R}^{H\times W}$，也可是多张图 $X\in\mathbf{R}^{H\times W\times C}$，$H\times W\times C$ 为高×宽×通道数，图中 $C=3$。

Z 代表卷积输出图。Y 是 Z 激活后的图像，它们之间的元素一一对应。

1. 卷积层

这一层的基本操作是**卷积**。在神经网络中，把卷积核在输入特征图上覆盖区域称为**感受野**（Receptive Field），如图 10-16 中深蓝色区域所示。感受野所到之处进行的**点乘和**完成了线性变换。图像卷积层中线性变换用矩阵表示为

$$Z=X\otimes W+b \tag{10.36}$$

式中，X 表示卷积层输入特征图；W 为卷积核；b 为偏置，每个卷积对应一个偏置。

设图像的“高×宽×通道数”为 $H\times W\times C$。对于灰度图或单通道图像，$C=1$；如果是 RGB 彩色图，$C=3$；如果在卷积过程中的特征图，H 和 W 为特征图的高和宽，C 则为特征图的数量，也称为**通道数**。卷积核 W 尺寸为 $k\times k\times c$。

在卷积操作过程中，卷积核从左到右、从上到下在图像中进行滑动，类似 CRT 显示器的“**扫描**”。沿纵向和横向采用相同**滑动步幅**（Strides），用 s 表示滑动步长。

此外，有时需要在图像周边或图像行间/列间进行零填充。

把在图像周边进行零填充称为**外填充**，用 p 表示在横向和纵向的图像外单边填充零的数量。当 $p=0$ 时，没有外填充，此时，卷积过程中卷积核全部单元格处于图像内部。当 $p>0$ 时，在输入图像的四周填充了 p 行或列的零元素，此时原始图像尺寸扩大为 $(H+2p)\times(W+2p)$。卷积核中心在原始图像边界时，卷积核的部分单元格则处于图像零填充区域，如图 10-16 所示。

把图像内部相邻行/列间填充零称为**内填充**，用 q 表示相邻两行/列间填充零的数量。图像尺寸扩展为 $(H+q(H-1)+2p)\times(W+q(W-1)+2p)$。

为此，卷积操作前后图像的尺寸关系为

$$\begin{cases} H_{\text{out}}=\left\lfloor \dfrac{H_{\text{in}}+q(H_{\text{in}}-1)-k+2p}{s} \right\rfloor+1 \\ W_{\text{out}}=\left\lfloor \dfrac{W_{\text{in}}+q(W_{\text{in}}-1)-k+2p}{s} \right\rfloor+1 \end{cases} \tag{10.37}$$

式中，$\lfloor x \rfloor$表示取不大于 x 的最大自然数。当 $p=(k-1)/2$ 时，又称为半填充，此时如果 $s=1$，$q=0$，则卷积前后图像具有相同尺寸。当 $s>1$ 时，输出图像尺寸小于输入图像尺寸，形成下采样效果。图 10-16 中输入图像尺寸为 5×4×1，卷积核尺寸为 3×3×1，滑动步长 $s=1$，外填充 $p=1$，无内填充。根据卷积前后图像尺寸转换公式，得

$$\begin{cases} H_{\text{out}} = \left\lfloor \dfrac{5+0\times(5-1)-3+2\times 1}{1} \right\rfloor + 1 = 5 \\ W_{\text{out}} = \left\lfloor \dfrac{4+0\times(4-1)-3+2\times 1}{1} \right\rfloor + 1 = 4 \end{cases}$$

卷积后输出特征图尺寸为 5×4×1。

综上分析，用 $\text{Conv}\{n,k,c,s,p,q\}$ 表示卷积，其中，k 和 c 联合表示卷积核尺寸为 $k\times k\times c$，n 表示卷积核的数量。

2. 激活层

卷积输出特征图 Z 中各元素经过激活函数获得 Y，且

$$Y=f(Z)=f(X\otimes W+b) \tag{10.38}$$

式中，Y 与 Z 的尺寸完全相同，称为**特征图**。理论上，可以用这些特征图训练分类器。然而，由于特征图尺寸较大，导致训练分类器的特征向量维度过高。在实际中通常还会对特征图进行降维处理。在人工神经网络中，则对特征图进行下采样处理。

3. 池化层

在池化层主要完成特征图的不重叠下采样。首先，将特征图 Y 划分为若干矩形区域，如图 10-17 中 2×2 的矩形区域，采用扫描步幅为 2 实现无重叠滑动。然后，将每个区域映射成一个输出值。池化函数是参数确定的非线性运算，不需要参数学习。

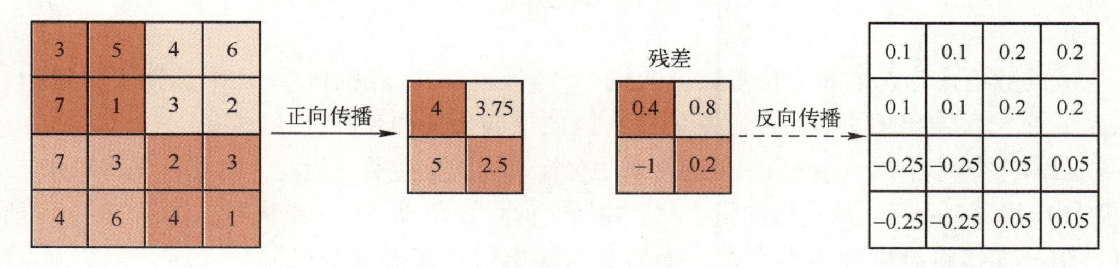

图 10-17 平均池化

池化函数主要有**平均池化**、**最大池化**、**随机池化**和**全局平均池化**。

(1) 平均池化

正向传播过程中计算矩形区域的平均值作为输出。在反向传播过程中，将平均值填入相应区域的所有位置。平均池化能很好地保留背景，但容易使得图片变模糊。

(2) 最大池化

正向传播过程中选取矩形区域内最大值作为输出值，并记住最大值的索引位置，以方便反向传播使用。如图 10-18 所示，反向传播过程中，最大池化则是将特征值填充到原最大值位置，其他位置补 0。最大池化能较好地保留纹理信息。

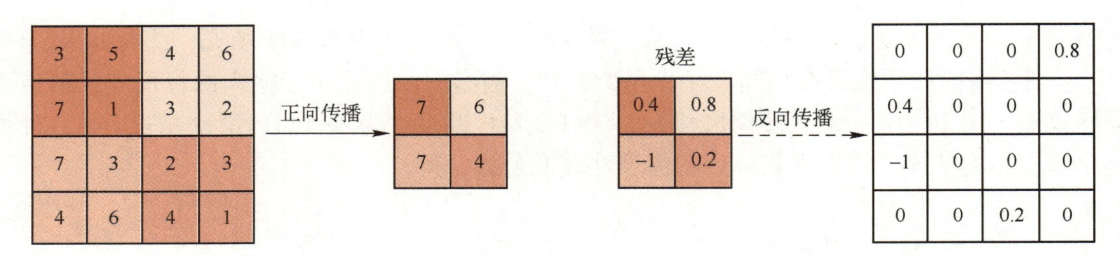

图 10-18　最大池化

（3）随机池化

按照概率值随机选择矩形区域中的元素，元素值较大的被选中的概率大，当然元素值较小的也可能被选取。如图 10-19 所示，将区域内的数值进行归一化处理，得

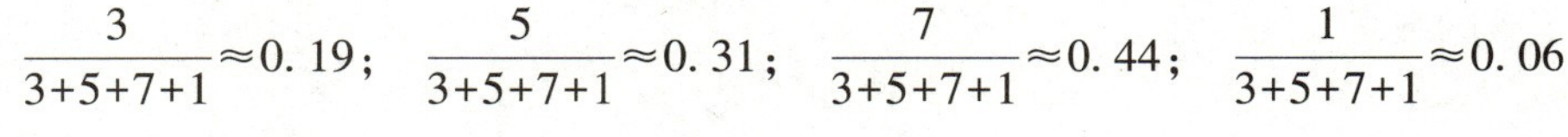

$$\frac{3}{3+5+7+1}\approx0.19;\quad\frac{5}{3+5+7+1}\approx0.31;\quad\frac{7}{3+5+7+1}\approx0.44;\quad\frac{1}{3+5+7+1}\approx0.06$$

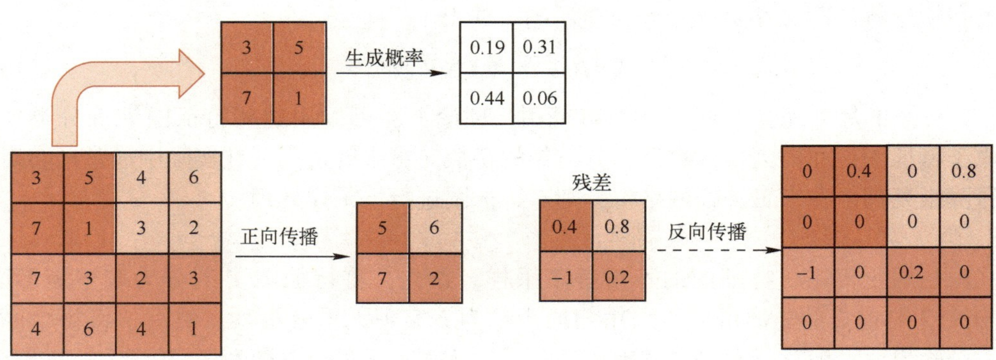

图 10-19　随机池化

生成的数值作为选取相应位置数值的概率。假设在该区域依概率 0.31 选择了位置(1,2)，则该区域池化后输出值为 5。并记录位置，以便反向传播时使用。

在图像分类网络中，在最后一层通常采用全连接构成分类器。为此，需要首先将每张二维特征映射图压扁（Flatten）成一维向量，然后将所有向量级联成一个一维向量，如图 10-20a 所示。然后，用全连接将维度降为类别数。最后送入输出层计算类别的得分。

（4）全局平均池化

直接把整幅特征映射图进行平均池化，然后输入 Softmax 层中计算类别分值，如图 10-20b 所示。在反向传播求导时，参数更新和平均池化类似。全局平均池化大幅度减少了网络参数，减少了过拟合现象。此类网络的最高层特征映射图与类别输出节点一一对应，赋予输出特征图类别含义，避免全连接暗箱操作。

10.5.3　卷积神经网络残差反向传播

根据反向传播理论，绘制卷积神经网络基本结构的计算图，如图 10-21 所示。

将卷积网络的二维特征图表示成矩阵，如

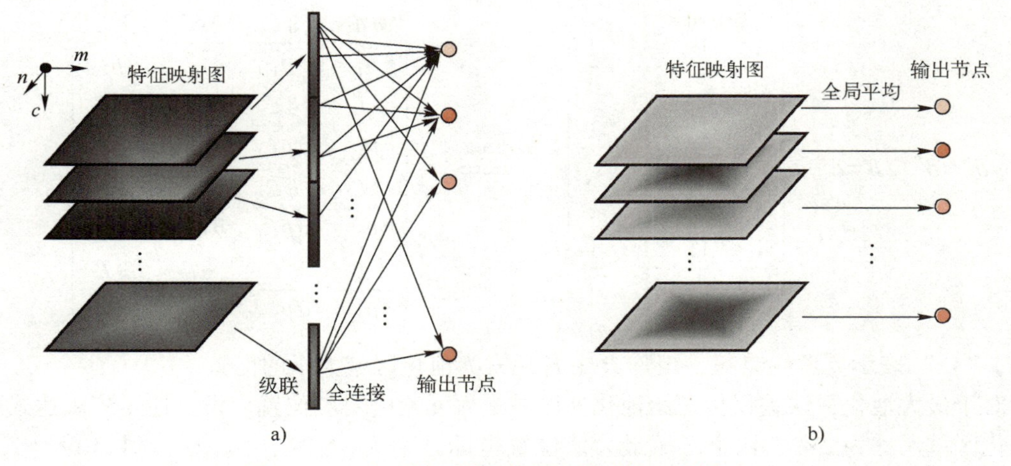

图 10-20　全连接网络和全局平均池化（见插页）

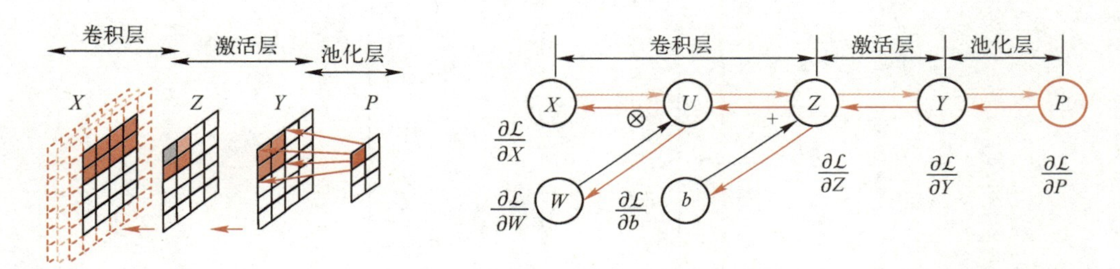

图 10-21　卷积神经网络基本结构

$$
\boldsymbol{P}=\begin{pmatrix} p_{1,1} & p_{1,2} & \cdots & p_{1,w} \\ p_{2,1} & p_{2,2} & \cdots & p_{2,w} \\ \vdots & \vdots & & \vdots \\ p_{h,1} & p_{h,2} & \cdots & p_{h,w} \end{pmatrix},\quad \boldsymbol{Y}=\begin{pmatrix} y_{1,1} & y_{1,2} & \cdots & y_{1,sw} \\ Y_{2,1} & y_{2,2} & \cdots & y_{2,sw} \\ \vdots & \vdots & & \vdots \\ y_{sh,1} & y_{sh,2} & \cdots & y_{sh,sw} \end{pmatrix}
$$

上述矩阵中，s 表示池化层伸缩因子，为大于 1 的整数。$P\in\mathbf{R}^{h\times w}$ 和 $\boldsymbol{Y}\in\mathbf{R}^{sh\times sw}$。

假设已知池化层的二维残差图$\partial\mathcal{L}/\partial\boldsymbol{P}$，显然在池化层的反向传播本质是从$\partial\mathcal{L}/\partial\boldsymbol{P}$ 上采样成$\partial\mathcal{L}/\partial\boldsymbol{Y}$，相应残差矩阵为

$$
\boldsymbol{\delta}^{P}=\frac{\partial\mathcal{L}}{\partial\boldsymbol{P}}=\begin{pmatrix} \frac{\partial\mathcal{L}}{\partial p_{1,1}} & \frac{\partial\mathcal{L}}{\partial p_{1,2}} & \cdots & \frac{\partial\mathcal{L}}{\partial p_{1,w}} \\ \frac{\partial\mathcal{L}}{\partial p_{2,1}} & \frac{\partial\mathcal{L}}{\partial p_{2,2}} & \cdots & \frac{\partial\mathcal{L}}{\partial p_{2,w}} \\ \vdots & \vdots & & \vdots \\ \frac{\partial\mathcal{L}}{\partial p_{h,1}} & \frac{\partial\mathcal{L}}{\partial p_{h,2}} & \cdots & \frac{\partial\mathcal{L}}{\partial p_{h,w}} \end{pmatrix},\quad \boldsymbol{\delta}^{Y}=\frac{\partial\mathcal{L}}{\partial\boldsymbol{Y}}=\begin{pmatrix} \frac{\partial\mathcal{L}}{\partial y_{1,1}} & \frac{\partial\mathcal{L}}{\partial y_{1,2}} & \cdots & \frac{\partial\mathcal{L}}{\partial y_{1,sw}} \\ \frac{\partial\mathcal{L}}{\partial y_{2,1}} & \frac{\partial\mathcal{L}}{\partial y_{2,2}} & \cdots & \frac{\partial\mathcal{L}}{\partial y_{2,sw}} \\ \vdots & \vdots & & \vdots \\ \frac{\partial\mathcal{L}}{\partial y_{sh,1}} & \frac{\partial\mathcal{L}}{\partial y_{sh,2}} & \cdots & \frac{\partial\mathcal{L}}{\partial y_{sh,sw}} \end{pmatrix}
$$

对于平均池化，采用**克罗内克积**（Kronecker Product）**将** $\boldsymbol{\delta}^{S}$拓展成 $\boldsymbol{\delta}^{Y}$，得

$$\boldsymbol{\delta}^{Y}=\boldsymbol{\delta}^{P}\diamond \boldsymbol{B}=\boldsymbol{\delta}^{P}\diamond \begin{pmatrix} \frac{1}{s^2} & \frac{1}{s^2} & \cdots & \frac{1}{s^2} \\ \frac{1}{s^2} & \frac{1}{s^2} & \cdots & \frac{1}{s^2} \\ \vdots & \vdots & & \vdots \\ \frac{1}{s^2} & \frac{1}{s^2} & \cdots & \frac{1}{s^2} \end{pmatrix}_{s\times s} \xRightarrow{s=2,h=w=2} \frac{1}{s^2}\begin{pmatrix} \frac{\partial \mathcal{L}}{\partial p_{1,1}} & \frac{\partial \mathcal{L}}{\partial p_{1,1}} & \frac{\partial \mathcal{L}}{\partial p_{1,2}} & \frac{\partial \mathcal{L}}{\partial p_{1,2}} \\ \frac{\partial \mathcal{L}}{\partial p_{1,1}} & \frac{\partial \mathcal{L}}{\partial p_{1,1}} & \frac{\partial \mathcal{L}}{\partial p_{1,2}} & \frac{\partial \mathcal{L}}{\partial p_{1,2}} \\ \frac{\partial \mathcal{L}}{\partial p_{2,1}} & \frac{\partial \mathcal{L}}{\partial p_{2,1}} & \frac{\partial \mathcal{L}}{\partial p_{2,2}} & \frac{\partial \mathcal{L}}{\partial p_{2,2}} \\ \frac{\partial \mathcal{L}}{\partial p_{2,1}} & \frac{\partial \mathcal{L}}{\partial p_{2,1}} & \frac{\partial \mathcal{L}}{\partial p_{2,2}} & \frac{\partial \mathcal{L}}{\partial p_{2,2}} \end{pmatrix}_{sh\times sw}$$

式中，“◇”表示**克罗内克积**，矩阵 $\boldsymbol{B}$ 中各元素为池化区域大小的倒数。

对于最大池化，误差仅传送给池化前区域最大元素的对应位置。设上述矩阵表达式中每个池化区域尺寸为 2×2，四个区域最大值位置坐标分别为(2,2)，(1,2)，(1,1)和(1,2)，所以在这些位置获得相应误差，其他位置误差为零。表达如下：

$$\boldsymbol{\delta}^{Y} \xRightarrow{s=2,h=w=2} \begin{pmatrix} 0 & 0 & 0 & \frac{\partial \mathcal{L}}{\partial p_{1,2}} \\ 0 & \frac{\partial \mathcal{L}}{\partial p_{1,1}} & 0 & 0 \\ \frac{\partial \mathcal{L}}{\partial p_{2,1}} & 0 & 0 & \frac{\partial \mathcal{L}}{\partial p_{2,2}} \\ 0 & 0 & 0 & 0 \end{pmatrix}_{sh\times sw}$$

一旦获得 $\boldsymbol{\delta}^{Y}$，则可根据激活函数的导数计算得到激活函数净输入信号的损失梯度 $\boldsymbol{\delta}^{Z}$。设激活函数为 $y=f(z)$，其导数为 $\partial y/\partial z=f'(z)$，有

$$\frac{\partial \mathcal{L}}{\partial \boldsymbol{Z}}=\begin{pmatrix} \frac{\partial \mathcal{L}}{\partial z_{1,1}} & \frac{\partial \mathcal{L}}{\partial z_{1,2}} & \cdots & \frac{\partial \mathcal{L}}{\partial z_{1,sw}} \\ \frac{\partial \mathcal{L}}{\partial z_{2,1}} & \frac{\partial \mathcal{L}}{\partial z_{2,2}} & \cdots & \frac{\partial \mathcal{L}}{\partial z_{2,sw}} \\ \vdots & \vdots & & \vdots \\ \frac{\partial \mathcal{L}}{\partial z_{sh,1}} & \frac{\partial \mathcal{L}}{\partial z_{sh,2}} & \cdots & \frac{\partial \mathcal{L}}{\partial z_{sh,sw}} \end{pmatrix}=\begin{pmatrix} \frac{\partial \mathcal{L}}{\partial y_{1,1}}\frac{\partial y_{1,1}}{\partial z_{1,1}} & \frac{\partial \mathcal{L}}{\partial y_{1,2}}\frac{\partial y_{1,2}}{\partial z_{1,1}} & \cdots & \frac{\partial \mathcal{L}}{\partial y_{1,sw}}\frac{\partial y_{1,sw}}{\partial z_{1,sw}} \\ \frac{\partial \mathcal{L}}{\partial y_{2,1}}\frac{\partial y_{2,1}}{\partial z_{2,1}} & \frac{\partial \mathcal{L}}{\partial y_{2,2}}\frac{\partial y_{2,2}}{\partial z_{2,2}} & \cdots & \frac{\partial \mathcal{L}}{\partial y_{2,sw}}\frac{\partial y_{2,sw}}{\partial z_{2,sw}} \\ \vdots & \vdots & & \vdots \\ \frac{\partial \mathcal{L}}{\partial y_{sh,1}}\frac{\partial y_{sh,1}}{\partial z_{sh,1}} & \frac{\partial \mathcal{L}}{\partial y_{sh,2}}\frac{\partial y_{sh,2}}{\partial z_{sh,2}} & \cdots & \frac{\partial \mathcal{L}}{\partial y_{sh,sw}}\frac{\partial y_{sh,sw}}{\partial z_{sh,sw}} \end{pmatrix}$$

$$=\begin{pmatrix} \frac{\partial \mathcal{L}}{\partial y_{1,1}} & \frac{\partial \mathcal{L}}{\partial y_{1,2}} & \cdots & \frac{\partial \mathcal{L}}{\partial y_{1,sw}} \\ \frac{\partial \mathcal{L}}{\partial y_{2,1}} & \frac{\partial \mathcal{L}}{\partial y_{2,2}} & \cdots & \frac{\partial \mathcal{L}}{\partial y_{2,sw}} \\ \vdots & \vdots & & \vdots \\ \frac{\partial \mathcal{L}}{\partial y_{sh,1}} & \frac{\partial \mathcal{L}}{\partial y_{sh,2}} & \cdots & \frac{\partial \mathcal{L}}{\partial y_{sh,sw}} \end{pmatrix}\odot\begin{pmatrix} f'(z_{1,1}) & f'(z_{1,2}) & \cdots & f'(z_{1,sw}) \\ f'(z_{2,1}) & f'(z_{2,2}) & \cdots & f'(z_{2,sw}) \\ \vdots & \vdots & & \vdots \\ f'(z_{sh,1}) & f'(z_{sh,2}) & \cdots & f'(z_{sh,sw}) \end{pmatrix}$$

$$\boldsymbol{\delta}^{Z}=\frac{\partial \mathcal{L}}{\partial \boldsymbol{Z}}=\boldsymbol{\delta}^{Y}\odot\begin{pmatrix} f'(z_{1,1}) & f'(z_{1,2}) & \cdots & f'(z_{1,sw}) \\ f'(z_{2,1}) & f'(z_{2,2}) & \cdots & f'(z_{2,sw}) \\ \vdots & \vdots & & \vdots \\ f'(z_{sh,1}) & f'(z_{sh,2}) & \cdots & f'(z_{sh,sw}) \end{pmatrix} \tag{10.39}$$

接下来分析如何实现从 $\boldsymbol{\delta}^{Z}$ 到 $\boldsymbol{\delta}^{X}$，这是既关键又重要的环节，尤其是对具有多层卷积层的网络。虽然卷积神经网络的卷积运算是一个三维张量的图像和一个四维张量的卷积核进行卷积运算，但是最核心的操作仅涉及二维卷积，根据**图 10-22** 从二维卷积运算进行分析。

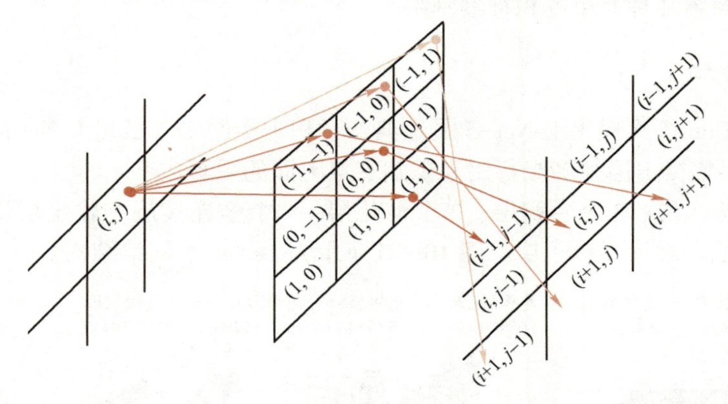

图 10-22　$x_{i,j}$ 与 z_{nm} 关联示意图，卷积核尺寸 3×3（见插页）

为便于分析，用 $\boldsymbol{\delta}^{Z}_{nm}=\partial\mathcal{L}/\partial z_{nm}$ 和 $\delta^{X}_{nm}=\partial\mathcal{L}/\partial x_{nm}$ 表示在特征图坐标(n,m)处的误差。

由于神经网络中卷积核不需要旋转 180°，所以基本卷积公式（10.31）加上偏置后改写为

$$z_{nm}=\sum_{k=-a}^{a}\sum_{l=-a}^{a}x_{n+k,m+l}w_{k,l}+b \tag{10.40}$$

式中，卷积核中心坐标设为(0,0)，卷积核尺寸为$(2a+1)\times(2a+1)$。

将**图 10-22** 的卷积核尺寸推广为$(2a+1)\times(2a+1)$，可知：与 $x_{i,j}$ 关联的 z_{nm} 所处纵向范围 $i-a\leqslant n\leqslant i+a$，横向范围 $j-a\leqslant m\leqslant j+a$。而且，我们可得到如下卷积方程：

$$\begin{aligned} z_{i+a,j+a}&=x_{i,j}w_{-a,-a}+x_{i,j+a}w_{-a,0}+\cdots+x_{i+a,j+a}w_{0,0}+\cdots+x_{i+2a,j+2a}w_{a,a}+b \\ z_{i+a,j}&=x_{i,j-a}w_{-a,-a}+x_{i,j}w_{-a,0}+\cdots+x_{i+a,j}w_{0,0}+\cdots+x_{i+2a,j+a}w_{a,a}+b \\ z_{i,j}&=x_{i-a,j-a}w_{-a,-a}+x_{i-a,j}w_{-a,0}+\cdots+x_{i,j}w_{0,0}+\cdots+x_{i+a,j+a}w_{a,a}+b \\ z_{i-a,j-a}&=x_{i-a,j-a}w_{-a,-a}+x_{i-a,j}w_{-a,0}+\cdots+x_{i-a,j-a}w_{0,0}+\cdots+x_{i,j}w_{a,a}+b \end{aligned}$$

由此推得通式为 $z_{i-k,j-l}=\cdots+x_{i,j}w_{k,l}+\cdots$，$-a\leqslant k,l\leqslant a$。进而得到

$$\begin{aligned} \delta^{X}_{ij}&=\frac{\partial\mathcal{L}}{\partial x_{ij}}=\sum_{n=i-a}^{i+a}\sum_{m=j-a}^{j+a}\frac{\partial\mathcal{L}}{\partial z_{nm}}\frac{\partial z_{nm}}{\partial x_{ij}}=\sum_{n=i-a}^{i+a}\sum_{m=j-a}^{j+a}\delta^{Z}_{nm}\frac{\partial z_{nm}}{\partial x_{ij}}=\sum_{k=-a}^{a}\sum_{l=-a}^{a}\delta^{Z}_{i-k,j-l}\frac{\partial z_{i-k,j-l}}{\partial x_{ij}} \\ &=\sum_{k=-a}^{a}\sum_{l=-a}^{a}\delta^{Z}_{i-k,j-l}w_{k,l} \end{aligned}$$

将上式与核不旋转的卷积公式（10.40）进行对比，得

$$\boldsymbol{\delta}^{X}=\frac{\partial\mathcal{L}}{\partial\boldsymbol{X}}=\frac{\partial\mathcal{L}}{\partial\boldsymbol{Z}}\frac{\partial\boldsymbol{Z}}{\partial\boldsymbol{X}}=\boldsymbol{\delta}^{Z}\frac{\partial\boldsymbol{Z}}{\partial\boldsymbol{X}}=\boldsymbol{\delta}^{Z}\otimes\mathrm{rot}180(\boldsymbol{W}) \tag{10.41}$$

式中，rot180($\boldsymbol{W}$)表示将卷积核旋转 180°。此式表示：卷积输出节点误差经过与旋转 180°的卷积核卷积后传递到卷积输入节点误差。

10.6 简单卷积神经网络

1980 年日本科学家福岛邦彦（Kunihiko Fukushima）在 Hubel 和 Wiesel 工作基础上提出的层级化多层人工神经网络，即神经认知（Neurocognitron）模型被认为是现今卷积神经网络的前身。这里介绍几种简单卷积神经网络。

10.6.1 LeNet-5

1998 年，LeCun 等人提出 LeNet-5 是经典的卷积神经网络。虽然 LeNet 简单，但模块齐全，20 世纪 90 年代被美国很多银行用来识别支票上面的手写数字。

网络架构由输入层、3 个卷积层、2 个池化层、1 个全连接层和输出层组成。其中，每个卷积层包括卷积和激活 2 个子层。图 10-23 所示为 LeNet-5 网络结构。

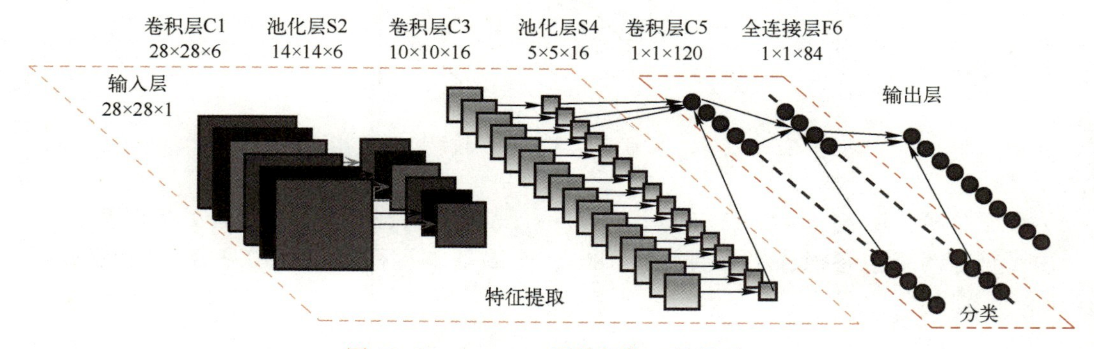

图 10-23 LeNet-5 网络架构（见插页）

1. 输入层

输入图像用 X 表示。MNIST 数据集图片尺寸为 28×28，在卷积层（C1）将其外填充为 32×32，旨在将潜在显著特征（如笔画断点或角）保留在高层特征中，并能处于高层卷积核感受野的中心。

2. 卷积层（C1）

采用 6 个 5×5 卷积核，每个卷积核称为 1 个通道，生成 6 个特征图，特征图尺寸为 28×28。卷积核滑动步幅为 1，没有激活函数。第 c 个卷积激活后特征图用 $Y_{1,c}$，与输入图像 X 的卷积关系为

$$Y_{1,c}=X\otimes W_{1,c}+b_{1,c},\quad c=0,1,\cdots,5$$

式中，$W_{1,c}$表示第 1 层第 c 个卷积核，也称为第 c 个通道。此层卷积核尺寸为 5×5，步幅为 1，外填充为 2。

3. 池化层（S2）

池化层又叫汇聚层，在步幅为 2 的 2×2 滑动窗口内数值平均乘上一个权重 ρ_c，再加上偏置值 b_c，最后经过 sigmoid 激活函数进行映射。池化后输出图像尺寸为 14×14。每个特征平

面采样的权重 ρ_c 和偏置值 b_c 都不一样，因此池化层有 12 个待训练参数。池化操作可表示为

$$Y_{2,c}=\mathrm{sigm}(\rho_{2,c}\mathrm{downsample}(Y_{1,c})+b_{2,c})$$

4. 卷积层（C3）

采用 5×5 卷积核产生 16 个大小为 10×10 的特征平面。本层输出与上一层输出的对应关系见表 10.3。表中横向的数(0,1,2,…,15)表示卷积层 C3 输出的特征平面，而纵向的数(0,1,2,…,5)表示池化层输出的 6 个采样平面。根据连接表，每个特征平面对应的卷积核与池化层中相应平面进行卷积。

表 10.3　连接表

	0	1	2	3	4	5	6	7	8	9	10	11	12	13	14	15
0	√				√	√	√			√	√	√	√		√	√
1	√	√				√	√	√			√	√	√	√		√
2	√	√	√				√	√	√			√		√	√	√
3		√	√	√			√	√	√	√			√		√	√
4			√	√	√			√	√	√	√		√	√		√
5				√	√	√			√	√	√	√		√	√	√

以卷积层 C3 的第 0 号输出特征图为例，它采用 5×5×3 卷积核将 3 个输入特征图(0,1,2)映射成 1 个输出特征图。同样，第 7 号输出特征图采用 5×5×4 卷积核将 4 个特征平面(1,2,3,4)映射成一个特征图。第 15 号输出特征图采用 5×5×6 卷积核。此层操作可表示成

$$Y_{3,c}=Y_2^d * W_3+b_{3,c},\quad c=0,2,\cdots,15$$

式中，Y_2^d 为表 10.3 所列相应输出特征图；$W_3\in\mathbf{R}^{5\times5\times d}$；$d$ 为每个输出特征图所采用卷积核个数；卷积窗滑动步长 $s=1$，无填充。

5. 池化层（S4）

与池化层（S2）一样采用平均池化。经 S4 池化后输出 16 个 5×5 特征图。此层操作可表示成

$$Y_{4,c}=\mathrm{sigm}(\rho_{4,c}\mathrm{downsample}(Y_{4,c})+b_{4,c})$$

6. 卷积层（C5）

采用 120 个尺寸为 5×5×16 卷积核进行卷积后，获得 120 个尺寸为 1×1 的特征图。显然，此层输出 $Y_{5,c}$ 不再是特征图，而是 120 个神经元并列成一个向量 y_5。表达如下：

$$Y_{5,c}=Y_4 * W_5+b_{5,c},\quad c=0,1,2,\cdots,119$$

$$\boldsymbol{y}_5=(Y_{5,0},Y_{5,1},\cdots,Y_{5,119})^{\mathrm{T}}$$

7. 全连接层（F6）

将 120 个神经元输出转成 84 个神经元输出。表达如下：

$$\boldsymbol{y}_6=A\cdot\tanh(S\cdot(\boldsymbol{W}\boldsymbol{y}_5+b_6))$$

式中，$\boldsymbol{W}\in\mathbf{R}^{84\times120}$ 为权重矩阵。根据论文解释：幅值 $A=1.7159$ 为经验值，S 是激活函数在原点处的倾斜率。

8. 输出层（F7）

同样采用全连接方式将 84 个神经元输出值映射成 10 个输出值。采用的是径向基函数（Euclidean Radial Basis Function，RBF）的网络连接方式。即

$$y_i = \sum_{j=0}^{83} (y_{6,j} - w_{ij})^2, \quad i = 0,1,\cdots,9$$

式中，$\boldsymbol{W} \in \mathbf{R}^{84\times10}$ 为权重矩阵。

RBF 的特点是隐节点采用输入模式与中心向量的距离（如欧氏距离）作为函数的自变量，并使用径向基函数作为激活函数。径向基函数关于 N 维空间的一个中心点具有径向对称性，而且神经元的输入离该中心点越远，神经元的激活程度就越低。

10.6.2 AlexNet

2012 年，Geoffrey Hinton 和他的学生 Alex Krizhevsky 建立的 AlexNet 在 ILSVRC（ImageNet Large Scale Vision Recognition Competition）比赛中获得大赛的冠军。AlexNet 是第一个现代深度卷积网络，首次使用了 GPU 并行计算、ReLU 激活函数、Dropout 防过拟合和数据增强等现代深度卷积技术。

1. 网络架构

AlexNet 的结构如图 10-24 所示，包括 5 个卷积层和 3 个全连接层，由于网络规模超出了当时单个 GPU 内存限制，所以 AlexNet 被拆分为两半，分别在两台 GPU 服务器上运行，GPU 间只在卷积层 3 和全连接层 2 进行了特征融合。

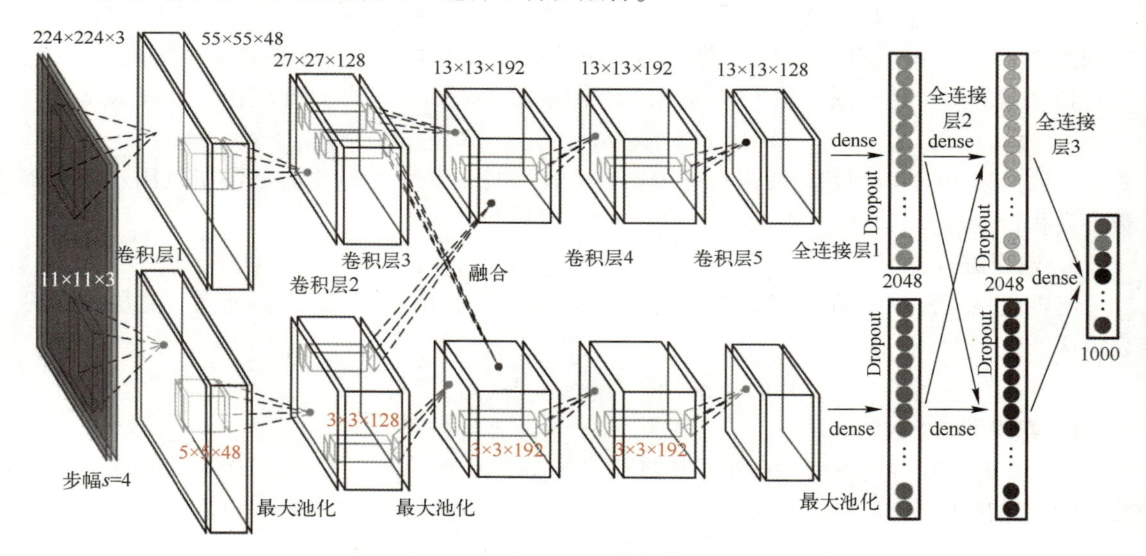

图 10-24　AlexNet 网络架构（见插页）

AlexNet 的输入图像尺寸为 224×224×3，即彩色图像，输出为 1000 个类别的条件概率。在第 1 个全连接层中，输入特征图的维度为 6×6×256，首先要对输入的特征图进行扁平化处理成为一个特征点，将其变成维度为 1×9216 的输入特征图，然后构成 9216×4096 全连接网。训练过程中采用了 Dropout 技术。第 3 个全连接层为输出层。AlexNet 各层间的相互关系见表 10.4。

表 10.4　AlexNet 各层间相互关系表

	第一路径和第二路径	输　　出
输入层	224×224×3，即红绿蓝彩色图像	
卷积层 1	Conv{48,11,3,4,2,0}，ReLU	2 个 55×55×48 特征图组
	最大池化，滑动窗口 3×3，$s=2$	2 个 27×27×48 特征图组
	LRN	
卷积层 2	Conv{128,5,48,1,2,0}，ReLU	2 个 27×27×128 特征图组
	最大池化，滑动窗口 3×3，$s=2$	2 个 13×13×128 特征图组
	LRN	
卷积层 3 融合层	Conv{192,3,128,1,1,0}，ReLU	输出 2 个 13×13×192 特征图组
卷积层 4	Conv{192,3,192,1,1,0}，ReLU	2 个 13×13×192 特征图组
卷积层 5	Conv{128,3,192,1,1,0}，ReLU	2 个 13×13×128 特征图组
	最大池化，滑动窗口 3×3，$s=2$	2 个 6×6×128 特征图组
全连接层 1	2048 个神经元	共 4096 个神经元
	Dropout	输出 4096×1 向量
全连接层 2	2048 个神经元	共 4096 个神经元
	Dropout	输出 4096×1 向量
输出层	1000 个神经元	输出 1000×1 向量

2. 局部响应归一化（Local Response Normalization，LRN）

与在 ReLU 之前使用的 BN（Batch Normalization）不同，LRN 在 ReLU 之后的值进行局部归一化。由于经 ReLU 的输出值没有像饱和激活函数一样被限定在一个值域区间，所以一般在 ReLU 之后（AlexNet 实际在池化后）进行 LRN。

尽管两者都利用了神经科学中的 “Lateral inhibition”：活跃神经元影响它周边的神经元，但是，与局部对比度归一化（Local Contrast Normalization，LCN）进行局部空间归一化不同，LRN 则是在通道方向上进行局部归一化（见图 10-25），得

$$B_{x,y}^{i}=\frac{A_{x,y}^{i}}{\left(k+\alpha\sum_{j=\max\left(0,i-\frac{n}{2}\right)}^{\min\left(C-1,i+\frac{n}{2}\right)}\left(a_{x,y}^{j}\right)^{2}\right)^{\beta}} \tag{10.42}$$

式中，C 为通道数；A 为激活层的输出特征图，用四维数组[batch, height, width, channel]表示，分别表示批次数、高度、宽度和通道数。$A_{x,y}^{i}$ 表示第 i 个通道在空间位置(x,y)经激活函数 ReLU 后的输出值。$n/2,k,\alpha,\beta$ 是自定义的一般设置 $k=2$，$n=5$，$\alpha=10^{-4}$，$\beta=0.75$。

图 10-25 展示了 LRN 操作，需归一化的输出值处在第 2 通道，$A_{2,2}^{2}=3$。设置 $n=3$，所以选择第 1 通道和第 3 通道对应位置的值，$A_{2,2}^{1}=2$ 和 $A_{2,2}^{2}=0$，参与计算获得 $B_{x,y}^{i}$。

3. 减少过拟合技术

一般模型使用正则项防止模型过拟合，AlexNet 则采用了重叠池化、随机丢弃（Dropout）和数据增强（Data Augmentation）。

（1）重叠池化

步幅小于卷积核尺寸，$s<k$，在一定程度上可以减缓过拟合。

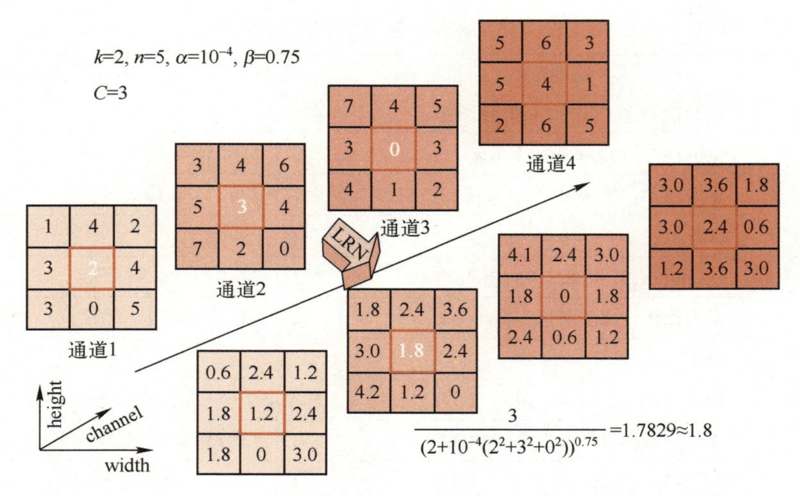

图 10-25　LRN

（2）随机丢弃

每次参数更新时对前 2 个全连接层中随机删除一些神经元；下一次迭代时，重新随机删除一些神经元，直至训练结束。如图 10-26 所示，在训练的时候以 1/2 概率使得隐含层的某些神经元的输出为 0，这样就丢掉了一半节点的输出，反向传播的时候也不更新这些节点。

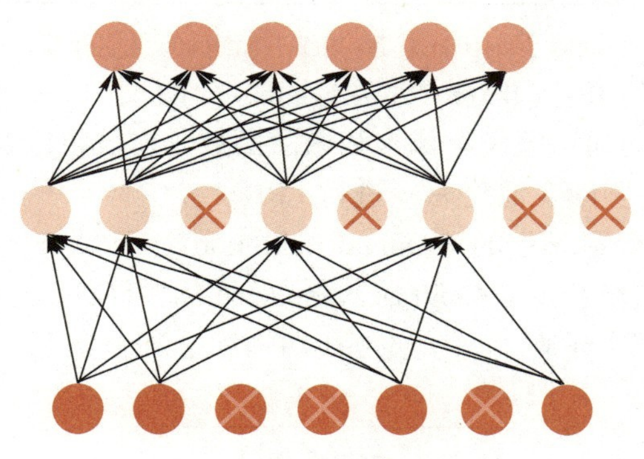

图 10-26　随机丢弃

Dropout 引出神经元稀疏性，减少了有些特征对与其有固定关系的隐含节点的依赖性。

（3）数据增强

主要处理数据集较少的情况，人工增加训练集的大小：通过平移、翻转、加噪声等方法从已有数据中创造出一批“新”的数据，从而提高模型的泛化能力。

10.6.3　VGGNet

2014 年，由牛津大学视觉几何组（Visual Geometry Group）提出 VGGNet 在 ILSVRC 中获得了定位任务第 1 名和分类任务第 2 名，设计了 A、A-LRN、B、C、D 和 E 共 6 种网络结构，其中 D 和 E 分别是著名的 VGG16 和 VGG19：①VGG16 包含 13 个卷积层和 3 个全连接层共 16 个隐含层；②VGG19 包含 16 个卷积层和 3 个全连接层共 19 个隐含层。

图 10-27 所示为 VGG16 网络结构，每次详细操作见表 10.5。VGG16 连续采用 3×3 的卷

积核代替 AlexNet 中较大卷积核（11×11,5×5）。在给定感受野下，采用堆积小的卷积核优于采用大的卷积核，一方面多隐含层可以学习更复杂的模式，另一方面参数更少。VGG16 总占用内存达 24 MB，总参数达 138M 个。

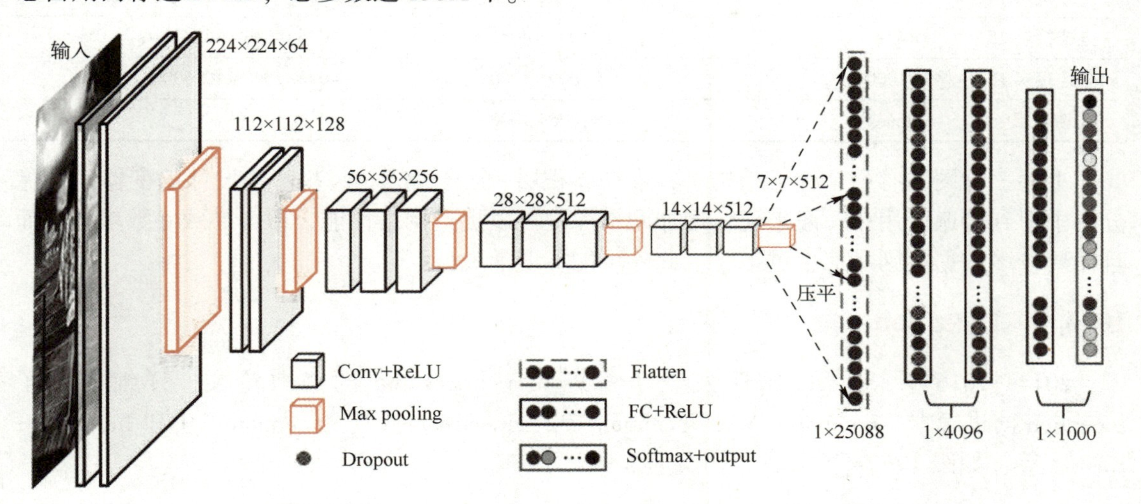

图 10-27 VGG16 网络架构（见插页）

表 10.5 VGG16 各层间相互关系及资源占用情况

层　次	操　作	占用存储	权重数量
输入层	224×224×3，红绿蓝彩色图像	224×224×3≈150k	0
卷积层 1	Conv{64,3,3,1,1,0}+ReLU	224×224×64≈3.2M	(3×3×3)×64=1728
卷积层 2	Conv{64,3,64,1,1,0}+ReLU	224×224×64≈3.2M	(3×3×64)×64≈37k
	最大池化：2×2，$s=2$	112×112×64≈800k	0
卷积层 3	Conv{128,3,64,1,1,0}+ReLU	112×112×128≈1.6M	(3×3×64)×128≈74k
卷积层 4	Conv{128,3,128,1,1,0}+ReLU	112×112×128≈1.6M	(3×3×128)×128≈147k
	最大池化：2×2，$s=2$	56×56×128≈400k	0
卷积层 5	Conv{256,3,128,1,1,0}+ReLU	56×56×256≈800k	(3×3×128)×256=294912
卷积层 6	Conv{256,3,256,1,1,0}+ReLU	56×56×256≈800k	(3×3×256)×256=589824
卷积层 7	Conv{256,3,256,1,1,0}+ReLU	56×56×256≈800k	(3×3×256)×256=589824
	最大池化：2×2，$s=2$	28×28×256≈200k	0
卷积层 8	Conv{512,3,256,1,1,0}+ReLU	28×28×512≈400k	(3×3×256)×512
卷积层 9	Conv{512,3,512,1,1,0}+ReLU	28×28×512≈400k	(3×3×512)×512
卷积层 10	Conv{512,3,512,1,1,0}+ReLU	28×28×512≈400k	(3×3×512)×512
	最大池化：2×2，$s=2$	14×14×512≈100k	0
卷积层 11	Conv{512,3,512,1,1,0}+ReLU	14×14×512≈100k	(3×3×512)×512
卷积层 12	Conv{512,3,512,1,1,0}+ReLU	14×14×512≈100k	(3×3×512)×512
卷积层 13	Conv{512,3,512,1,1,0}+ReLU	14×14×512≈100k	(3×3×512)×512
	最大池化：2×2，$s=2$	7×7×512≈25k	0
	压平：7×7×512→1×25088		

（续）

层　次	操　作	占用存储	权重数量
全连接层 14	1×4096	1×4096=4096	25088×4096=102760448
全连接层 15	1×4096	1×4096=4096	4096×4096=16777216
全连接层 16	1×1000	1×1000=1000	4096×1000=4096000
输出层	Softmax	1×1000=1000	0

上述三种网络有一个标准结构——堆叠卷积层+全连接层。这些基本设计的变体在图像分类中得到普遍应用。一般来说，增加网络深度可以提升网络性能，但会导致参数增加，而且需要较多数据否则易产生过拟合，此外可能梯度消失。

10.6.4 Inception

2014—2016 年，Google 团队发表了多篇关于 **Inception** 的经典论文，详细介绍了 Inception 演进版本：Inception-V1、Inception-V2、Inception-V3、Inception-V4 和 Inception-ResNet 等，如**图 10-28** 所示。

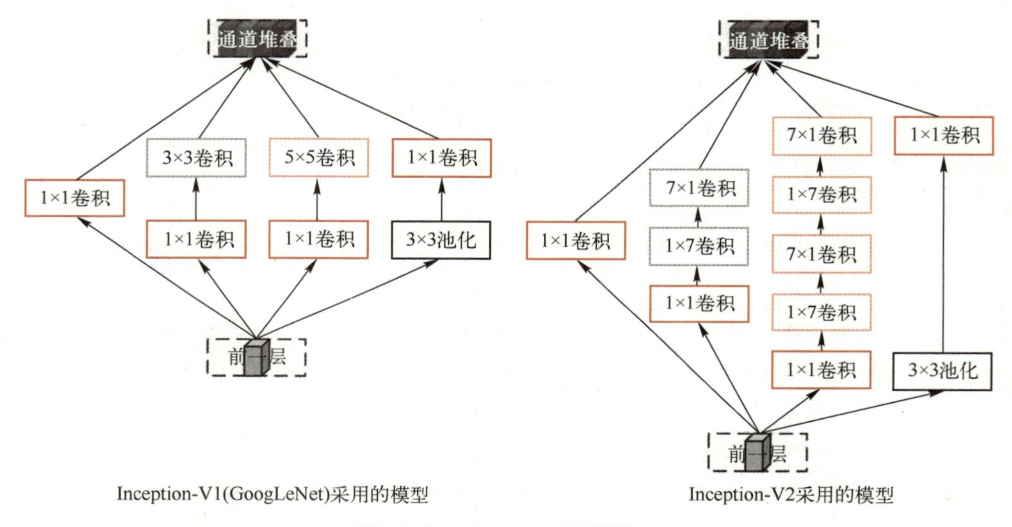

图 10-28　Inception 网络模块

1. Inception-V1

GoogLeNet 深度网络在 2014 年 ImageNet 大赛分类任务获得冠军。为向“LeNet”致敬，Google 团队又将 Inception-V1 取名为“GoogLeNet”。其优秀表现离不开其核心模块——**Inception**，从而在提高网络深度和宽度的同时保持计算量不变。

在 Inception-V1 的基本模块中，有 4 条具有不同卷积核大小的支路（**分支处理**）。除了能增加网络宽度，**分支处理**还能提高网络对尺度多样性的适应性。例如，在对不同尺寸的目标检测中，总有一条支路能获得相对较好的匹配。在输出至下一层之前，将 4 条支路的特征图在通道上拼接成特征图组（原文称为“深度拼接”。依据视神经系统解剖理论，作者认为称为“**通道拼接**”更合理）。基本模块中的池化层为最大池化。

“Going Deeper With Convolution”详细介绍了 GoogLeNet，其特点如下：

1）主干网上采用了 9 个 Inception 基本模块（每个模块含 2 个卷积层），一共有 22 层网络深度（21 个卷积层和 1 个全连接层），即 depth = 22。

2）主干网上设计了 4 个最大池化和 1 个平均池化。其中，平均池化采用全局平均（GAP）代替全连接层。

3）GAP 之后紧跟以 Dropout 方式构建的全连接层，最后通过 Softmax 输出。

4）在第 3 个和第 6 个 Inception 模块输出之后，分别设计了 2 个辅助分类器（1 个平均池化、1 个卷积、2 个全连接）。其目的主要是避免梯度消失，将辅助分类器的结果按一个较小的权重（如 0.3）加到最终分类结果中。这相当于模型融合，增加了反向传播的梯度信号，提供了额外的正则化，有利于网络训练。在实际测试时，则取消这两个辅助分类器。

5）采用了 LRN。

2. Inception-V2/V3

Inception-V2/V3 采用了多种基本模块，**图 10-28** 所示是其中之一。

Inception-V2/V3 与 Inception-V1 不同之处主要有：

1）对 Inception 进行了**卷积分解**（Factorizing Convolutions）改进，其目的是：在保持感受野不变前提下，减少参数，提高计算效率。如**图 10-29** 所示，**卷积分解**有两种方式，①用两个较小的 3×3 卷积核替代一个较大的 5×5 卷积核。例如 2 个 3×3 有 18 个参数，而 1 个 5×5 则需要 25 个参数，参数减少 28%。②采用可分离卷积。依次使用 1 个非对称 3×1 和 1 个 1×3 卷积核替代 1 个 3×3 卷积核，前者仅需 6 个参数，后者却需 9 个参数，参数减少 33%。

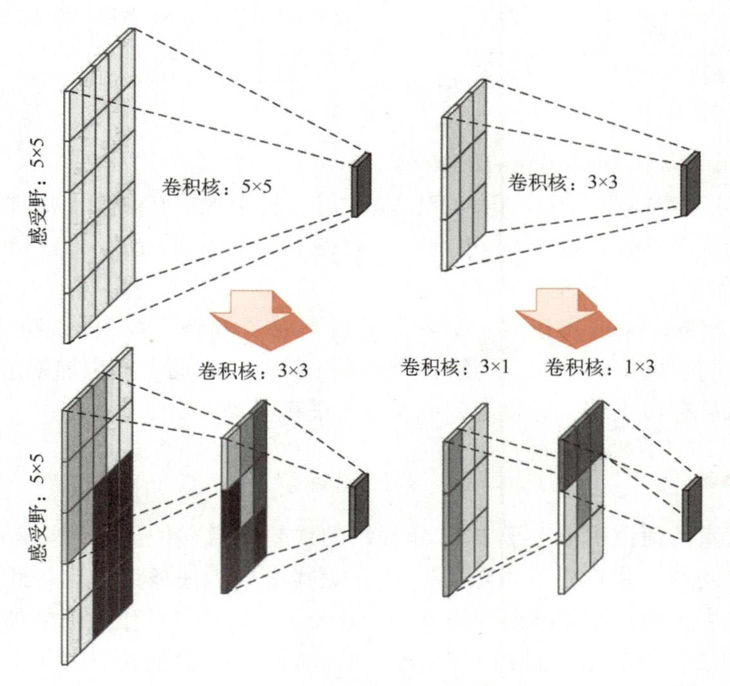

图 10-29　卷积分解（见插页）

2）采用并行结构优化池化以避免特征表征瓶颈。所谓表征瓶颈（Representation Bottleneck）指中间某层对特征在空间维度进行较大比例的缩减造成许多特征丢失。

3）使用标签平滑（Label Smoothing）正则化输出。

4）用 BN 替代 LRN 加快训练，并消除梯度弥散。

Inception-V2 方案至少采用了 1）~3）中的一种变化。而 Inception-V3 采用了上述所有改变，并取消了 GoogLeNet 的第 1 个辅助分类器，保留靠近输出的第 2 个分类器，在这个分类器的全连接层后加上 BN，图 10-30 展示了 BN 算法。

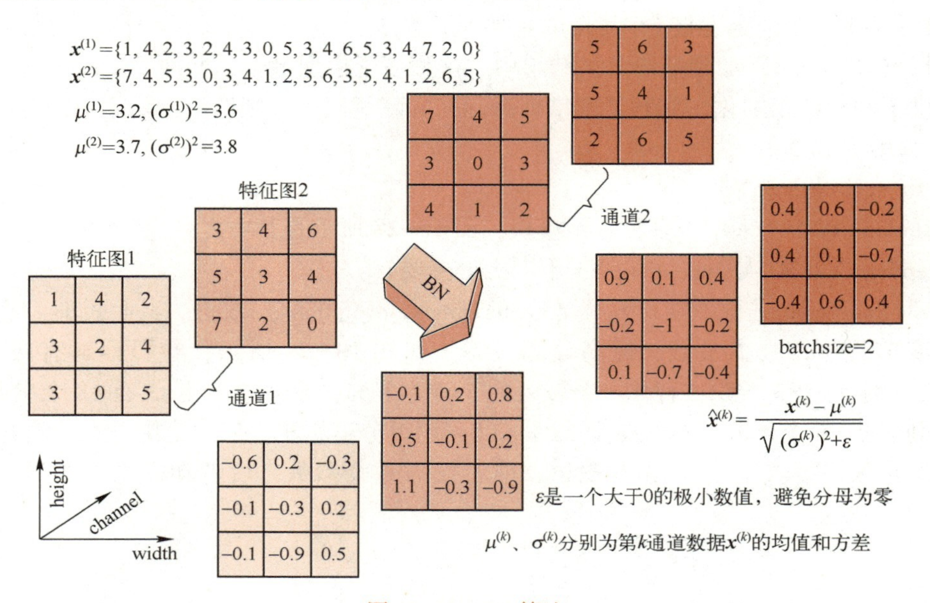

图 10-30 BN 算法

3. Inception-V4 和 Inception-ResNet

Inception-V4 基本沿袭了 Inception-V2/V3 设计，各个模块在结构上更加统一。Inception-ResNet 主要利用残差连接改进 Inception-V3，获得 Inception-ResNet-V1 和 Inception-ResNet-V2。图 10-31 给出了几个基本模块。

自 VGGNet 和 Inception 出现后，学者们通过不断“堆叠”加深网络深度以寻求更优越的性能。然而，随着网络的加深，网络越发难以训练：一方面会产生梯度消失现象；另一方面返回梯度信息接近白噪声，导致参数更新接近随机扰动。

10.6.5 ResNet

由微软实验室的何恺明等人于 2015 年提出的残差网络（Residual Network，ResNet），较好地解决了上述问题，并斩获了当年 ImageNet 竞赛中分类任务第一名。此后，在分类、检测、分割等任务中大规模使用残差网络（ResNet50/ResNet101）作为网络骨架。

ResNet 使用了一种叫作**抄近路**（Shortcut Connection）的连接方式，如图 10-32 所示。ResNet 基本模块的变量关系为

$$z=\mathrm{ReLU}(\boldsymbol{y}+\boldsymbol{x})=\mathrm{ReLU}(\mathcal{F}(\boldsymbol{x})+\boldsymbol{x}) \tag{10.43}$$

所谓等宽卷积，仅指通过填充确保输入和输出变量的尺寸一致的卷积。残差网络有

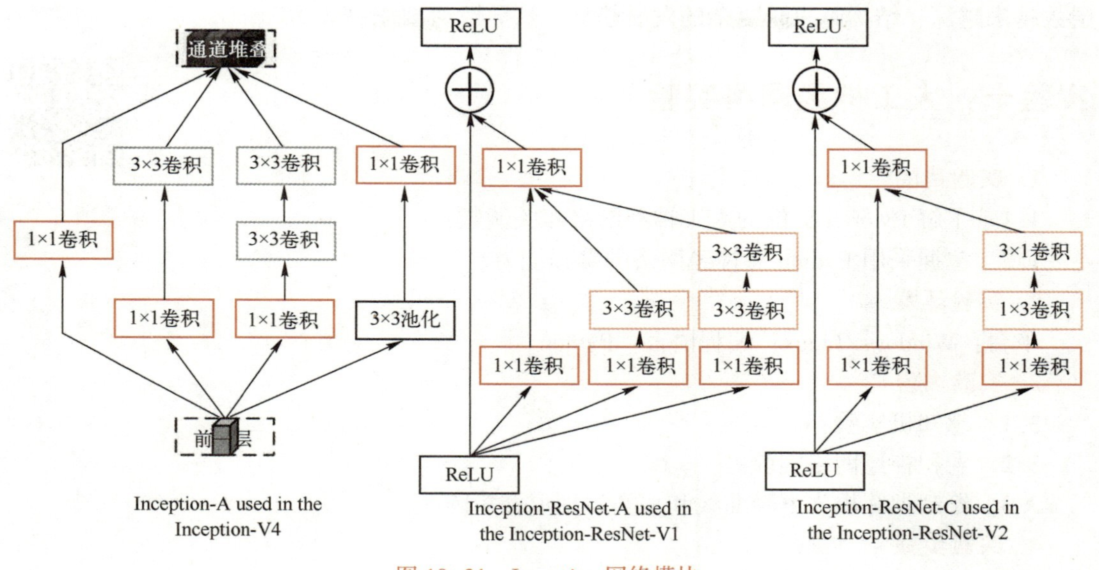

图 10-31　Inception 网络模块

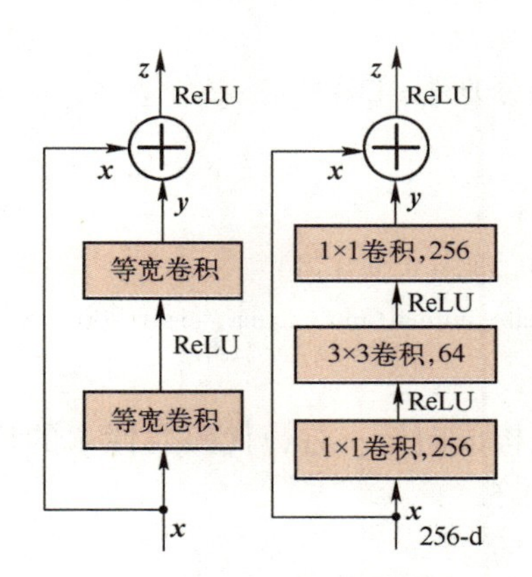

图 10-32　ResNet 基本模块

ResNet-18、ResNet-34、ResNet-50、ResNet-101 和 ResNet-152 等版本。其中，ResNet-50/101/152 采用图 10-32 右图所示基本模块（称为 Bottleneck）。常用的 ResNet-50 首先经过一个 7×7 卷积，然后经过 4 个大卷积组（每个卷积组分别包含了 3，4，6，3 个 Bottleneck 模块）。接着全局平均池化所有特征图后全连接为 1000 个节点，最后经过 Softmax 输出分类得分，所以共有 50 层。

10.7　小结与拓展

相对于传统机器学习算法，如贝叶斯、决策树和级联学习等，人工神经网络具备非线性适应性信息处理能力。此外，人工神经网络具有自学习能力、联想存储功能和寻找优化解的能力。但人工神经网络仍存在一个问题：神经网络的推理过程和推理依据暂时不具备解释性。因此，神经网络的理论和学习算法还有待深入研究。近年来，人工神经网络呈现出网络层数越来越深、结构越来越复杂的发展趋势。这导致“要求高算力”。

实验十：人工神经网络实验

扫码看视频

1. 实验目的

1.1　了解 Pytorch 提供的人工神经网络相关函数；

1.2　掌握采用 Python 对神经网络的编程能力。

2. 实验环境

平台：Windows/Linux；编程语言：Python。

3. 实验内容

3.1　感知机实验；

3.2　卷积神经网络实验；

3.3　绘制训练损失下降曲线和多类识别混合矩阵。

4. 实验步骤

4.1　感知机实验

1. 生成两类数据

生成两类样本数据，标签分别为-1 和 1。

```
#生成标签
mu = np.array([-1, 2])                                    # 均值
sigma = np.array([[1, 0.5], [0.5, 1]])                    # 协方差矩阵
X = np.random.multivariate_normal(mu, sigma, size=200)
y = np.ones(200)                                          # 生成标签
```

每类样本数据由两个属性构成向量。右边代码属性 1 的均值和标准差分别为 $\mu_1=-1$ 和 $\sigma_1=1$。两个属性的协方差为 0.5。

2. 感知机函数

```
from sklearn.linear_model import Perceptron
Perceptron(*, penalty=None, alpha=0.0001, l1_ratio=0.15, fit_intercept=True, max_iter=1000,
tol=0.001, shuffle=True, verbose=0, eta0=1.0, n_jobs=None, random_state=0, early_stopping=
False, validation_fraction=0.1, n_iter_no_change=5, class_weight=None, warm_start=False)
```

- penalty：{'l2','l1','elasticnet'}，default=None，惩罚项，用来正则化。
- shuffle：bool，default=True，在每一轮训练结束后是否打乱数据。
- eta0：float，default=1，学习率。
- max_iter：int，default=1000，最大迭代次数。
- tol：float，default=1e-3，如果 tol 不为 None 值，当上一轮的损失值减去当前轮的损失值<tol 时，训练停止。

```
# 感知机代码
from sklearn.linear_model import Perceptron
clf =Perceptron(fit_intercept=True, max_iter=1000, shuffle=True, eta0=0.1, tol=None)
```

```
clf.fit(X, y)                                    # 用数据训练感知机
x_ = np.arange(-4, 6)                            # 绘制分界线
y_ = -(clf.coef_[0][0] * x_ + clf.intercept_)/clf.coef_[0][1]
```

4.2　卷积神经网络实验

CIFAR10 数据集共有 10 个类别：'plane', 'car', 'bird', 'cat','deer', 'dog', 'frog', 'horse', 'ship', 'truck'，包括 60000 张尺寸为 3×32×32 的彩色图像。每个类别有 6000 张图像，其中有 50000 张图像是训练图，10000 张是测试图。

1. 导入库

torchvision 是一个用于视觉的包，包含 Imagenet、CIFAR10 和 MNIST 等数据加载器。

```
# 导入库代码
import torch                                     # 张量的有关运算，如创建、索引、连接、转置……
import torch.nn as nn                            # 神经网络层的模块、loss ……
import torch.nn.functional as F                  # 常用激活函数模块
import torchvision                               # 专门处理图像
import torch.optim as optim                      # 参数优化：SGD、Adam …
import torchvision.transforms as transforms      # 提供了一般的图像转换操作的类，也可以用于图像增强
```

2. 下载并转载数据集

```
# 下载并转载数据集
transform = transforms.Compose([transforms.ToTensor(), transforms.Normalize((0.5,0.5,0.5),
(0.5,0.5,0.5))])
trainset = torchvision.datasets.CIFAR10('.../datasets', train=True, download=True, transform=
transform)
trainloader = torch.utils.data.DataLoader(trainset, batch_size, shuffle=True, num_workers = num_
workers)
testset = torchvision.datasets.CIFAR10('.../datasets', train=False, download=True, transform=
transform)
testloader = torch.utils.data.DataLoader(testset, batch_size, shuffle=False, num_workers = num_
workers)
classes = ('plane', 'car', 'bird', 'cat','deer', 'dog', 'frog', 'horse', 'ship', 'truck')
```

用 Compose()将多个 transform 组合在一起使用，ToTensor 将像素转化至[0,1]之间的 tensor，Normalize((mean,mean,mean),(std,std,std))将值正则化变为[-1,1]，得

$$\text{image}_{\text{out}}=\frac{\text{image}_{\text{in}}-\text{mean}}{\text{std}}$$

采用 torchvision.datasets.CIFAR10()下载 CIFAR10 数据集。

```
torchvision.datasets.CIFAR10(root:str, train:bool=True, transform:Optional[Callable]=None, target_
transform:Optional[Callable]=None, download:bool=False)
```

训练集时 train=True，测试集时 train=False。首次下载时，设置 download=True；下载完后设置 download=False，否则再次运行时重复下载。

(1) 用 torch. utils. data. DataLoader( )转载数据

torch. utils. data. DataLoader(*dataset*, *batch_size = 1*, *shuffle = None*, *sampler = None*, *batch_sampler = None*, *num_workers = 0*, *collate_fn = None*, *pin_memory = False*, *drop_last = False*, *timeout = 0*, *worker_init_fn = None*, *multiprocessing_context = None*, *generator = None*, *, *prefetch_factor = 2*, *persistent_workers = False*, *pin_memory_device = ''*)

shuffle = True 表示将数据集打乱，number_works 代表线程数。

(2) 将若干幅图像拼成一幅图像

torchvision. utils. make_grid(*tensor*, *nrow = 8*, *padding = 2*, *normalize = False*, *range = None*, *scale_each = False*, *pad_value = 0*)

```
# 定义模型
class MyLeNet5(torch.nn.Module):
 def __init__(self):
  super(MyLeNet5,self).__init__()
  self.conv1 = torch.nn.Conv2d(in_channels = 3, out_channels = 6, kernel_size = 5)
                                                    # 第 1 卷积层
  self.pool = torch.nn.MaxPool2d(kernel_size = 2, stride = 2)# 池化层
  self.conv2 = torch.nn.Conv2d(6,16,5)              # 第 2 卷积层
  self.fc1 = torch.nn.Linear(16 * 5 * 5,120)        # 第 1 全连接层
  self.fc2 = torch.nn.Linear(120,84)                # 第 2 全连接层
  self.fc3 = torch.nn.Linear(84,10)                 # 第 3 全连接层
 def forward(self,x):                               # 前向传播
  x=self.pool(F.relu(self.conv1(x)))                # 输入(3, 32, 32), 输出(16, 28, 28)
  x=self.pool(F.relu(self.conv2(x)))
  x=x.view(-1,16 * 5 * 5)   # 将多层图平铺成 batchsize 行, 每行为一个 sample , 共 16 * 5 * 5 个
特征值
  x = F.relu(self.fc1(x))
  x = F.relu(self.fc2(x))
  x = self.fc3(x)
  return x
```

3. 定义模型

在定义神经网络时，需继承 nn. Module 类，重新构造函数__init__和 forward。

torch. nn. **Conv2d**(*in_channels*, *out_channels*, *kernel_size*, *stride = 1*, *padding = 0*, *dilation = 1*, *groups = 1*, *bias = True*, *padding_mode = 'zeros'*, *device = None*, *dtype = None*)

- kernel_size：卷积核的大小，kernel_size = 5 或 kernel_size = (3, 5)。
- groups：决定了是否采用分组卷积，groups 参数可以参考 groups 参数详解。
- bias：是否要添加偏置参数作为可学习参数的一个，默认为 True。
- padding_mode：padding 的模式，默认采用零填充。

torch. optim. SGD(*params*, *lr = <required parameter>*, *momentum = 0*, *dampening = 0*, *weight_decay = 0*,

```
nesterov=False)
```

详细资料，可登录官网：https://pytorch.org/docs/stable/查看。

```
# 主程序
if __name__ == "__main__":
  images, labels = next(iter(trainloader))          # 迭代图片数据和标签值
  net = MyLeNet5()
  optimizer = optim.SGD(net.parameters(), lr=0.001, momentum=0.9)
  loss_func = torch.nn.CrossEntropyLoss()            # 定义交叉熵损失
  for epoch in range(num_epochs):
   running_loss = 0.0
   for step, (b_x, b_y) in enumerate(trainloader):
     outputs = net(b_x)
# 定义过程观察
  loss = loss_func(outputs, b_y)                     # 计算交叉熵损失
  optimizer.zero_grad()                              # 清空上一步的残余值
  loss.backward()                                    # 误差反向传播
  optimizer.step()                                   # 更新 net 的 parameters
  running_loss += loss.item()
  if (step+1) % 2000 == 0:                           # 设置训练观察窗口
     correct = 0
     total = 0
     with torch.no_grad():                           # 不计算梯度，节省时间
        for (images, labels) in testloader:
           outputs = net(images)
           numbers, predicted = torch.max(outputs.data, 1)
           total += labels.size(0)
           correct += (predicted == labels).sum().item()
     print('[%d, %5d] 训练损失: %.3f;测试准确率: %.3f" %
              (epoch +1, step + 1, running_loss / 2000, 100 * correct/total))
     running_loss = 0.0
```

过程观察：

```
[6, 72000]训练损失：0.998;  测试准确率：60.870
[6, 74000]训练损失：1.000;  测试准确率：60.560
[7, 76000]训练损失：0.449;  测试准确率：61.930
[7, 78000]训练损失：0.907;  测试准确率：62.170
```

4.3　绘制训练损失下降曲线和多类识别混合矩阵

在前述实验的基础上，编程绘制两条曲线，损失值与迭代次数关系曲线，测试集样本正确率与迭代次数关系曲线。

```
# 绘制曲线
fig, ax1 = plt.subplots()
```

```
color = 'tab:red'
ax1.set_xlabel('迭代次数')
ax1.set_ylabel('训练损失', color=color)
ax1.plot(n,Loss_train, color=color)
ax1.tick_params(axis='y', labelcolor=color)
ax2 = ax1.twinx()          # 孪生坐标轴
color = 'tab:blue'
ax2.set_ylabel('测试集准确率', color=color)
ax2.plot(n, Accuracy_rate_test, color=color)
ax2.tick_params(axis='y', labelcolor=color)
fig.tight_layout()
plt.grid()

#生成混合矩阵
def confusion_matrix(outputs, targets, conf_matrix):
    predicted = torch.argmax(outputs, 1)
    for p, t in zip(predicted, targets):
        conf_matrix[p, t] += 1
    return conf_matrix
    plt.imshow(conf_matrix, cmap=plt.cm.Greens)
    thresh = conf_matrix.max() / 2
    for x in range(Num_classes):
        for y in range(Num_classes):
            info = int(conf_matrix[y, x])
            plt.text(x, y, info,verticalalignment='center',
                horizontalalignment='center',
                color="white"if info > thresh else "black")
    plt.tight_layout()
    plt.yticks(range(Num_classes), classes)
    plt.xticks(range(Num_classes), classes, rotation=10)
```

随后，选择最后的训练网络对测试集进行验证，绘制混合矩阵图，如图 10-33 所示。

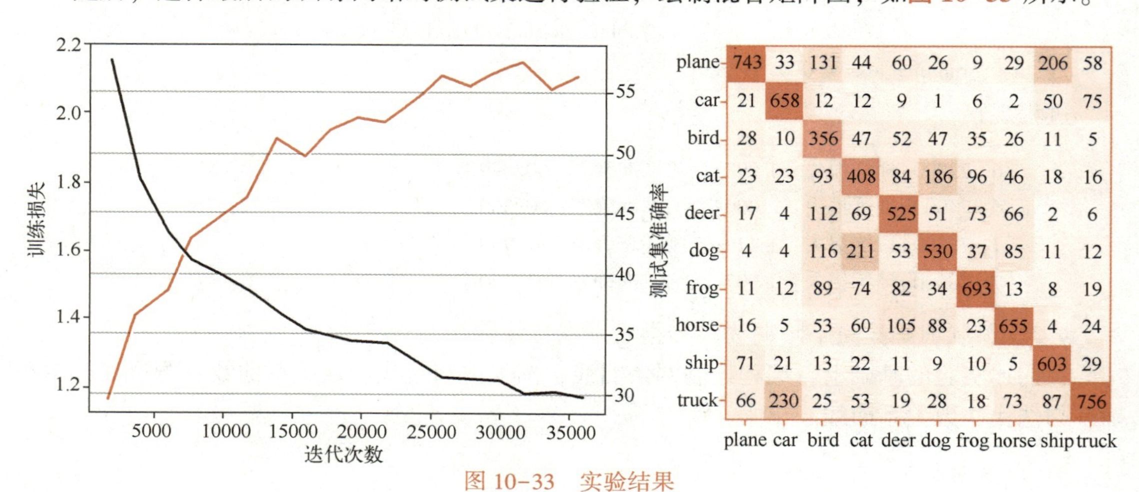

图 10-33　实验结果

在绘制混合矩阵时，需要定义混合矩阵生成函数 confusion_matrix(outputs, targets, conf_matrix)，其输入参数来自主程序的代码(images, targets) **in** testloader:和 outputs = net(images)。

习题

1. 设一张 3×32×32 彩色图像，经过 torch.nn.Conv2d(in_channels = 3, out_channels = 6, kernel_size = 5)卷积后，输出多少张特征图？每张特征图尺寸多大？
2. 编程实现手写数字识别。
3. 计算下列激活函数的导数：

$$y=\text{sigm}(x)=\frac{1}{1+e^{-x}}, \quad y=\tanh(x)=\frac{e^{x}-e^{-x}}{e^{x}+e^{-x}}$$

4. 理论分析图像卷积与互相关的异同点。
5. 解释深度卷积神经网络中，卷积核不需要旋转 180°。
6. 查阅资料，综述卷积核的种类。

参考文献

[1] KAIMING H, XIANGYU Z, SHAOQING R, et al. Delving Deep into Rectifiers: Surpassing Human-Level Performance on ImageNet Classification [C]//IEEE International Conference on Computer Vision, Santiago, Chile: IEEE, 2015.

[2] RUSSAKOVSKY O, DENG J, SU H, et al. ImageNet Large Scale Visual Recognition Challenge [J]. International Journal of Computer Vision, 2015, 115: 211-252.

第 11 章　强化学习

1911 年，Thorndike 提出效果律（Law of Effect），从心理学上探索强化思想：动物对感到舒适的行为会被强化，否则被弱化。1961 年，Marvin Minsky 在论文 “Steps toward artificial intelligence” 中第一次提出 “强化学习” 一词。经过几十年发展，深度强化学习已经成了当今研究热点。

强化学习（Reinforcement Learning，RL）是智能体在与环境互动中为达成目标（Goal）而进行的学习过程，已应用于游戏、金融、信息、博弈和智能控制等领域。一定意义上，监督学习是任务（回归和分类）驱动的学习，对输入数据进行识别，回答是什么；非监督学习是数据（无类别标签）驱动的学习，对输入数据进行聚类；而强化学习是环境驱动的学习，要求智能体对环境进行**感知**，然后选择适应环境的动作，输出的是决策，回答怎么做。

本章思维导图为：

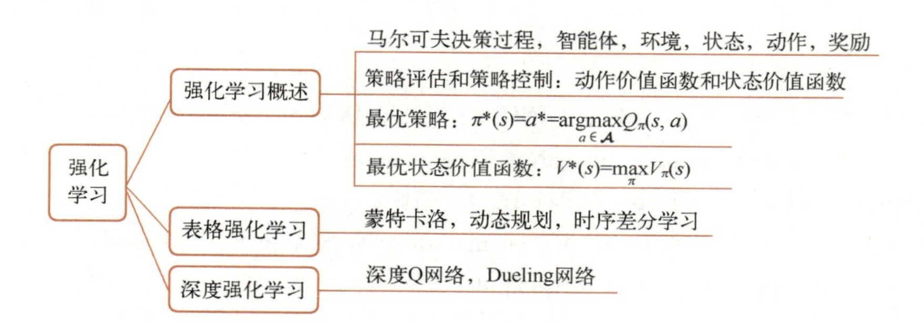

11.1　强化学习概述

扫码看视频

11.1.1　基本概念

如**图 11-1** 所示，这里先介绍一个**过程**、两个**主体**（智能体和环境）、三个**要素**（状态、动作和奖励）基本概念。

1. 马尔可夫决策过程

马尔可夫决策过程（Markov Decision Processes，MDP）构成强化学习的基本框架，形式化地描绘了**智能体**与**环境**之间的互动关系：在 t 时刻，智能体根据当前**状态** $z_t=s_i$ 做出**动作** $x_t=a_k$ 之后，环境会及时给智能体一个反馈**奖励** r_t，并赋予下一时刻一个新状态 $z_{t+1}=s_j$。

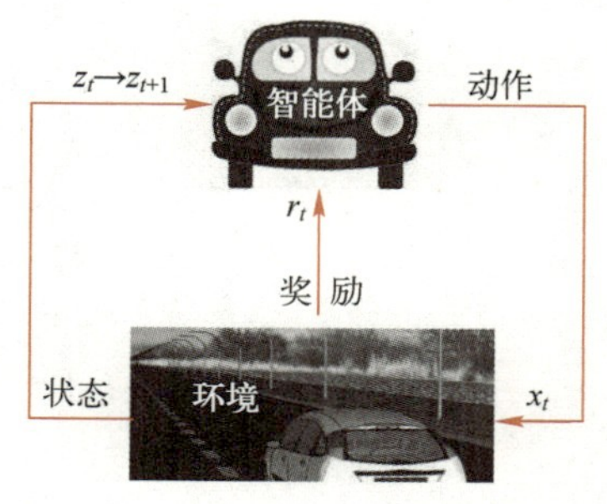

图 11-1　马尔可夫决策过程中的状态、动作和奖励

马尔可夫决策过程可用一个四元组 $\langle\mathcal{S},\mathcal{A},\mathcal{R},\mathcal{P}_{sa}\rangle$ 表示，其中，

- $\mathcal{P}_{sa}$ 为状态转移概率分布矩阵，$\mathcal{P}_{sa}: \mathcal{S} \times \mathcal{A} \mapsto \Omega(\mathcal{S})$。
- $\mathcal{R}$ 为在当前状态下采取行动后获得奖励的实值矩阵，$\mathcal{R}: \mathcal{S} \times \mathcal{A} \mapsto \mathbf{R}$。

有些书籍也说，马尔可夫决策过程用五元组 $\langle \mathcal{S}, \mathcal{A}, \mathcal{R}, \mathcal{P}_{sa}, \gamma \rangle$ 表示，其中，γ 为折扣因子。

2. 智能体（Agent）

智能体，是指可感知外界环境的状态（State）和接受反馈奖励（Reward），并具备学习能力（Learning）和决策功能（Policy）的实体。学习能力指智能体根据外界环境的奖励进行策略调整，而决策功能是智能体根据外界环境状态选择相应动作（Action）。

图 11-2 展示的无人驾驶汽车，智能体则为汽车。

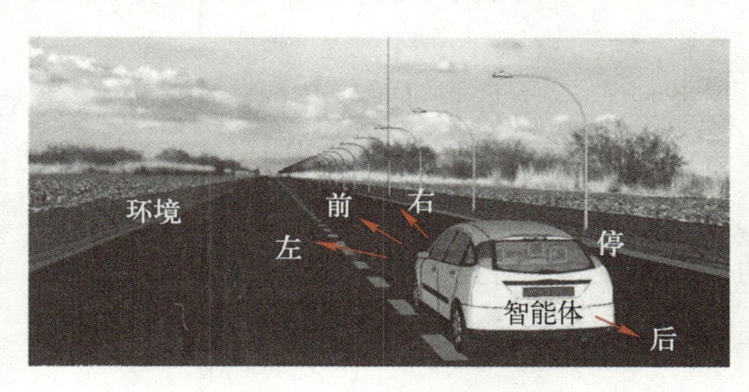

图 11-2　智能体和环境

3. 环境（Environment）

智能体从外部感知的所有事物和信息，称为环境，用**状态**描述。如无人驾驶汽车通过摄像头、拾音器、雷达和其他传感器感知交通灯状态、路上行人情况、嘈杂和智能体本身的温度、油量等物理信息。环境还能根据智能体选择的动作给出相应的反馈奖励，如网络游戏中获得不同数量金币和警察对违规驾驶行为进行扣分处理。

4. 状态（state）

状态是对智能体感知的环境的描述，用随机变量 s 表示。状态值 s 可以是离散的或连续的。所有观察到的状态值构成的空间称为状态空间$\mathcal{S}$，表示为

$$\mathcal{S} = \{s_1, s_2, \cdots, s_i, \cdots\}$$

有时用观察值（Observation）表示全局环境中的局部观测值。

智能体根据当前状态 $z_t = s_i$ 做出一个动作 a 之后，下一时刻环境状态转移为 $z_{t+1} = s_j$，s_i 和 s_j 可能相同，也可能不同，但都来自状态空间。

状态空间中元素之间的转换概率描述环境动态性，被称为**状态转移概率**，$p(z_{t+1} = s_j \mid z_t = s_i)$ 或 $p(s' \mid s)$，s 表示当前状态，s' 表示下一状态。

把时间维度融入状态空间则转换成马尔可夫决策过程，其转移模型表示成

$$p(z_{t+1} = s_j, r_t \mid z_t = s_i, x_t = a) \quad \text{或} \quad p(s', r_t \mid s, x_t = a)$$

式中，$a \in \mathcal{A}$，表示智能体选择的动作；$r_t \in \mathcal{R}$，表示环境给智能体的奖励。后续介绍。

转移模型表示：在当前状态 s_i/s 下智能体选择了动作 a，环境给予智能体奖励 r_t，并将环境状态转移为 s_j/s'。

如图 11-3 所示，马尔可夫决策过程与马尔可夫链相同的是：两者的状态转移都仅依赖于当前状态 z_t，与之前的所有状态无关；与马尔可夫链不同的是：马尔可夫决策过程中前后相邻状态之间多了一个需要决策的动作 $x_t = a$。

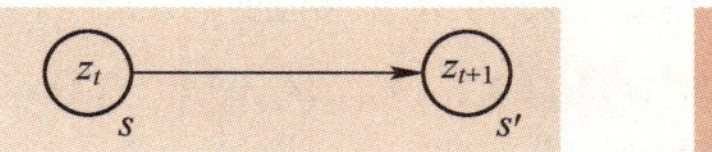

a) 马尔可夫链

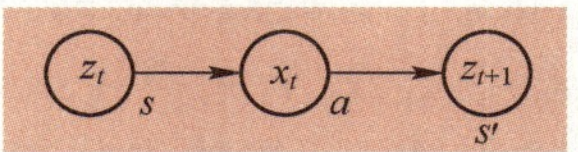

b) 马尔可夫决策过程

图 11-3　马尔可夫链和马尔可夫决策过程

5. 动作（action）

策略（Policy）是指智能体在当前状态 z_t 下从动作空间 $\{a_1,a_2,\cdots,a_k,\cdots\}$ 中选择一个**动作** a_k 的模型。动作 a 是对智能体能执行行为的描述，其描述值可以是离散的或连续的。

如图 11-2 所示，智能汽车根据当前状态做出“前进，后退，向左，向右，停车”五个动作，为离散值；如果描述方向盘动作，则用-90°～90°的连续变化角度表示，为连续值。

所有动作构成的空间称为**动作空间**，表示为$\mathcal{A}$，且

$$\mathcal{A}=\{a_1,a_2,\cdots,a_k,\cdots\}$$

图 11-2 中，$\mathcal{A}=\{$前,后,左,右,停$\}$。

6. 奖励（reward）

奖励是一个标量函数，用 R 表示所有奖励构成的集合。为了简洁，对奖励的大小不做区分，仅用 r_t 表示智能体在当前状态下采取动作后获得的奖励，如图 11-1 所示。

合理设计奖励会影响强化学习，如何设计奖励由最终目标决定。例如，对无人驾驶的奖励可理解为安全行驶、违章处罚、事故赔偿、低油耗等。

11.1.2 策略评估和策略控制

强化学习核心问题：在当前状态下，$z_t=s_i$，从动作集$\mathcal{A}$中选择一个最优动作。具体实施中涉及两个“进程”：策略评估和策略控制。先介绍两个基本函数：策略函数和价值函数。

1. 策略函数（Policy Function）和价值函数（Value Function）

（1）策略函数

智能体根据当前状态 $z_t=s$ 选择动作 $x_t=a$，用从状态到动作的映射函数 $\boldsymbol{\pi}:\mathcal{S}\mapsto\mathcal{A}$ 表述，称为**策略函数**，简称**策略**，通常是一个概率密度函数，表示为

$$\boldsymbol{\pi}:(a\mid s)\mapsto[0,1],\quad s\in\mathcal{S},a\in\mathcal{A} \tag{11.1}$$

$$\pi_i(a_i\mid s)=p(a_i\mid s),\quad \sum_i \pi_i(a_i\mid s)=1,i=1,2,\cdots,k,\cdots \tag{11.2}$$

例如，在图 11-2 所示畅通无阻的环境下，设执行相应动作的概率分别为

$$\pi_1(前\mid s)=0.5,\pi_2(后\mid s)=0.03,\pi_3(左\mid s)=0.2,\pi_4(右\mid s)=0.2,\pi_5(停\mid s)=0.07$$

其概率分布函数为 $\boldsymbol{\pi}:(s\mid a)=(0.5,0.03,0.2,0.2,0.07)$。

策略仅与当前状态有关，与历史信息无关，但智能体可以随着时间更新策略。

通常策略分为确定性策略（Deterministic Policy）和随机性策略（Stochastic Policy）两种。

在游戏中，选择随机性策略还是确定性策略影响都不大。但是在博弈论中，策略应该是随机的，否则对手容易把握你的规律而轻松赢你。

（2）价值函数

首先智能体根据当前状态 z_t 采取一个行为 x_t，然后环境根据选择的动作赋予智能体一个奖励 r_t，同时状态转移到下一状态 z_{t+1}，如此重复，最后得到一个行为轨迹（Trajectory）。从某状态（也可从初始状态）到终点状态的一段行为为完整轨迹中的一个片段/幕（Episode）。

$$(z_0,x_0,r_0),(z_1,x_1,r_1),\cdots,(z_t,x_t,r_t),(z_{t+1},x_{t+1},r_{t+1}),\cdots,(z_T,x_T,r_T)$$

序列中 z_T 表示终点状态，一般终点状态的奖励为零，$r_T=0$。

例如，在图 11-4 无人自动驾驶中，在 t 时刻状态，z_t=“交警直行示意”，智能体以大概

率直行；随机获得一个奖励，r_t="不罚款而且畅行"；畅行之后，路边突然窜出一头凶恶的灰熊。此时环境状态则变成了 z_{t+1}="熊出没"；智能体则需要根据新情况调整动作，如加速行驶还是左右转向回避等。

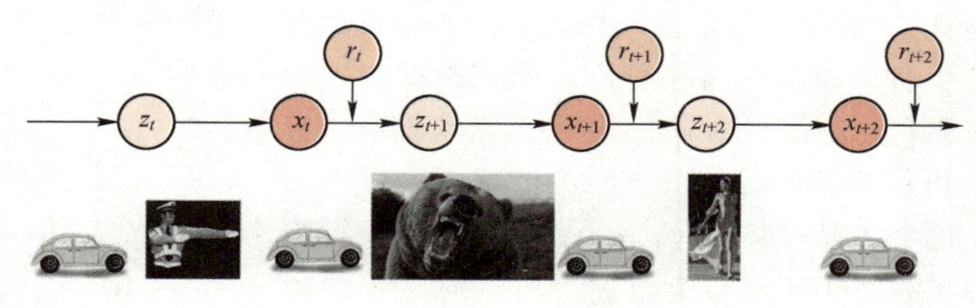

图 11-4　无人驾驶行为轨迹

尽管智能体是根据当前状态 z_t 采取动作 x_t，但是强化学习往往需要掌握未来得到所有奖励之和，进而学习各种参数。将智能体从 (z_t, x_t) 开始到 (z_T, x_T) 获得的所有回报累加起来称为**累积未来回报**（Cumulative Future Reward），表示为

$$G_t = r_t + r_{t+1} + r_{t+2} + \cdots \tag{11.3}$$

然而，无论未来有多久远，根据式（11.3）其奖励权重相同，显然不合理。以金融为例，今天获得的 1 元比明天获得的 1 元更有价值，因为可以早一天考虑投资获得更多收益。同样，在自动驾驶中，今天因违章而被罚款，可以对智能体更有启示。

为让智能体重视即时回报，通常引入折扣率 γ 建立**累积折扣未来回报**，即

$$G_t = r_t + \gamma r_{t+1} + \gamma^2 r_{t+2} + \gamma^3 r_{t+3} + \cdots, \quad 0 \leqslant \gamma \leqslant 1 \tag{11.4}$$

式中，γ 为未来回报的折扣因子。尽管奖励 r 仅依赖于当时环境的状态和所采取的动作，但 G_t 依赖于 t 时刻及以后所有的状态和奖励。由于动作选择和状态转移都是随机的，其中，动作依赖于策略函数 $\boldsymbol{\pi}:(a|s)$，状态依赖于状态转移 $p(s_j|s_i, a)$，所以从当前状态 $z_t = s_i$ 到最终状态 z_T 存在多条行为轨迹。

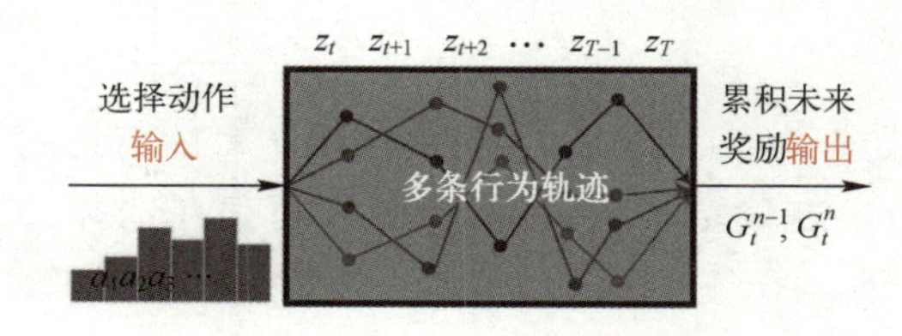

图 11-5　智能体的多条行为轨迹

如**图 11-5** 所示，用 $G_t^n (n=1,2,\cdots,N)$ 表示第 n 条行为轨迹的累积未来回报。

因为

$$G_t = r_t + \gamma r_{t+1} + \gamma^2 r_{t+2} + \gamma^3 r_{t+3} + \cdots = r_t + \gamma(r_{t+1} + \gamma r_{t+2} + \gamma^2 r_{t+3} \cdots) = r_t + \gamma G_{t+1}$$

所以，相邻时刻的**累积折扣未来回报**可以迭代计算，即

$$G_t = r_t + \gamma G_{t+1} \tag{11.5}$$

式中，r_t 称为即时奖励；第二项称为下一时刻的折扣累积未来回报。

价值函数又分为**动作价值函数**和**状态价值函数**。

1）动作价值函数（Action-value Function），$Q_\pi(s, a)$，将 (s, a) 称为**状态-动作对**（State-action Pairs）。

如前所述，由于环境的状态转移的随机性，智能体在当前状态 $z_t = s_i$ 下做任何一个决策，即选择任何一个动作 $x_t = a_k$，都会有许多不一样的行为轨迹 G_t。即在任何 (s, a) 都有多条行为轨迹。

看图 11-6，设当前状态 z_t=“交警直行示意”，智能体以概率 0.5 选择动作 x_t=“前”，并获得奖励 r_t。根据 $p(z_{t+1}, r_t \mid s, x_t=a_k)$，环境将转移到下一状态 $z_{t+1}=s'$，可能是：交警直行示意、熊出没或行人示意搭车等。即 (s,a)=(“交警直行示意”,“前”)在下一时刻有几种可能状态，一种状态对应一条分支。如果此时有人示意搭车，智能体靠右，获得奖励 r_{t+1}。在每个新状态下，智能体做新决策，再形成新的可能分支，如此反复，直至结束。毫无疑问，每个状态-动作对 (s_i, a_k) 都存在许多条行为轨迹。假设图中实线箭头所示行为轨迹为同一条，用 G_t^n 和 G_{t+1}^n 分别表示从 t 时刻和 $t+1$ 时刻开始的轨迹。

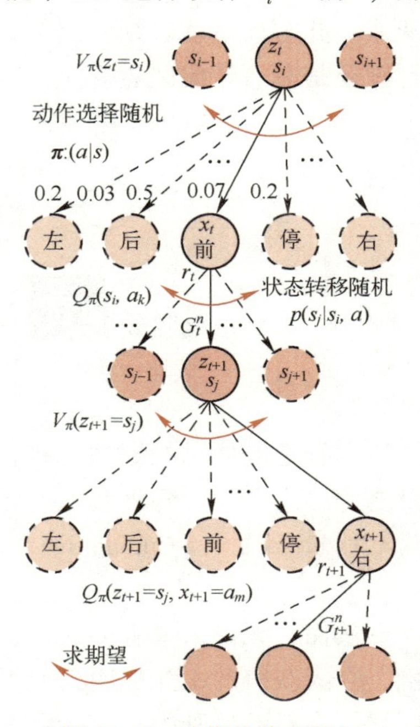

图 11-6　动作价值函数和状态价值函数

定义在策略 π 下 (s,a) 所属行为轨迹的累积未来回报的**期望**为 (s,a) 的**动作价值函数**，即

$$Q_\pi(s,a)=\mathrm{E}_\pi(G_t \mid z_t=s, x_t=a) \tag{11.6}$$

至此，$Q_\pi(s,a)$ 既不存在 $z_{t+1}, z_{t+2}, \cdots$ 的状态随机性，也不存在 $x_{t+1}, x_{t+2}, \cdots$ 的动作随机性，仅衡量了“在 $z_t=s$ 下智能体选择动作 $x_t=a$”的决策良莠，即状态-动作对 (s,a) 的良莠。

根据式（11.5），动作价值函数可由**贝尔曼方程**（Bellman Equation）递推计算，得

$$\begin{aligned} Q_\pi(s,a) &= \mathrm{E}_\pi[(r_t+\gamma G_{t+1}) \mid (s,a)] = r_s^a + \gamma \mathrm{E}_\pi[G_{t+1} \mid (s,a)] \\ &= r_s^a + \gamma \sum_{s' \in \mathcal{S}} \left[p(s' \mid (s,a)) \sum_{a' \in \mathcal{A}} \pi(a' \mid s') Q_\pi(s',a') \right] \end{aligned} \tag{11.7}$$

式中，$a, a' \in \mathcal{A}$，下一个动作 a' 可能与当前动作 a 相同；$r_t=r_s^a$ 表示 (s,a) 的即时奖励。

在确定状态-未知动作之间存在选择。如图 11-6 所示：在 $z_t=s_i$ 下智能体有五种动作{前,后,左,右,停}，则有五种“状态-动作对”：$Q_\pi(z_t=s_i, x_t=$“前”$)$，$Q_\pi(z_t=s_i, x_t=$“后”$)$，$Q_\pi(z_t=s_i, x_t=$“左”$)$，$Q_\pi(z_t=s_i, x_t=$“右”$)$，$Q_\pi(z_t=s_i, x_t=$“停”$)$。

同一状态 s_i 有五种动作与之配对，那选择哪一个动作呢？

当然，选择使 $Q_\pi(s,a)$ 最大的**动作**作为当前状态的最优决策（用 π^* 表示），该**动作**对应的动作价值函数被称为**优化动作价值函数**（Optimal Action-value Function），即

$$Q^*(s,a)=\max_{a \in \mathcal{A}} Q_\pi(s,a) \tag{11.8}$$

$Q^*(s,a)$ 告诉智能体在当前状态 $z_t=s$ 下，**最优策略**是选择能获得期望奖励最大的动作，即

$$\pi^*(s)=a^*=\arg\max_{a \in \mathcal{A}} Q_\pi(s,a) \tag{11.9}$$

此式说明：在当前状态 $z_t=s$ 下，智能体从动作集合 $\mathcal{A}$ 中选择动作 a^* 可获得 $Q^*(s,a)=Q_\pi(s,a^*)$，选择该动作即为最优策略。

2）状态价值函数（State-value Function）$V_\pi(s)$，回看图 11-6，还可计算每个状态 s_i 下动作价值函数值的期望：

$0.2 \times Q_\pi(s_i,$“左”$) + 0.03 \times Q_\pi(s_i,$“后”$) + 0.5 \times Q_\pi(s_i,$“前”$) + 0.07 \times Q_\pi(s_i,$“停”$) + 0.2 \times$

$Q_\pi(s_i,$“右”$)$

显然，动作价值函数值的**期望**消除了每个状态后智能体对动作选择的随机性。

为此，策略 π 下的**状态价值函数** $V_\pi(s)$ 定义为当前状态 $z_t=s$ 下依策略 $\boldsymbol{\pi}:(a|s)$ 获得累积折扣未来回报的期望，即

$$V_\pi(z_t=s)=\mathrm{E}_\pi(G_t|z_t=s) \tag{11.10}$$

相当于定义为 $z_t=s$ 下所有可能动作的**动作价值期望**，从而获得了状态价值函数与动作价值函数之间的关系，即

$$V_\pi(s)=\mathrm{E}_{\mathcal{A}}[Q_\pi(s,\boldsymbol{\mathcal{A}})]=\begin{cases}\sum\limits_{a\in\boldsymbol{\mathcal{A}}}\pi(a|s)Q_\pi(s,a), & a\text{ 是离散的}\\ \int\pi(a|s)Q_\pi(s,a)\mathrm{d}a, & a\text{ 是连续的}\end{cases} \tag{11.11}$$

状态价值函数 $V_\pi(s)$ 对当前环境状态 $z_t=s$ 的前景进行评价。例如玩游戏，玩家在当前状态是要赢了还是要输了。$V_\pi(z_t=s)$ 数字越大，前景越好。

状态价值函数可由**贝尔曼方程**递推计算，得

$$\begin{aligned}V_\pi(z_t=s)&=\mathrm{E}_\pi[(r_t+\gamma r_{t+1}+\gamma^2 r_{t+2}+\cdots)|z_t=s]\\&=\mathrm{E}_\pi[(r_t+\gamma G_{t+1})|z_t=s]\\&=\mathrm{E}_\pi(r_t|z_t=s)+\gamma\mathrm{E}_\pi(G_{t+1}|z_t=s)\\&=\sum_{a\in\boldsymbol{\mathcal{A}}}\pi(a|s)r_s^a+\gamma\sum_{a\in\boldsymbol{\mathcal{A}}}\pi(a|s)\sum_{s'\in\boldsymbol{\mathcal{S}}}p(s'|(s,a))\mathrm{E}_\pi[G_{t+1}|z_{t+1}=s']\\&=\sum_{a\in\boldsymbol{\mathcal{A}}}\pi(a|s)r_s^a+\\&\quad\gamma\sum_{a\in\boldsymbol{\mathcal{A}}}\left(\pi(a|s)\sum_{s'\in\boldsymbol{\mathcal{S}}}p(s'|(s,a))V_\pi(z_{t+1}=s')\right)\end{aligned} \tag{11.12}$$

式中，第一项为即时奖励的期望，r_s^a 表示当前状态 s 下智能体选择动作为 a 后获得的奖励，$r_t=\{r_s^a\}$，相当于 (s,a) 奖励集合；第二项为下一时刻所有状态价值的折扣期望。

图 11-7 给出了贝尔曼方程递推示意图。

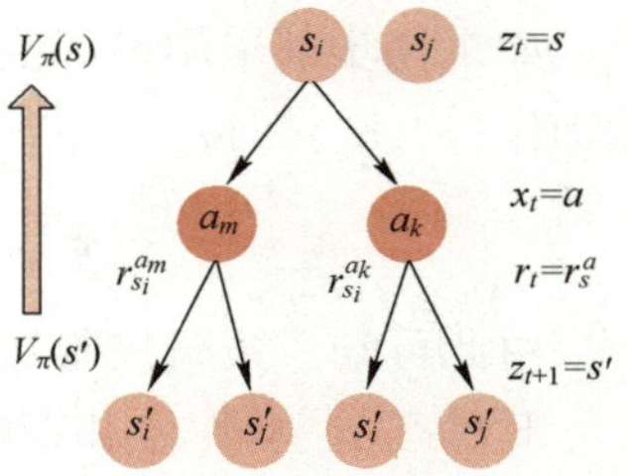

式（11.12）表明用后续状态价值的估计值来更新当前状态价值的估计值，这一过程称为自举法。

设有两个策略，$\pi_i(a|s)$ 和 $\pi_j(a|s)$，如果 $V_{\pi_i}(s)\geqslant V_{\pi_j}(s)$，则可认为策略 $\pi_i(a|s)$ 不逊于策略 $\pi_j(a|s)$。如果存在多个策略，至少存在一个最优策略，用 π^* 表示。

图 11-7　贝尔曼方程递推示意

同样，定义**最优状态价值函数**为

$$V^*(s)=\max_\pi V_\pi(s) \tag{11.13}$$

综上所述：动作价值函数和状态价值函数都是计算每条轨迹在 t 时刻及之后时刻累积折扣奖励的期望。最优价值函数明确了 MDP 的最优可能表现，一旦获得了最优价值函数，MDP 已经完全建立，可以进行决策应用。

2. 策略评估和策略控制的概念

策略控制目标是根据当前的 $V_\pi(z_t=s_i)$，（通常采用贪婪算法）选择最优动作策略。

(1) 策略评估（Policy Evaluation/prediction）

给定策略 $\boldsymbol{\pi}:(a|s)$ 下，计算状态价值函数 $V_\pi(s)$。具体做法是：根据式（11.12），用后

续的状态价值 $V_\pi(z_{t+1}=s')$ 更新当前时刻的状态价值 $V_\pi(z_t=s)$，可写成

$$V_\pi(s)=\sum_{a\in\mathcal{A}}\left[\pi(a|s)\left(r_s^a+\gamma\sum_{s'\in\mathcal{S}}p(s'|(s,a))(V_\pi(s'))\right)\right] \tag{11.14}$$

这是**迭代策略评估**（Iterative Policy Evaluation）的基本公式。

式中红色括号内代表 $z_t=s$ 状态下，智能体选择不同动作后形成不同行为轨迹的累积未来回报的**期望**，即 (s,a) 的动作价值函数。例如，**图 11-6** 中从状态 s_i 输出的不同箭头，每个箭头代表一个动作 a_k，每个动作 a_k 对应一个概率 $\pi(a_k|s_i)$，计算动作价值函数关于动作的期望 $\sum_{a_k\in\mathcal{A}}[\cdot]$ 即为 $V_\pi(z_t=s)$。显然状态价值函数消除了该状态对动作选择的随机性。

当一个 MDP 的策略、奖励和状态转移概率都已知时，根据式（11.14）可列出 $|\mathcal{S}|$ 个方程，求解方程组后精确计算每个 $V_\pi(s)$。但是，实际应用中由于状态数较多而不宜求解方程组，而是采用迭代方式估算状态价值。迭代策略评估算法：首先需要初始化 $V_\pi(s)$，然后根据式（11.14）计算 $V_\pi(s')$ 并更新当次 $V_\pi(s)$，重复这个计算和更新过程，直至收敛。

（2）策略控制（Policy Control/improvement）

根据当前的 $V_\pi(z_t=s)$，（通常采用贪心算法）选择最优动作策略 $\pi^*(a|s)$。

结合**图 11-6**，根据式（11.6）和式（11.10）可推导出 $Q_\pi(z_t=s,a)$ 和 $V(z_{t+1}=s')$ 之间的关系为

$$\begin{aligned}Q_\pi(s,a)&=r_t+\gamma\sum_{s'\in\mathcal{S}}\left(p(s'|(s,a))\sum_{a'\in\mathcal{A}}\pi(a'|s')Q_\pi(s',a')\right)\\&=r_t+\gamma\sum_{s'\in\mathcal{S}}[p(s'|(s,a))V(s')]\end{aligned} \tag{11.15}$$

对于确定的 $(z_t=s,x_t=a)$，r_t 已经确定，所以 r_t 对动作选择已经无意义，也可以忽略常数 γ。所以，式（11.9）等价于最优策略，即

$$\pi^*(s)=a^*=\arg\max_{a\in\mathcal{A}}\left(\sum_{s'\in\mathcal{S}}[p(s'|(s,a))V_\pi(s')]\right) \tag{11.16}$$

如果每步都采用最优策略，则我们可以理解为：当前状态 $z_t=s$ 的最优策略是从所有可能动作 $\{a_1,a_2,\cdots,a_k,\cdots\}$ 中挑选使得下一时刻最大状态价值期望的动作，即

$$\pi^*(s)=\arg\max_{a\in\mathcal{A}}\left(\sum_{s'\in\mathcal{S}}[p(s'|(s,a))V_\pi^*(s')]\right) \tag{11.17}$$

由此可知：策略控制是一系列的择优过程。

对状态 s、动作 a 和策略 π 而言，存在如下关系：

$$\begin{cases}V_{\pi^*}(s)=V^*(s)\geqslant V_\pi(s)\\Q_{\pi^*}(s,a)=Q^*(s,a)\geqslant Q_\pi(s,a)\end{cases} \tag{11.18}$$

即所有最优策略，$\pi^*\geqslant\pi,\forall\pi$，具有相同的最优状态价值和相同的最优动作价值。

任何 MDP 始终都有确定性的最优策略。

例 11.1 设有一个升学就业的马尔可夫过程，其中主线为学生经历学士、硕士或博士阶段学习后选择就业。过程中可能在本科阶段退学，或大学/硕士毕业后赋闲在家一段时间再攻读高一层次学位，把毕业与再求学之间的短暂就业认为是赋闲状态，并假设硕士生和博士生不会选择退学。其马尔可夫过程如**图 11-8** 所示，图中圆圈表示学生所处**状态**。方格“就业”和“退学”为终止状态，自转概率为 100%。箭头上数字表示状态转移概率，如硕

士生毕业后选择直接就业、攻读博士学位和赋闲在家的概率分别为 0.60、0.25 和 0.15。为简化，假设攻读博士学位不必先硕士毕业，赋闲在家也可自学获得硕士同等学历。

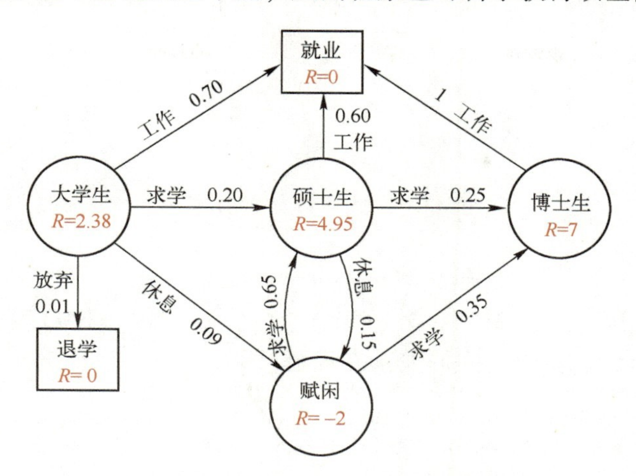

图 11-8　升学就业的马尔可夫决策过程

根据此马尔可夫决策过程，一个学生从大学生开始到最终就业可能的完整轨迹不限于**表 11.1** 所列的马尔可夫链，包括退学（Leave school，LS）、大学生（BS）、硕士生（MA）、博士生（PhD）、赋闲（At Home，AH）和就业（Employment，EM）共六个状态。

表 11.1　大学生成长过程中部分可能行为轨迹的累积折扣未来回报

马尔可夫链	累积折扣未来回报 G_t，设 $\gamma=0.5$
大学生⇒就业	$2.38+0.5\times0=2.38$
大学生⇒硕士生⇒就业	$2.38+0.5\times4.95+0.5^2\times0=4.855$
大学生⇒硕士生⇒博士生⇒就业	$2.38+0.5\times4.95+0.5^2\times7+0.5^3\times0=6.605$
大学生⇒赋闲⇒博士生⇒就业	$2.38+0.5\times(-2)+0.5^2\times7+0.5^3\times0=2.6175$
大学生⇒赋闲⇒硕士生⇒博士生⇒就业	$2.38+0.5\times(-2)+0.5^2\times4.95+0.5^3\times7+0.5^4\times0=3.4925$

状态集合$\boldsymbol{\mathcal{S}}=\{\mathrm{LS},\mathrm{BS},\mathrm{MA},\mathrm{PhD},\mathrm{AH},\mathrm{EM}\}$。

$$
\text{状态转移概率矩阵为 } \boldsymbol{P}=\begin{array}{c} \\ \mathrm{LS} \\ \mathrm{BS} \\ \mathrm{MA} \\ \mathrm{PhD} \\ \mathrm{AH} \\ \mathrm{EM} \end{array}\begin{array}{c} \begin{array}{cccccc} \mathrm{LS} & \mathrm{BS} & \mathrm{MA} & \mathrm{PhD} & \mathrm{AH} & \mathrm{EM} \end{array} \\ \begin{pmatrix} 1 & 0 & 0 & 0 & 0 & 0 \\ 0.01 & 0.00 & 0.20 & 0.00 & 0.09 & 0.70 \\ 0 & 0 & 0 & 0.25 & 0.15 & 0.60 \\ 0.00 & 0.00 & 0.00 & 0.00 & 0.00 & 1.00 \\ 0 & 0 & 0.65 & 0.35 & 0 & 0 \\ 0 & 0 & 0 & 0 & 0 & 1 \end{pmatrix} \end{array}\text{。}
$$

接下来在**图 11-8** 中给每个状态设置相应回报，用**红色**字母数字（$R=$）表示。在当前状态 $z_t=s$ 下，智能体执行动作 $x_t=a$ 后能获得的**回报期望**，即式（11.14）右边第一项，有

$$R(s)=\mathrm{E}_{\pi}(r_s^a\,|\,z_t=s)=\sum_{a\in\mathcal{A}}[\pi(a\,|\,s)r_s^a] \tag{11.19}$$

如**图 11-9** 所示，$z_t=s_i$的回报期望为

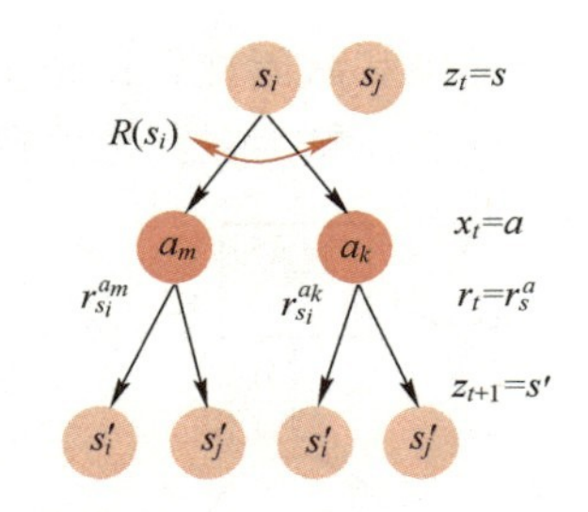

图 11-9　式（11.19）示意图

$$R(s_i)=\pi(a_m|s_i)r_{s_i}^{a_m}+\pi(a_k|s_i)r_{s_i}^{a_k}$$

用 $V_\pi(\mathrm{LS})$、$V_\pi(\mathrm{BS})$、$V_\pi(\mathrm{MA})$、$V_\pi(\mathrm{PhD})$、$V_\pi(\mathrm{AH})$ 和 $V_\pi(\mathrm{EM})$ 表示各状态价值。根据式（11.14），可列出状态价值之间的关系方程组：

$$\begin{cases}V_\pi(\mathrm{EM})=0\\ V_\pi(\mathrm{PhD})=R(\mathrm{PhD})+\gamma\times p(\mathrm{EM}|\mathrm{PhD})\times V_\pi(\mathrm{EM})\\ V_\pi(\mathrm{MA})=R(\mathrm{MA})+\gamma\times[p(\mathrm{EM}|\mathrm{MA})\times V_\pi(\mathrm{EM})+p(\mathrm{PhD}|\mathrm{MA})\times V_\pi(\mathrm{PhD})+\\ \qquad p(\mathrm{AH}|\mathrm{MA})\times V_\pi(\mathrm{AH})]\\ V_\pi(\mathrm{BS})=R(\mathrm{BS})+\gamma\times[p(\mathrm{EM}|\mathrm{BS})\times V_\pi(\mathrm{EM})+p(\mathrm{MA}|\mathrm{BS})\times V_\pi(\mathrm{MA})+\\ \qquad p(\mathrm{AH}|\mathrm{BS})\times V_\pi(\mathrm{AH})+p(\mathrm{LS}|\mathrm{BS})\times V_\pi(\mathrm{LS})]\\ V_\pi(\mathrm{AH})=R(\mathrm{AH})+\gamma\times[p(\mathrm{MA}|\mathrm{AH})\times V_\pi(\mathrm{MA})+p(\mathrm{PhD}|\mathrm{AH})\times V_\pi(\mathrm{PhD})]\\ V_\pi(\mathrm{LS})=0\end{cases}$$

六个未知数六个方程，理论上通过求解方程组可以精确获得每个状态的状态价值。

下面进行迭代计算，设 $V_\pi(\mathrm{LS})$、$V_\pi(\mathrm{BS})$、$V_\pi(\mathrm{MA})$、$V_\pi(\mathrm{PhD})$、$V_\pi(\mathrm{AH})$ 和 $V_\pi(\mathrm{EM})$ 的初始值全为零。因为没有后续状态，则 $V_\pi(\mathrm{EM})=0$，$V_\pi(\mathrm{LS})=0$。

第一次迭代，注意：迭代等式右边全部用旧的状态价值。

$$V_\pi(\mathrm{PhD})=R(\mathrm{PhD})+\gamma\times p(\mathrm{EM}|\mathrm{PhD})\times V_\pi(\mathrm{EM})=7+0.5\times1\times0=7$$

$$V_\pi(\mathrm{MA})=R(\mathrm{MA})+\gamma\times[p(\mathrm{EM}|\mathrm{MA})\times V_\pi(\mathrm{EM})+p(\mathrm{PhD}|\mathrm{MA})\times V_\pi(\mathrm{PhD})+p(\mathrm{AH}|\mathrm{MA})\times V_\pi(\mathrm{AH})]$$

$$V_\pi(\mathrm{MA})=4.95+0.5\times(0.60\times0+0.25\times0+0.15\times0)=4.95$$

$$V_\pi(\mathrm{BS})=R(\mathrm{BS})+\gamma\times[p(\mathrm{EM}|\mathrm{BS})\times V_\pi(\mathrm{EM})+p(\mathrm{MA}|\mathrm{BS})\times V_\pi(\mathrm{MA})+p(\mathrm{AH}|\mathrm{BS})\times V_\pi(\mathrm{AH})+p(\mathrm{LS}|\mathrm{BS})\times V_\pi(\mathrm{LS})]$$

$$V_\pi(\mathrm{BS})=2.38+0.5\times(0.70\times0+0.20\times0+0.09\times0+0.01\times0)=2.38$$

$$V_\pi(\mathrm{AH})=R(\mathrm{AH})+\gamma\times[p(\mathrm{MA}|\mathrm{AH})\times V_\pi(\mathrm{MA})+p(\mathrm{PhD}|\mathrm{AH})\times V_\pi(\mathrm{PhD})]$$

$$V_\pi(\mathrm{AH})=-2+0.5\times(0.65\times0+0.35\times0)=-2$$

第二次迭代，注意：迭代等式右边全部用旧的状态价值。

$$V_\pi(\mathrm{PhD})=7+0.5\times1\times0=7$$

$$V_\pi(\mathrm{MA})=4.95+0.5\times[0.60\times0+0.25\times7+0.15\times(-2)]=5.675$$

$$V_\pi(\mathrm{BS})=2.38+0.5\times[0.70\times0+0.20\times4.95+0.09\times(-2)+0.01\times0]=2.785$$

$$V_\pi(\mathrm{AH})=-2+0.5\times(0.65\times4.95+0.35\times7)=0.83375$$

重复上述迭代过程，直至收敛。本例在第五次迭代后基本收敛。读者可以编程验证。

在马尔可夫过程中增加动作选择，并赋予即时奖励后称为马尔可夫决策过程。本例共有放弃、休息、求学和工作四个动作，即

$$\mathcal{A}=\{放弃,休息,求学,工作\}$$

结合状态$\mathcal{S}$，可获得决策 $\boldsymbol{\pi}:(a|s)$，结果列于表 11.2。

表 11.2　例 11.1 状态价值迭代结果

$\boldsymbol{\pi}:(a\|s)/r_s^a$	放弃	休息	求学	工作	$\sum_{a\in\mathcal{A}}[\pi(a\|s)r_s^a]$	$V_\pi(\mathcal{S})$	
						第五次	第十次
退学（LS）	1/0	0/0	0/0	0/0	0	0	0
大学生（BS）	0.01/−3	0.09/−1	0.20/2	0.70/3	2.38	3.02175	3.02267
硕士生（MA）	0/0	0.15/−1	0.25/6	0.60/6	4.95	5.91038	5.91095
博士生（PhD）	0/0	0/0	0/0	1/7	7	7	7
赋闲（AH）	0/0	0/0	1/−2	0/0	−2	1.14419	1.14606
就业（EM）	0/0	0/0	0/0	1/0	0	0	0

11.1.3　强化学习分类

1. 按模型分基于模型（Model-Based）和无模型（Model-Free）强化学习两类

模型（Model）是指在环境中各种状态之间的转换概率分布。

（1）基于模型的强化学习

需要已知环境中所有状态、策略分布、奖励和转移概率等模型函数，即：$s\in\mathcal{S}$，$\mathcal{A}\sim\boldsymbol{\pi}:(a|s)$，$r_t$，$p(s',r_t|s,a)$。

智能体根据模型做出决策、获得奖励 r_t并转移到下一状态 $z_{t+1}=s'$。

基于动态规划的强化学习属于有模型学习算法。如实际生活中的迷宫游戏和围棋。

（2）无模型的强化学习

预先没有状态转移$\mathcal{P}_{sa}$和奖励$\mathcal{R}$，仅能从观察到部分片段（经验）中学习价值函数和策略。算法中有蒙特卡洛、Q-Learning 和 Sarsa 等。实际中如 Atari 游戏等。

2. 按策略分同轨策略（on-policy）和离轨策略（off-policy）两类

用于生成采样数据的策略称为行动策略（Behavior Strategy），而用于实际决策（无论是待评估的还是需改进的）的策略称为目标策略（Target Strategy）。

- 同轨策略：行动策略与目标策略相同。
- 离轨策略：行动策略与目标策略不相同。

例如，SARSA 是同轨策略，Q-Learning 则是离轨策略。

3. 基于价值和基于策略的强化学习

两者都希望某种状态的智能体在执行一系列动作后得到收益回报最大。如图 11-10 所示，基于策略的强化学习和基于价值的强化学习的区别在于已知条件和学习目标不一致：前者已知策略，学习状态价值函数；而后者已知状态价值函数，学习最优策略。

基于价值的强化学习有 Q 学习和 Sarsa 等算法，对策略进行优化，使策略能获得最大价值奖励；基于策略的强化学习算法有策略梯度等算法，智能体不需要显式策略，通过价值表，选择最优策略。Actor-Critic（演员-评判家）是一种结合体，以基于价值的强化学习和

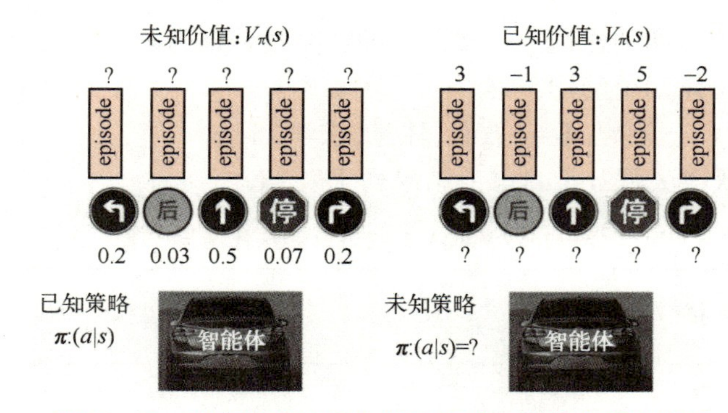

图 11-10 基于策略的强化学习和基于价值的强化学习

基于策略的强化学习为基础。智能体根据策略做出决策，而价值函数对选择的动作给出价值，以便在原有策略梯度算法的基础上加速学习过程，取得更好的效果。

11.2 表格强化学习

对于离散状态和离散动作的有限 MDP，我们可以采用一个表格方式穷举各种状态-动作对(s_i, a_k)的组合，表格中的数值代表状态价值函数值，称为 Q 表，用 $Q(s,a)$ 表示。通常用列表示状态，用行表示动作。如果表格中存放的是未来累积奖励，则称为 $G(s,a)$ 表。

通过访问 Q 表计算和更新期望回报奖励（策略评估），或选择最优动作（策略控制）的强化学习称为表格强化学习（Tabular reinforcement learning，TRL）。

11.2.1 蒙特卡洛

蒙特卡洛（Monte Carlo，MC）的基本思想是：用大量随机试验估计未知量。

比如用大量分布在正方形和其内切圆的随机点估计 π，即

$$\pi = 4\times\frac{\pi r^2}{(2r)^2} \approx 4\times\frac{N_c}{N} \tag{11.20}$$

式中，N 为正方形中随机点数，其中分布在圆内的点为 N_c。点数越多，精度越高。

基于蒙特卡洛的强化学习是一种无模型学习，从策略 $\boldsymbol{\pi}:(\cdot|s)$下完整经验轨迹中学习或逼近价值函数。该算法中每个轨迹都需要有终止状态，即完整轨迹。

设用策略 $\boldsymbol{\pi}:(\cdot|s)$形成了从初始状态 $t=0$ 到终止状态 $t=T$ 的所有行为轨迹，如图 11-11 所示。

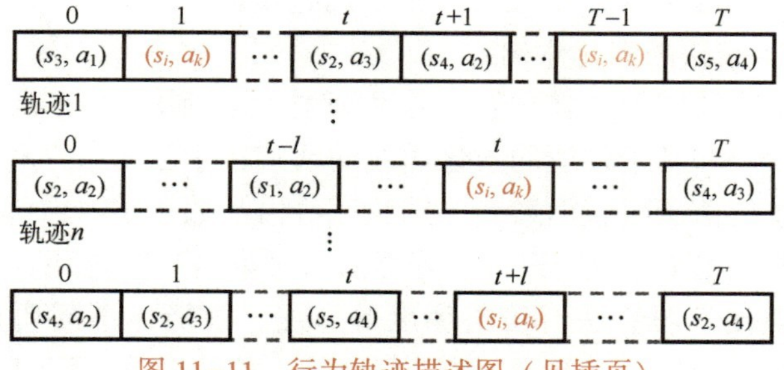

图 11-11 行为轨迹描述图（见插页）

毫无疑问：每个状态-动作对在行为轨迹中可能多次出现，**图 11-11** 中红色(s_i,a_k)表示首次出现在行为轨迹中。至此，我们自然可以想到用蒙特卡洛从非常多的包含(s_i,a_k)的行为轨迹中随机选择 N 条，估算动作价值函数

$$Q_{\pi}(s_i,a_k)=\frac{1}{N}\sum_{n=1}^{N}[G_t^n|z_t=s_i,x_t=a_k],\quad t=0,1,2,\cdots,T \tag{11.21}$$

首先，将**图 11-11** 中每一条轨迹转换成如**图 11-12** 所示的一张表。**图 11-12** 中第 n 张表的单元格(i,k)表示**图 11-11** 中第 n 条轨迹中的一个状态-动作对(s_i,a_k)，用 $G(n,s_i,a_k)$表示该单元格。然后，计算对这 n 张表求平均，获得 $Q(s_i,a_k)$。

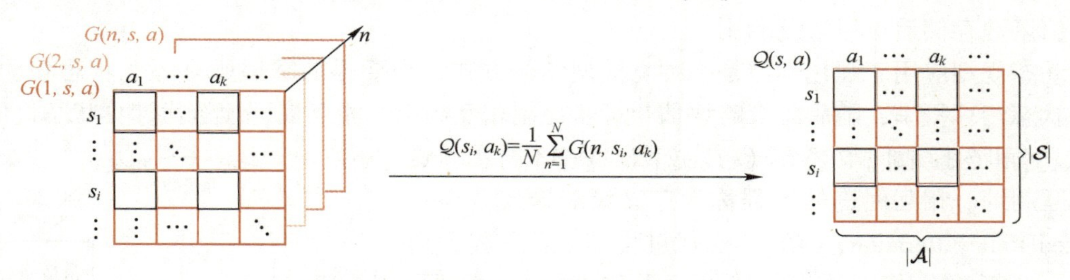

图 11-12　累积未来奖励表与动作-价值表转换，式（11.21）（见插页）

如果仅用状态-动作对在行为轨迹第一次出现的回报奖励 r 更新 $G=r_t+\gamma G$，称为**首次访问（first visit）**的蒙特卡洛方法。在**图 11-11** 中，如果通过轨迹 1 进行价值估计，$Q(s,a)$的第一张表中位置(i,k)只会填写(s_i,a_k)在轨迹中首次出现时$(t=1)$的 $G_{t=1}^1$，而不是 $G_{t=T-1}^1$。

如果考虑一条行为轨迹中所有状态-动作对，通常用它们的所有回报奖励 r 的平均值，则称为**每次访问（every visit）**的蒙特卡洛方法。假设在**图 11-11** 中轨迹 1 中(s_i,a_k)出现了两次，则 $Q(s,a)$的第一张表中位置(i,k)只会填写这两次的平均值，即得$(G_{t=1}^1+G_{t=T-1}^1)/2$。

尽管每次访问计算量大，但在完整的经历样本序列较少的情形下比首次访问实用。

一个改进处理措施是：在每次迭代时，仅保存上一轮迭代得到的收获均值$\bar{G}$与次数 N；在本次迭代时，仅需计算和保存当前轮收获均值和次数。通过下式供读者理解此过程：

$$\mu_N=\frac{1}{N}\sum_{n=1}^{N}x_n=\frac{1}{N}\left(x_N+\sum_{n=1}^{N-1}x_n\right)=\frac{1}{N}(x_N+(N-1)\mu_{N-1})=\mu_{N-1}+\frac{1}{N}(x_N-\mu_{N-1})$$

$$Q(s_i,a_k)=Q(s_i,a_k)+\frac{1}{N(s_i,a_k)}(G_t-Q(s_i,a_k)) \tag{11.22}$$

在算法中，$N(s_i,a_k)$在不断变化，导致算法复杂度增加，为此提出了一种改进形式：

$$Q_{\pi}(s,a)\leftarrow Q_{\pi}(s,a)+\alpha(G_t-Q_{\pi}(s,a)) \tag{11.23}$$

式中，α 是一个较小的固定参数，称为**步长**。类似可得状态价值更新公式

$$V_{\pi}(s)\leftarrow V_{\pi}(s)+\alpha(G_t-V_{\pi}(s)) \tag{11.24}$$

在策略控制上，蒙特卡洛通常采用 ϵ-greedy：设置较小的**探索率** $0<\epsilon<1$，用 $1-\epsilon$ 概率贪婪地选择目前认为具有最大 $Q_{\pi}(s,a)$的行为，而以 ϵ 概率从其他 $K-1$ 种可能中选择，即

$$\pi(a|s)=\begin{cases}\epsilon/K+1-\epsilon, & \text{如果 } a=a^*=\underset{a\in\mathcal{A}}{\operatorname{argmax}}Q_{\pi}(s,a)\\ \epsilon/K, & \text{其他}\end{cases} \tag{11.25}$$

在实际应用中，为使算法收敛，ϵ 在迭代过程中会逐渐减小，并趋于 0。迭代前期，鼓

励探索；而在后期，由于经历了足够多的探索，趋于保守以贪婪为主，使算法稳定收敛。

11.2.2 动态规划

动态规划（Dynamic Programming，DP）是运筹学的一个分支，求解决策过程的最优解。动态规划处理的复杂问题通常具有两个性质：①最优子结构，复杂问题的最优解可以由若干子问题的最优解构成，通过寻找子问题最优解达到获得复杂问题最优解的目的；②重复子问题，子问题状态在复杂问题内存在递推关系，通过较小子问题状态递推关系推出较大子问题的递推关系，最终解决复杂问题。马尔可夫决策过程具有这两个性质，**贝尔曼方程**递推计算和价值函数存储后可以重复利用。

动态规划应用于强化学习是一种有模型学习方式，需要提前掌握所有环境状态和动作，以及状态转移概率，随后将策略评估与策略控制相互约束、相互促进地迭代计算状态价值函数 $V_\pi(s)$ 和选择最优策略 $\boldsymbol{\pi}^*(s)$。如图 11-13 所示，这种相互制约、相互促进的流程称为**广义策略迭代**（Generalized Policy Iteration，GPI）。迭代过程如下：首先，初始化一个策略分布 $\boldsymbol{\pi}:(a|s)$ 和价值函数 $V_\pi(s)$；然后，在 $\boldsymbol{\pi}:(a|s)$ 指导下依据式（11.14）计算并更新价值函数 $V_\pi(s)$ 直至收敛，此过程为**策略评估**；接下来，利用收敛后获得的 $V_\pi(s)$ 依据式（11.17）计算并更新策略 $\boldsymbol{\pi}:(a|s)$，此过程为**策略控制**；重复策略评估和策略控制直至满足条件，迭代终止。

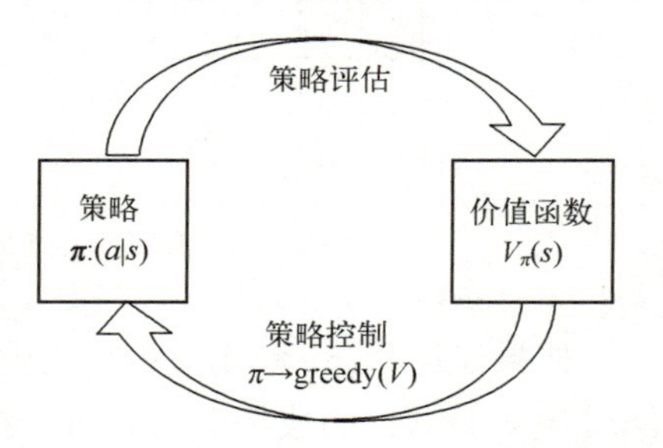

图 11-13　广义策略迭代

一般地，设 $\boldsymbol{\pi}':(a|s)$ 为根据式（11.17）在给定策略 $\boldsymbol{\pi}:(a|s)$ 计算而得的新策略，可以证明（略）：对 $s\in\boldsymbol{\mathcal{S}}$，$Q_{\pi'}(s,a)\geqslant Q_\pi(s,a)$，即每次迭代后的新策略的动作价值函数值不低于当前策略的动作价值函数值。提升后的策略函数 $\boldsymbol{\pi}':(a|s)$ 作为下一轮迭代的给定策略。如此重复，直至收敛。这即是**策略提升理论**（Policy Improvement Theorem）。

然而，存在以下问题：每次策略控制需等策略评估收敛后才能进行，这势必消耗很多时间和资源。实际上策略评估即便没有达到收敛但可能已最优。因此，由旋环 k 次策略评估的策略迭代。也常采用**价值迭代**：在每一次价值迭代，直接选择最优的动作更新当前状态价值，即

$$V_\pi(s)\leftarrow\max_{a\in\boldsymbol{\mathcal{A}}}\left(r_s^a+\gamma\sum_{s'\in\boldsymbol{\mathcal{S}}}p(s'|(s,a))(V_\pi(s'))\right)\tag{11.26}$$

11.2.3 时序差分学习

回顾图 11-11，MC 每次估算 G_t 需要从终止状态开始。如果不是完整行为轨迹，MC 则无法求解。为处理此问题，时序差分学习（Temporal-Difference Learning，TD）得以提出。TD 与 MC 的相似之处在于都从样本数据中学习，属于无模型学习；与 DP 的相似之处在于利用后续状态的价值估计来更新当前状态的价值估计。

根据贝尔曼方程 $V_\pi(s)=\mathrm{E}_\pi[(r_t+\gamma V_\pi(s'))|s]$，如果 $V_\pi(s')$ 已经被估计，则可用 $r_t+\gamma V_\pi(s')$ 近似替代 G_t。式（11.24）则可换成

$$V_\pi(s)\leftarrow V_\pi(s)+\alpha[r_t+\gamma V_\pi(s')-V_\pi(s)]\tag{11.27}$$

通常，把 $r_t+\gamma V_\pi(s')$ 称为 **TD 目标**；称 $r_t+\gamma V_\pi(s')-V_\pi(s_t)$ 为 **TD 误差**；用 TD 目标近似替代 G_t 完成自举（Bootstraping）。

式（11.27）蕴含着“向前一步采样一个状态样本 $z_{t+1}=s'$ 近似计算 G_t”，称为 $TD(0)$ 或单步。那么，可以推广到向前二步、三步、…、n 步分别采样 2 个、3 个、…、n 个状态样本近似计算 G_t，于是

$$V_\pi(s)\leftarrow V_\pi(s)+\alpha[r_t+\cdots+\gamma^{n-1}r_{t+n-1}+\gamma^n V_\pi(z_{t+n}=s')-V_\pi(s)] \tag{11.28}$$

分别称为 $TD(1)$，$TD(2)$，…，$TD(n-1)$。

当 $n\to\infty$，或者说趋于使用完整的状态序列时，$TD(n)$ 等价于蒙特卡洛法。

例 11.2：设从学生宿舍到教室上课经过**表 11.3** 中 6 个状态，预计到达教室总时间等于经过时间加上剩余时间。

表 11.3　从学生宿舍到教室路途中的预估时间

状　　态	经过的时间/min	预计剩余时间/min	预计总时间/min
依依不舍地离开宿舍	0	18	18
下楼梯后走起，但下着雨	2	21	23
上天桥后，发现人多	13	13	26
下天桥继续走，雨一直下	16	10	26
到达教学楼，习惯强身爬楼梯	22	3	25
到达教室层	24	1	25

我们这样设想：正常时间 18 min 到达教室，下着雨则预计多花 5 min，天桥上人多本来 1 min 可走完但可能要花 3 min。尽管雨一直下，但是下天桥后不知何故加快了步伐，比预计少花了 1 min。到达教学楼后，因为以前养成的好习惯，没有耽搁时间。

如**图 11-14** 所示，在进行价值估计过程中，蒙特卡洛算法与终止状态的总时间进行参考，而时序差分法与下一状态进行参考。

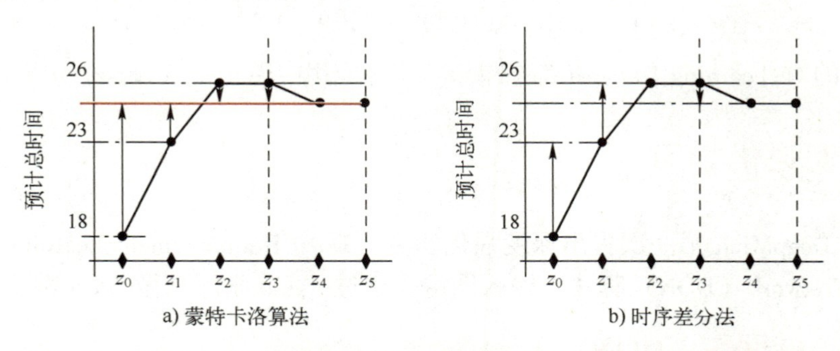

图 11-14　例 11.2 采用蒙特卡洛算法和时序差分法预计总时间对比（$\alpha=1$）

TD 用 $V_\pi(z_{t+1}=s')$ 更新状态价值 $V_\pi(z_t=s)$，即用即时奖励和下一状态的预估价值替代当前状态在状态序列结束时可能得到的收获 G_t，是当前状态价值的有偏估计；而 *MC* 使用实际的收获来更新状态价值，是某一策略下状态价值的无偏估计。但是，TD 获得的价值方差比 MC 得到的价值方差要低，且对初始值敏感，通常比 MC 更加高效。

1. Sarsa

Sarsa 全称是“state-action-reward-state-action”。

迭代时，首先用 ϵ-贪婪法在当前状态 $z_t=s$ 选择一个动作 $x_t=a$，并获得一个奖励 r_t；然后转移到下一状态 $z_{t+1}=s'$。在新状态 $z_{t+1}=s'$用同样的 ϵ-贪婪法选择一个动作 $x_{t+1}=a'$。最后，用它来更新价值函数，即

$$Q(s,a)\leftarrow Q(s,a)+\alpha[r_t+\gamma Q(s',a')-Q(s,a)] \tag{11.29}$$

式中，s'是下一状态；a'为下一状态必定执行的动作。在每一个非终止状态都需要对动作价值函数 $Q(s,a)$进行更新，每次更新需要五个数值$\langle s,a,r,s',a'\rangle$。

2. Q-Learning

Q-Learning 与 Sarsa 算法的主要区别（见图 11-15）在第二步：第一步都用 ϵ-贪婪法选择动作 $x_t=a$；在第二步，Sarsa 继续使用 ϵ-贪婪法选择动作 $x_{t+1}=a'$，而 Q-Learning 则采用贪心策略选择价值函数，即选择使 $Q(s',a')$最大的动作，即

$$\pi(z_{t+1}=s')=a^*=\underset{a'\in\mathcal{A}}{\operatorname{argmax}}Q_\pi(s',a')$$

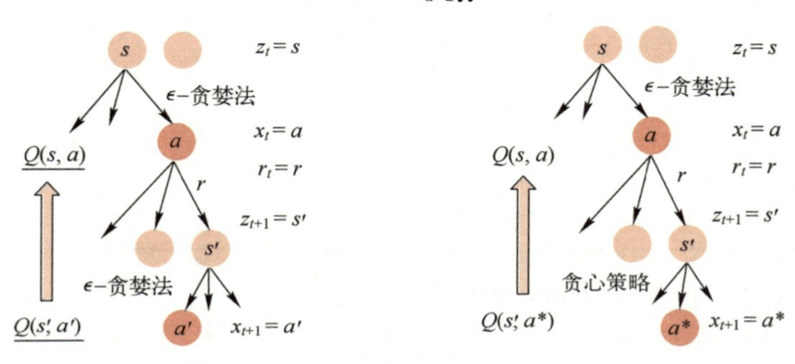

图 11-15　Sarsa 和 Q-Learning 的区别

注意：与 Sarsa 不同，Q-Learning 选择的动作 a'按下式更新价值函数：

$$Q(s,a)\leftarrow Q(s,a)+\alpha\left[r_t+\gamma\max_{a'\in\mathcal{A}}Q(s',a')-Q(s,a)\right] \tag{11.30}$$

上述介绍的 Q-Learning 和 Sarsa 都是单步。实际应用中还有 n 步 Sarsa、n 步 Q-Learning。

11.3　深度强化学习

2013 年，DeepMind 第一次提出深度强化学习（Deep Reinforcement Learning，DRL)，并提出 Deep Q-Network（DQN）算法：输入图像，通过 Agent 学习来做 Atari 游戏。

11.3.1　深度 Q 网络（DQN）

2015 年，DeepMind 在 *Nature* 上发表了改进版的 DQN：将深度学习与 RL 结合起来实现从感知到动作的端到端学习。而后，DeepMind 提出了 AlphaZero：运用 DRL+Monte Calo Tree Search，在 Atari 2600 游戏中取得了超过人类的水平。

在 DQN 中，通过神经网络近似价值函数，即

$$Q(s,a,w)\approx Q^*(s,a),\quad V_\pi(s,w)\approx V_\pi(s) \tag{11.31}$$

式中，w 为神经网络参数。

图 11-16 所示 DQN 网络架构中，前一个神经网络通常采用卷积神经网络，提取输入图像特征；后一个神经网络则常采用全连接网络，对特征进行打分。

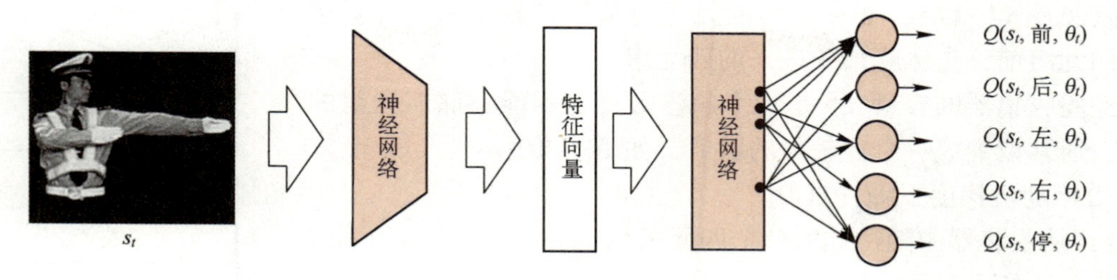

图 11-16　DQN 网络架构

DQN 损失函数采用均方误差定义为

$$L(w)=\mathrm{E}_{\pi}((y-Q(s,a,w))^2) \tag{11.32}$$

1. 基于 TD 学习

DQN 通常采用 TD 来训练网络，式（11.32）中 y 为 TD 目标，有

$$y_t=r_t+\gamma \max_{a\in\mathcal{A}} Q(s',a,w) \tag{11.33}$$

目标分成两项：真实观察的即时奖励和基于 DQN 网络在 $t+1$ 时刻的价值预测。

TD 误差定义为

$$\delta_t=Q(s,a,w)-y_t \tag{11.34}$$

式中，$q_t=Q(s,a,\theta)$ 为 DQN 在 t 时刻的价值预测，缺少实际观测成分。所以有理由推测：y_t 比 q_t 更可靠。

DQN 网络训练的目标：使所有时刻 t，q_t 尽可能接近 y_t，即 TD 误差尽可能小。

为此，式（11.32）换成

$$L(\boldsymbol{w})=\frac{1}{T}\sum_{t=1}^{T}\frac{\delta_t^2}{2} \tag{11.35}$$

至此，我们可以采用梯度下降法计算 DQN 网络参数 $\boldsymbol{w}$：

$$\boldsymbol{g}_t=\frac{\partial \frac{\delta_t^2}{2}}{\partial \boldsymbol{w}}=\delta_t\cdot\frac{\partial Q(s,a,\boldsymbol{w})}{\partial \boldsymbol{w}} \tag{11.36}$$

$$\boldsymbol{w}\leftarrow\boldsymbol{w}-\eta\boldsymbol{g}_t \tag{11.37}$$

式中，η 为学习率。这是基于 TD 的 DQN 网络训练基本算法，一个四元组 $\langle s,a,r_t,s'\rangle$，用完即丢，这样效果并不理想。每个四元组相当于一个训练数据。

整合式（11.36）和式（11.37）得

$$\boldsymbol{w}\leftarrow\boldsymbol{w}-\eta(Q(s,a,w)-y_t)\cdot\frac{\partial Q(s,a,\boldsymbol{w})}{\partial \boldsymbol{w}} \tag{11.38}$$

此式说明参数更新的目的是改善 $Q(s,a,\boldsymbol{w})$，而更新时用到了 y_t，y_t 又是下一时刻的 $Q(s',a,\boldsymbol{w})$，这似乎就是“用自己改善自己”，所以称为自举。

2. 经验回放（Experience Replay）

一系列四元组 $\langle z_t=s,x_t=a,r_t,z_{t+1}=s'\rangle$，$t=1,2,\cdots$，构成了经验（Experience）。经验应该重复利用；相邻两个四元组之间相关性较强，这种相关性不利于训练。

经验回放由此而生：

（1）构建一个经验收集器（Replay Buffer），用于存放四元组，采用“先进先出”进行更新（见图 11-17），如存储的四元组数量达到容量后，每新增一个四元组前，先删除最先进来的四元组。

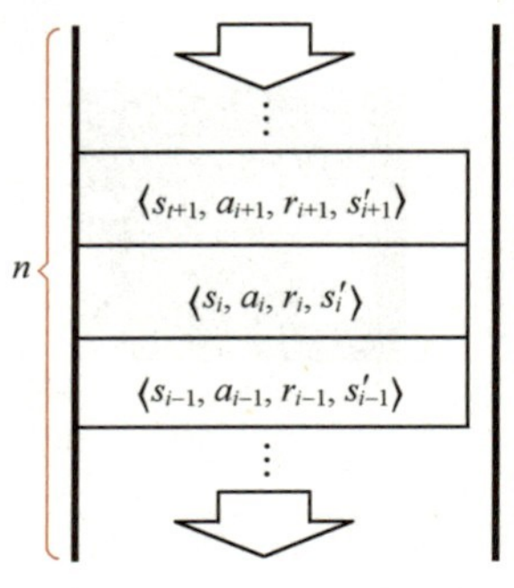

图 11-17　先进先出

经验收集器的容量 n，是一个超参数，表示能存储四元组的个数，通常设置成一个比较大的数值，如 $10^5 \sim 10^6$。

（2）随机梯度下降（SGD）

1）从收集器中随机抽取一个四元组 $\langle s_i, a_i, r_i, s'_i\rangle$，$i$ 表示第 i 个经验，不指示时间。

2）计算 TD 误差，$\delta_i = Q(s_i, a_i, \boldsymbol{w}) - y_i$。

3）计算随机梯度

$$\boldsymbol{g}_i = \frac{\partial \frac{\delta_i^2}{2}}{\partial \boldsymbol{w}} = \delta_i \cdot \frac{\partial Q(s_i, a_i, \boldsymbol{w})}{\partial \boldsymbol{w}} \tag{11.39}$$

4）更新参数

$$\boldsymbol{w} \leftarrow \boldsymbol{w} - \eta \boldsymbol{g}_i \tag{11.40}$$

经验回放优点在于：重复利用经验和打乱四元组之间的顺序来降低相关性的影响。

经验回放可采用均匀抽样和非均匀抽样。均匀抽样的每个四元组被抽取的概率相同，都等于 $1/n$，参数更新的学习率相同。非均匀抽样的每个四元组被抽取的概率不同。设第 i 个四元组被抽取的概率为 p_i，且

$$p_i \propto |\delta_i| + \epsilon, \quad p_i \propto \frac{1}{\mathrm{rank}(|\delta_i|)} \tag{11.41}$$

式中，ϵ 为一个大于零的极小数值，避免学习率分母为零。$\mathrm{rank}(|\delta_i|)$ 表示对 $|\delta_i|$ 从大到小排序的序号。此式说明：误差越大，对应的四元组越应该被重视，该四元组被抽到的概率也越大，越有可能被优先抽取，称非均匀抽样为优先经验回放（Prioritized Experience Replay）。

为减少抽样概率不同造成的学习偏差，需调整学习率。学习率由 $(np_i)^{-\beta}$ 进行伸缩处理，$0<\beta<1$。优先经验回放参数更新依据下式处理：

$$\boldsymbol{w} \leftarrow \boldsymbol{w} - \eta (np_i)^{-\beta} \boldsymbol{g}_i \tag{11.42}$$

式中，β 是一个超参数。建议：开始时设置较小的 β，然后逐渐增大。

3. 高估问题（Overestimation）

基于 TD 的 DQN 可能导致高估（Overestimation）动作价值函数。

造成高估的原因有两个：①因为每次计算 y_t 时，都是采用最大的动作价值函数 $Q(s', a, \boldsymbol{w})$，导致计算的 TD 目标比真实动作价值高；②自举法传播高估，最大化导致高估 TD 目标，而高估的 TD 目标又因自举传播给 DQN，DQN 又进一步高估。

只要对每个动作的价值都是均匀高估，高估本身不成问题。但是非均匀的高估则非常不利。例如，设图 11-18 所示真实价值为

$Q(s_t,\text{前}) = 240$，　$Q(s_t\text{后}) = 20$，　$Q(s_t,\text{左}) = 50$，　$Q(s_t,\text{右}) = 120$，　$Q(s_t,\text{停}) = 100$

如果每个动作价值都高估 100，最终选择动作还是“前”。但是如果是非均匀高估，则动作价值被估成

$$Q(s_t,前,\theta_t)=250,\quad Q(s_t,后,\theta_t)=320,\quad Q(s_t,左,\theta_t)=150,$$
$$Q(s_t,右,\theta_t)=130,\quad Q(s_t,停,\theta_t)=150$$

此时，智能体被错误价值误导而选择不合适的动作，并选择了最不合适的动作“后”。

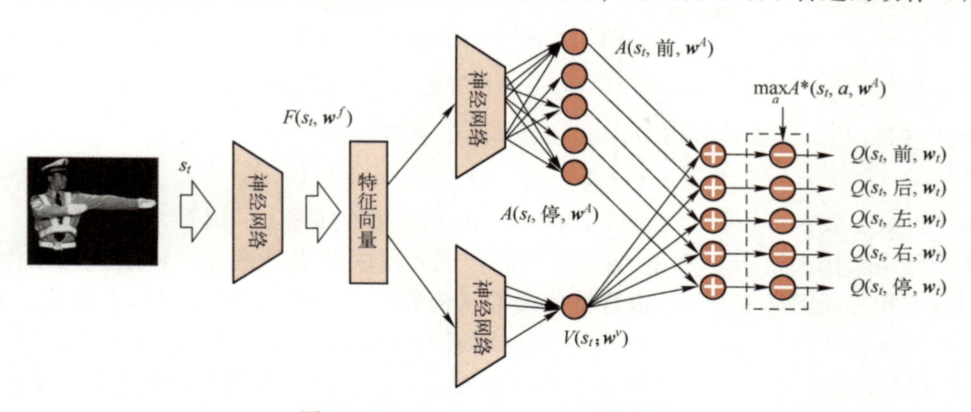

图 11-18　Dueling Network 网络架构

解决方法有两种：

（1）目标网络（Target Network）

不采用自举法计算 TD 目标，而是采用目标网络计算 TD 目标，简记为 TDQN。

DQN 用来控制智能体和收集经验。TDQN 仅用来计算 TD 目标 y_t，即

$$y_t=r_t+\gamma \max_{a\in\mathcal{A}} TQ(s',a,\widetilde{w}) \tag{11.43}$$

在更新 DQN 网络参数 w 时，并不同时更新 TDQN 网络参数 $\widetilde{w}$。而是采用其他方式周期性地更新 $\widetilde{w}$：$\widetilde{w}\leftarrow w$；$\widetilde{w}\leftarrow\lambda w+(1-\lambda)\widetilde{w}$。

（2）Double DQN（DDQN）

该方式主要缓解最大化造成的高估。TD 计算可分成两步：

第一步，选择最佳动作，$a^*=\max_{a\in\mathcal{A}}Q(s',a,\widetilde{w})$；

第二步，计算 TD 目标，即

$$y_t=r_t+\gamma Q(s',a^*,\widetilde{w}) \tag{11.44}$$

根据式（11.34），在原始 DQN 中，这两步合成为一步在一个网络中实现，效果较差，会严重高估动作价值。即便采用 TDQN 计算 TD 目标能避免自举造成高估，但由于同样是由同一个网络完成上述两步，所以不能抑制最大化而造成高估。

为此，DDQN 采用 DQN 选择最佳动作，$a^*=\max_{a\in\mathcal{A}}Q(s',a,w)$，采用 TDQN 计算 TD 目标，$y_t=r_t+\gamma TQ(s',a^*,w)$。两个步骤由两个网络分别完成。

容易证明：$TQ(s',a^*,\widetilde{w})\leqslant\max_{a\in\mathcal{A}}TQ(s',a,\widetilde{w})$。

所以，尽管 DDQN 对网络改动较少，但可大幅抑制高估。

11.3.2　Dueling 网络

优化优势函数（Optimal Advantage Function）$A^*(s,a)$ 为

$$A^*(s,a)=Q^*(s,a)-V^*(s) \tag{11.45}$$

式中，$V^*(s)$为最优状态价值，作为一个基准，$V^*(s)=\max\limits_{\pi}V_{\pi}(s)$。

此式含义：在状态 s 下动作 a 相对于最优状态价值的优势，选择的动作 a 越好（做出的决策越好），其优势越大。

因为，$V^*(s)=\max\limits_{a}Q^*(s,a)$，所以，$A^*(s,a)\leqslant 0$，从而有

$$\max_{a}A^*(s,a)=\max_{a}Q^*(s,a)-V^*(s)=0 \tag{11.46}$$

对式（11.45）稍作调整得 Dueling Network 的基本公式

$$Q^*(s,a)=A^*(s,a)+V^*(s)-\max_{a}A^*(s,a) \tag{11.47}$$

基于此式，我们可以设计 Dueling Network 的基本架构如**图 11-18** 所示。

整个网络架构大致与 DQN 网络架构相同：输入反映状态的图像，输出状态动作价值。首先，由卷积神经网络 $F(s;\boldsymbol{w}^f)$进行特征提取，构成输入图像的特征向量 f；随后，有两个不同的神经网络 $A^*(s,a;\boldsymbol{w}^A)$和 $V^*(s;\boldsymbol{w}^v)$分别逼近 $A^*(s,a)$和 $V^*(s)$；接下来，将所有的 $A^*(s,a,\boldsymbol{w}^A)$分别与 $V^*(s,\boldsymbol{w}^v)$相加后，再各自减去$\max\limits_{a}A^*(s,a,\boldsymbol{w}^A)$，输出 $Q^*(s,a,\boldsymbol{w})$，$\boldsymbol{w}=(\boldsymbol{w}^f,\boldsymbol{w}^A,\boldsymbol{w}^v)$。

之所以在式（11.47）中要减去最大动作优势值$\max\limits_{a}A^*(s,a)$，是因为两个子网络在逼近 $A^*(s,a)$和 $V^*(s)$时难以确保一致性，即 $A^*(s,a;\boldsymbol{w}^A)$和 $V^*(s;\boldsymbol{w}^v)$不具备唯一性，以至于两个网络训练过程中产生波动。

尽管无理论依据，在实际中往往用$\underset{a}{\text{mean}}A^*(s,a)$替代$\max\limits_{a}A^*(s,a)$能得到更好的效果。

11.4 小结与拓展

本章介绍了一些传统强化学习算法和深度强化学习的基本理论。深度强化学习集成了深度学习在视觉等感知上的理解能力和强化学习的决策能力，实现了端到端学习，使得强化学习技术具备解决现实场景中的复杂问题而走向实用。

实验十一：强化学习实验

扫码看视频

1. 实验目的

1.1 了解强化学习工具包 OpenAI Gym；

1.2 掌握采用 Python 对强化学习理论的编程能力。

2. 实验环境

平台：Windows/Linux；编程语言：Python。

3. 实验内容

3.1 迭代法计算状态价值实验；

3.2 倒立摆演示实验。

4. 实验步骤

4.1 迭代法计算状态价值实验

以**例 11.1** 的求学就业为例进行实验。相关程序见**代码 11.1**。

观察第五次迭代结果：[0.0, 3.02175, 5.91038, 7.0, 1.14419, 0.0]。

代码 11.1　# 状态价值迭代计算实验

```
for n in  range(1,10):                                  # range (a,b) 从 a 开始到小于 b
  V_LS = R[0] + gamma * (
        P[0][1] * V[1] + P[0][2] * V[2] + P[0][3] * V[3] +P[0][4] * V[4] +
P[0][5] * V[5])
  V_BS = R[1] + gamma * (
        P[1][0] * V[0] + P[1][2] * V[2] + P[1][3] * V[3] + P[1][4] * V[4] +
P[1][5] * V[5])
  V_MA = R[2] + gamma * (
        P[2][0] * V[0] + P[2][1] * V[1] + P[2][3] * V[3] + P[2][4] * V[4] +
P[2][5] * V[5])
  V_PhD = R[3] + gamma * (
        P[3][0] * V[0] +P[3][1] * V[1] + P[3][2] * V[2] +P[3][4] * V[4] + P[3]
[5] * V[5])
  V_AH = R[4] + gamma * (
        P[4][0] * V[0] +P[4][1] * V[1] + P[4][2] * V[2] + P[4][3] * V[3] +
  P[4][5] * V[5])
  V_EM = R[5] + gamma * (
        P[5][0] * V[0]+P[5][1] * V[1] + P[5][2] * V[2] + P[5][3] * V[3] + P[5]
[4] * V[4] )
  V  =  [V_LS,V_BS,V_MA,V_PhD,V_AH,V_EM]
```

4.2　倒立摆演示实验

OpenAI Gym 是强化学习的一个库，提供了许多环境（Environment）。用 make( ) 创建一个 gym 已有的环境。倒立摆实验（Inverted Pendulum）被 Gym 工具包构建为 Cartpole 环境。如图 11-19 所示，智能体为小车（Cart）。车只能左右移动，所以动作空间只有{0,1} 两个离散值。而环境为小车和立杆的状态，用 4 个浮点数构建环境观察值：小车水平位置和速度、立杆的极角和角速度。

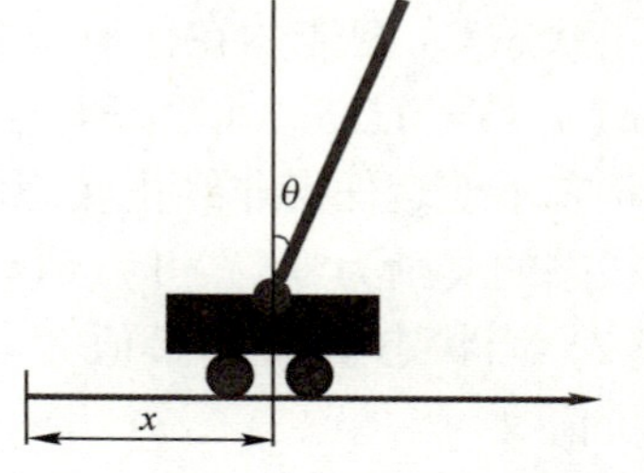

图 11-19　倒立摆

用 env.step( ) 函数来对每一步进行仿真，在 Gym 中，env.step( )会返回 4 个参数：观测 Observation（Object）：当前 step 执行后，环境的观测（类型为对象）。奖励 Reward（Float）：执行上一步动作后，智能体获得的奖励（浮点类型），本实验每一步获得 1.0 奖励，因此目标是使小车尽可能长时间运行。完成 Done（Boolean）：表示是否需要将环境重置 env.reset。大多数情况下，当 Done 为 True 时，就表明当前回合或者试验结束。例如，当机器人摔倒或者掉出台面，就应当终止当前回合进行重置。信息 Info（Dict）：针对调试过程的诊断信息。在标准的智能体仿真评估当中不会使用。相关程序见代码 11.2。

小车水平　位置	速度	立杆的极角	角速度
[-0.01111192	0.37205744	0.01819648	-0.52240074]

代码 11.2 # 倒立摆演示实验

```
import gym
if __name__ == "__main__":
   env = gym.make('CartPole-v1', render_mode="human")  # 创建 gym 已有 CartPole-v1 环境
   print(env.action_space)                     # 输出 Discrete(2), 表示运动空间{0,1}分别代表左右
   for i_episode in range(100):
    obs = env.reset()                          # 重置环境的状态, 返回观测值
     for t in range(100):
      print(obs)
      action = env.action_space.sample()  # 随机选择一个动作
        obs, reward, done, info,_ = env.step(action)          # 推进一个时间步长
        if done:                               # 如果 done 为真, 控制失败, 此阶段 episode 结束
          print("Episode finished after {} timesteps".format(t + 1))
        break
env.close()                                    #  关闭环境, 并清除内存
```

习题

1. 谈谈你对 Agent 的中文翻译的理解。
2. 简单说说强化学习与控制理论的关系。
3. 说说 $Q^*(s,a)$ 与 $Q_\pi(s,a)$ 的差异。
4. 证明策略改进理论依据：$V_\pi(s) \leqslant V_{\pi'}(s)$
5. 分析小车上倒立摆游戏（CartPole）的动作和状态。
6. **图 11-20** 所示为小型网格世界，每格为一个状态，其中灰色格为逃生门（作为终止状态）。智能体在任何非终止状态有上下左右四个等概率移动动作，$\pi(a|s)=0.25$。每个动作会导致状态转移，当智能体移出此 16 格时，状态不变。任何非终止状态间转移得到的即时回报为 $r=-1$，进入终止状态的奖励为零。（1）请计算：概率 $p((6,\text{left})|5)$，$p((6,\text{up})|5)$；（2）当状态价值初始值为零时，计算第 1 次和第 2 次迭代后的状态价值。

1	2	3	
4	5	6	7
8		9	10
11	12	13	14

图 11-20 习题 6 图

参考文献

[1] VOLODYMYR M, KORAY K, DAVID S. Human-level Control through Deep Reinforcement Learning [J]. Nature, 2015, 518: 529-533.

[2] VAN H. Deep Reinforcement Learning with Double Q-learning [C]//Thirtieth AAAI Conference on Artificial Intelligence. Phoenix, Arizona: ACM, 2016.

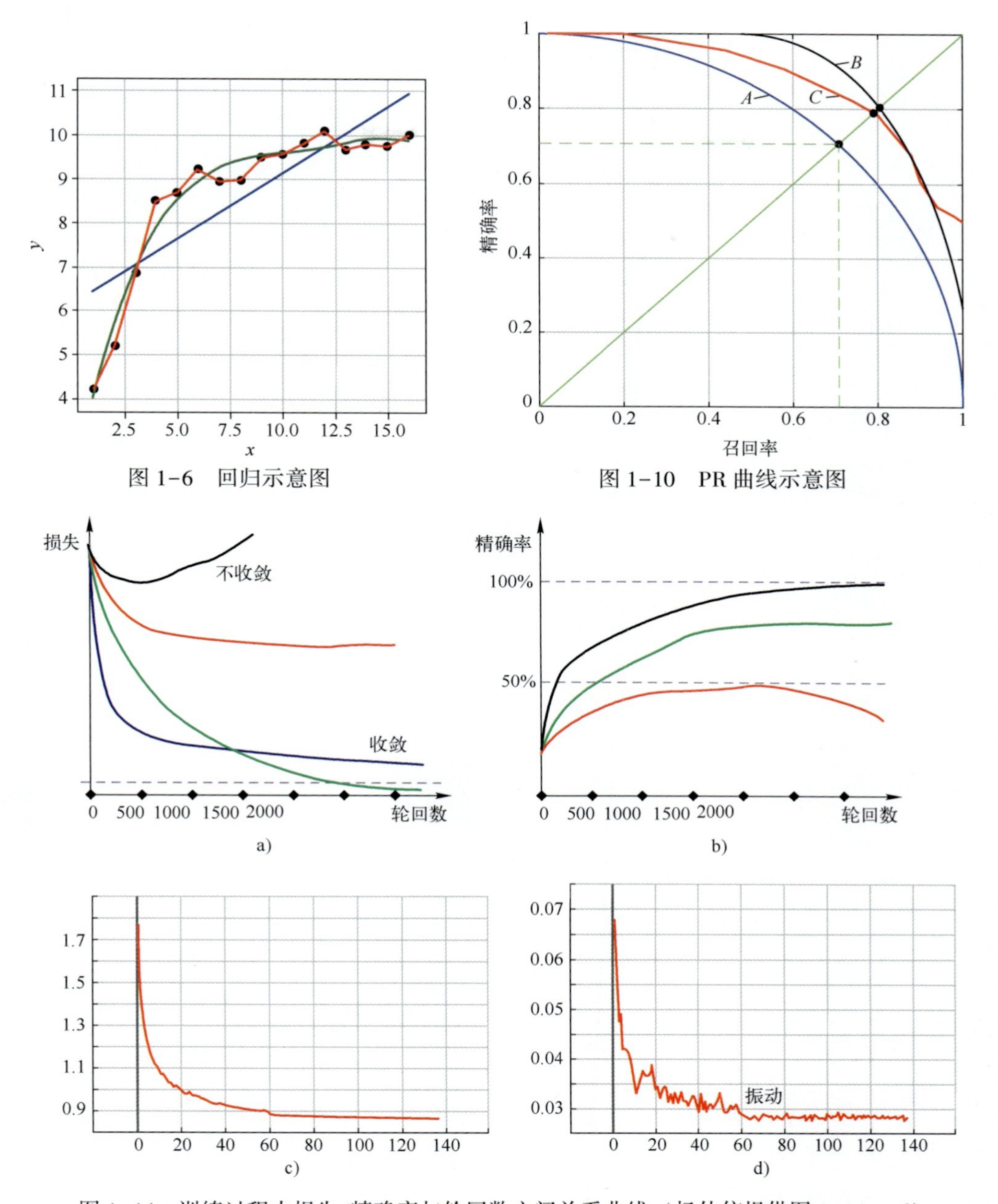

图 1-6 回归示意图

图 1-10 PR 曲线示意图

图 1-14 训练过程中损失/精确率与轮回数之间关系曲线（杨佳信提供图 1-14c、d）

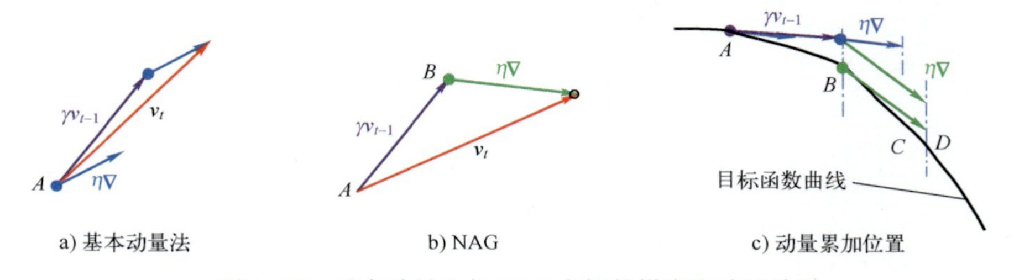

a) 基本动量法　b) NAG　c) 动量累加位置

图 1-15 基本动量法与 NAG 之间的梯度和动量关系

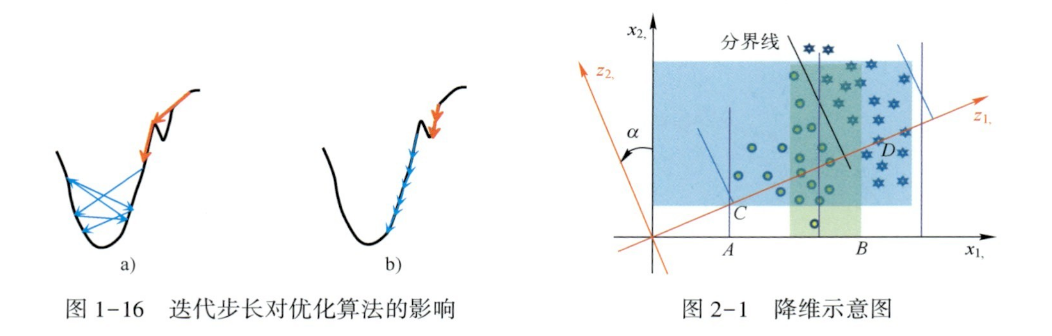

图 1-16　迭代步长对优化算法的影响　　　　图 2-1　降维示意图

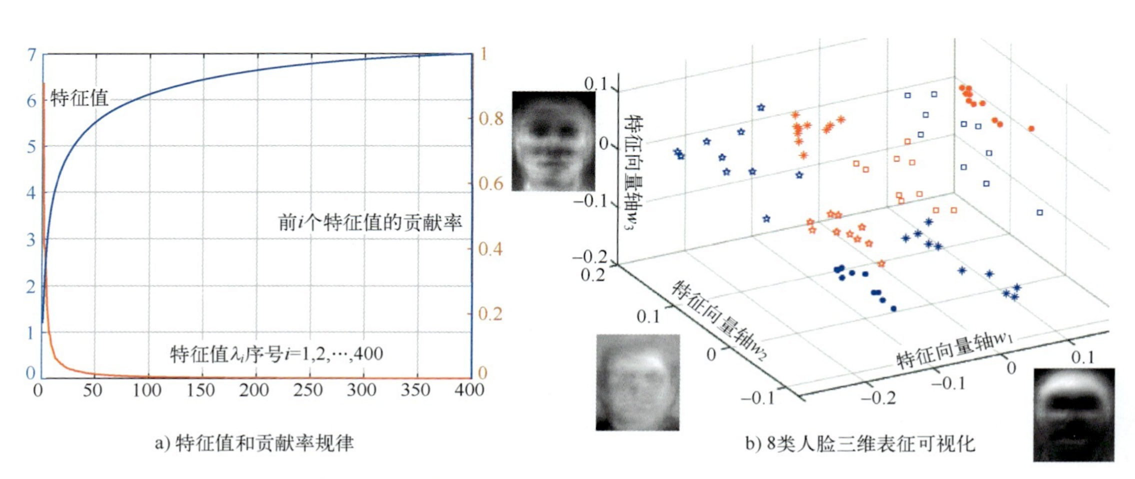

图 2-3　特征值、贡献率和三维样本分布可视化

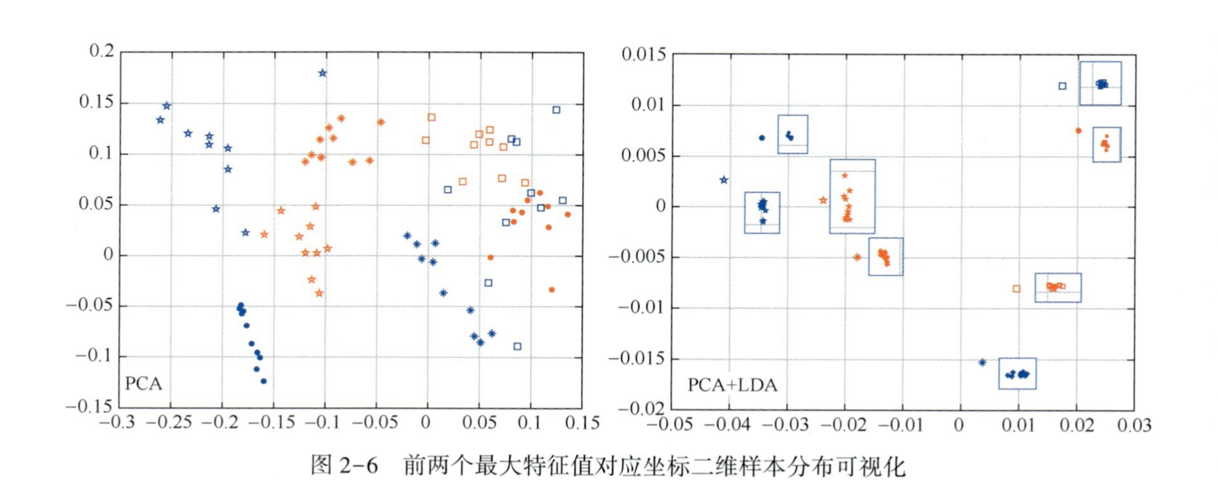

图 2-6　前两个最大特征值对应坐标二维样本分布可视化

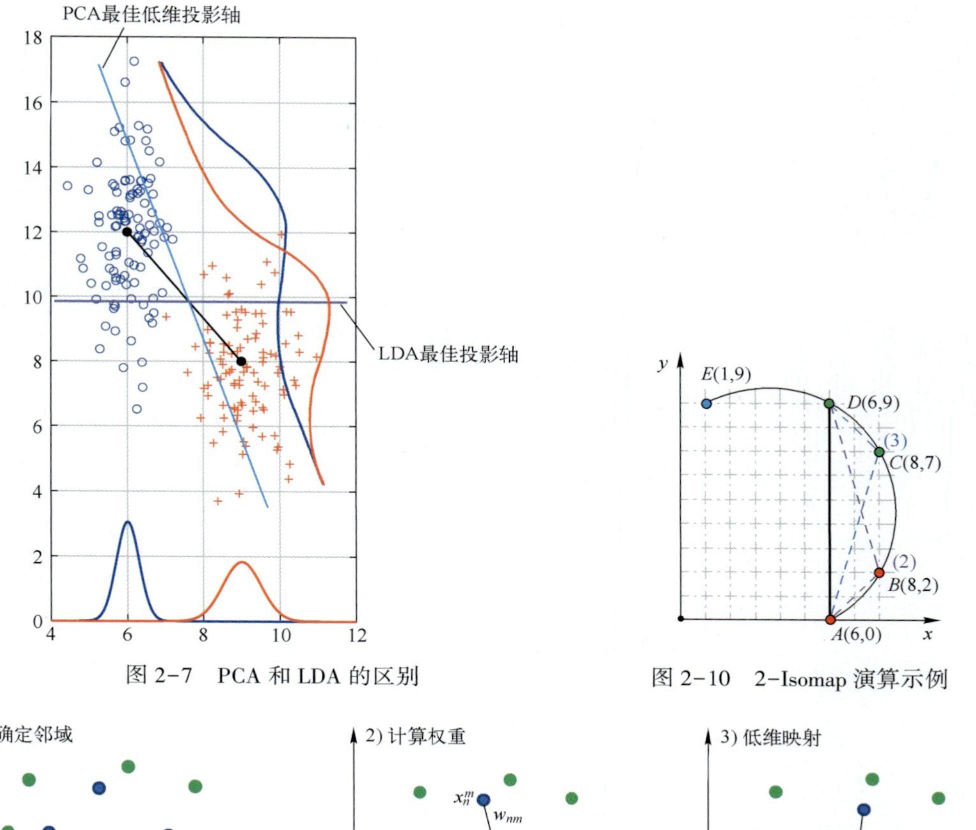

图 2-7　PCA 和 LDA 的区别

图 2-10　2-Isomap 演算示例

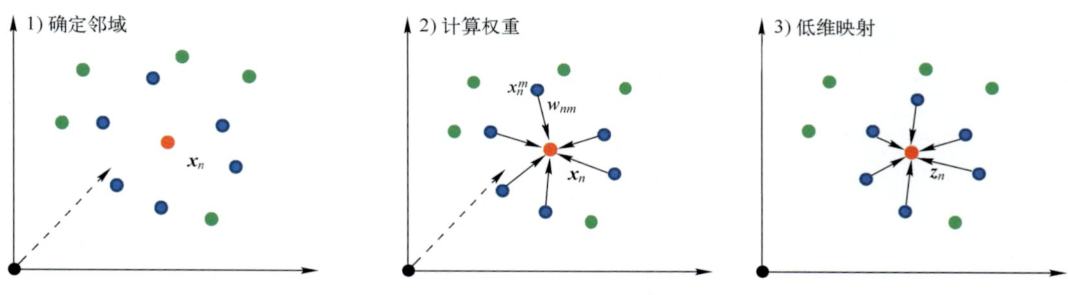

图 2-11　LLE 算法步骤

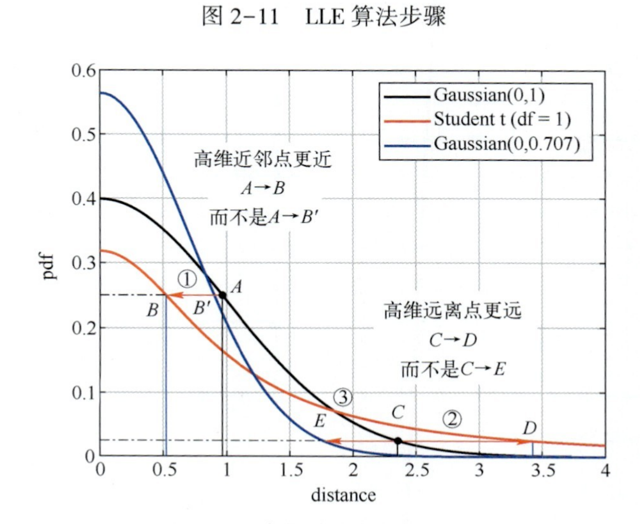

图 2-13　高斯分布与学生 t 分布

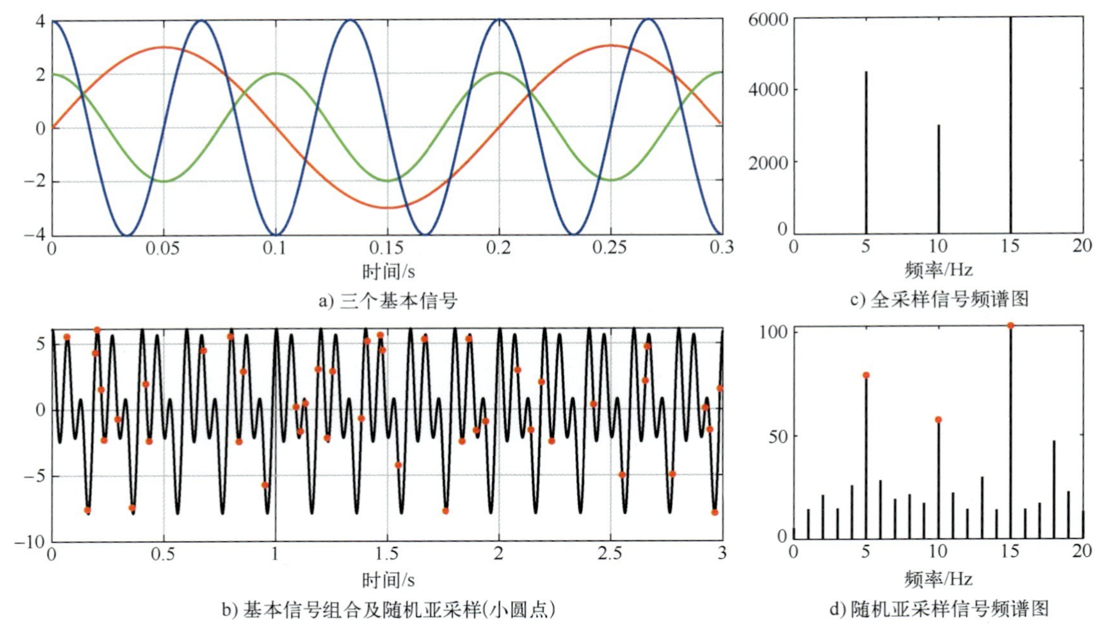

a) 三个基本信号

c) 全采样信号频谱图

b) 基本信号组合及随机亚采样(小圆点)

d) 随机亚采样信号频谱图

图 2-14　全采样、亚采样及其频谱图

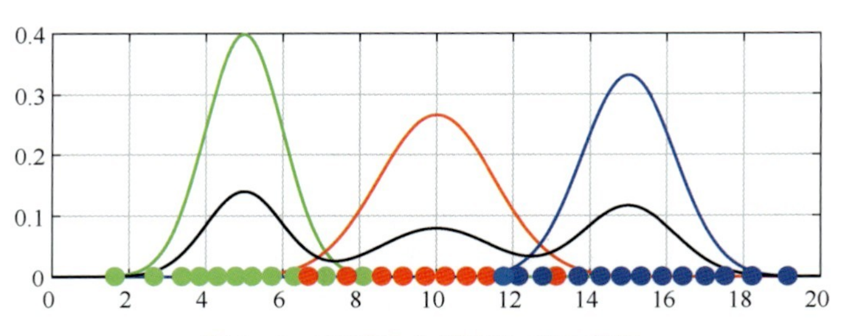

图 3-6　高斯混合模型生成示意图

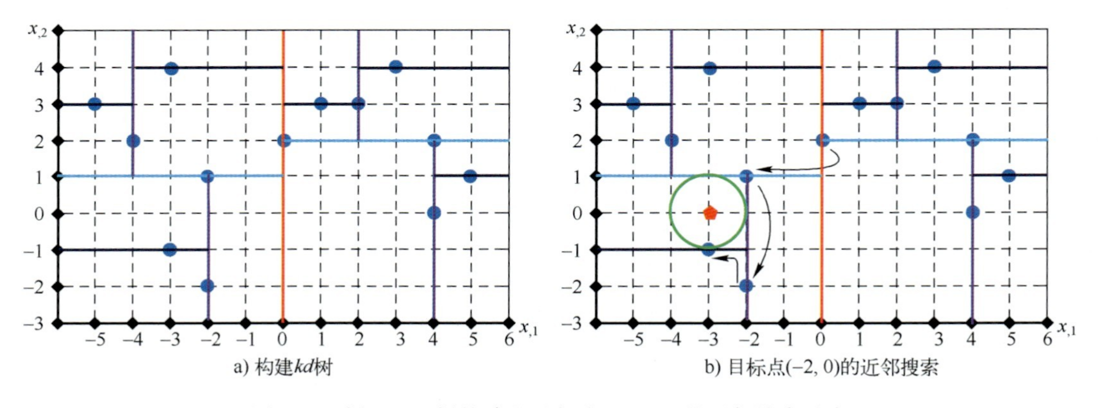

a) 构建*kd*树

b) 目标点(−2, 0)的近邻搜索

图 4-3　例 4.1*kd* 树构建和目标点(−2,0)的近邻搜索示意

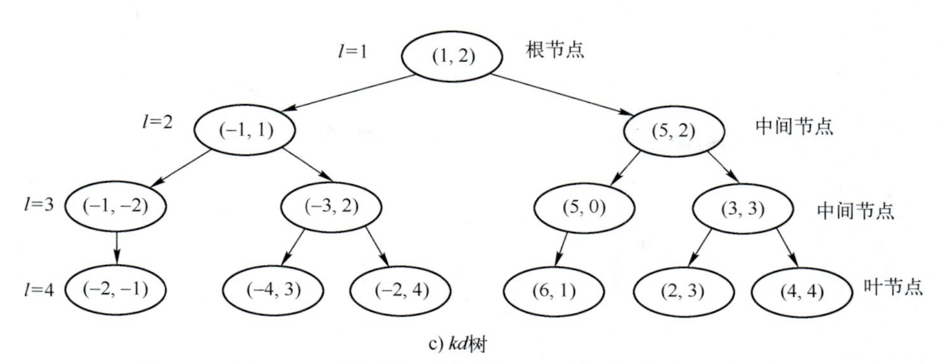

c) *kd*树

图 4-3　例 4.1*kd* 树构建和目标点(−2,0)的近邻搜索示意（续）

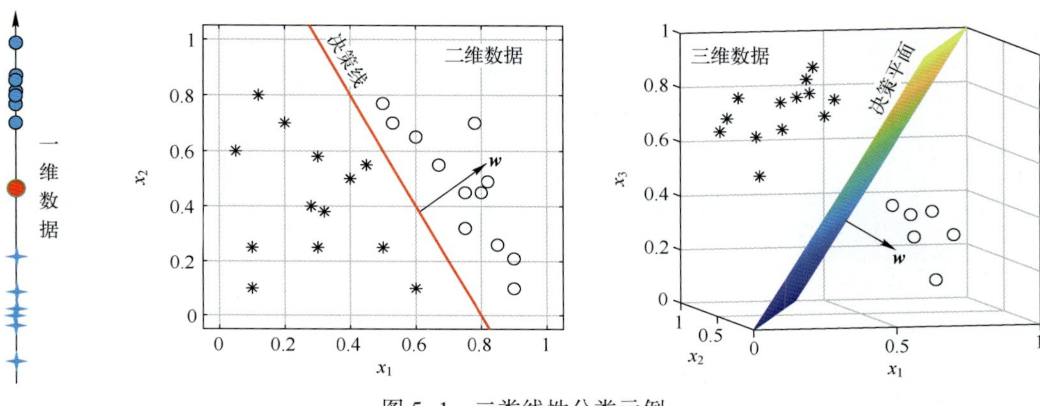

图 5-1　二类线性分类示例

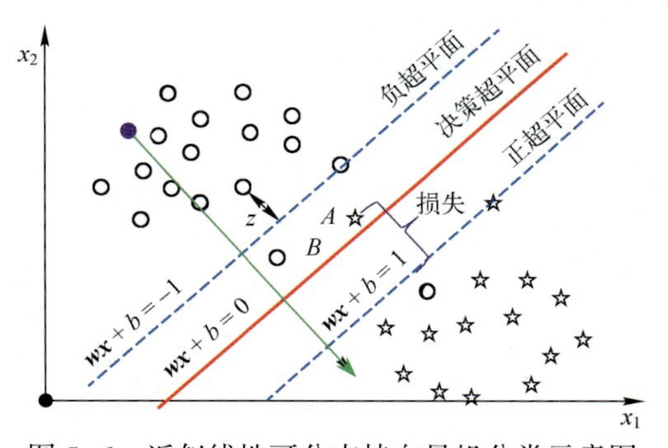

图 5-6　近似线性可分支持向量机分类示意图

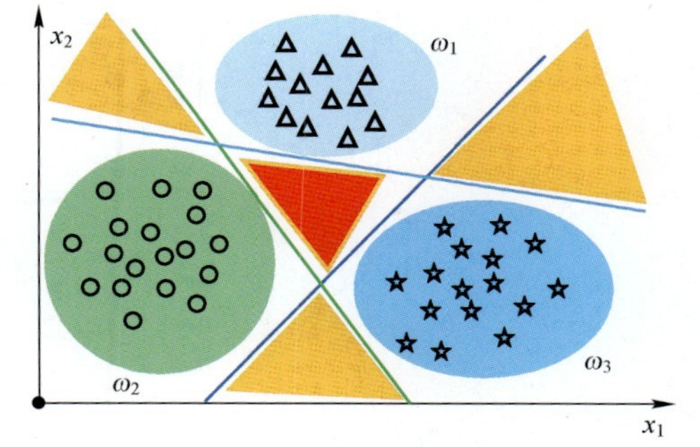

图 5-8　多分类问题（$C=3$）

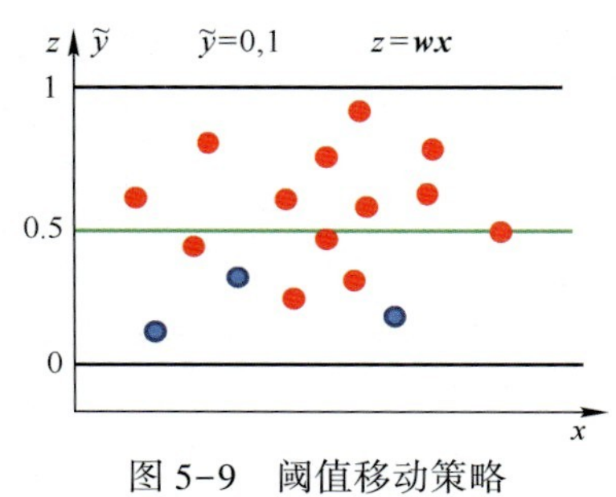

图 5-9　阈值移动策略

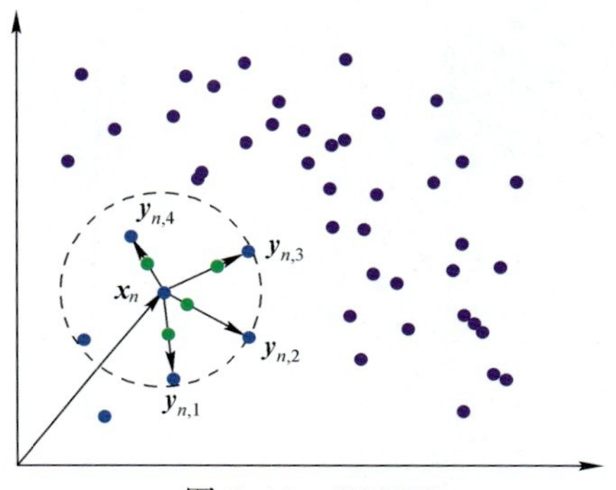

图 5-10　SMOTE

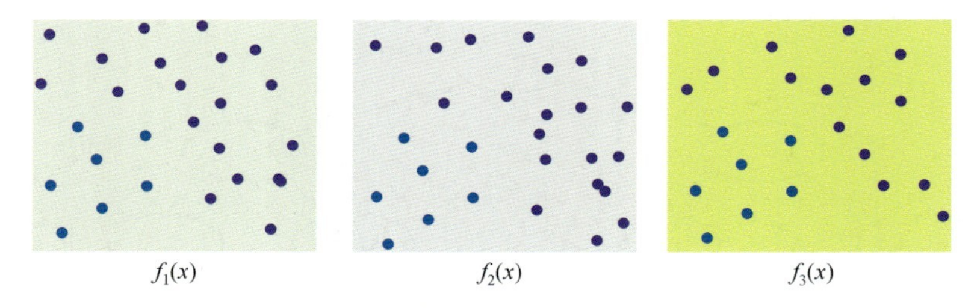

图 5-11　欠采样处理类不平衡问题示意

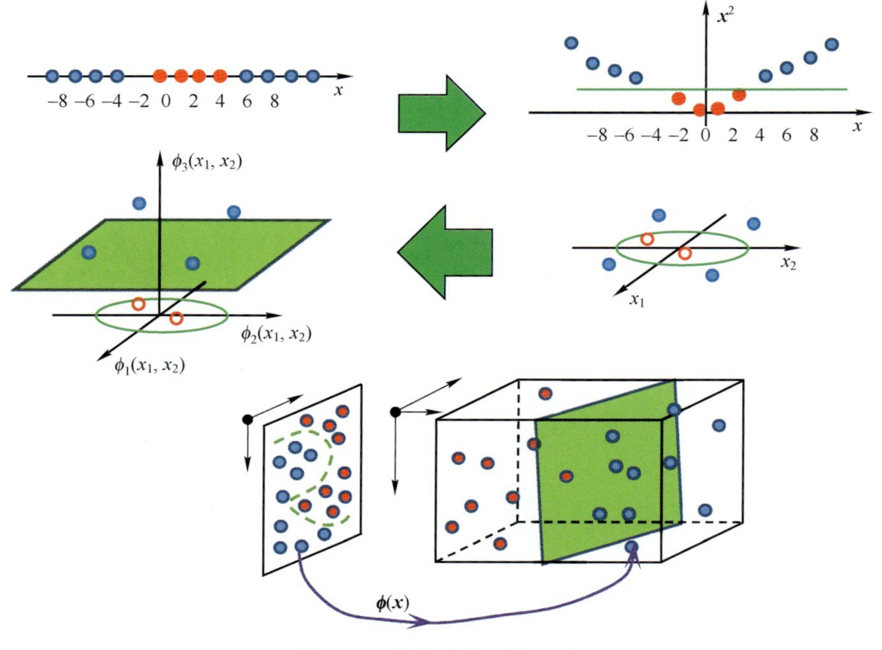

图 6-2　核方法的基本思路

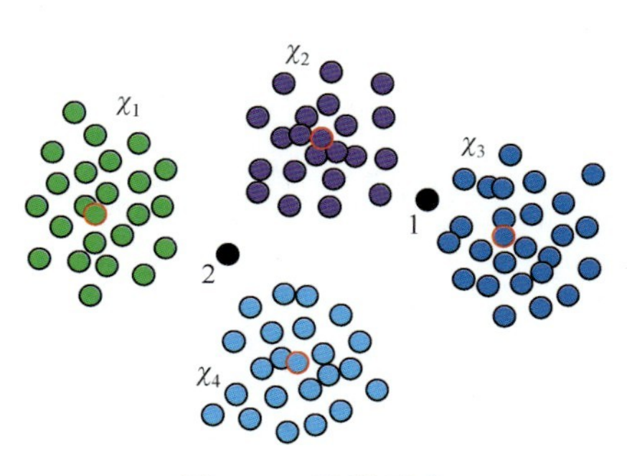

图 8-1　聚类示意

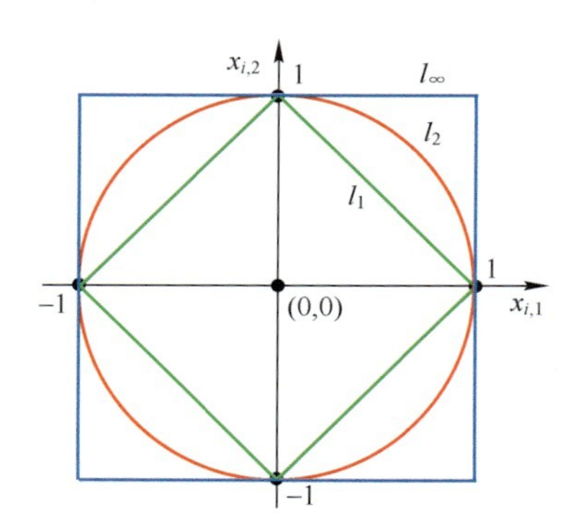

图 8-2　闵可夫斯基距离图形

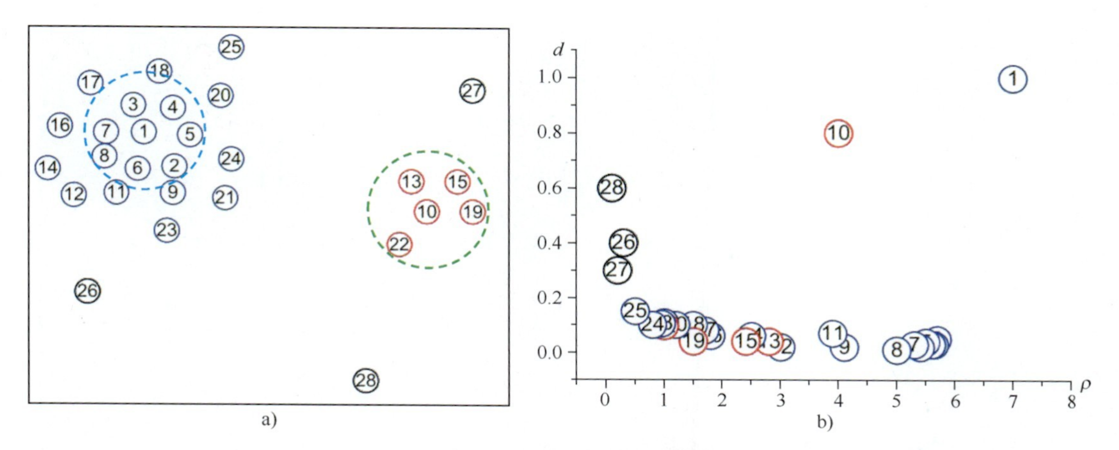

图 8-3　二维样本空间分布和决策图(ρ_n, d_n)

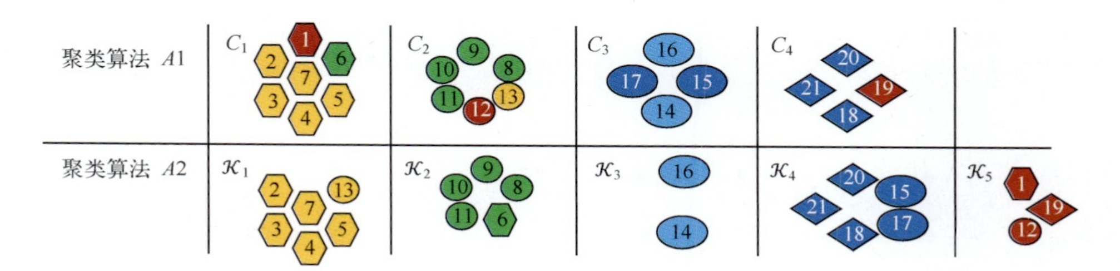

图 8-4　聚类算法评价指标

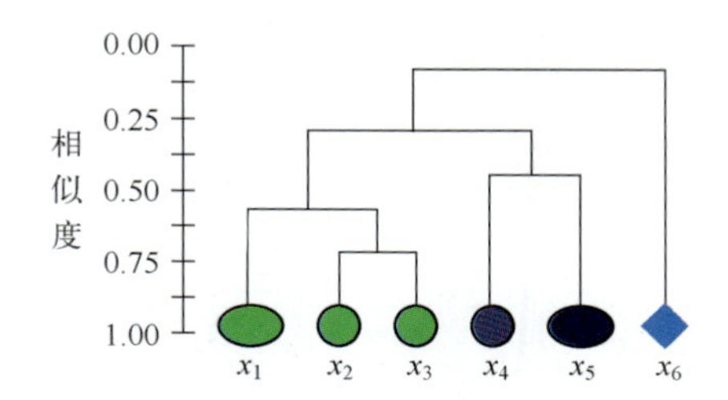

图 8-5　基于凝聚策略的层次聚类示意图

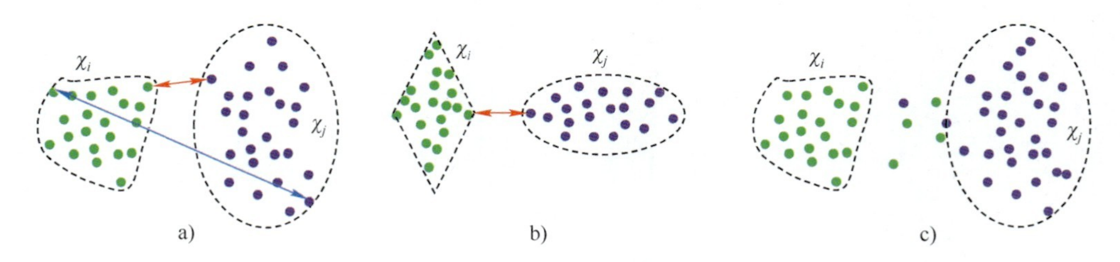

图 8-6　簇类间距离计算示意图

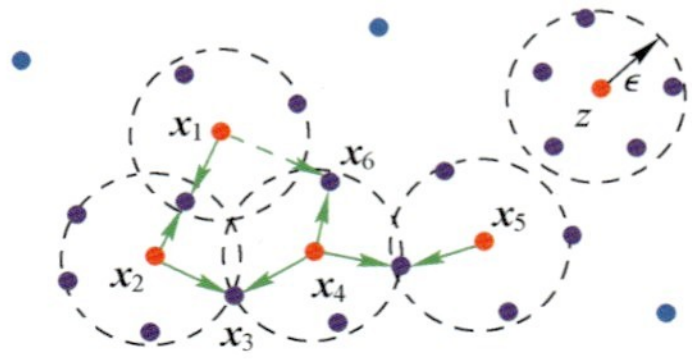

图 8-10　核心点、边界点、噪声点和直接密度可达

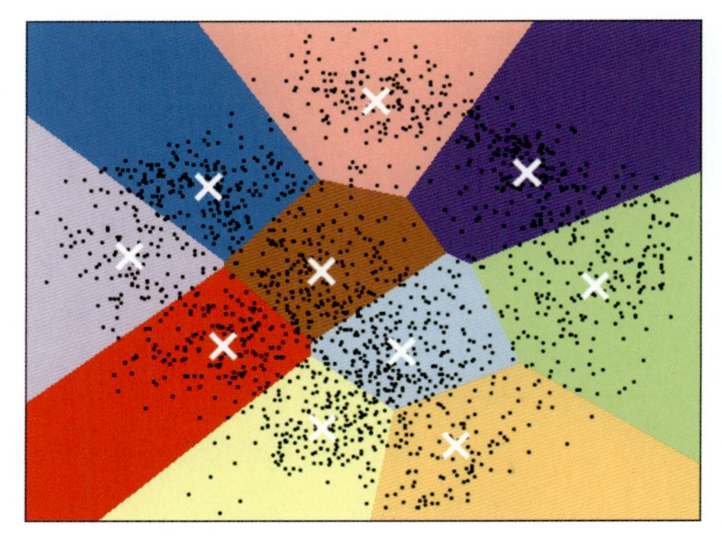

图 8-13　手写数字 K-means++聚类分布

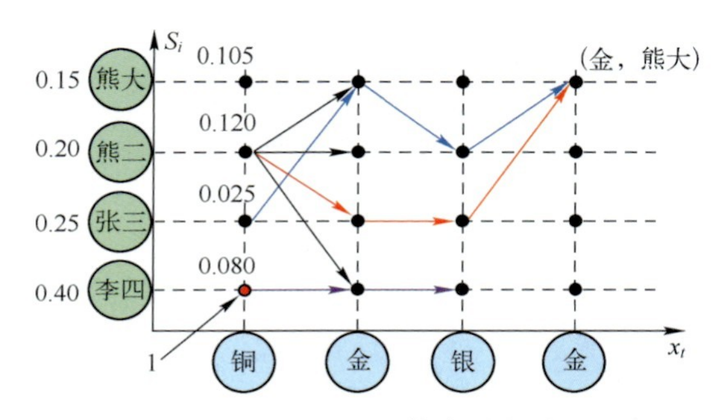

图 9-14　Viterbi 搜索示意图

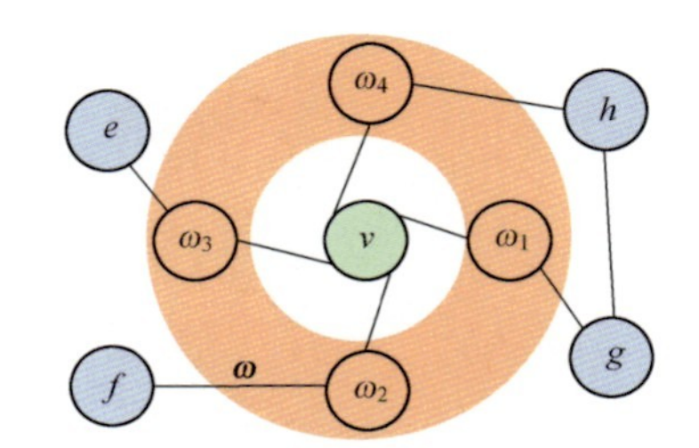

图 9-19　式（9.47）示意图

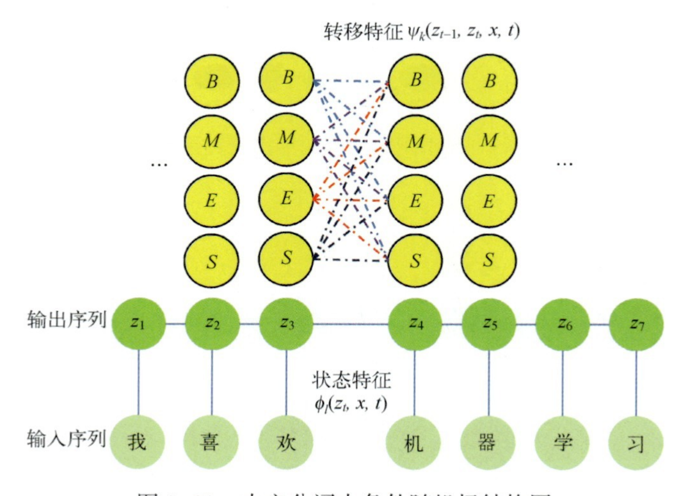

图 9-23　中文分词中条件随机场结构图

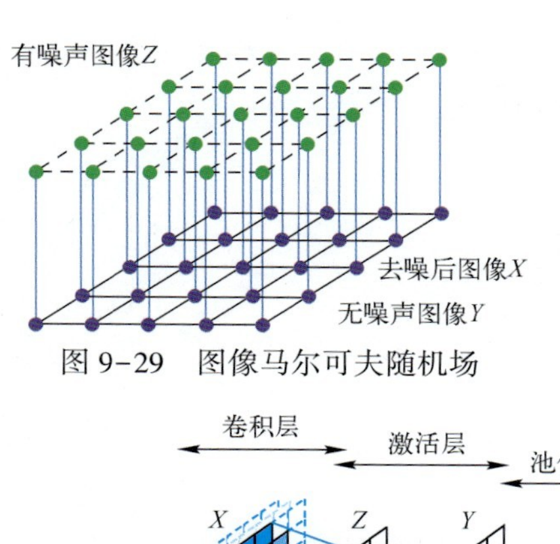

图 9-29　图像马尔可夫随机场

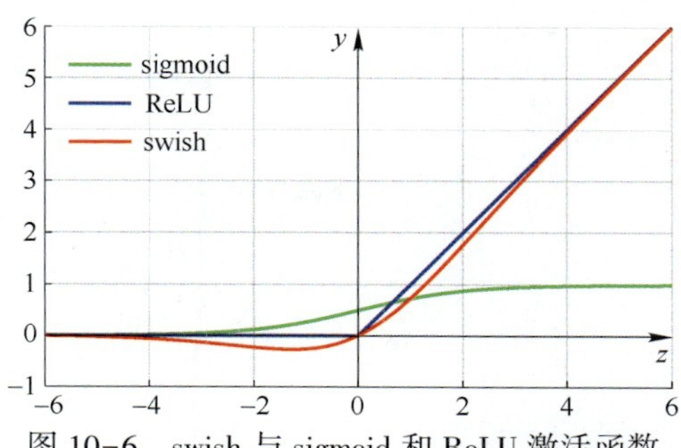

图 10-6　swish 与 sigmoid 和 ReLU 激活函数

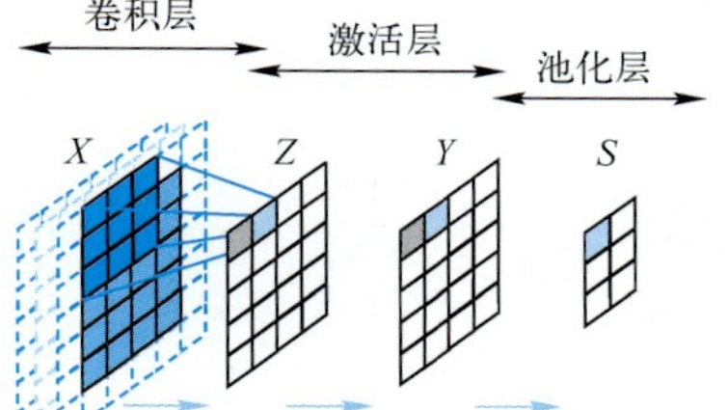

输入图像：　卷积核：　零填充：

输出图像：　点乘和：

图 10-16　卷积神经网络基本结构

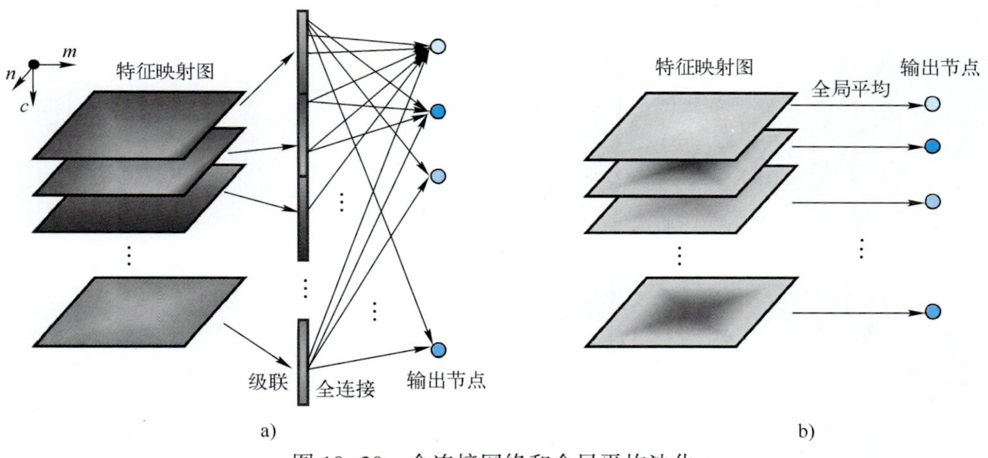

图 10-20　全连接网络和全局平均池化

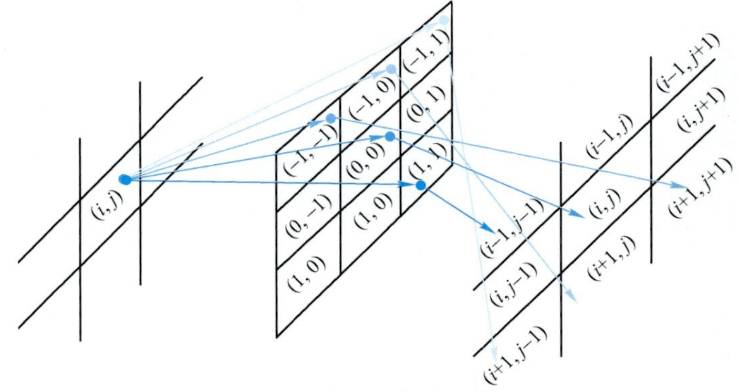

图 10-22　$x_{i,j}$与z_{nm}关联示意图，卷积核尺寸 3×3

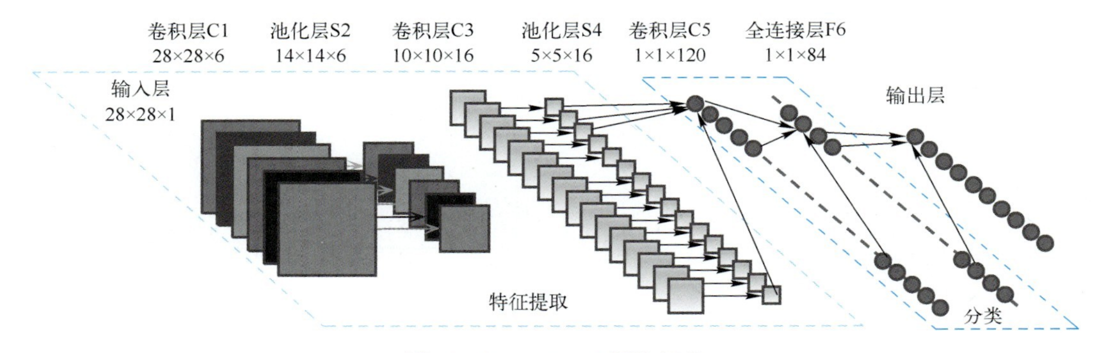

图 10-23　LeNet-5 网络架构

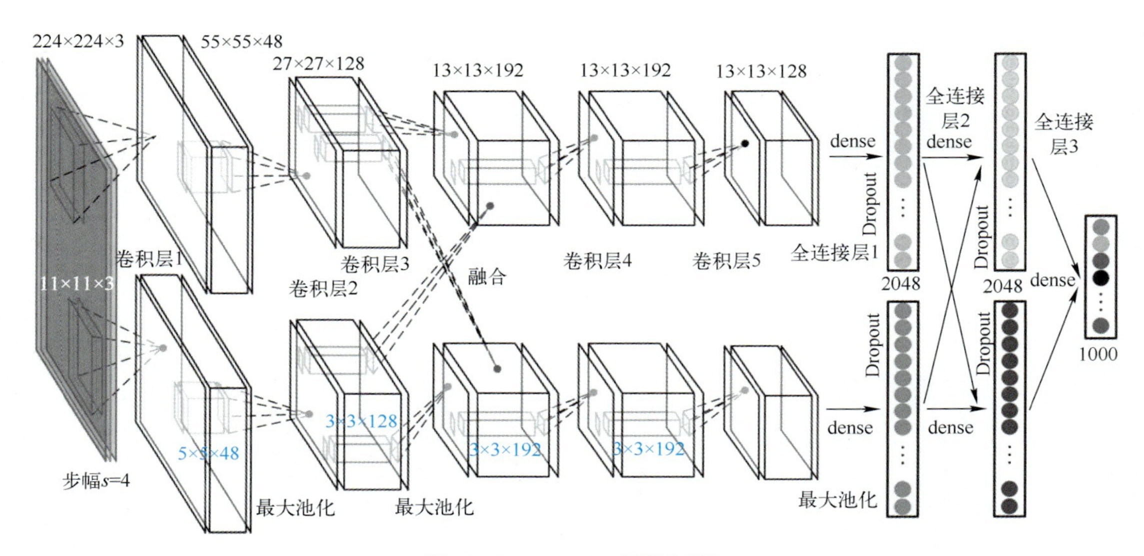

图 10-24　AlexNet 网络架构

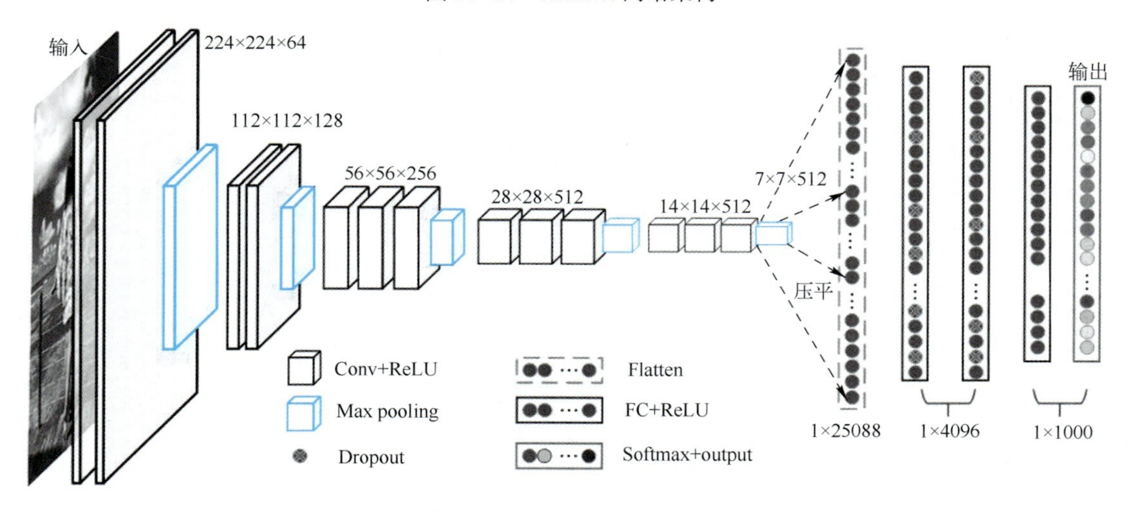

图 10-27　VGG16 网络架构

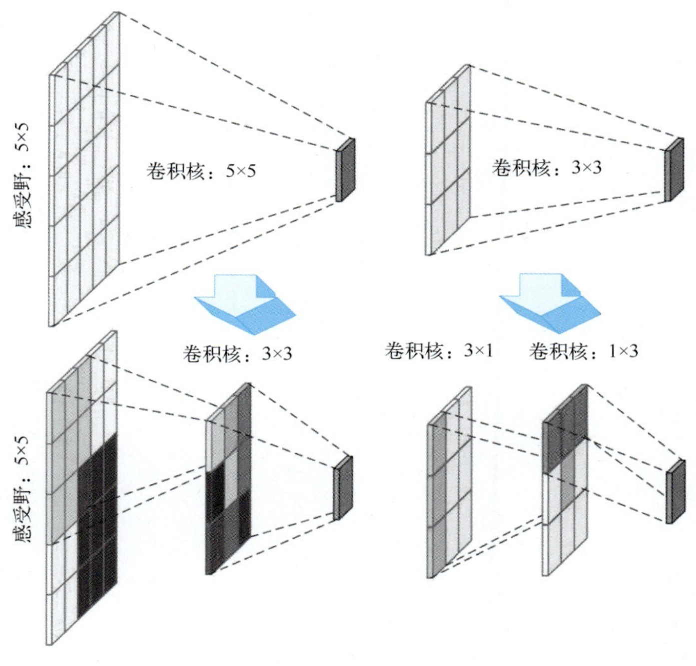

图 10-29　卷积分解

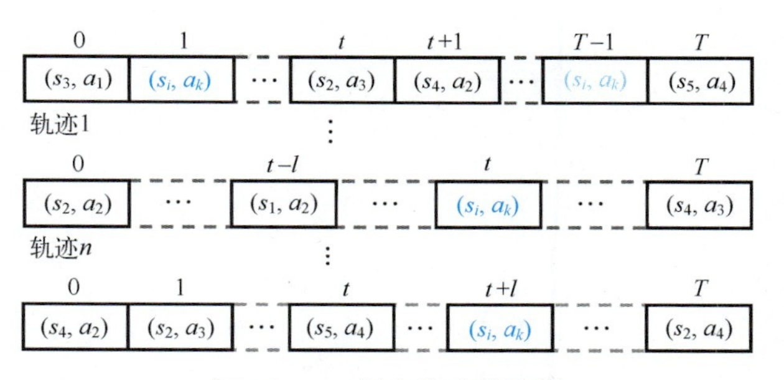

图 11-11　行为轨迹描述图

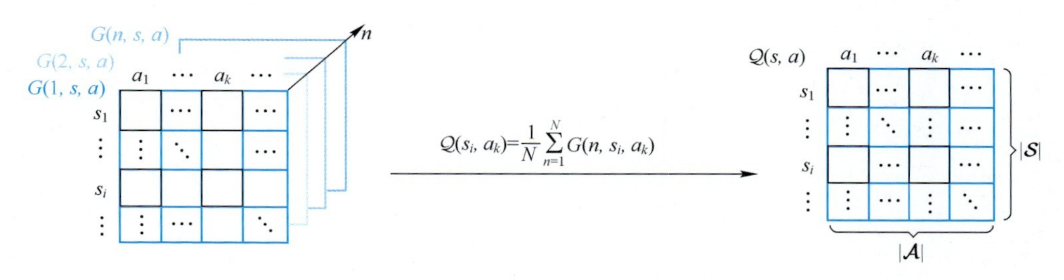

图 11-12　累积未来奖励表与动作-价值表转换，式（11.21）